高等院校艺术设计精品系列教材

UI界面设计与制作

全彩慕课版

徐翠娟 宋磊 主编 / 李怡 闻绍媛 副主编

人民邮电出版社
北京

图书在版编目（CIP）数据

UI界面设计与制作 ：全彩慕课版 / 徐翠娟，宋磊主编. -- 北京 ：人民邮电出版社，2023.3（2024.6 重印）
高等院校艺术设计精品系列教材
ISBN 978-7-115-20396-0

Ⅰ. ①U… Ⅱ. ①徐… ②宋… Ⅲ. ①人机界面－程序设计－高等学校－教材 Ⅳ. ①TP311.1

中国版本图书馆CIP数据核字(2021)第265606号

内容提要

本书以理论与项目实战相结合的方式，详细讲解了 UI 设计与制作的方法。第 1 章为初识 UI 设计，介绍了 UI 设计的基本概念、常用软件、发展趋势、学习方法、项目流程，以及规范与规则。第 2 章到第 6 章分别介绍了 UI 设计中的图标设计、控件设计、组件设计、页面设计和 UI 设计输出。第 2 章到第 6 章除知识讲解外，还包括课堂案例。课堂练习和课后习题等内容。本书内容丰富、全面，知识点讲解清晰详细，可以帮助读者快速提高 UI 设计的能力。

本书适合作为高等院校、职业院校 UI 设计与制作相关课程的教材，也可供 UI 设计相关从业人员自学参考。

◆ 主　　编　徐翠娟　宋　磊
副 主 编　李　怡　闻绍媛
责任编辑　桑　珊
责任印制　焦志炜

◆ 人民邮电出版社出版发行　　北京市丰台区成寿寺路 11 号
邮编　100164　　电子邮件　315@ptpress.com.cn
网址　https://www.ptpress.com.cn
雅迪云印（天津）科技有限公司印刷

◆ 开本：787×1092　1/16
印张：16.5　　2023 年 3 月第 1 版
字数：455 千字　　2024 年 6 月天津第 3 次印刷

定价：89.80 元

读者服务热线：(010) 81055256　印装质量热线：(010) 81055316
反盗版热线：(010) 81055315
广告经营许可证：京东市监广登字 20170147 号

PREFACE 前言

编写目的

经过移动互联网的发展与消费结构的升级，UI 设计行业亦趋向成熟，同时行业对于 UI 设计的岗位能力要求也越来越高。目前，我国很多院校的艺术设计类专业，都将 UI 设计列为一门重要的专业课程。本书邀请行业、企业专家和几位长期从事 UI 设计教学的教师一起，从人才培养目标方面做好整体设计，明确专业课程标准，强化专业技能培养，安排教学内容；根据岗位技能要求，引入了企业真实案例，通过“慕课”等立体化的教学手段来支撑课堂教学。同时在内容编写方面，本书全面贯彻党的二十大精神，以社会主义核心价值观为引领，传承中华优秀传统文化，坚定文化自信，使内容更好体现时代性、把握规律性、富于创造性。

UI 设计简介

UI 设计是指对软件的交互方式、操作逻辑、界面美观程度所进行的整体设计。按照应用场景，UI 设计可以被简单地分为 App 界面设计、网页界面设计、软件界面设计及游戏界面设计。UI 设计内容丰富，前景广阔，已经成为当下设计领域内受关注度很高的发展方向。

如何使用本书

Step1 通过精选的基础知识，快速了解 UI 设计

User Interface

Step2　通过知识点解析加课堂案例，熟悉设计思路，掌握制作方法

5.2.2　引导页的类型

1. 功能说明型

功能说明型引导页是引导页中最基础的，主要对产品的新功能进行展示，常用于 App 版本的重大更新中，多采用插图的设计形式，达到短时间内吸引用户的效果，如图 5-18 所示。

深入学习 UI 设计中页面设计的知识

出了地铁骑单车　公交颜值"大"不同　搜周边全面升级

图 5-18

5.2.3　课堂案例——制作旅游类 App 引导页

完成知识点的学习后进行案例制作

【案例设计要求】

（1）运用 Photoshop 制作旅游类 App 引导页，设计效果如图 5-20 所示。

（2）页面尺寸：750px（宽）×1624px（高）。

（3）体现出行业风格。

【案例学习目标】学习使用 Photoshop 制作旅游类 App 引导页。

了解设计要求和学习目标

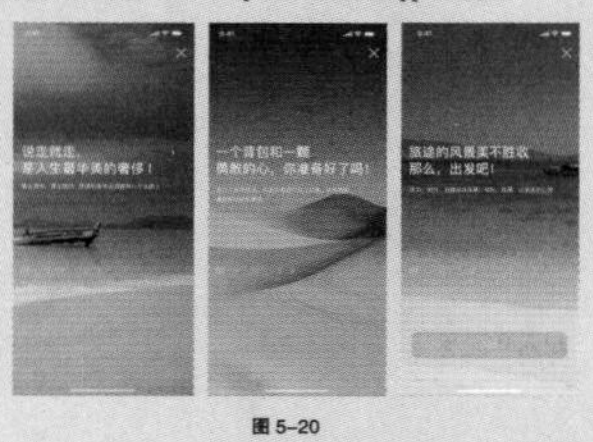

图 5-20

精选典型商业案例

【案例知识要点】使用"置入嵌入对象"命令置入图像和图标，使用"渐变叠加"和"颜色叠加"选项添加效果，使用"横排文字"工具输入文字。

【效果文件所在位置】云盘 /Ch05/ 制作旅游类 App/ 制作旅游类 App 引导页 1 ~ 3 / 效果 / 制作旅游类 App 引导页 1 ~ 3.psd。

1. 制作旅游类 App 引导页 1

（1）按 Ctrl+N 组合键，弹出"新建文档"对话框，将宽度设置为 750 像素，高度设置为 1624 像素，分辨率设置为 72 像素 / 英寸，背景内容设置为白色，如图 5-21 所示。单击"创建"按钮，完成文档的新建。

扫码观看案例详细步骤

User Interface

PREFACE 前言

Step3 通过课堂练习加课后习题，拓展应用能力

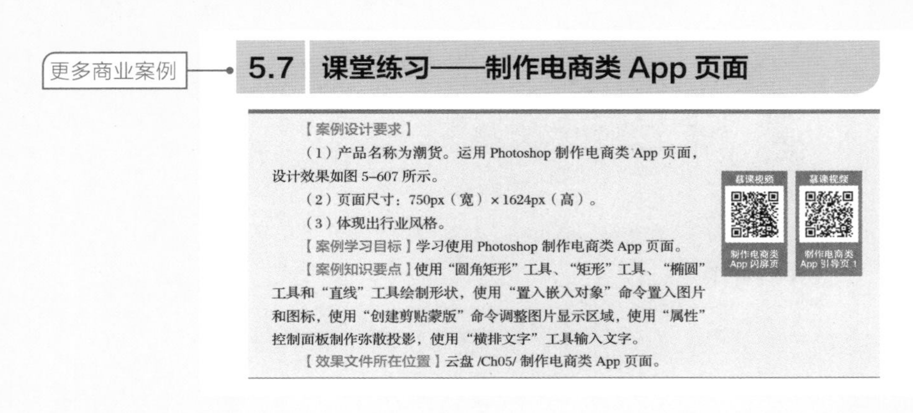

巩固本章所学知识

5.8 课后习题——制作餐饮类 App 页面

【案例设计要求】

（1）产品名称为 FAST FOOD。运用 Photoshop 制作餐饮类 App 页面，设计效果如图 5-608 所示。

（2）页面尺寸：750px（宽）×1624px（高）。

（3）体现出行业风格。

Step4 循序渐进，演练真实商业项目制作过程

User Interface

配套资源及获取方式

- 全书慕课视频可直接登录人邮学院网站（www.rymooc.com）或扫描封面上的二维码，使用手机号码完成注册并在首页右上角选择“学习卡”选项卡，输入封底刮刮卡中的激活码，即可在线观看视频。也可以使用手机扫描书中二维码观看视频。
- 本书所有案例的素材及最终效果文件、全书 6 章的 PPT 课件、大纲、教学教案，任课教师可登录人邮教育社区（www.ryjiaoyu.com），在本书页面中免费下载使用。

教学指导

本书的参考学时为 64 学时，其中讲授环节为 32 学时，实训环节为 32 学时，各章的参考学时参见下面的学时分配表。

User Interface

PREFACE 前言

章	课程内容	学时分配	
		讲授	实训
第 1 章	初识 UI 设计	4	0
第 2 章	UI 设计中的图标设计	4	4
第 3 章	UI 设计中的控件设计	8	8
第 4 章	UI 设计中的组件设计	4	8
第 5 章	UI 设计中的页面设计	8	8
第 6 章	UI 设计输出	4	4
学时总计		32	32

本书约定

本书案例素材文件所在位置：云盘 / 章号 / 案例名 / 素材，如云盘 /Ch05/ 制作旅游类 App 个人中心页 / 素材。

本书案例效果文件所在位置：云盘 / 章号 / 案例名 / 效果，如云盘 /Ch05/ 制作旅游类 App 个人中心页 / 效果。

本书中关于颜色设置的表述，如深灰色（51、51、51），括号中的数字分别为 R、G、B 值。

由于作者水平有限，书中难免存在不妥之处，敬请广大读者批评指正。

编 者

2023 年 5 月

扩展知识扫码阅读

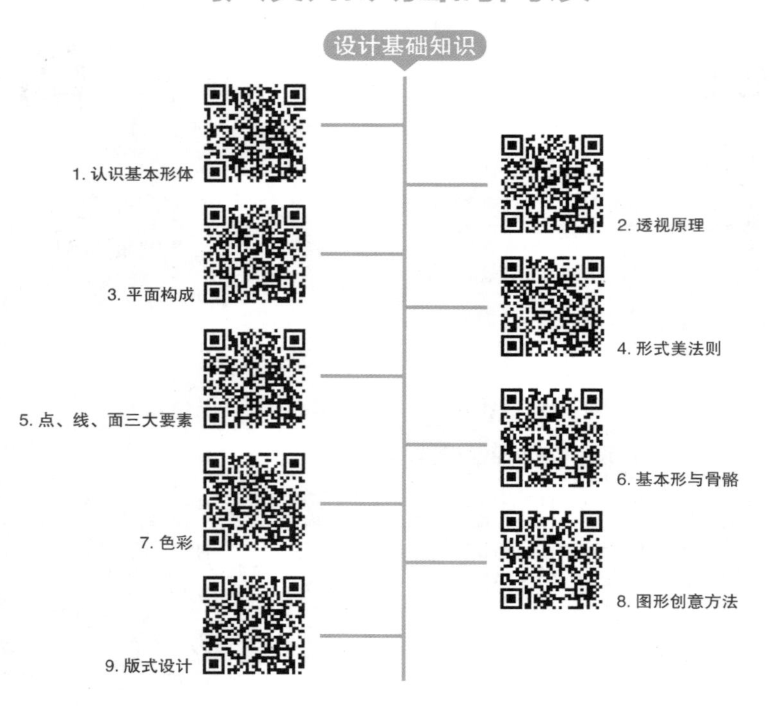
设计基础知识
1. 认识基本形体
2. 透视原理
3. 平面构成
4. 形式美法则
5. 点、线、面三大要素
6. 基本形与骨骼
7. 色彩
8. 图形创意方法
9. 版式设计

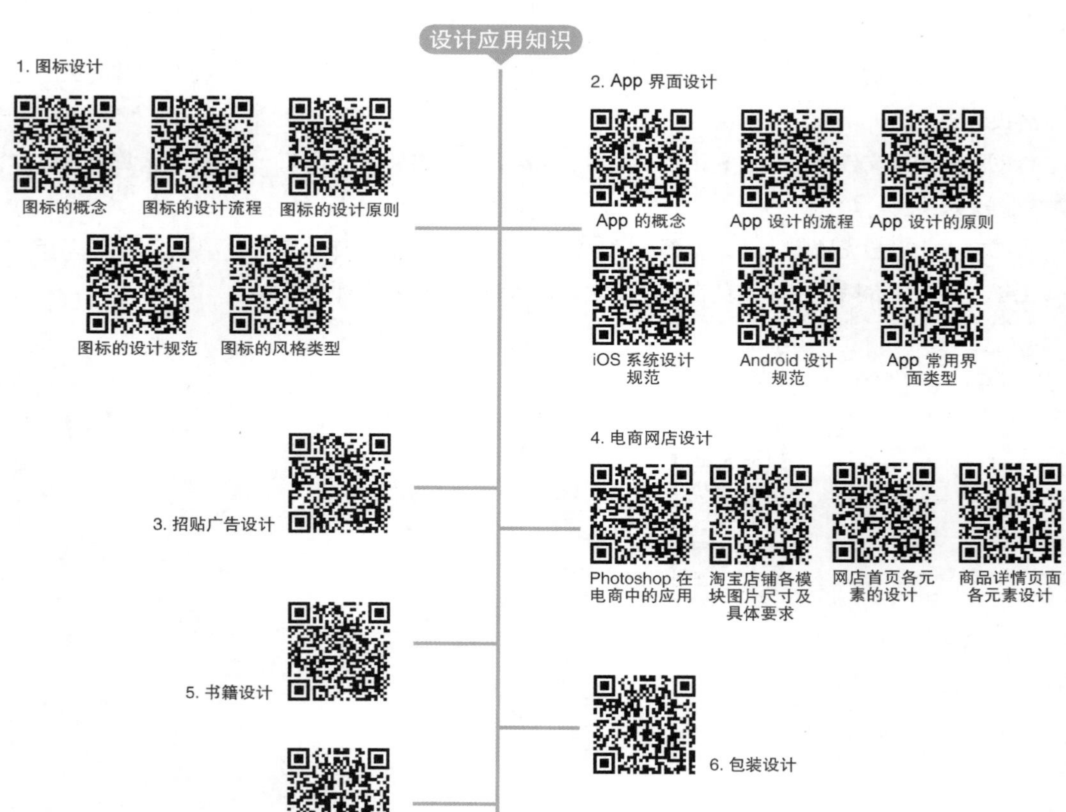
设计应用知识
1. 图标设计
图标的概念
图标的设计流程
图标的设计原则
图标的设计规范
图标的风格类型
2. App 界面设计
App 的概念
App 设计的流程
App 设计的原则
iOS 系统设计规范
Android 设计规范
App 常用界面类型
3. 招贴广告设计
4. 电商网店设计
Photoshop 在电商中的应用
淘宝店铺各模块图片尺寸及具体要求
网店首页各元素的设计
商品详情页面各元素设计
5. 书籍设计
6. 包装设计
7. 网页设计

User Interface

CONTENTS 目录

—01—

—02—

—03—

User Interface

CONTENTS 目录

User Interface

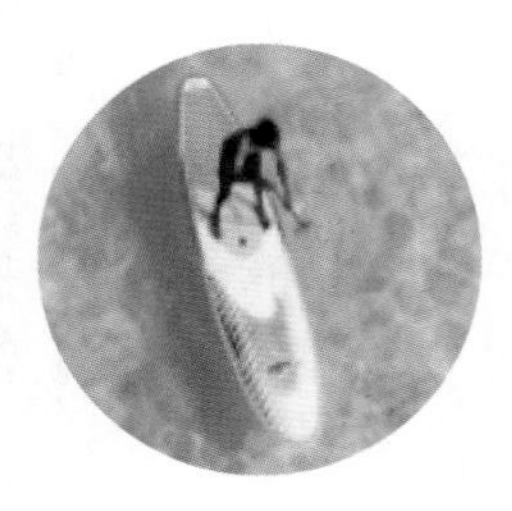

—06—

01

第1章 初识 UI 设计

本章介绍

随着互联网的快速发展，企业对 UI 设计人员的要求已经趋向复合型。因此，想要从事 UI 设计工作的人员需要系统地学习与更新自己的知识体系。本章将对 UI 设计的基本概念、常用软件、发展趋势、学习方法、项目流程，以及规范与规则进行了系统讲解。通过对本章的学习，读者可以对 UI 设计有一个宏观的认识，有助于高效、便利地进行后续的 UI 设计工作。

学习目标

- 掌握 UI 设计的基本概念
- 掌握 UI 设计的常用软件
- 了解 UI 设计的发展趋势
- 了解学习 UI 设计的正确方法
- 掌握 UI 设计的项目流程

1.1 UI 设计的基本概念

UI 即 User Interface（用户界面）的缩写，UI 设计是指对软件的交互方式、操作逻辑、界面美观程度所进行的整体设计。如今，生活中随处可见 UI 设计的应用，如智能手表界面、车载系统界面、App 界面及网页界面等，如图 1-1 所示。优秀的 UI 设计不仅要保证界面的美观，更要保证交互设计的可用性及用户体验的友好度。

图 1-1

1.2 UI 设计的常用软件

根据软件的专业性、市场的认可度及用户的使用量等因素，可以将 UI 设计的常用软件分为界面设计、动效设计、网页设计、3D 渲染、思维导图及交互原型这 6 类，如图 1-2 所示。建议初学者先掌握 Photoshop（又称 PS）和 Illustrator（又称 AI），使用苹果计算机的话还需要掌握 Sketch 和 Figma。

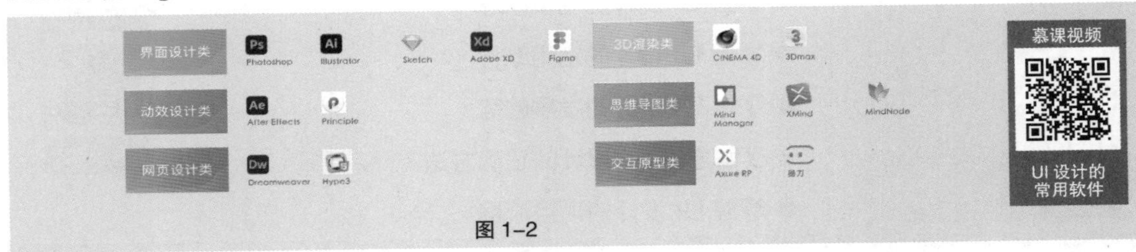

图 1-2

1.3 UI 设计的发展趋势

从早期专注于工具和技法表现，到现在要求 UI 设计师参与到整个商业流程中来，兼顾商业目标和用户体验，可以看出国内 UI 设计行业的发展是跨越式的。UI 设计从设计风格、技术实现到应用领域都发生了巨大的变化，如图 1-3 所示。

1. 技术实现

虚拟现实、增强现实及人工智能等技术的发展，使得 UI 设计更加高效，交互也更为丰富。

图 1-3

2. 设计风格

UI 设计的风格经历了由拟物化到扁平化的转变，现在扁平化风格依然是设计的主流，并加入了 Material Design（材料设计语言，是由 Google 推出的全新设计语言），使设计更为醒目、细腻。

3. 应用领域

UI 设计的应用领域已由原先的 PC 端和移动端扩展到可穿戴设备、无人驾驶汽车、AI 机器人等，其发展前景更为广阔。

今后，无论技术如何进步，设计风格如何转变，甚至应用领域如何不同，UI 设计都将参与到产品设计的整个链条中，向着人性化、包容化、多元化的方向发展。

1.4 UI 设计的学习方法

对于 UI 设计的初学者，首先应该明确市场需要什么样的设计师，这样才能有针对性地学习、提升。下面结合市场需求，推荐一些学习方法。

1. 整体学习

进行相关课程学习及文章学习，对于初学者建议进行课程学习，这样可以系统学习 UI 设计的相关知识和设计应用方法。iOS 设计规范与 Android 设计规范如图 1-4 所示。

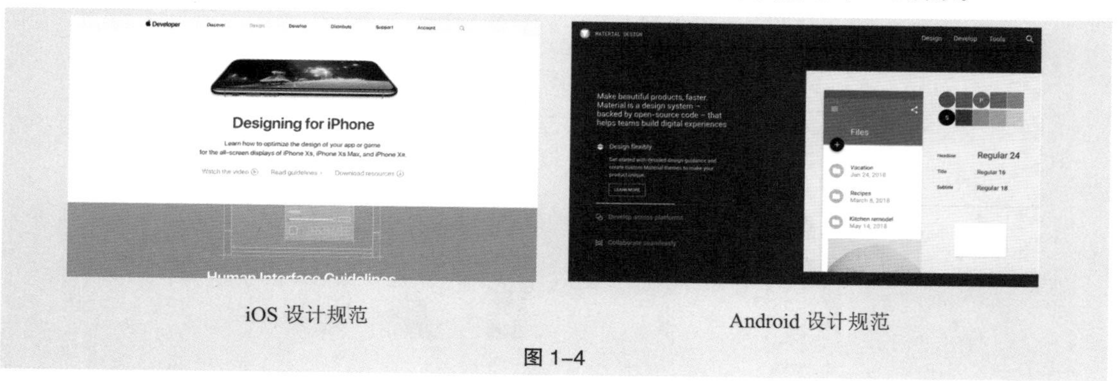

iOS 设计规范　　Android 设计规范

图 1-4

2. 作品收集

建议初学者每天用 1 ~ 2h 到 UI 中国、站酷（ZCOOL）、追波（Dribbble）等网站（见图 1-5）浏览最新的作品，并加入收藏，形成自己的资料库。

UI 中国　　站酷　　追波

图 1-5

3. 项目临摹

初学者可以从应用中心下载优秀的 App，如图 1-6 所示，并截图保存进行临摹。临摹时一定要保证完全一样，并且要多临摹。

图 1-6

4. 项目实战

初学者经过一段时间的积累后，最好通过一套完整的企业项目来提升自己的实战能力，从原型图到设计稿再到切图标注，甚至可以制作动效样稿，如图 1-7 所示。

图 1-7

1.5 UI 设计的项目流程

慕课视频 UI设计的项目流程

针对整个产品的设计流程而言，UI 设计仅是其中的一部分。一个产品从启动到上线，会经历多个环节，由多个角色共同协作完成。每个角色基本都会有对应的一个或多个环节，如图 1-8 所示，上图为大流程，下图为展开流程，下图中的橙色为需要多个角色共同协作完成的环节。

图 1-8

1.6 UI 设计的规范与规则

慕课视频

UI 设计规范与规则

掌握 UI 设计的基本规范与规则可以令设计师在进行设计时事半功倍。下面主要介绍单位、尺寸、适配、结构、间距、文字、图标及图片的基本规范与规则。

1. 单位介绍

（1）dpi 和 ppi。

• ppi：像素密度的单位，即“像素 / 英寸”，表示每英寸所拥有的像素数量，通常用于表示屏幕分辨率。

• dpi：网点密度的单位，即“点 / 英寸”，表示每英寸打印的点数，通常用于表示打印分辨率。

（2）px、pt、dp 和 sp。

• px：像素（Pixels，px）是物理像素的单位，属于相对单位，会因为屏幕像素密度的变化而变化。运用 Photoshop 进行 UI 设计时使用该单位。使用此单位时需要兼容不同分辨率的界面。

• pt：点（Points，pt）是逻辑像素的单位，属于绝对单位，不会因为屏幕像素密度的变化而变化。其是 ios 开发及运用 Sketch 进行 UI 设计时使用该单位。

• dp：独立密度像素（Density-independent Pixels）是安卓设备上的基本单位，用于非文字单位，等同于 iOS 设备上的 pt。

• sp：独立缩放像素（Scale-independent Pixels）是安卓设备上的字体单位。用户可以根据自己的需求调整文字尺寸，当文字尺寸为“正常”状态时，1 sp=1 dp。

px、pt、dp、sp 在不同屏幕分辨率下的换算关系如图 1-9 所示。图标在不同屏幕分辨率下的尺寸如图 1-10 所示。

@1x/mdpi	@1x/mdpi/一个24大小的图标
1pt=1dp=1sp=1px	24pt=24dp=24px
@2x/xhdpi	@2x/xhdpi/一个24大小的图标
1pt=1dp=1sp=2px	24pt=24dp=48px
@3x/xxhdpi	@3x/xxhdpi/一个24大小的图标
1pt=1dp=1sp=3px	24pt=24dp=72px

图 1-9

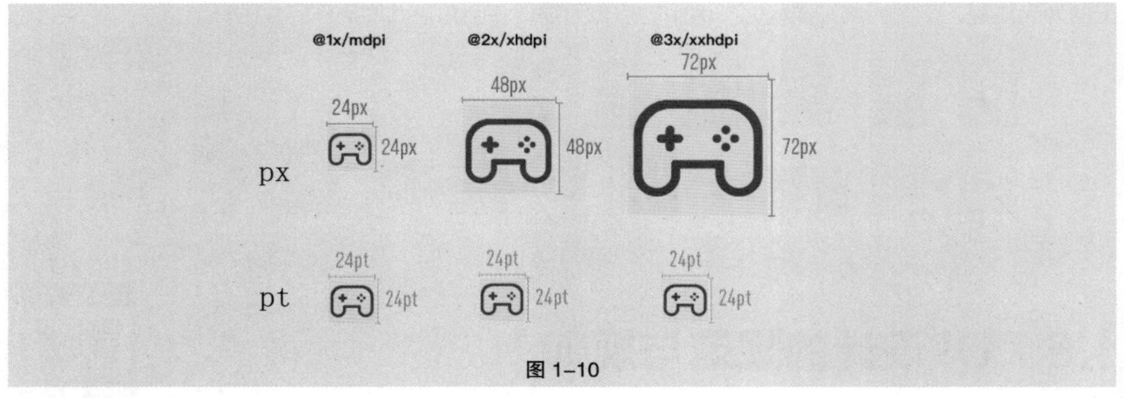

图 1-10

2. 尺寸

iOS 常见的设备尺寸如图 1-11 所示。在进行界面设计时，为了适配大部分尺寸，推荐以 iPhone X/XS/11 Pro 为基准。如果使用 Photoshop，就创建尺寸为 1 125 px×2 436 px 的画布；如果使用 Sketch，就创建尺寸为 375 pt×812 pt 的画布。

设备名称	屏幕尺寸	像素密度(ppi)	转换率	竖屏点（pt）	竖屏分辨率（px）
iPhone XS Max、11 Pro Max	6.5in	458	@3x	414 x 896	1242 x 2688
iPhone XR、11	6.1in	326	@2x	414 x 896	828 x 1792
iPhone X、XS、11 Pro	5.8in	458	@3x	375 x 812	1125 x 2436
iPhone 8+，7+，6s+，6+	5.5in	401	@3x	414 x 736	1242 x 2208
iPhone 8，7，6s，6	4.7in	326	@2x	375 x 667	750 x 1334
iPhone SE，5，5S，5C	4.0in	326	@2x	320 x 568	640 x 1136
iPhone 4，4S	3.5in	326	@2x	320 x 480	640 x 960
iPhone 1，3G，3GS	3.5in	163	@1x	320 x 480	320 x 480
iPad Pro 12.9	12.9in	264	@2x	1024 x 1366	2048 x 2732
iPad Pro 10.5	10.5in	264	@2x	834 x 1112	1668 x 2224
iPad Pro，iPad Air 2，Retina iPad	9.7in	264	@2x	768 x 1024	1536 x 2048
iPhone Mini 4，iPad Mini 2	7.9in	326	@2x	768 x 1024	1536 x 2048
iPad 1，2	9.7in	132	@1x	768 x 1024	768 x 1024

图 1-11

Android 常见的设备尺寸如图 1-12 所示。在进行界面设计时，如果想要一稿适配 Android 和 iOS，可使用 Photoshop 新建尺寸为 720 px×1 280 px 的画布。如果根据 Material Design 新规范单独进行 Android 设计，可使用 Photoshop 新建尺寸为 1 080 px×1 920 px 的画布。无论哪种需求，使用 Sketch 创建尺寸为 360 dp×640 dp 的画布都可适配。

名称	分辨率(px)	网点密度(dpi)	像素比	示例尺寸(dp)	对应像素(px)
xxxhdpi	2160 x 3840	640	4.0	48	192
xxhdpi	1080 x 1920	480	3.0	48	144
xhdpi	720 x 1280	320	2.0	48	96
hdpi	480 x 800	240	1.5	48	72
mdpi	320 x 480	160	1.0	48	48

图 1-12

3. 适配方案

一套 App 界面设计的数量通常在 80 ～ 150 页。由于 Photoshop 是使用 px 为单位进行 UI 设计的，所以在设计时还需要额外设计出适配其他机型的页面。而 Sketch、XD、Figma 等软件是使用 pt 为单位进行 UI 设计的，因此在设计时无须进行额外的设计，如图 1-13 所示。

图 1-13

4. 结构

在 iOS 中，界面通常由状态栏、导航栏、安全设计区及标签栏 / 工具栏组成。自全面屏上市，界面较之前还多了虚拟主页键，如图 1-14 所示。

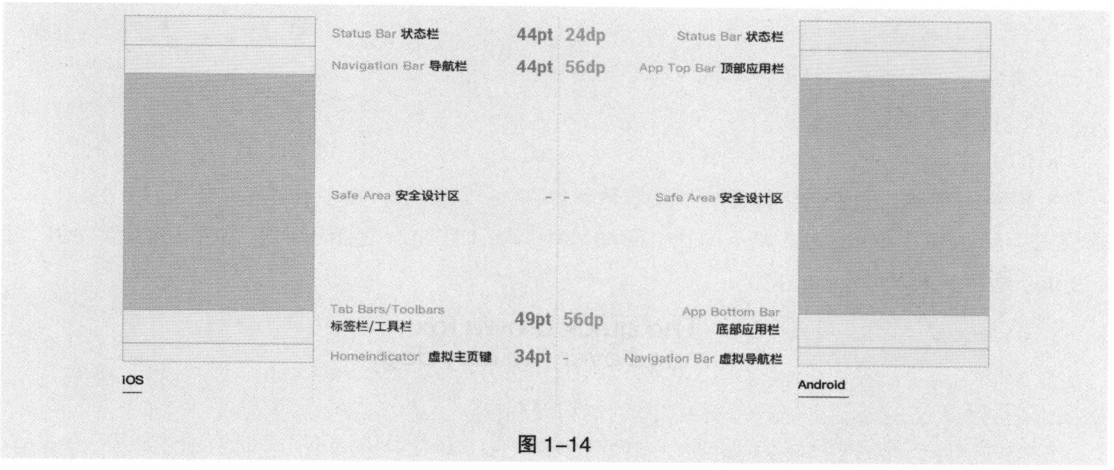

图 1-14

在 Android 中，界面通常由状态栏、顶部应用栏、安全设计区、底部应用栏及虚拟导航栏组成，如图 1-15 所示。

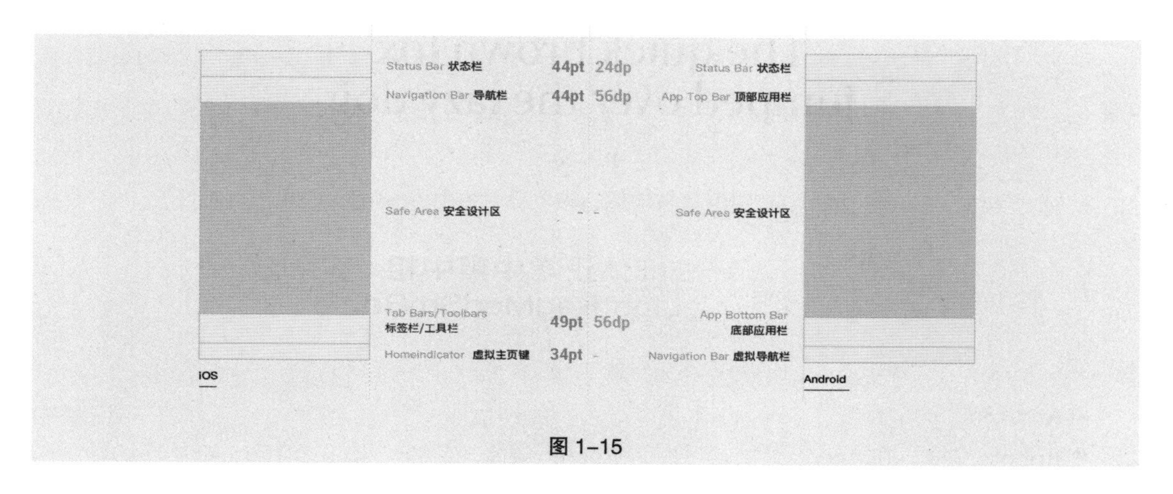

图 1-15

5. 间距

在App间距中，8倍数和10倍数的尺寸常被使用，如图1-16所示。例如，在iOS中以@2x为基准，常见的边距有20 px、24 px、30 px、32 px、40 px及50 px。而4倍数的尺寸则可以用于较亲密的元素之间。

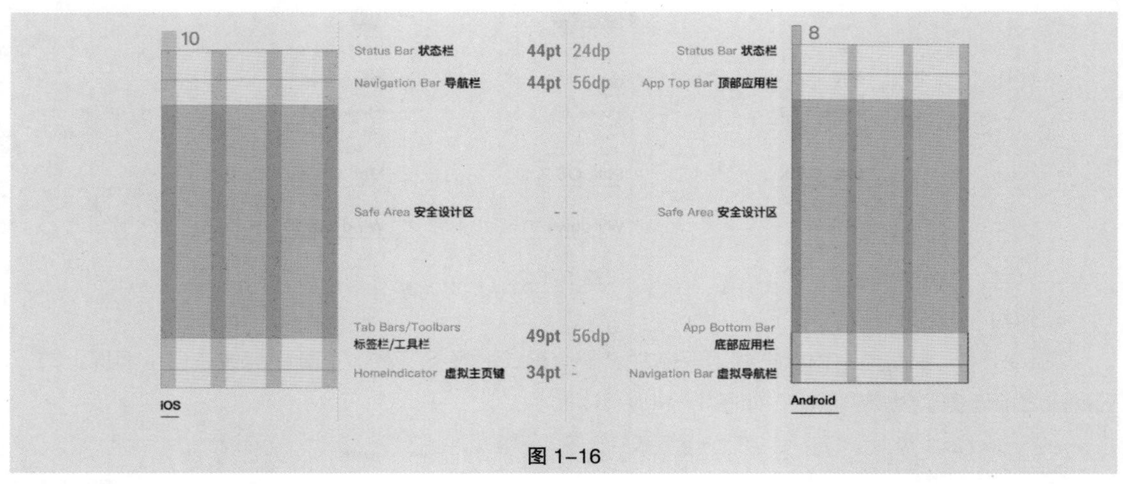

图 1-16

6. 文字

（1）系统字体。

• iOS。

■ 旧金山字体：旧金山字体是非衬线字体，如图1-17所示，其中SF字体有SF UI Text（文本模式）和SF UI Display（展示模式）两种尺寸；SF UI Text适用于小于19 pt的文字，SF UI Display适用于大于20 pt的文字。

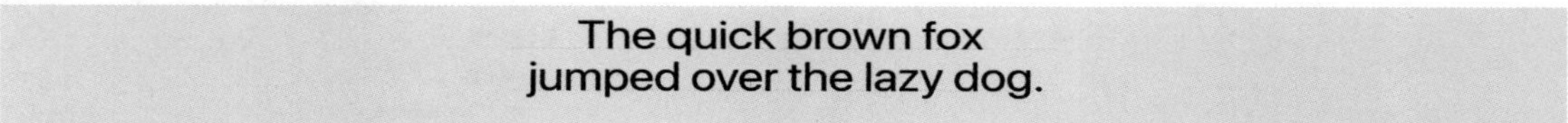

The quick brown fox
jumped over the lazy dog.

图 1-17

■ 纽约字体：纽约字体是衬线字体，如图1-18所示，用来补充旧金山字体；对于小于20 pt的文字使用小号，对于20 ~ 35 pt之间的文字使用中号，对于36 ~ 53 pt之间的文字使用大号，对于54 pt或更大的文字使用特大号。

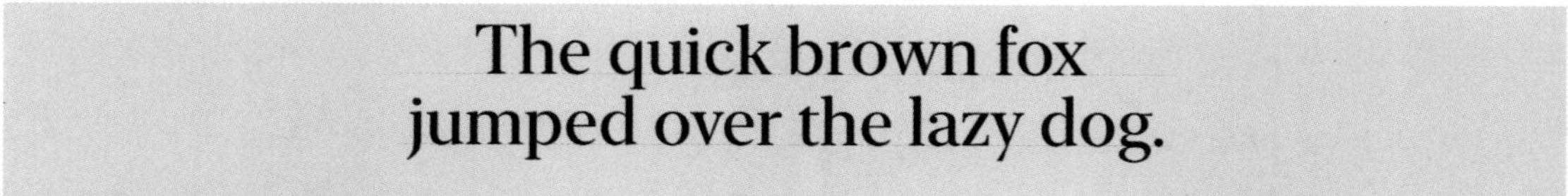

The quick brown fox
jumped over the lazy dog.

图 1-18

■ 苹方字体：在iOS中，中文使用苹方字体，该字体共有6个字重，如图1-19所示。

极细纤细细体正常中黑中粗
UlLiThinLightRegMedSmBd

图 1-19

• Android。

■ Roboto字体：在Android中，英文使用Roboto字体，该字体共有6个字重，如图1-20所示。

■ 思源黑体：在 Android 系统中，中文使用思源黑体，该字体又被称为“Source Han Sans” 或“Noto”，共有 7 个字重。如图 1-20 所示。

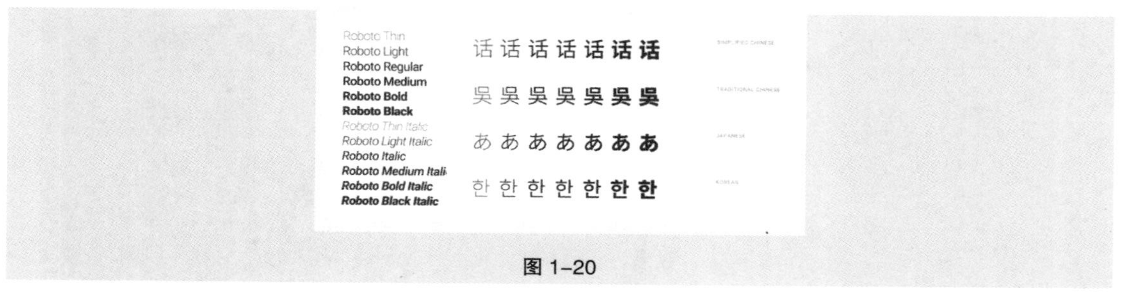

图 1-20

（2）字体尺寸。

iOS 和 Material Design 提供的字号参考并不完全适用于中文，因为相同字号下，中文比西文大。例如 iOS 官方规范正文为 17 pt，如图 1-21 所示，但使用中文时 14 pt 和 12 pt 更加合适。为了区分标题和正文，字体大小差异应至少为 2 pt。行高西文通常采用 1.3 ~ 1.5 倍，中文采用 1.5 ~ 2 倍。

iOS对于字体大小的建议

位置	字体	字重	字号（逻辑像素）	字号（实际像素）	行距	字间距
大标题	San Francisco（简称"SF"）	Regular	34pt	68px	41	+11
标题一	San Francisco（简称"SF"）	Regular	28pt	56px	34	+13
标题二	San Francisco（简称"SF"）	Regular	22pt	44px	28	+16
标题三	San Francisco（简称"SF"）	Regular	20pt	40px	25	+19
头条	San Francisco（简称"SF"）	Semi-Bold	17pt	34px	22	-24
正文	San Francisco（简称"SF"）	Regular	17pt	34px	22	-24
标注	San Francisco（简称"SF"）	Regular	16pt	32px	21	-20
副标题	San Francisco（简称"SF"）	Regular	15pt	30px	20	-16
注解	San Francisco（简称"SF"）	Regular	13pt	26px	18	-6
注释一	San Francisco（简称"SF"）	Regular	12pt	24px	16	0
注释二	San Francisco（简称"SF"）	Regular	11pt	22px	13	+6

安卓对于字体大小的建议

位置	字体	字重	字号	使用情况	字间距
标题一	Roboto	Light	96sp	正常情况	-1.5
标题二	Roboto	Light	60sp	正常情况	-0.5
标题三	Roboto	Regular	48sp	正常情况	0
标题四	Roboto	Regular	34sp	正常情况	0.25
标题五	Roboto	Regular	24sp	正常情况	0
标题六	Roboto	Medium	20sp	正常情况	0.15
副标题一	Roboto	Regular	16sp	正常情况	0.15
副标题二	Roboto	Medium	14sp	正常情况	0.1
正文一	Roboto	Regular	16sp	正常情况	0.5
正文二	Roboto	Regular	14sp	正常情况	0.25
按钮	Roboto	Medium	14sp	首字母大写	0.75
标题	Roboto	Regular	14sp	正常情况	0.4
注释	Roboto	Regular	14sp	首字母大写	1.5

图 1-21

7. 图标尺寸

（1）应用图标。

- 概念。

应用图标即产品图标，是品牌和产品的视觉表达形式，主要出现在主屏幕上，如图 1-22 所示。

图 1-22

- 尺寸。

应用图标的设计尺寸可以采用 1 024 px，并根据 iOS 官方模板进行规范，如图 1-23 所示。正确的图标设计稿应是不带圆角的直角矩形，iOS 会自动应用一个圆角遮罩将图标的 4 个角遮住。

由于屏幕分辨率的差异和使用场景的不同，因此 iOS 官方图标模板中有非常多的图标尺寸。在设计时，只需要设计 1 024 px 的尺寸，然后将这个图标置入 PS 的智能对象或 Sketch 的 Symbol 中，就可以一次性生成所有尺寸，如图 1-24 所示。

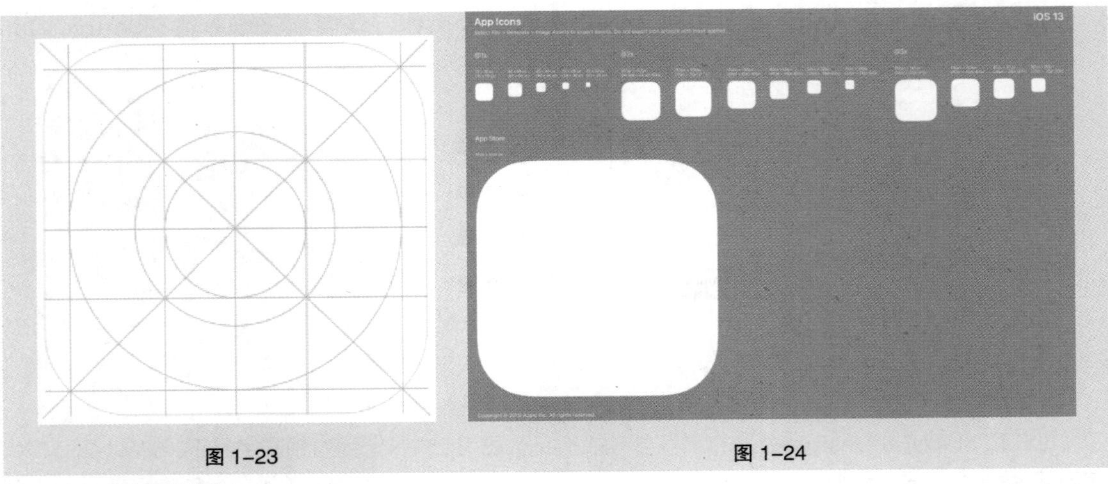

图 1-23　　图 1-24

（2）功能图标。

• 概念。

功能图标即系统图标，它通过简洁的图形表示一些常见的功能，如图 1-25 所示，其主要应用于界面中的导航栏、工具栏及标签栏等模块。

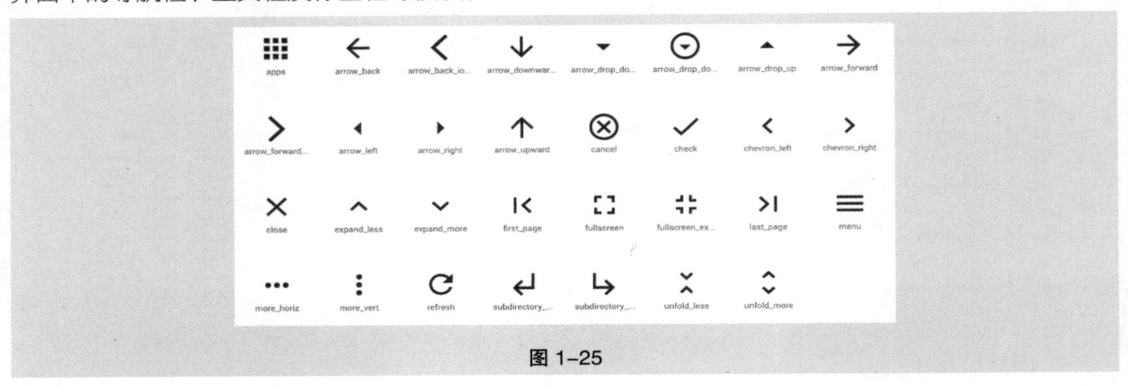

图 1-25

• 尺寸。

创建功能图标时，可以参考 Material Design，以 24 dp 的尺寸为基准。图标应该留出一定的边距，保证不同面积的图标有协调一致的视觉效果，如图 1-26 所示。

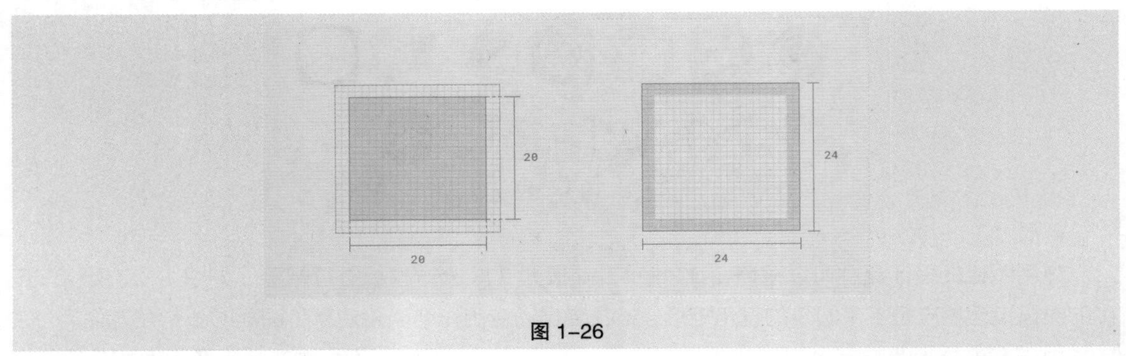

图 1-26

不同形状的图标可以根据方形、圆形、垂直矩形及水平矩形这一套网格系统来进行尺寸规范，如图 1-27 和图 1-28 所示。

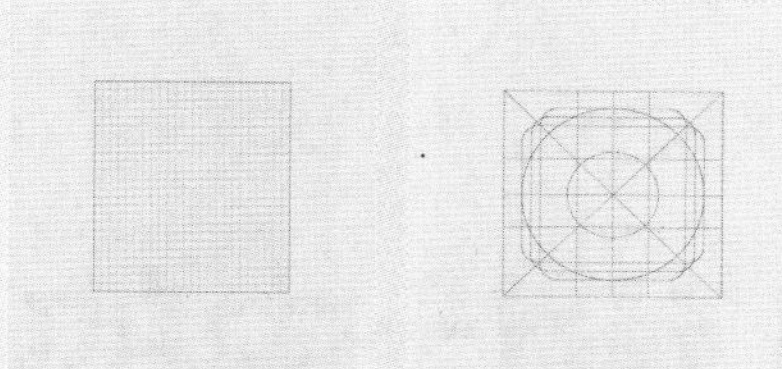

24 px 下 / 的网格系统

图 1-27

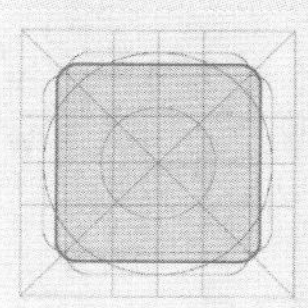

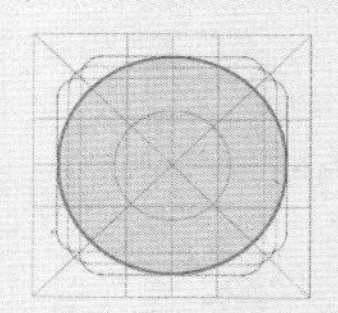

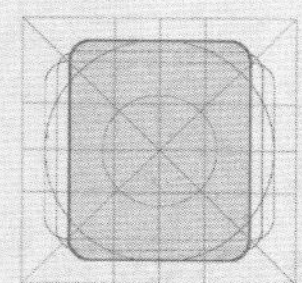

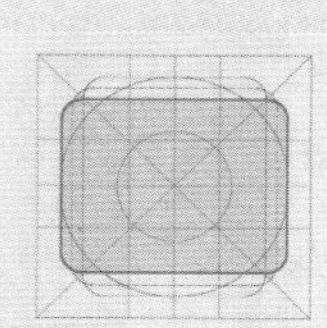

方形：宽度 18 px　　圆形：直径 20 px　　垂直矩形：高度 20px，宽度 16px　　水平矩形：高度 16px，宽度 20px

图 1-28

根据屏幕分辨率的差异和使用场景的不同，图标的尺寸也有所不同。其中，在 iOS 中，图标尺寸规律通常是在 48 px 的基础上进行 4 倍数的加减变化，而在 Android 系统中，图标尺寸规律通常是在 48 px 的基础上进行 8 倍数的加减变化，如图 1-29 所示。具体的设计尺寸将在第 4 章中进行详细讲解。

iOS　　Android

48±4　　48±8

图 1-29

8. 图片比例

图片通常需要按照固定比例进行设计，并应用于特定环境，如 1：1 尺寸的图片通常会作为头像使用。图片常用比例及特定应用如图 1-30 所示。

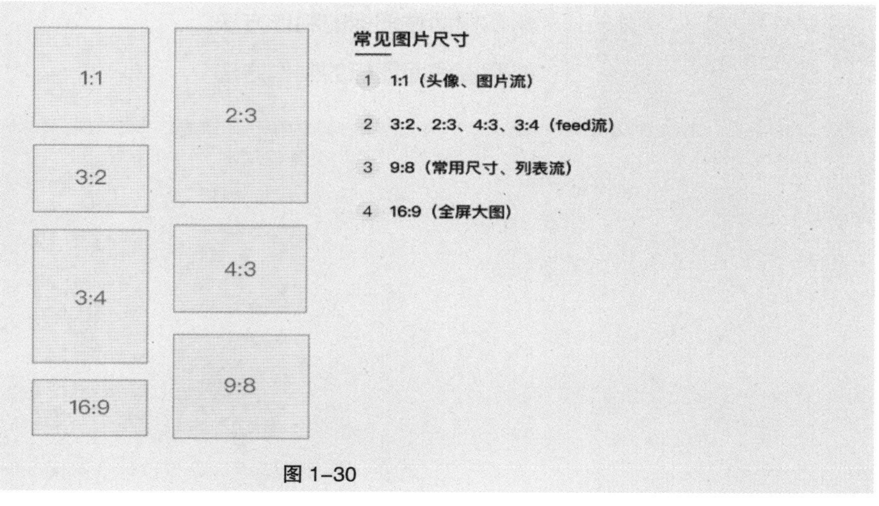

图 1-30

第2章

02 UI 设计中的图标设计

本章介绍

图标设计是 UI 设计中重要的组成部分，可以帮助用户更好地理解产品的功能，是营造产品用户体验的关键一环。本章将对 UI 设计中常用的线性图标、面性图标及线面图标进行系统的知识讲解与实操演练。通过对本章的学习，读者可以对图标设计有一个系统的认识，并快速掌握绘制图标的规范和方法，为接下来的控件设计打下基础。

学习目标

- 掌握线性图标的制作方法
- 掌握面性图标的制作方法
- 掌握线面图标的制作方法

2.1 线性图标

扁平化风格自 2013 年 iOS 7 的推出而成为设计的主流趋势，扁平化风格的图标也因此成为图标设计的主导风格。线性图标作为扁平化图标的三大风格之一，具有独特的设计优势及丰富的使用场景。下面分别从基本概念、使用场景及设计要点 3 个方面进行线性图标的讲解。

2.1.1 基本概念

线性图标通过统一的线条进行绘制，表达图标的功能，如图 2-1 所示。线性图标具有形象简洁、设计轻盈的特点，会呈现出干净的视觉效果。同时由于线性图标中使用元素本身的简单性，因此会产生设计师创作空间缩小等问题，并且在制作复杂线性图标时会产生识别性减弱等现象。

图 2-1

2.1.2 使用场景

线性图标的使用场景非常丰富，作为页面的功能图标常用于导航栏、金刚区、列表流、分类区、局部操作、标签栏等，如图 2-2 所示。

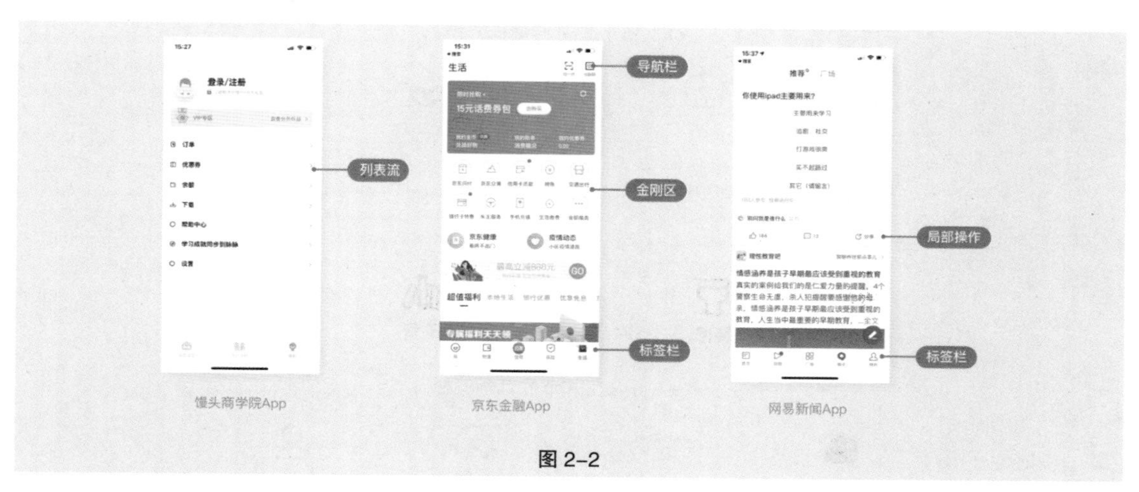

图 2-2

2.1.3 设计要点

1. 描边设置

（1）描边数值。

进行线性图标设计时，描边的数值大小要保持一致，并尽量采用整数，如果要用小数的话，建议使用“0.5”递进。描边数值的不同设置会影响到图标的性格表现，因此需要根据产品气质选择合适的图标描边数值。如果将图标的描边设置为 2 px，则表现出纤细及品质的特点，如图 2–3 所示；如果设置为 3 px，则适用于大众，可以对产品进行通用，如图 2–4 所示；如果设置为 4 px 及其以上，则表现出稳重及有趣的特点，如图 2–5 所示。

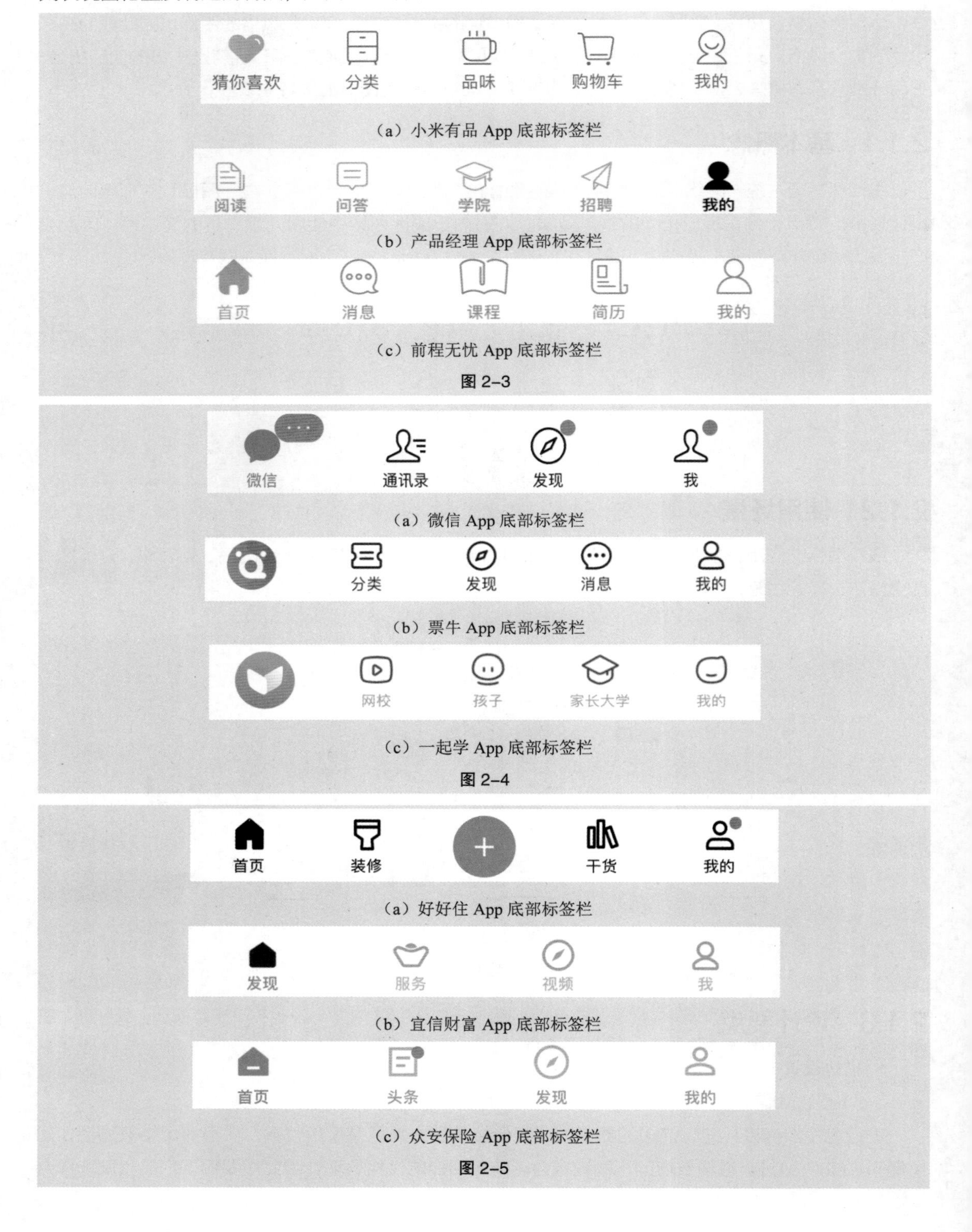

（a）小米有品 App 底部标签栏

（b）产品经理 App 底部标签栏

（c）前程无忧 App 底部标签栏

图 2–3

（a）微信 App 底部标签栏

（b）票牛 App 底部标签栏

（c）一起学 App 底部标签栏

图 2–4

（a）好好住 App 底部标签栏

（b）宜信财富 App 底部标签栏

（c）众安保险 App 底部标签栏

图 2–5

（2）对齐方式。

描边数值如果是奇数，应该使用内或者外描边，因为居中的描边容易模糊，如图 2-6 所示。在做闭合路径的线性图标时，通常采用内描边的对齐方式，因为外描边的矢量图形在视觉上其实是比实际数值要大的，不利于控制图标大小，如图 2-7 所示。

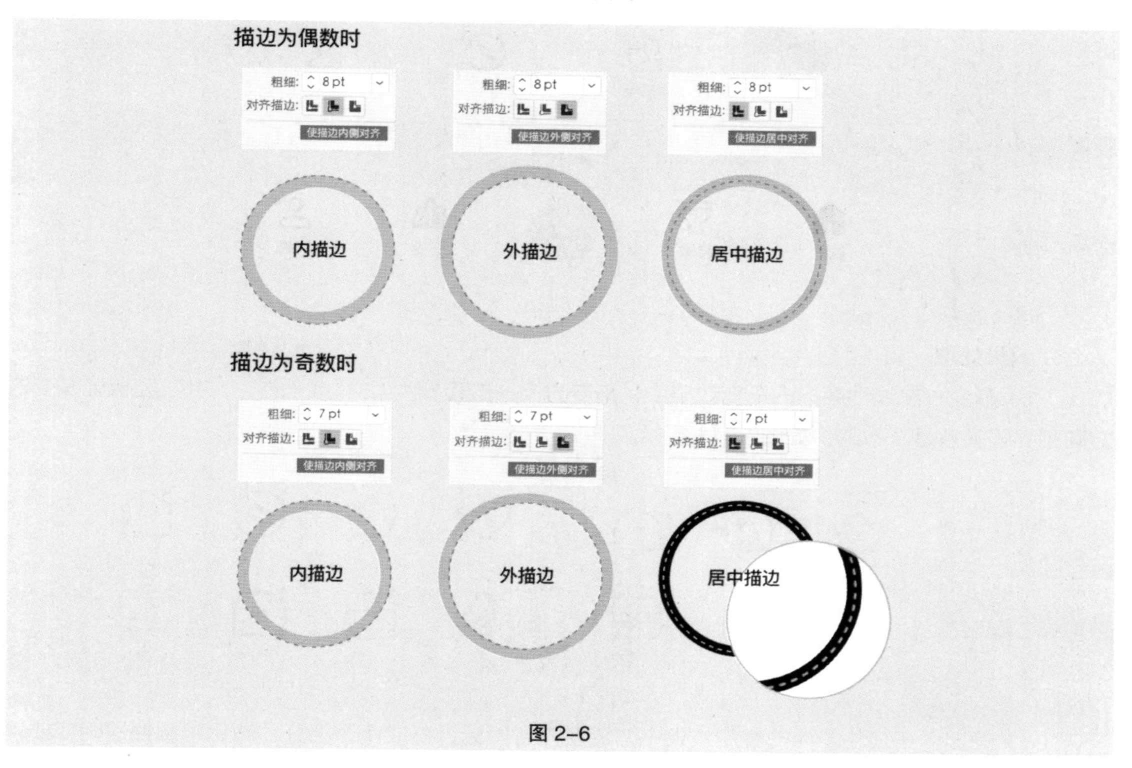

图 2-6

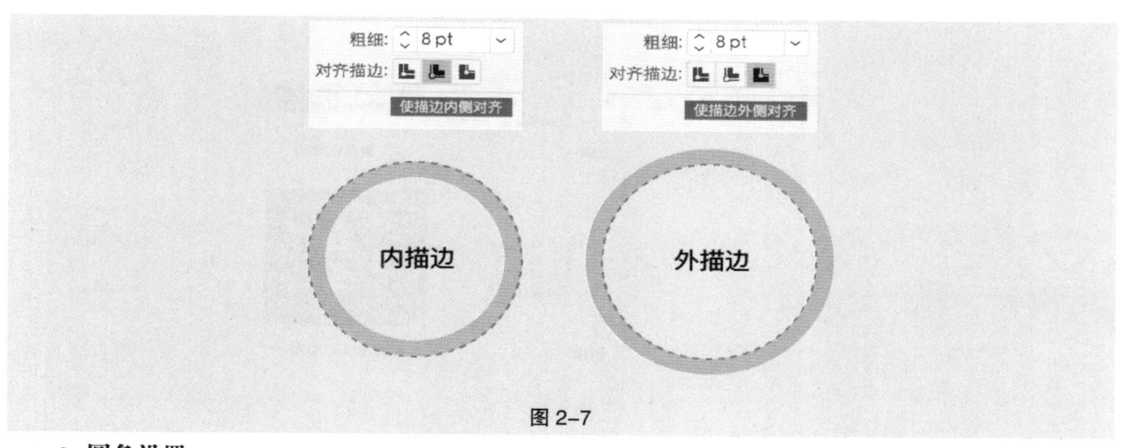

图 2-7

2. 圆角设置

进行线性图标设计时，圆角的数值大小一致，建议为偶数，不能出现小数。同时圆角的数值设置和描边的数值设置有着千丝万缕的联系。如果图标的描边为 2 px，圆角通常设置为 2 px，如图 2-8 所示；描边为 3 px，圆角通常设置为 4 px，如图 2-9 所示；描边为 4 px 以上，通常设置为无圆角，如图 2-10 所示。

图 2-8

图 2-9

图 2-10

3. 效果处理

（1）渐变：在线性图标的渐变效果中，渐变方向一般设置为 45° 或 135° ，并且要保证渐变的方向和强弱关系是一致的，如图 2-11 所示。

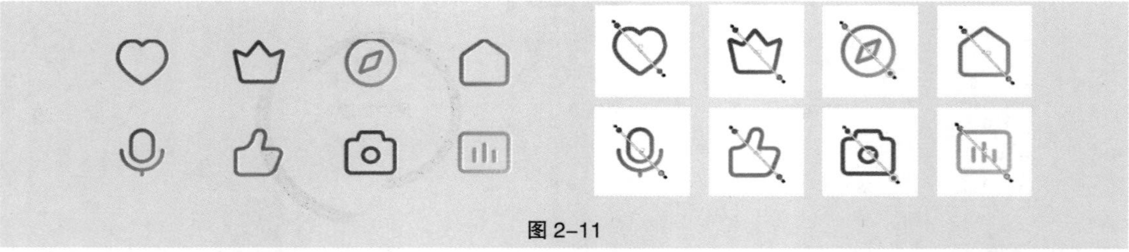

图 2-11

（2）叠加：在线性图标的叠加效果中，需要先将图标拆分成两个部分，然后再调整透明度或调整"图层混合模式"来呈现出叠加效果，如图 2-12 所示。

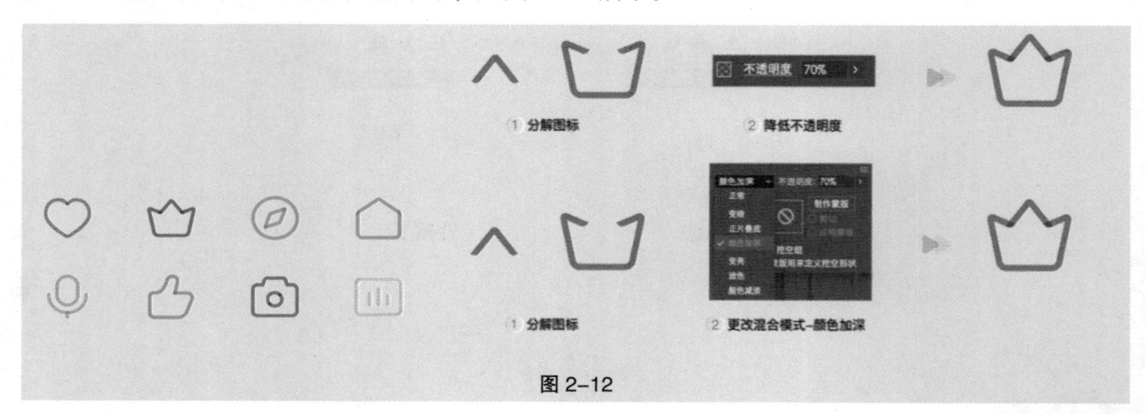

图 2-12

2.1.4 课堂案例——制作旅游类 App 线性图标

【案例设计要求】

（1）运用 Illustrator 绘制标签栏中的"行程"图标，设计效果如图 2-13 所示，环境效果如图 2-14 所示。

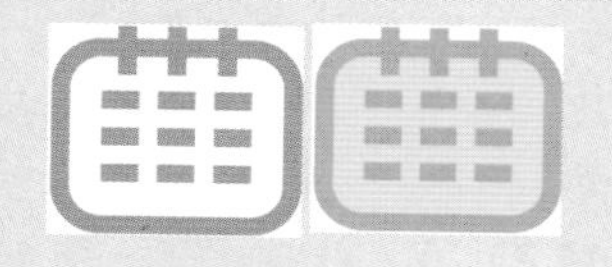

图 2-13

图 2-14

（2）图标尺寸：24 px。图标布局：20 px。

（3）运用网格系统，符合图标绘制规范。

【案例学习目标】学习使用 Illustrator 绘制标签栏中的“行程”图标。

【案例知识要点】调整“X”“Y”“宽”“高”选项使图标符合设计规范，运用 AI 变化工具进行快速复制，扩展外观变成真实图像。

【效果文件所在位置】云盘 /Ch02/ 制作旅游类 App 线性图标 / 效果 / 制作旅游类 App 线性图标 .ai。

（1）按 Ctrl+N 组合键，弹出“新建文档”对话框，设置宽度为 24 px，高度为 24 px，取向为横向，颜色模式为 RGB，分辨率为 72 像素 / 英寸，单击“创建”按钮，新建一个文档。

（2）选择“编辑 > 首选项 > 常规”命令，弹出“首选项”对话框，将“键盘增量”选项设置为 1 px，如图 2-15 所示。单击“单位”选项卡，切换到相应面板中进行设置，如图 2-16 所示。

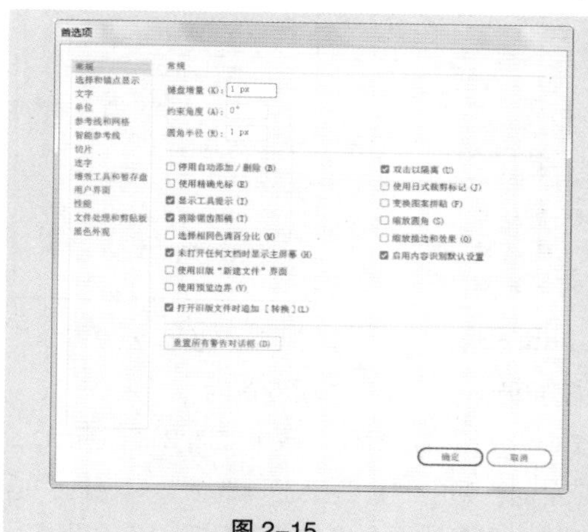

图 2-15

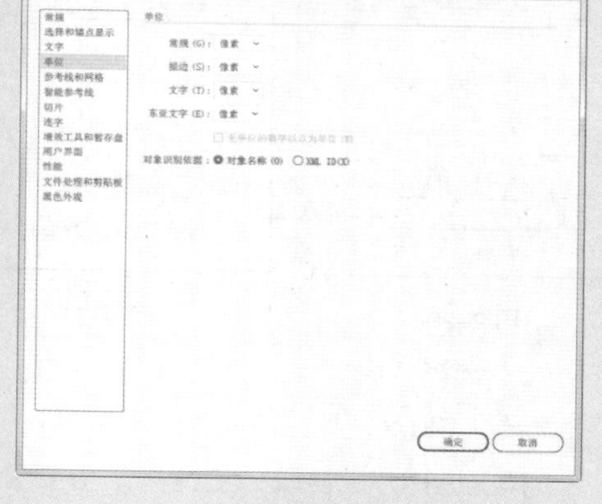

图 2-16

（3）单击“参考线和网格”选项卡，切换到相应的面板，将“网格线间隔”选项设置为 1 px，如图 2-17 所示，单击“确定”按钮。

（4）选择“视图 > 显示网格”命令，显示网格。选择“视图 > 对齐网格”命令，对齐网格。选择“视图 > 对齐像素”命令，对齐像素。

（5）选择“文件 > 打开”命令，弹出“打开”对话框，选择云盘中的“Ch02 > 制作旅游类 App 线性图标 > 素材 > 01”文件，单击“打开”按钮，效果如图 2-18 所示。

（6）选择“选择”工具 ，选取网格系统，按 Ctrl+C 组合键，复制图形。返回到正在编辑的页面，按 Ctrl+V 组合键，将其粘贴到制作旅游类 App 线性图标页面中，并拖曳复制的网格系统到适当的位置，效果如图 2-19 所示。

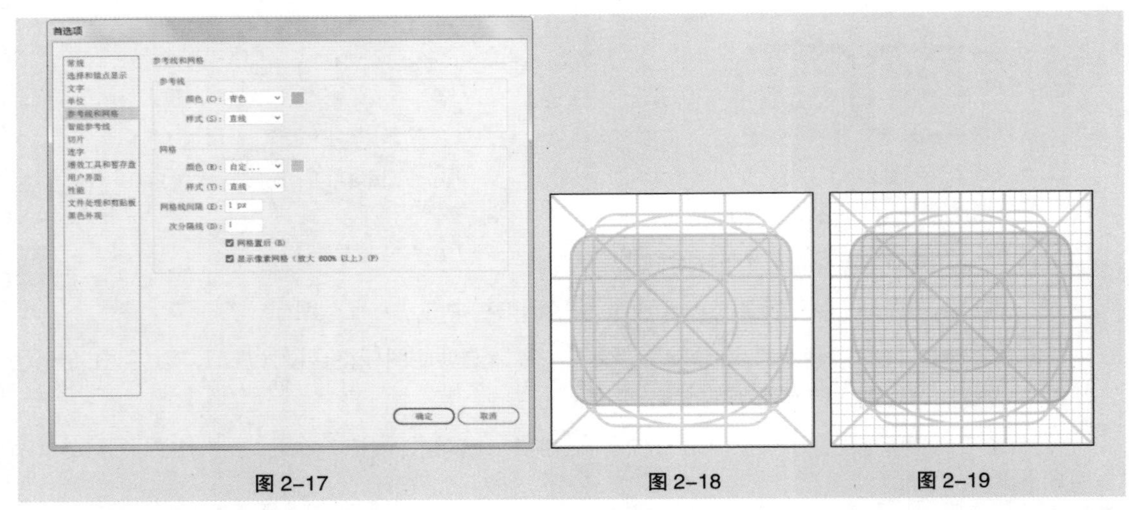

图 2-17　　图 2-18　　图 2-19

（7）选择“圆角矩形”工具，在页面中单击鼠标左键，弹出“圆角矩形”对话框，选项设置如图 2-20 所示。单击“确定”按钮，出现一个圆角矩形。设置描边色为灰色（153、153、153），填充描边，并设置填充色为无，效果如图 2-21 所示。

（8）选择“窗口 > 描边”命令，弹出“描边”控制面板，将“粗细”选项设置为 1.5 px，“对齐描边”选项设置为“使描边内侧对齐”，其他选项的设置如图 2-22 所示，效果如图 2-23 所示。

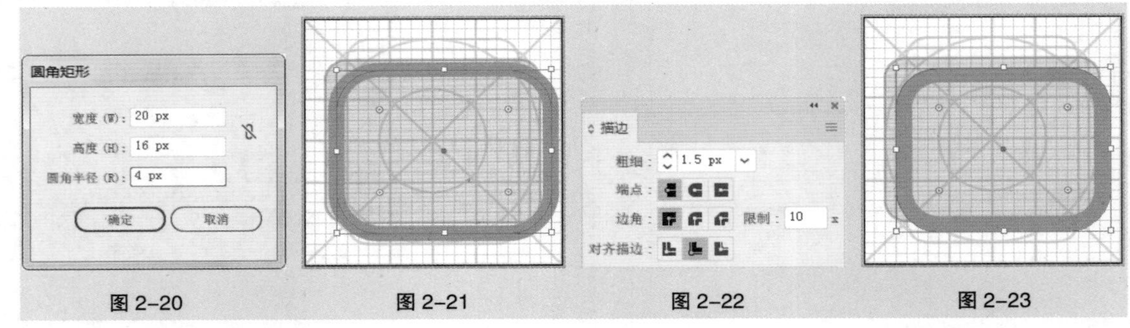

图 2-20　　图 2-21　　图 2-22　　图 2-23

（9）选择“窗口 > 变换”命令，弹出“变换”控制面板，将“X”选项设置为 12 px，“Y”选项设置为 12 px，其他选项的设置如图 2-24 所示。按 Enter 键确定操作，效果如图 2-25 所示。

（10）选择“直线段”工具，在页面中单击鼠标左键，弹出“直线段工具选项”对话框，选项设置如图 2-26 所示。单击“确定”按钮，出现一条竖线，在属性栏中将“描边粗细”选项设置为 1.5 px，按 Enter 键确定操作，效果如图 2-27 所示。

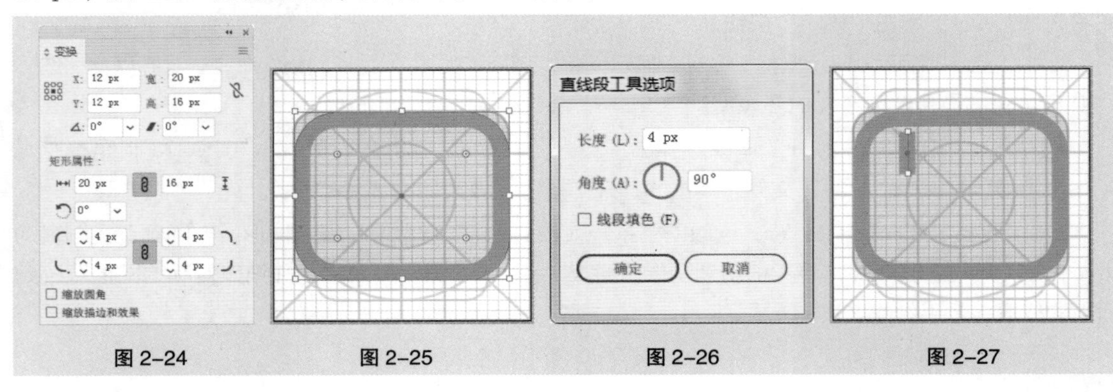

图 2-24　　图 2-25　　图 2-26　　图 2-27

（11）在“变换”控制面板中，将“X”选项设置为 8 px，“Y”选项设置为 5 px，其他选项的设置如图 2-28 所示。按 Enter 键确定操作，效果如图 2-29 所示。

（12）保持直线选取状态，选择“效果 > 扭曲和变换 > 变换”命令，弹出“变换效果”对话框，在“移动”选项组中，将“水平”选项设置为 4 px，然后将“副本”选项设置为 2，其他选项的设置如图 2-30 所示。单击“确定”按钮，效果如图 2-31 所示。选择“对象 > 扩展外观”命令，扩展图形的外观，效果如图 2-32 所示。

（13）选择“直线段”工具，在页面中单击鼠标左键，弹出“直线段工具选项”对话框，选项设置如图 2-33 所示。单击“确定”按钮，出现一条横线，在属性栏中将“描边粗细”选项设置为 1.5 px，按 Enter 键确定操作，效果如图 2-34 所示。

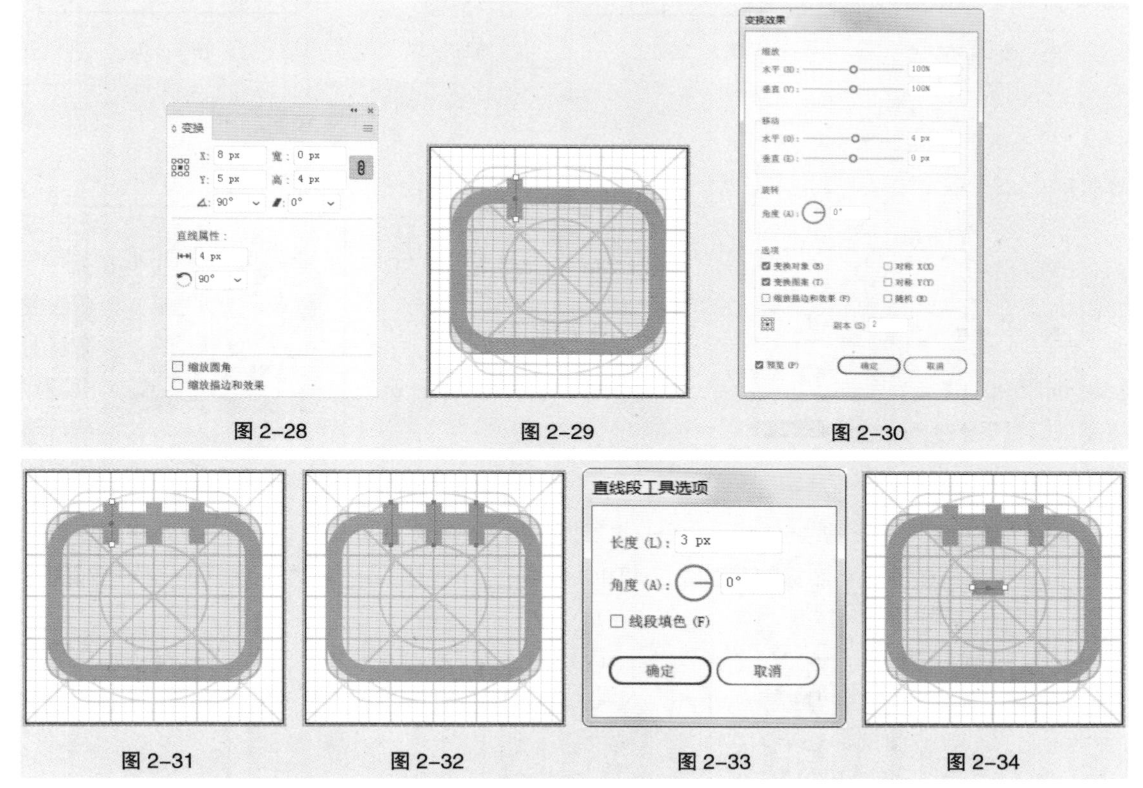

图 2-28　图 2-29　图 2-30

图 2-31　图 2-32　图 2-33　图 2-34

（14）在“变换”控制面板中，将“X”选项设置为 7.5 px，“Y”选项设置为 10 px，其他选项的设置如图 2-35 所示。按 Enter 键确定操作，效果如图 2-36 所示。

（15）保持直线选取状态，选择“效果 > 扭曲和变换 > 变换”命令，弹出“变换效果”对话框，在“移动”选项组中，将“水平”选项设置为 4.5 px，然后将“副本”选项设置为“2”，其他选项的设置如图 2-37 所示。单击“确定”按钮，效果如图 2-38 所示。

（16）保持直线选取状态，选择“效果 > 扭曲和变换 > 变换”命令，弹出图 2-39 所示的对话框，单击“应用新效果”按钮，弹出“变换效果”对话框，在“移动”选项组中，将“垂直”选项设置为 3 px，然后将“副本”选项设置为 2，其他选项的设置如图 2-40 所示。单击“确定”按钮，效果如图 2-41 所示。

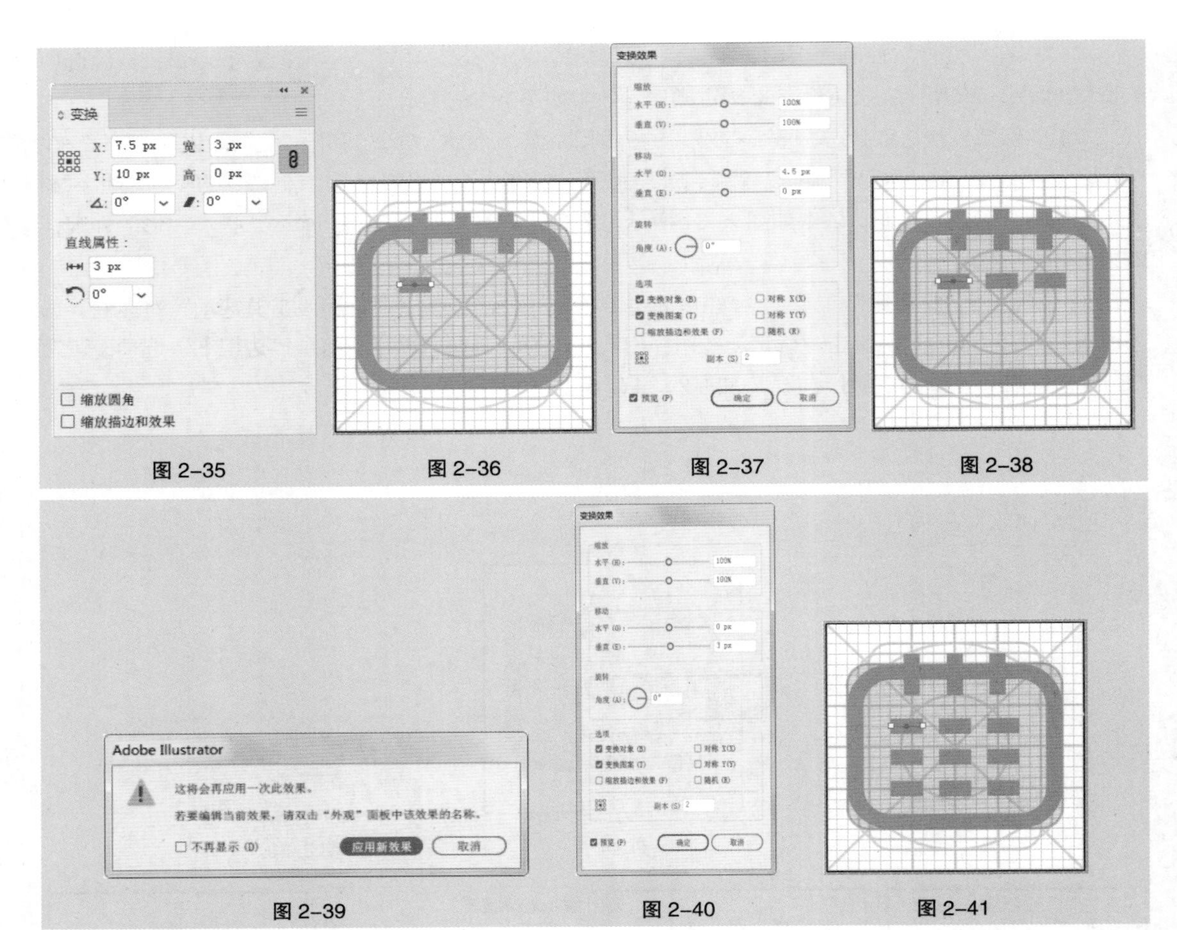

图 2-35　图 2-36　图 2-37　图 2-38

图 2-39　图 2-40　图 2-41

（17）选择“对象 > 扩展外观”命令，扩展图形的外观，效果如图 2-42 所示。选择“选择”工具▶，用框选的方法将图标同时选取，如图 2-43 所示。按住 Shift 键的同时，单击网格系统将其取消选取，效果如图 2-44 所示。

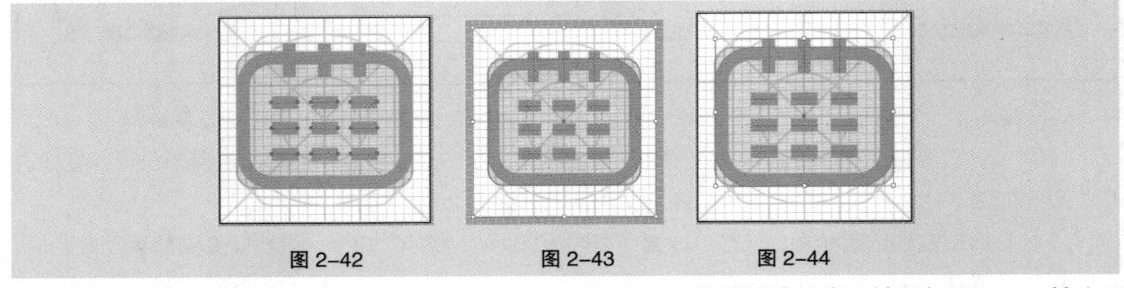

图 2-42　图 2-43　图 2-44

（18）选择“对象 > 路径 > 轮廓化描边”命令，创建对象的描边轮廓，效果如图 2-45 所示。选择“窗口 > 路径查找器”命令，弹出“路径查找器”控制面板，单击“联集”按钮，如图 2-46 所示，生成新的对象，效果如图 2-47 所示。旅游类 App 线性图标（未选中状态）制作完成。

（19）选择“画板”工具，按住 Alt+Shift 组合键的同时，将“画板 1”垂直向下拖曳到适当的位置，如图 2-48 所示，在文件中生成新的画板“画板 2”。选择“选择”工具▶，选取“画板 2”中的图标，设置填充色为橘黄色（255、151、1），效果如图 2-49 所示。

（20）选择“圆角矩形”工具，在页面中单击鼠标左键，弹出“圆角矩形”对话框，选项设置如图 2–50 所示。单击“确定”按钮，出现一个圆角矩形。设置填充色为橘黄色（255、151、1），填充圆角矩形，并设置描边色为无，效果如图 2–51 所示。

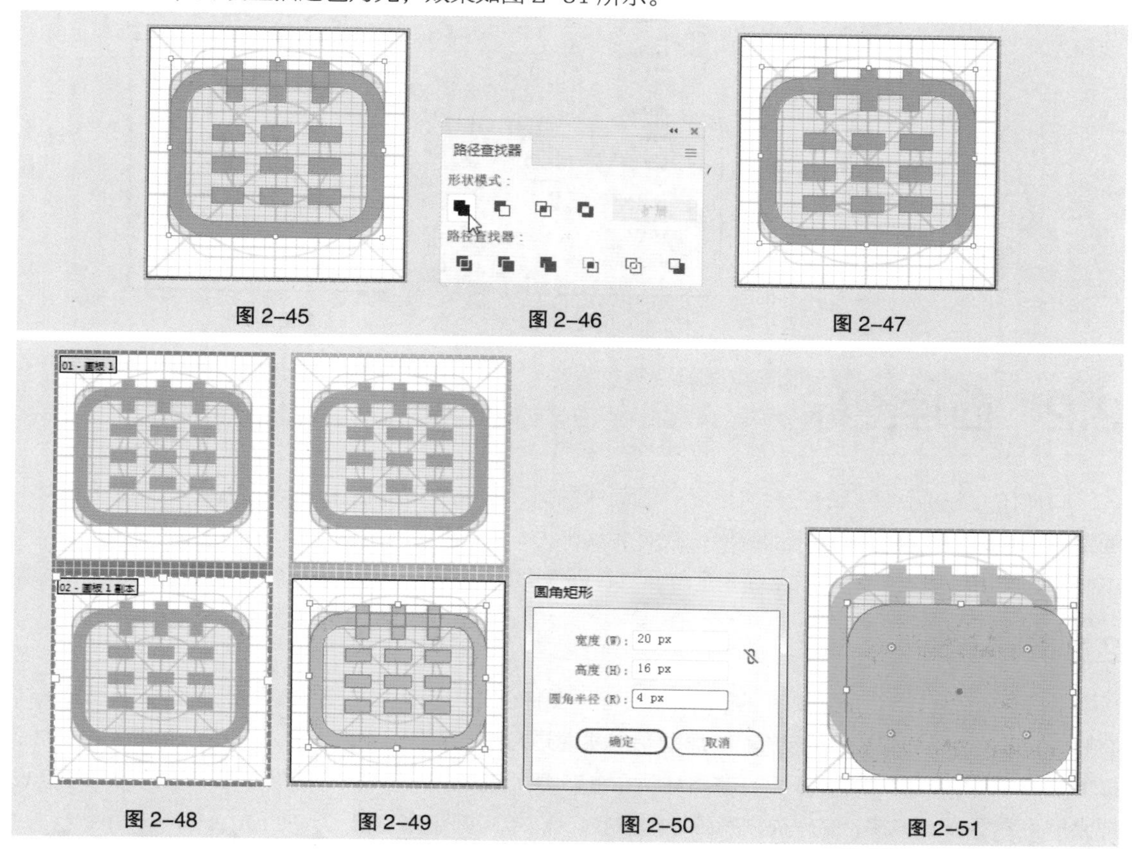

图 2–45　图 2–46　图 2–47

图 2–48　图 2–49　图 2–50　图 2–51

（21）在“变换”控制面板中，将“X”选项设置为 12 px，“Y”选项设置为 38 px，其他选项的设置如图 2–52 所示。按 Enter 键确定操作，效果如图 2–53 所示。

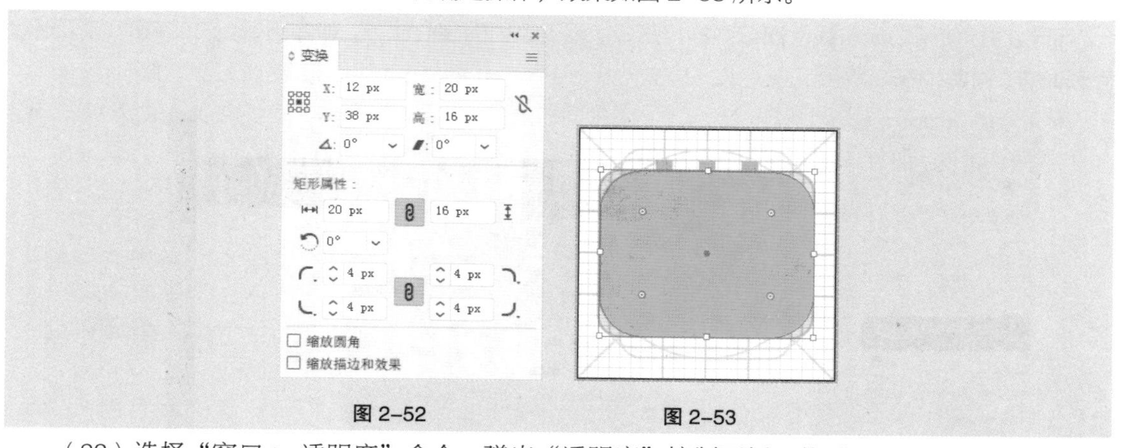

图 2–52　图 2–53

（22）选择“窗口 > 透明度”命令，弹出“透明度”控制面板，将“不透明度”选项设置为 30%，其他选项的设置如图 2–54 所示。在图形上单击鼠标右键，在弹出的快捷菜单中选择“排列 > 后移一层”命令，如图 2–55 所示，将圆角矩形后移一层，效果如图 2–56 所示。旅游类 App 线性图标的已选中状态（线面图标）制作完成。

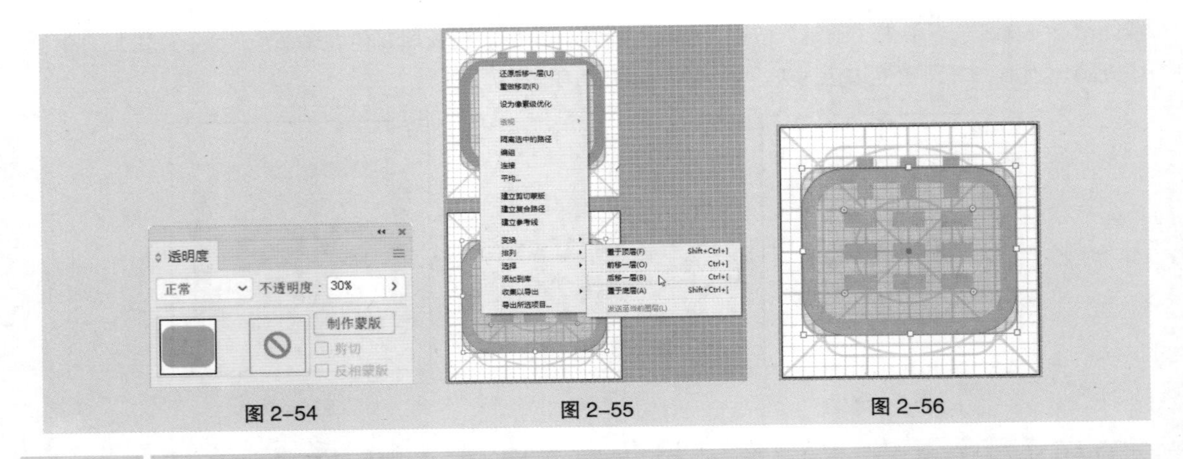

图 2–54　　图 2–55　　图 2–56

2.2 面性图标

同样作为扁平化图标的三大风格之一的面性图标，与线性图标在使用上互为补充、各有千秋。面性图标较线性图标，有着更加突出的视觉表现能力，并同样具有丰富的使用场景。下面分别从基本概念、使用场景以及设计要点这 3 个方面进行面性图标的讲解。

2.2.1 基本概念

面性图标即填充图标，如图 2–57 所示。面性图标由于占用的视觉面积要比线性图标多，所以具有整体饱满、视觉突出的特点，能够帮助用户快速进行图标的位置定位。但面性图标不宜在界面中大面积出现，这样会产生界面过于臃肿、用户视觉疲劳等问题。

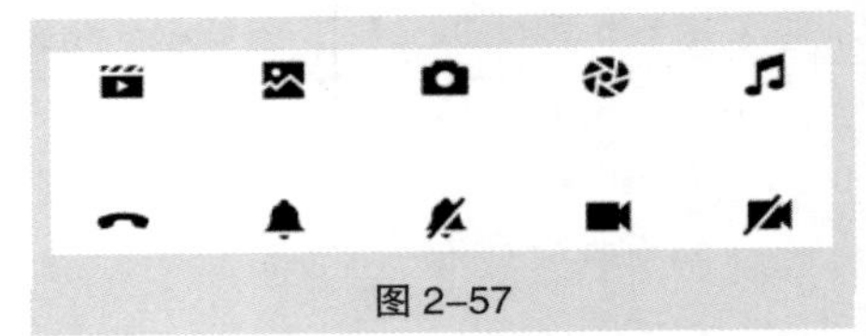

图 2–57

2.2.2 使用场景

面性图标使用场景与线性图标同样丰富，常用于页面的核心业务，如金刚区、内容装饰、标签栏、列表流等，如图 2–58 所示。

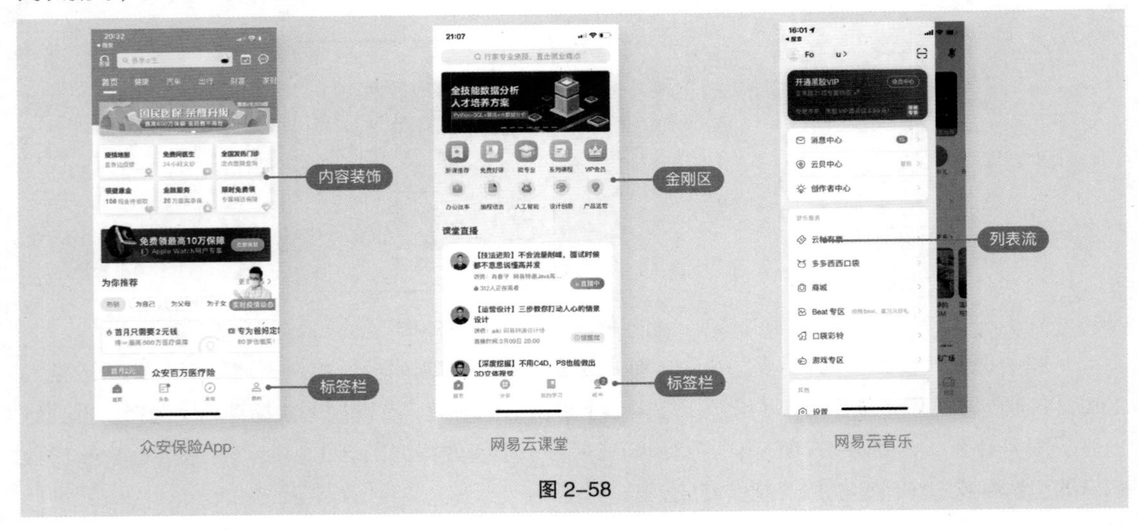

图 2–58

2.2.3 设计要点

1. 挖空比例

进行面性图标设计时，内部图形的挖空比例需要占 20% ～ 30%，如图 2-59 所示。这样设计出的图标才会使整体视觉效果较为和谐，能够呈现最佳状态。

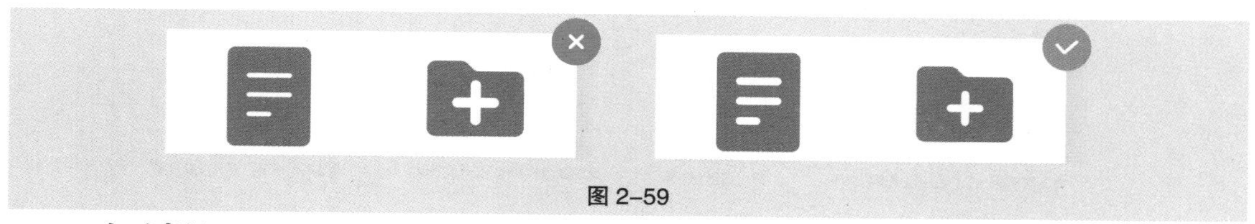

图 2-59

2. 有无底板

同一个面性图标，通过底板的设计可以使其发生微妙的变化，产生不同的特点。无底板的面性图标又称为单独型图标，这类图标视觉感知更直观；有底板的面性图标又称为组合型图标，这类图标具有层次，相对精致，如图 2-60 所示。越小的图标形体应该越简单，因此建议采用单独型图标，图标的尺寸足够大时可采用组合型图标，并补充图标的细节。

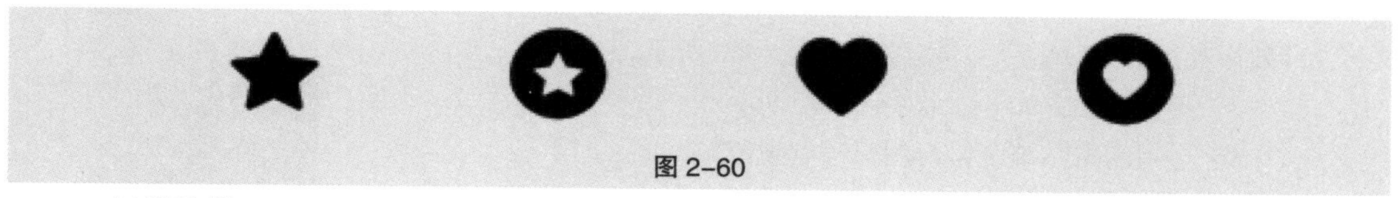

图 2-60

3. 细节处理

（1）微渐变。

在面性图标的微渐变效果中，在使用软件设置渐变形状的基础之上，运用 Easing Gradient 插件可以使图标的渐变效果变得更为细腻，如图 2-61 所示。其中值得注意的是，目前该插件只适用于 Sketch。

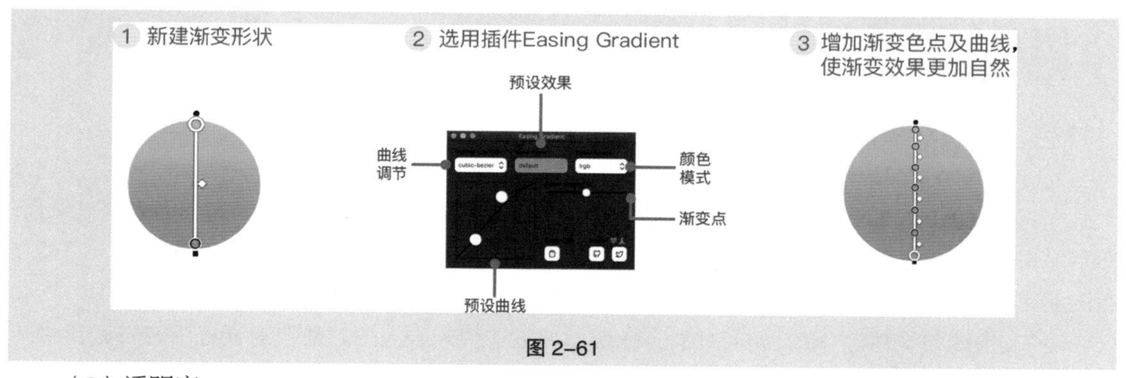

图 2-61

（2）透明度。

面性图标的透明度一般设置为 60%，如图 2-62 所示。

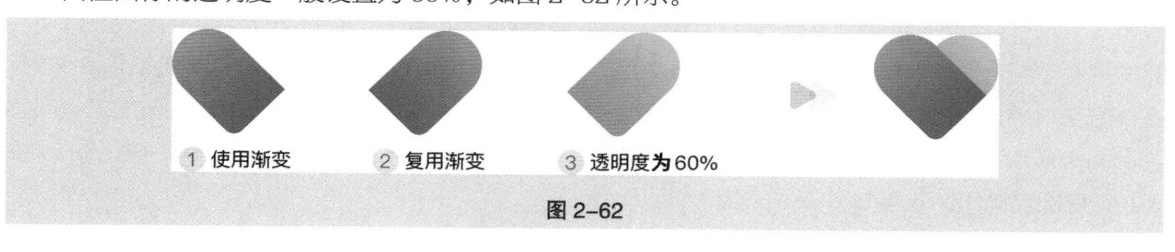

图 2-62

（3）弥散投影。

在组合型图标中，针对底板可以运用弥散投影增加质感。弥散投影又称为弥散阴影（Diffuse Shadow），与软件中直接使用效果的普通阴影技术相比，这种投影的表现则更有深度、更富层次、更加精致。目前，弥散投影已经成为一种设计潮流并广泛应用于 UI 设计中。弥散投影的具体制作方法如图 2-63 所示。

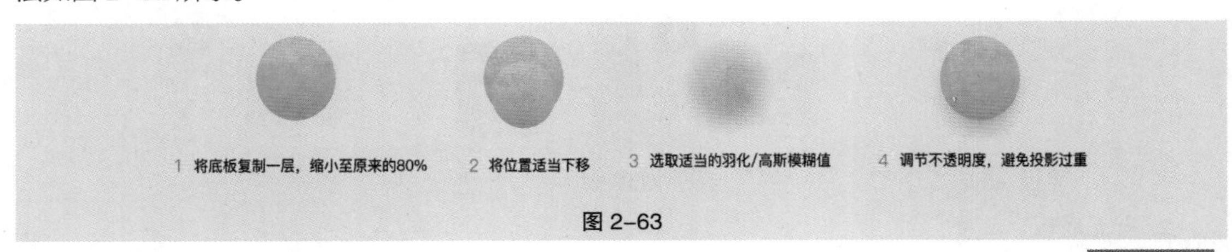

图 2-63

2.2.4 课堂案例——制作旅游类 App 面性图标

慕课视频

制作旅游类 App 面性图标

【案例设计要求】

（1）运用 Photoshop 绘制金刚区中的“酒店”图标，设计效果如图 2-64 所示，环境效果如图 2-65 所示。

（2）图标尺寸：96 px。图标布局：80 px。

（3）运用网格系统，符合图标绘制规范。

图 2-64

【案例学习目标】学习使用 Photoshop 绘制金刚区中的“酒店”图标。

【案例知识要点】通过“圆角矩形”工具、“属性”控制面板和布尔运算绘制基础图形，运用“渐变”工具为图标添加颜色，通过“不透明度”选项的设置调整图标的不透明度。

图 2-65

【效果文件所在位置】云盘 /Ch02/ 制作旅游类 App 面性图标 / 效果 / 制作旅游类 App 面性图标 .psd。

（1）按 Ctrl+N 组合键，弹出“新建文档”对话框，将宽度设置为 96 像素，高度设置为 96 像素，分辨率设置为 72 像素 / 英寸，背景内容设置为白色，如图 2-66 所示。单击“创建”按钮，完成文档的新建。

（2）选择“文件 > 置入嵌入对象”命令，弹出“置入嵌入的对象”对话框。选择云盘中的“Ch02 > 制作旅游类 App 面性图标 > 素材 > 01”文件，单击“置入”按钮，按 Enter 键确定操作，效果如图 2-67 所示，在“图层”控制面板中生成新的图层并将其命名为“网格”。

（3）选择“圆角矩形”工具 ▢，在属性栏的“选择工具模式”下拉列表中选择“形状”选项，将“填充”颜色设置为橘红色（255、74、67），“描边”颜色设置为无，“半径”选项设为 6 像素。在图像窗口中适当的位置绘制圆角矩形，如图 2-68 所示，在“图层”控制面板中生成新的形状图层“圆角矩形 1”。选择“窗口 > 属性”命令，弹出“属性”控制面板，选项设置如图 2-69 所示，按 Enter 键确定操作，效果如图 2-70 所示。

（4）在属性栏中将“半径”选项设置为 3 像素。按住 Shift 键的同时，在图像窗口中适当的位置再次绘制一个圆角矩形，在“属性”控制面板中进行其他设置，如图 2-71 所示，效果如图 2-72 所示。

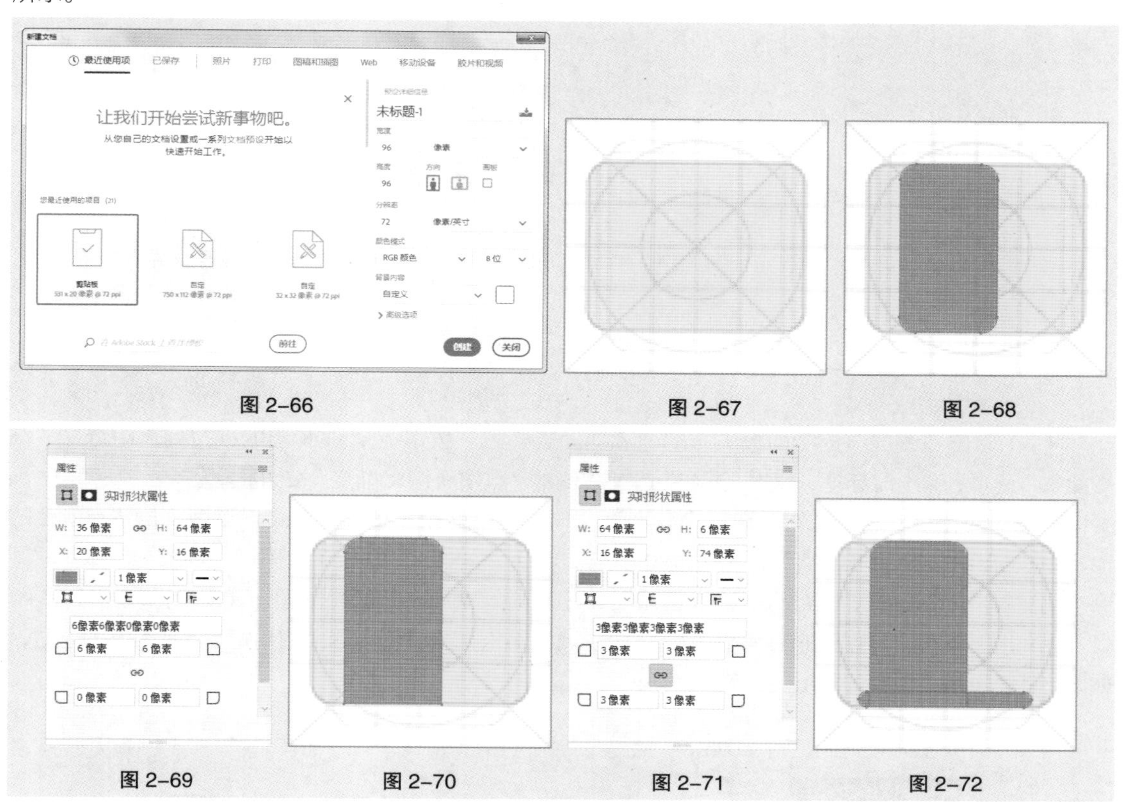

图 2-66　　图 2-67　　图 2-68

图 2-69　　图 2-70　　图 2-71　　图 2-72

（5）单击“图层”控制面板下方的“添加图层样式”按钮 fx.，在弹出的下拉列表中选择“渐变叠加”选项，弹出对话框，单击“渐变”选项右侧的“点按可编辑渐变”按钮，弹出“渐变编辑器”对话框，在“位置”选项中分别输入 0、50、100 这 3 个位置点，分别设置 3 个位置点颜色的 RGB 值为 0（249、40、37）、50（248、84、53）、100（245、127、54），如图 2-73 所示，单击“确定”按钮。返回到“图层样式”对话框，其他选项的设置如图 2-74 所示，单击“确定”按钮，效果如图 2-75 所示。

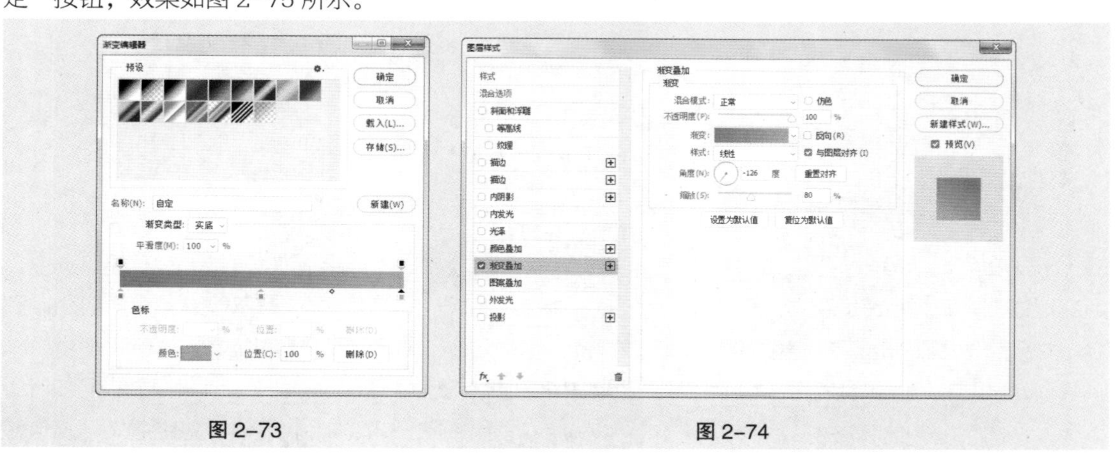

图 2-73　　图 2-74

（6）选择“圆角矩形”工具，在图像窗口中适当的位置绘制圆角矩形，如图2-76所示，在“图层”控制面板中生成新的形状图层“圆角矩形2”。在“属性”控制面板中进行设置，如图2-77所示，效果如图2-78所示。

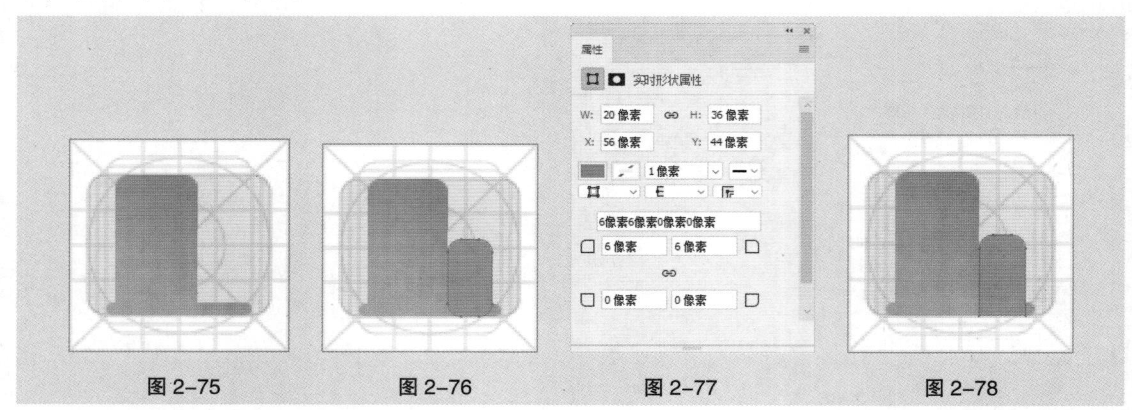

图2-75　图2-76　图2-77　图2-78

（7）单击“图层”控制面板下方的“添加图层样式”按钮，在弹出的下拉列表中选择“渐变叠加”选项，弹出对话框，单击“渐变”选项右侧的“点按可编辑渐变”按钮，弹出“渐变编辑器”对话框，在“位置”选项中分别输入50、100两个位置点，分别设置两个位置点颜色的RGB值为50（249、68、48）、100（248、83、53），如图2-79所示，单击“确定”按钮。返回到“图层样式”对话框，其他选项的设置如图2-80所示，单击“确定”按钮，效果如图2-81所示。

（8）在“图层”控制面板中选中“圆角矩形1”图层，将其拖曳到“圆角矩形2”图层的上方，如图2-82所示，效果如图2-83所示。

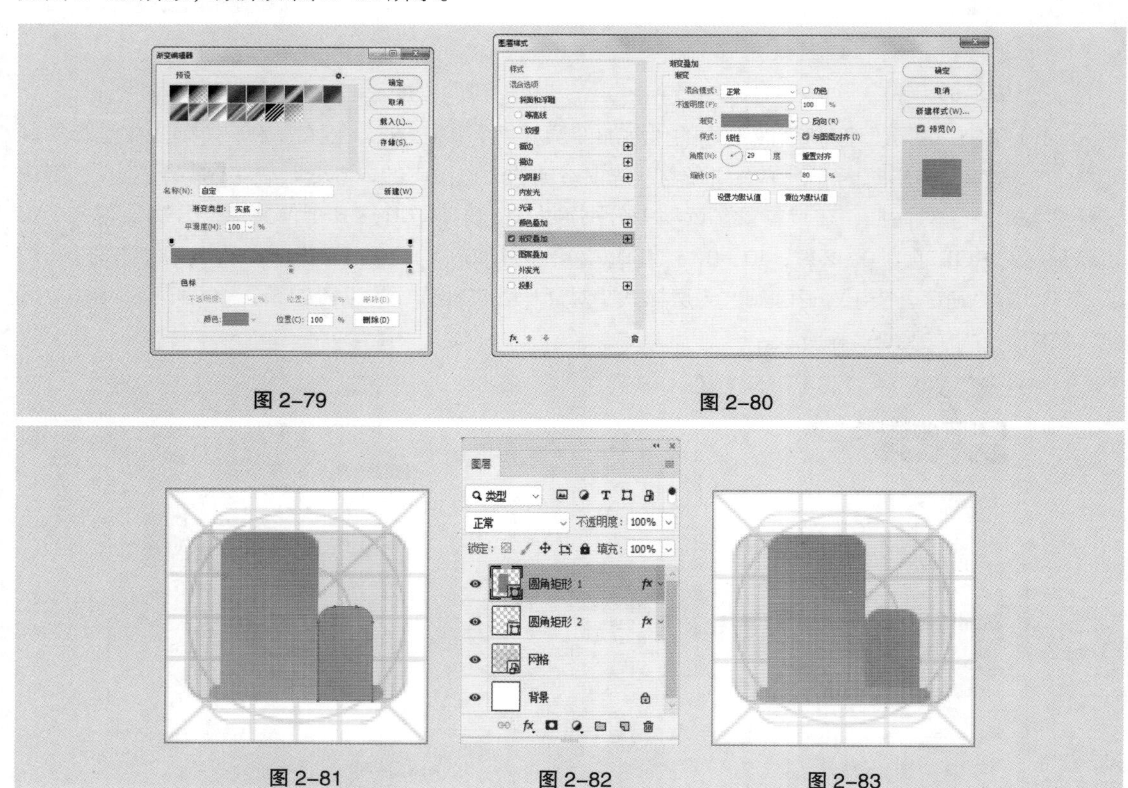

图2-79　图2-80

图2-81　图2-82　图2-83

（9）选择“圆角矩形”工具，在属性栏中将“半径”选项设置为2像素。在图像窗口中适当的位置绘制圆角矩形，在属性栏中将“填充”颜色设置为白色，“描边”颜色设置为无，在“图层”控制面板中生成新的形状图层“圆角矩形3”。在“属性”控制面板中进行其他设置，如图2-84所示，效果如图2-85所示。在“图层”控制面板中将其“不透明度”选项设置为40%，如图2-86所示，效果如图2-87所示。

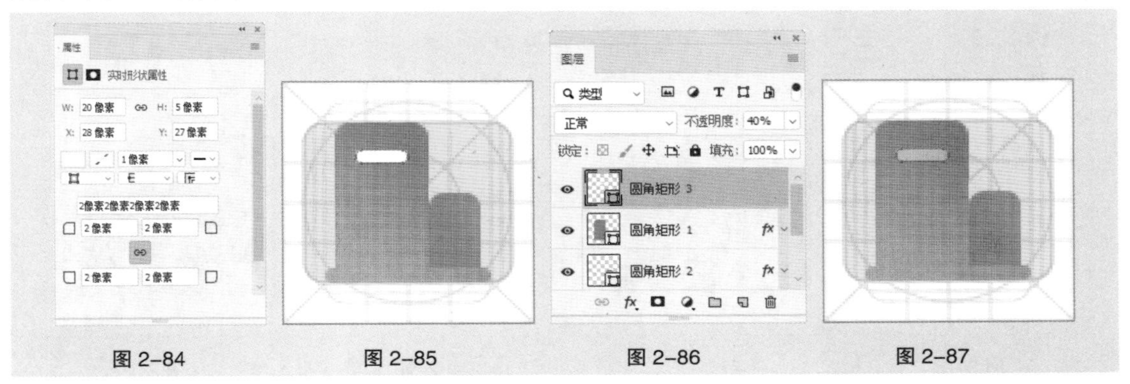

图2-84　图2-85　图2-86　图2-87

（10）选择“路径选择”工具，按住Alt+Shift组合键的同时，选中圆角矩形，在图像窗口中将其垂直向下拖曳，复制圆角矩形。在“属性”控制面板中进行设置，如图2-88所示，效果如图2-89所示。使用相同的方法再次复制一个圆角矩形，在“属性”控制面板中进行设置，如图2-90所示，效果如图2-91所示。

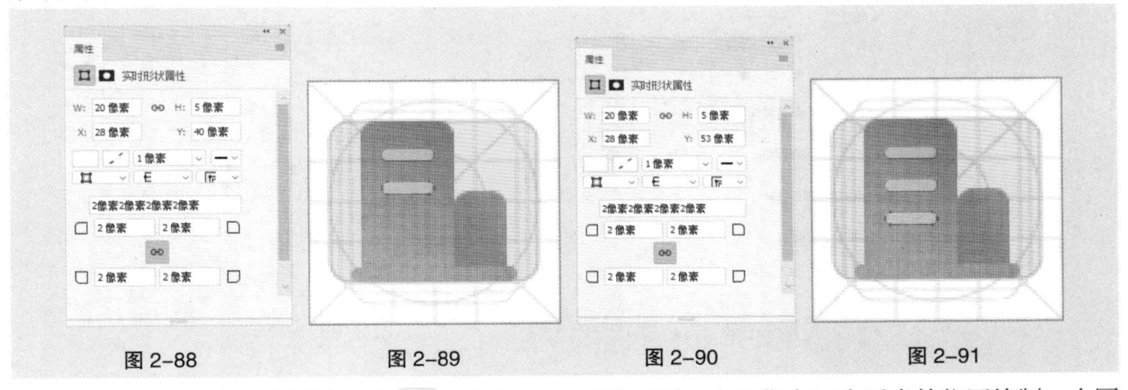

图2-88　图2-89　图2-90　图2-91

（11）选择“圆角矩形”工具，按住Shift键的同时，在图像窗口中适当的位置绘制一个圆角矩形，在“属性”控制面板中进行其他设置，如图2-92所示，效果如图2-93所示。

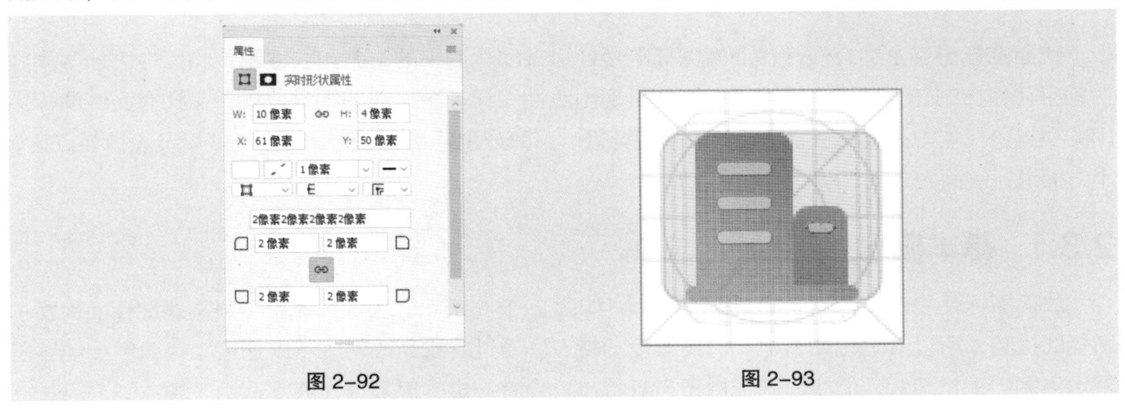

图2-92　图2-93

（12）选择“路径选择”工具，按住 Alt+Shift 组合键的同时，选中圆角矩形，在图像窗口中将其垂直向下拖曳，复制圆角矩形。在“属性”控制面板中进行设置，如图 2-94 所示，效果如图 2-95 所示。使用相同的方法再次复制一个圆角矩形，在“属性”控制面板中进行设置，如图 2-96 所示，效果如图 2-97 所示。

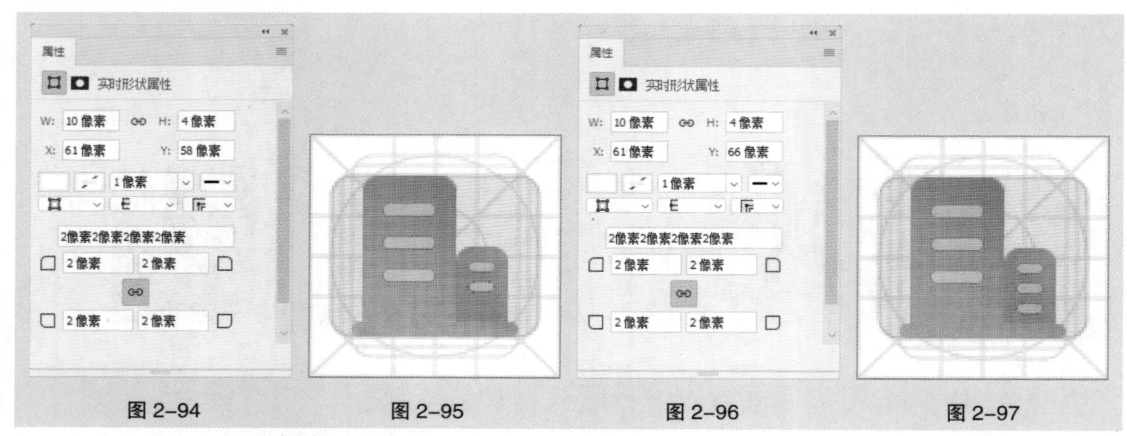

图 2-94　　图 2-95　　图 2-96　　图 2-97

（13）单击“网格”图层左侧的眼睛图标，隐藏图层，如图 2-98 所示，效果如图 2-99 所示。旅游类 App 面性图标制作完成。

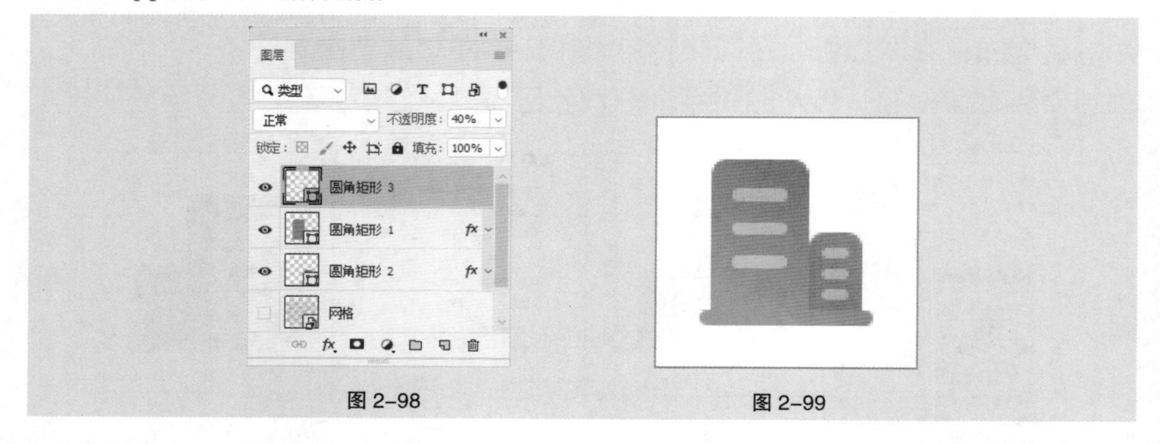

图 2-98　　图 2-99

2.3 线面图标

线面图标是通过结合线性和面性图标的设计形式演化而来的，并与线性图标和面性图标共同成为扁平化图标的三大风格。线面图标既能呈现出线性图标干净整洁的视觉效果，又拥有面性图标突出的视觉表现能力，因此形成了独特的使用场景。下面分别从基本概念、使用场景以及设计要点这 3 个方面进行线面图标的讲解。

2.3.1 基本概念

线面图标是线性图标和面性图标的结合，如图 2-100 所示。线面图标由于兼具线性和面性两种图标的优势，所以具有生动有趣、俏皮可爱的特点。通过对线面比例的不同把控，线面图标能够呈现出不同的视觉感知。但线面图标由于自身特点，会有一定的局限性，通常适用于趣味类产品，并不能适用于大部分产品。

图 2-100

2.3.2 使用场景

线面图标的使用场景比较独特，常用于趣味类产品、弹窗、空页面、引导页等，如图 2-101 所示。

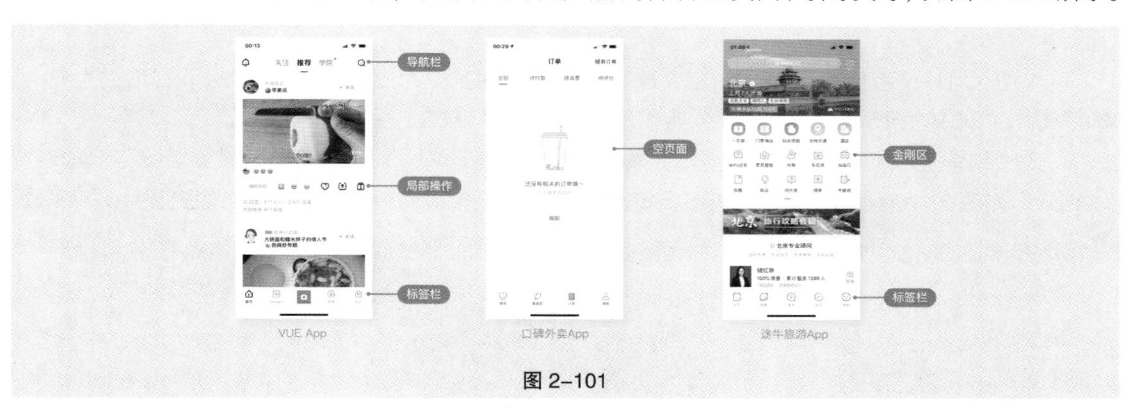

图 2-101

2.3.3 设计要点

1. 内部填充

进行线面图标的内部填充时，颜色可以分别按照小比例 30%、大比例 80%、全比例 100% 的填充量进行填充，如图 2-102 所示。

图 2-102

2. 错位填充

进行线面图标的错位填充时，颜色可以按照图标本身的形状或圆形、矩形、圆角矩形等固定形状进行填充，如图 2-103 所示。

图 2-103

2.3.4 课堂案例——制作旅游类 App 线面图标

【案例设计要求】

（1）运用 Illustrator 绘制标签栏中的“攻略”图标，设计效果如图 2-104 所示，环境效果如图 2-105 所示。

（2）图标尺寸：24 px。图标布局：20 px。

（3）运用网格系统，符合图标绘制规范。

【案例学习目标】学习使用 Illustrator 绘制标签栏中的“攻略”图标。

【案例知识要点】调整“X”“Y”“宽”“高”选项使图标符合设计规范，扩展外观变成真实图像。

【效果文件所在位置】云盘 /Ch02/ 制作旅游类 App 线面图标 / 效果 / 制作旅游类 App 线面图标 .ai。

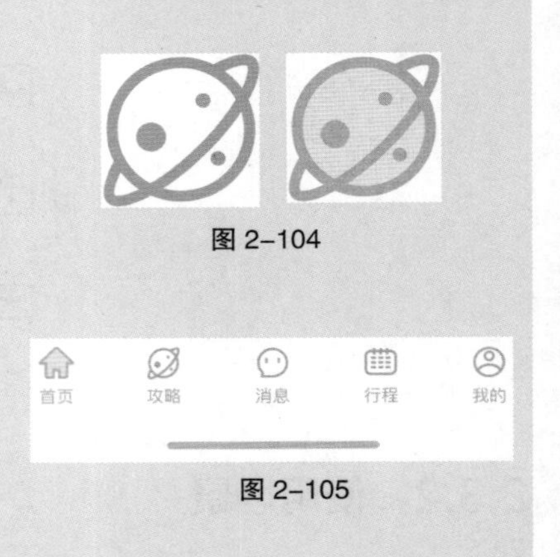

图 2-104

图 2-105

（1）按 Ctrl+N 组合键，弹出“新建文档”对话框，设置宽度为 24 px，高度为 24 px，取向为横向，颜色模式为 RGB，分辨率为 72 像素 / 英寸，单击“创建”按钮，新建一个文档。

（2）选择“编辑 > 首选项 > 常规”命令，弹出“首选项”对话框，将“键盘增量”选项设置为 1 px，如图 2-106 所示。单击“单位”选项卡，切换到相应面板中进行设置，如图 2-107 所示。

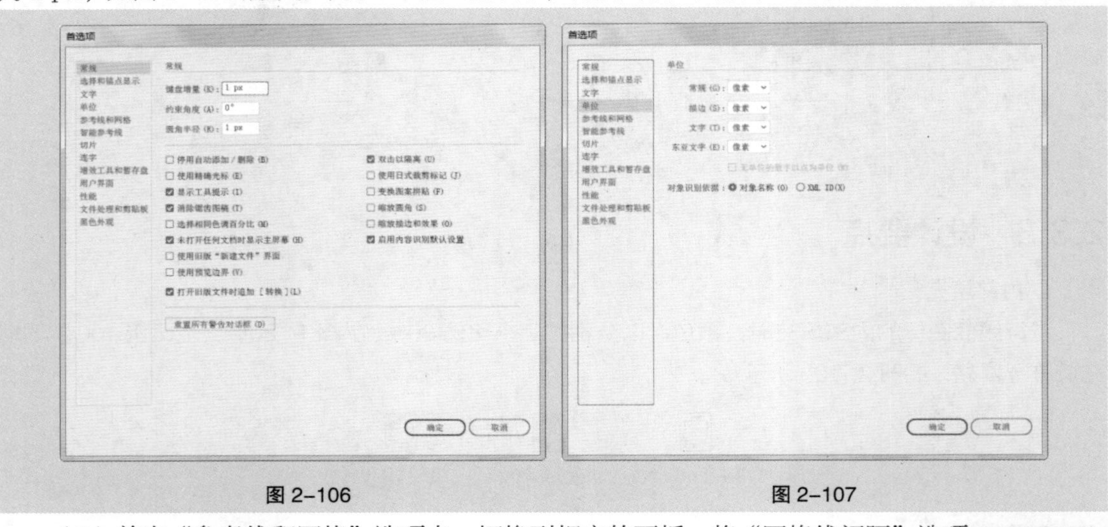

图 2-106　　图 2-107

（3）单击“参考线和网格”选项卡，切换到相应的面板，将“网格线间隔”选项设置为 1 px，如图 2-108 所示，单击“确定”按钮。

慕课视频

制作旅游类 App 线面图标

（4）选择“视图 > 显示网格”命令，显示网格。选择“视图 > 对齐网格”命令，对齐网格。选择“视图 > 对齐像素”命令，对齐像素。

（5）选择“文件 > 打开”命令，弹出“打开”对话框，选择云盘中的“Ch02 > 制作旅游类 App 线面图标 > 素材 > 01”文件，单击“打开”按钮，效果如图 2-109 所示。

（6）选择“选择”工具▶，选取网格系统，按 Ctrl+C 组合键，复制图形。返回到正在编辑的页面，按 Ctrl+V 组合键，将其粘贴到制作旅游类 App 线面图标页面中，并拖曳复制的网格系统到适当的位置，效果如图 2-110 所示。

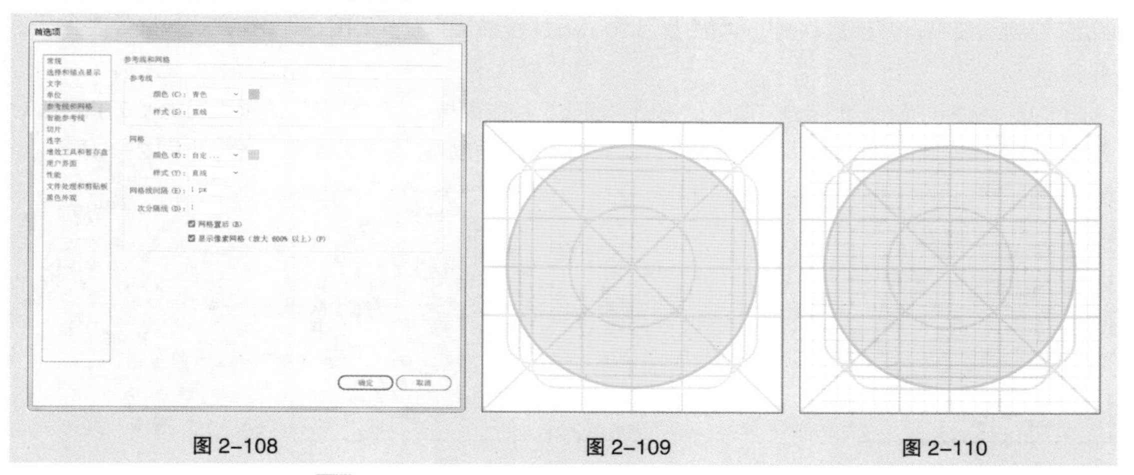

图 2-108　　图 2-109　　图 2-110

（7）选择“椭圆”工具，在页面中单击鼠标左键，弹出“椭圆”对话框，选项设置如图 2-111 所示。单击“确定”按钮，出现一个圆形。设置填充色为橘黄色（255、151、1），填充圆形，并设置描边色为无，效果如图 2-112 所示。

（8）选择“窗口 > 变换”命令，弹出“变换”控制面板，将“X”选项设置为 12 px，“Y”选项设置为 12 px，其他选项的设置如图 2-113 所示。按 Enter 键确定操作，效果如图 2-114 所示。

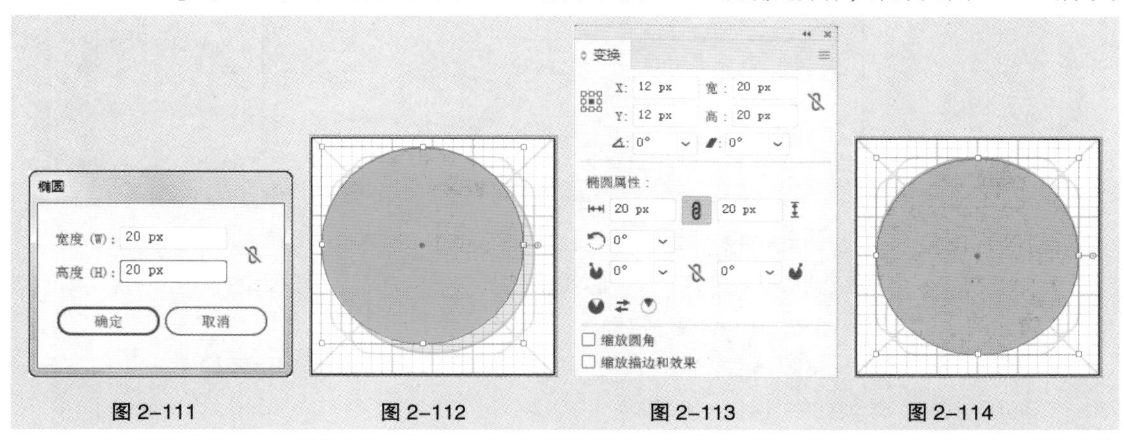

图 2-111　　图 2-112　　图 2-113　　图 2-114

（9）选择“窗口 > 透明度”命令，弹出“透明度”控制面板，将“不透明度”选项设置为 30%，其他选项的设置如图 2-115 所示。按 Enter 键确定操作，效果如图 2-116 所示。

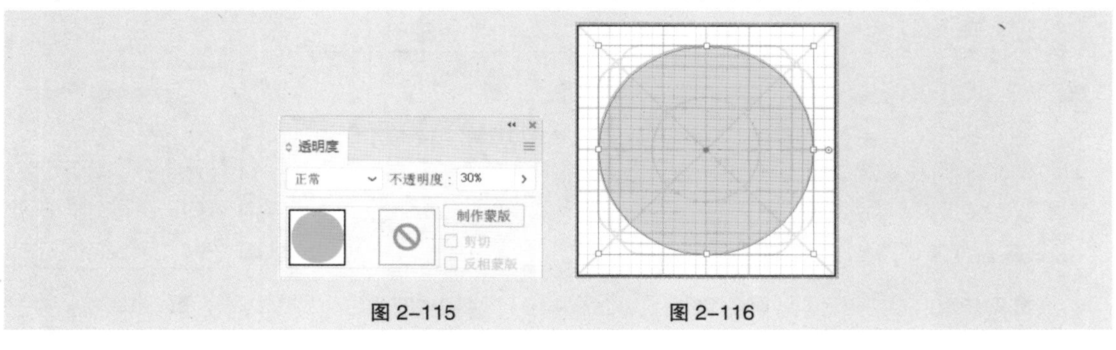

图 2-115　　图 2-116

（10）保持圆形的选取状态，按 Ctrl+C 组合键，复制圆形，按 Ctrl+F 组合键，原位粘贴圆形，效果如图 2–117 所示。设置描边色为橘黄色（255、151、1），填充描边，并设置填充色为无。在“透明度”控制面板中，将“不透明度”选项设置为 100%，其他选项的设置如图 2–118 所示，效果如图 2–119 所示。

（11）选择“窗口 > 描边”命令，弹出“描边”控制面板，将“粗细”选项设置为 1.5 px，“对齐描边”选项设置为“使描边内侧对齐”，其他选项的设置如图 2–120 所示，效果如图 2–121 所示。

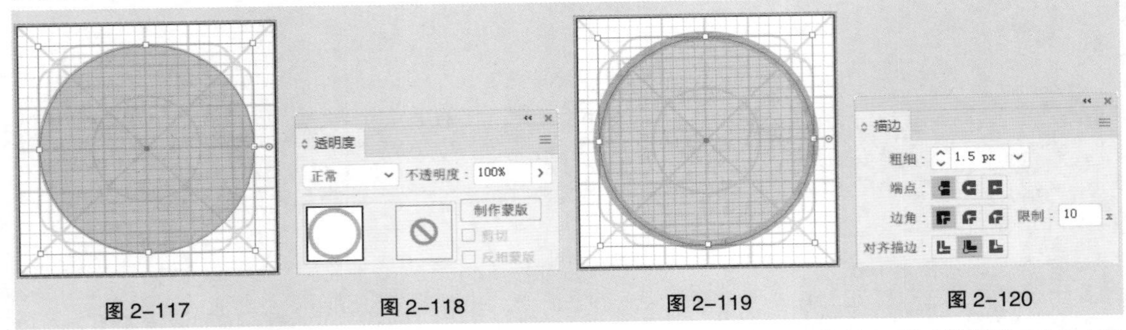

图 2–117　图 2–118　图 2–119　图 2–120

（12）选择“椭圆”工具，在页面中单击鼠标左键，弹出“椭圆”对话框，选项设置如图 2–122 所示。单击“确定”按钮，出现一个椭圆形。在“描边”控制面板中，将“粗细”选项设置为 1.5 pt，“对齐描边”选项设置为“使描边内侧对齐”，其他选项的设置如图 2–123 所示，效果如图 2–124 所示。

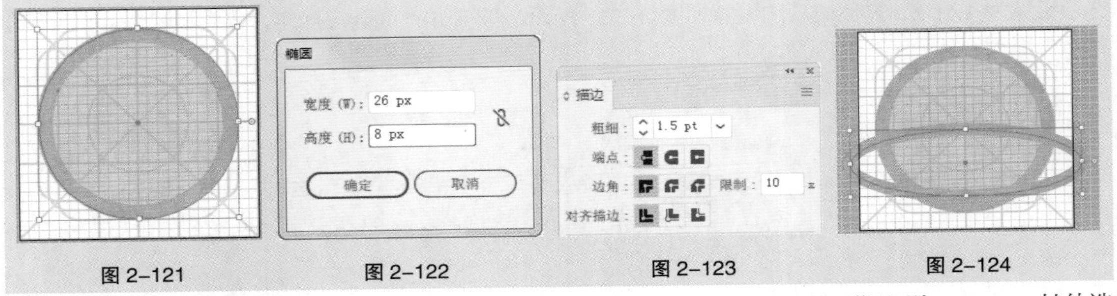

图 2–121　图 2–122　图 2–123　图 2–124

（13）在“变换”控制面板中，将“X”选项设置为 12 px，“Y”选项设置为 12 px，其他选项的设置如图 2–125 所示。按 Enter 键确定操作，效果如图 2–126 所示。

（14）选择“对象 > 变换 > 旋转”命令，弹出“旋转”对话框，选项设置如图 2–127 所示。单击“确定”按钮，效果如图 2–128 所示。

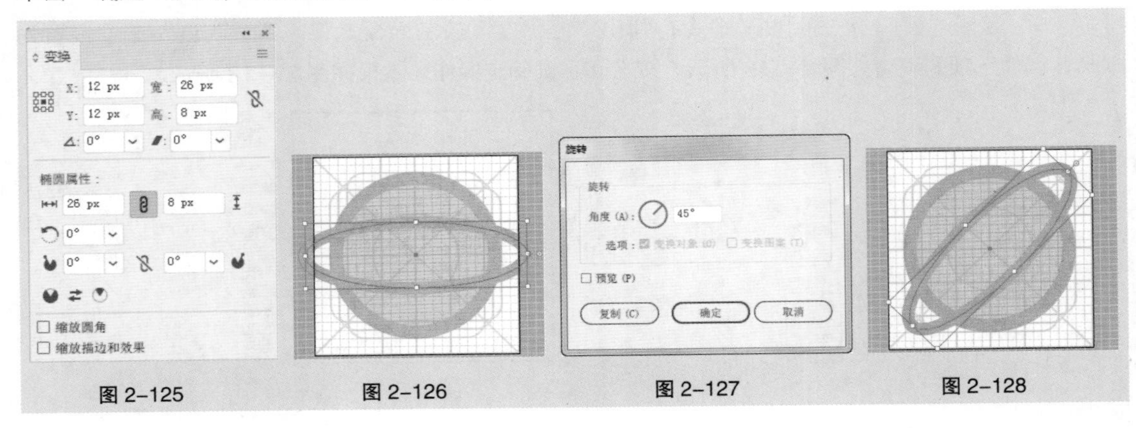

图 2–125　图 2–126　图 2–127　图 2–128

（15）选择“剪刀”工具，在路径上单击鼠标左键，添加一个锚点，如图 2–129 所示，在“属性”控制面板中，设置“X”选项为 16 px，“Y”选项为 3.775 px，如图 2–130 所示。使用相同的方法再次添加一个锚点，如图 2–131 所示，在“属性”控制面板中，设置“X”选项为 3.775 px，“Y”选项为 16 px，如图 2–132 所示。

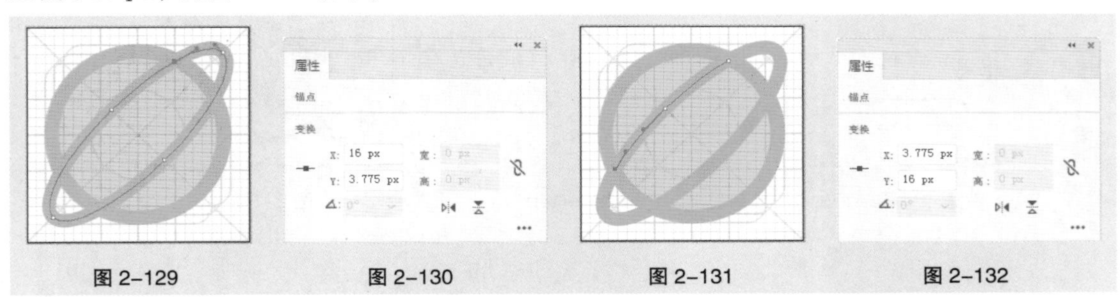

图 2–129　图 2–130　图 2–131　图 2–132

（16）选择“选择”工具，单击被剪切的路径将其选取，如图 2–133 所示。按 Delete 键将其删除，效果如图 2–134 所示。

（17）按住 Shift 键的同时，分别单击需要的形状，将两个图形同时选取，如图 2–135 所示。选择“对象 > 路径 > 轮廓化描边”命令，创建对象的描边轮廓，效果如图 2–136 所示。

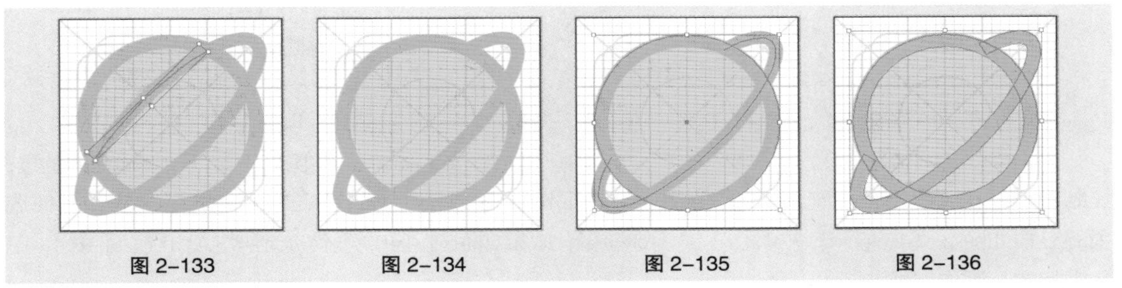

图 2–133　图 2–134　图 2–135　图 2–136

（18）选择“窗口 > 路径查找器”命令，弹出“路径查找器”控制面板，单击“联集”按钮，如图 2–137 所示，生成新的对象，效果如图 2–138 所示。

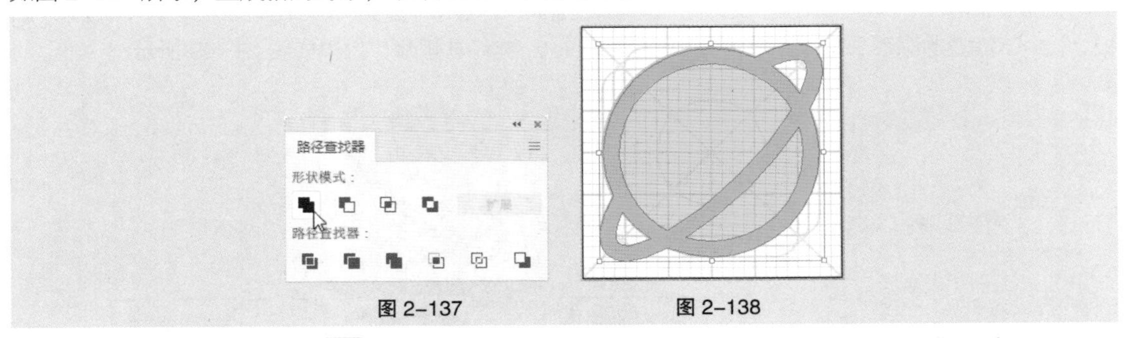

图 2–137　图 2–138

（19）选择“椭圆”工具，在页面中单击鼠标左键，弹出“椭圆”对话框，选项设置如图 2–139 所示。单击“确定”按钮，出现一个圆形。设置填充色为橘黄色（255、151、1），填充圆形，并设置描边色为无。在“变换”控制面板中，将“X”选项设置为 8 px，“Y”选项设置为 13 px，其他选项的设置如图 2–140 所示。按 Enter 键确定操作，效果如图 2–141 所示。

（20）使用相同的方法，在页面中单击鼠标左键，弹出“椭圆”对话框，选项设置如图 2–142 所示。单击“确定”按钮，出现一个圆形。在“变换”控制面板中，将“X”选项设置为 15 px，“Y”选项设置为 8 px，其他选项的设置如图 2–143 所示。按 Enter 键确定操作，效果如图 2–144 所示。

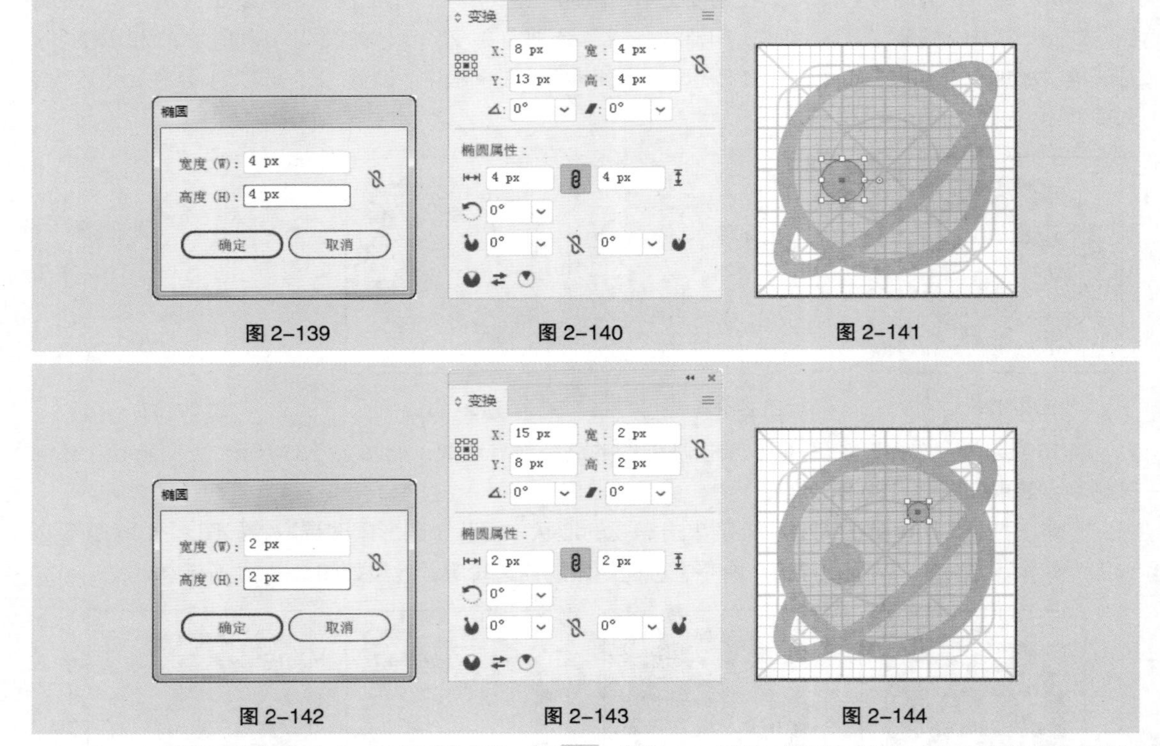

图 2-139　　图 2-140　　图 2-141

图 2-142　　图 2-143　　图 2-144

（21）保持圆形选取状态，选择“选择”工具，按住 Alt 键的同时将圆形向下拖曳到适当的位置，复制圆形。在“变换”控制面板中，将“X”选项设置为 17 px，“Y”选项设置为 16 px，其他选项的设置如图 2-145 所示。按 Enter 键确定操作，效果如图 2-146 所示。旅游类 App 线面图标（已选中状态）制作完成。

（22）选择“画板”工具，按住 Alt+Shift 组合键的同时，将“画板 1”垂直向下拖曳到适当的位置，如图 2-147 所示，在文件中生成新的画板“画板 2”。选择“选择”工具，选中“画板 2”中不需要的圆形，如图 2-148 所示，按 Delete 键将其删除，效果如图 2-149 所示。

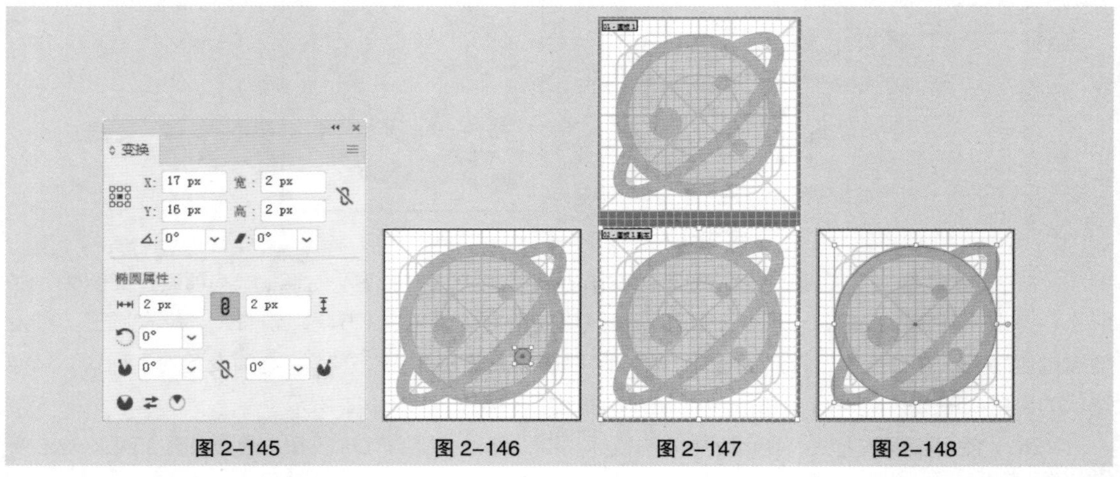

图 2-145　　图 2-146　　图 2-147　　图 2-148

（23）用框选的方法将图标同时选取，如图 2-150 所示。按住 Shift 键的同时，单击网格系统将其取消选取，效果如图 2-151 所示。设置填充色为灰色（153、153、153），填充图形，效果如

图 2-152 所示。旅游类 App 线面图标（未选中状态）制作完成。

图 2-149

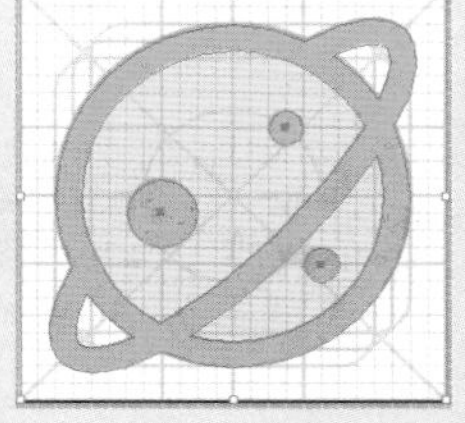
图 2-150

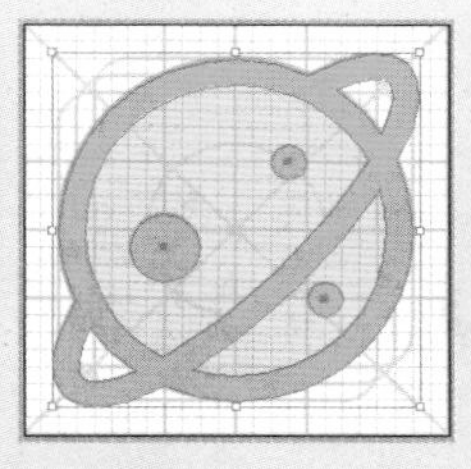
图 2-151

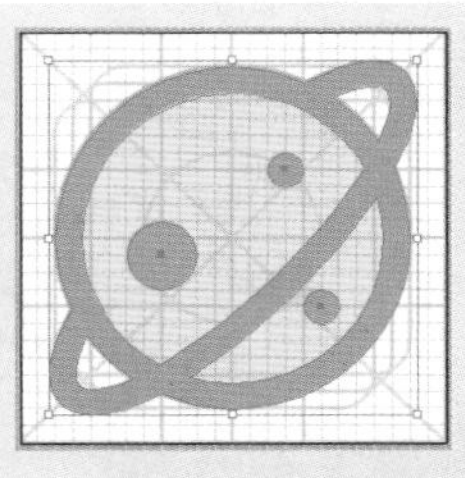
图 2-152

2.4 课堂练习——制作电商类 App 线性图标

慕课视频

制作电商类 App 线性图标

【案例设计要求】

（1）运用 Illustrator 绘制标签栏中的“购物车”图标，设计效果如图 2-153 所示，环境效果如图 2-154 所示。

（2）图标尺寸：48 px。图标布局：48 px。

（3）运用网格系统，符合图标绘制规范。

【案例学习目标】学习使用 Illustrator 绘制标签栏中的“购物车”图标。

【案例知识要点】调整“X”“Y”“宽”“高”选项使图标符合设计规范，扩展外观变成真实图像。

【效果文件所在位置】云盘 /Ch02/ 制作电商类 App 线性图标 / 效果 / 制作电商类 App 线性图标 .ai。

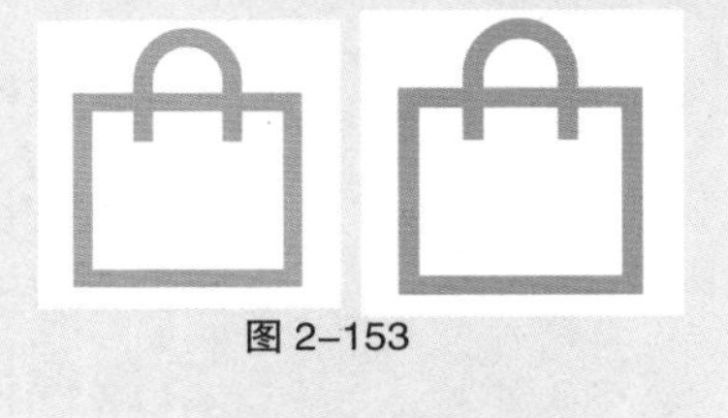
图 2-153

图 2-154

2.5 课后习题——制作餐饮类 App 面性图标

慕课视频

制作餐饮类 App 面性图标

【案例设计要求】

（1）运用 Illustrator 绘制标签栏中的“订单”图标，设计效果如图 2-155 所示，环境效果如图 2-156 所示。

（2）图标尺寸：48 px。图标布局：40 px。

（3）运用网格系统，符合图标绘制规范。

【案例学习目标】学习使用 Illustrator 绘制标签栏中的“订单”图标。

【案例知识要点】调整“X”“Y”“宽”“高”选项使图标符合设计规范。

【效果文件所在位置】云盘 /Ch02/ 制作餐饮类 App 面性图标 / 效果 / 制作餐饮类 App 面性图标 .ai。

图 2-155

图 2-156

第3章

03 UI 设计中的控件设计

本章介绍

控件设计是组件设计的基础，通过控件不仅能够实现模块化设计，更可以使设计及开发人员高效工作。本章将对按钮控件、选择控件、加减控件、分段控件、页面控件、反馈控件以及文本框控件等常用控件的基础知识及设计规则进行系统讲解与实操演练。通过对本章的学习，读者可以对控件设计有一个系统的认识，并快速掌握绘制控件的规范和方法，为接下来的组件设计打下基础。

学习目标

- 了解控件的基础知识
- 掌握按钮控件的制作方法
- 掌握选择控件的制作方法
- 掌握加减控件的制作方法
- 掌握分段控件的制作方法
- 掌握页面控件的制作方法
- 掌握反馈控件的制作方法
- 掌握文本框控件的制作方法

3.1 初识控件

控件是指用来控制的元件，它是设计师进行操作的界面元素。同时控件是构建组件和界面的基本单位，正确设计控件是让用户自然、有效地完成功能使用的必要基础。控件包含的类型、细节以及规范非常丰富，下面分别从控件的概念及控件的获取这两个方面进行控件的基础讲解。

3.1.1 控件的概念

控件是 App 界面中最基本的交互单位，具有可操作、可控制的特性，如图 3–1 所示。

图 3–1

3.1.2 控件的获取

控件可以从 iOS 以及 Material Design 官方网站进行获取与下载，如图 3–2 和图 3–3 所示。UI 设计师通常会在官方控件的基础之上再进行优化设计，以便自己使用。

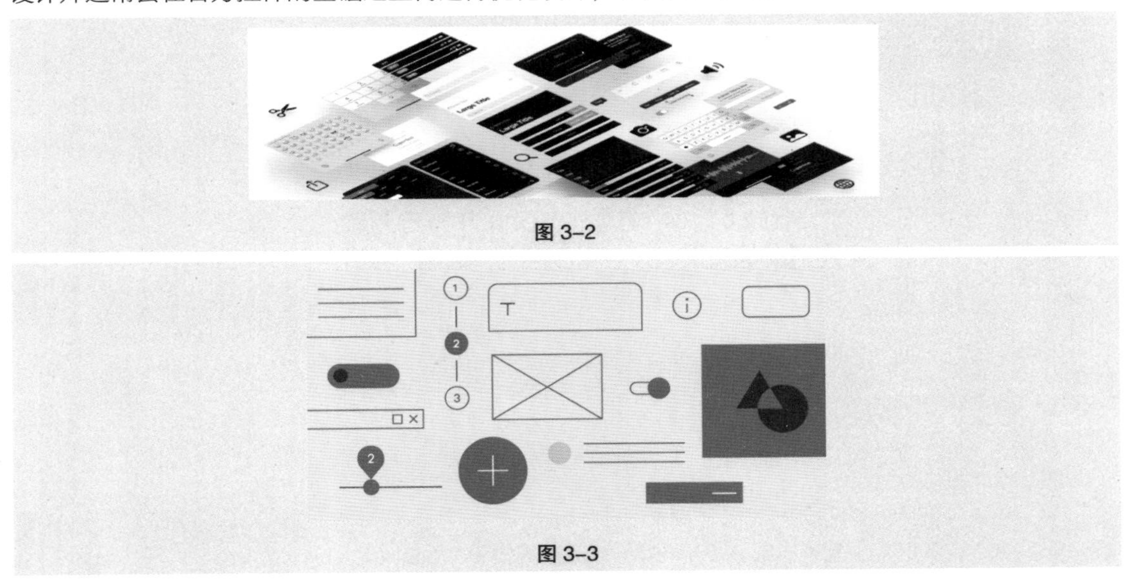

图 3–2

图 3–3

3.2 按钮控件

按钮控件作为常见的主流控件之一，是 UI 中应用最多的控件，同时也是设计师最好理解、最易把控的控件。但是，按钮的设计并非简单地画一个矩形，然后在矩形中间摆放文字，而是富含多种细节的变化，并且需要根据不同场景的应用情况做出合理的设计。下面分别从概念、类型以及规则这 3 个方面进行按钮控件的讲解。

3.2.1 按钮控件的概念

按钮控件（Button Controls）是用于 App 特定操作的控件，由文字或图标组成，具有易于发现、状态明确的特点，如图 3-4 所示。

3.2.2 按钮控件的类型

1. 文字按钮

文字按钮即由纯文字组成的按钮控件。这类按钮通常用于不太重要的操作，并被放置于对话框或卡片中，如图 3-5 所示。

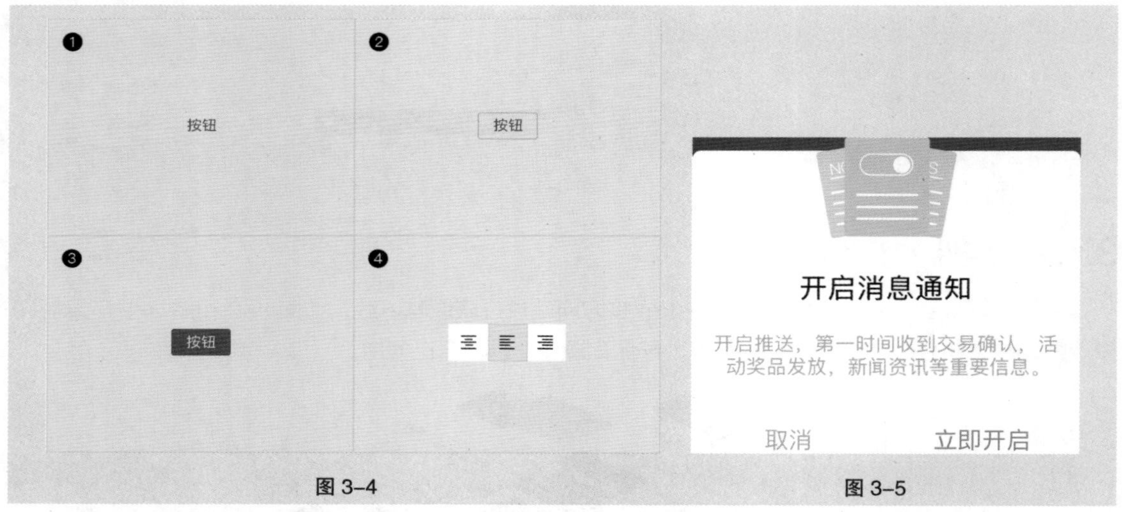

图 3-4　　图 3-5

在文字按钮的文本旁边放置图标，既能明确操作又能吸引用户，如图 3-6 所示。

柴油2.0T+6AT宽体皮卡仅10.78万元 堪称性价比之王

目前国内皮卡市场消费有着明显的升级，受用户群体年轻化的影响，国内高端自动皮卡已然成为热度不断攀升的畅销车款。然而纵观国内皮卡市场，国六柴油自动挡皮卡产品不够丰富，且多款车型售价高昂，超出了很多用户的预算。上汽…

阅读全文 ›

图 3-6

2. 线性按钮

线性按钮即由线性框和文字共同组合而成的按钮控件。这类按钮通常用于比较重要的操作，但不经常出现，如图 3–7 所示。

同文字按钮一样，在线性按钮的文本旁边放置图标，既能明确操作又能吸引用户，如图 3–8 所示。

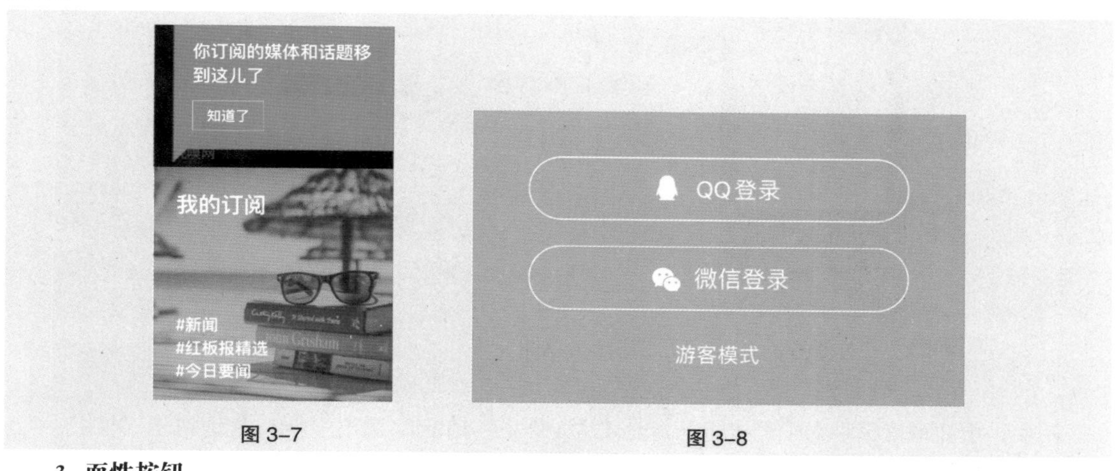

图 3–7　　图 3–8

3. 面性按钮

面性按钮即由面性框和文字共同组合而成的按钮控件。这类按钮常用于重要的操作，并由于自身的设计，令整体视觉效果更加突出，如图 3–9 所示。

图 3–9

同样，在面性按钮的文本旁边放置图标，既能明确操作又能吸引用户，如图 3–10 所示。

4. 切换按钮

切换按钮是对相关选项进行分组的按钮，如图 3–11 所示。

图 3–10　　图 3–11

3.2.3　按钮控件的规则

1. 按钮的尺寸

（1）按钮高度。

根据按钮的重要程度可以将按钮高度分为高、中、低 3 个级别，同时要注意不同尺寸按钮高度的层级差大于 4 pt。

• 高：重要程度级别为高的按钮，高度通常为 40 ～ 56 pt，适用于登录页中的“注册”“登录”、购物详情页中的“购买”、流程页中的“下一步”等按钮，如图 3-12 所示。

图 3-12

• 中：重要程度级别为中的按钮，高度通常为 24 ～ 40 pt，适用于个人主页中的“关注”“点赞”“评论”等按钮，如图 3-13 所示。

图 3-13

• 低：重要程度级别为低的按钮，高度通常为 12 ～ 24 pt，适用于“查看更多”“标签”“详情”等按钮，如图 3-14 所示。

（2）按钮宽度。

按钮宽度通常会根据内容来设置，最大宽度应该小于内容距离上下的两倍，如图 3-15 所示。

当按钮的重要程度足够高时，则需要加大宽度用于加强视觉效果，如图 3-16 所示。

（3）按钮圆角。

根据圆角半径的不同可将按钮分为 3 种类型，即直角矩形、圆角矩形、半圆矩形按钮，如图 3-17 所示。

图 3–14

图 3–15

图 3–16

图 3–17

圆角的设置范围通常为不大于高度的 1/4。例如一个高度为 24 pt 的圆角矩形，圆角的尺寸应该不大于 6 pt，如图 3–18 所示。

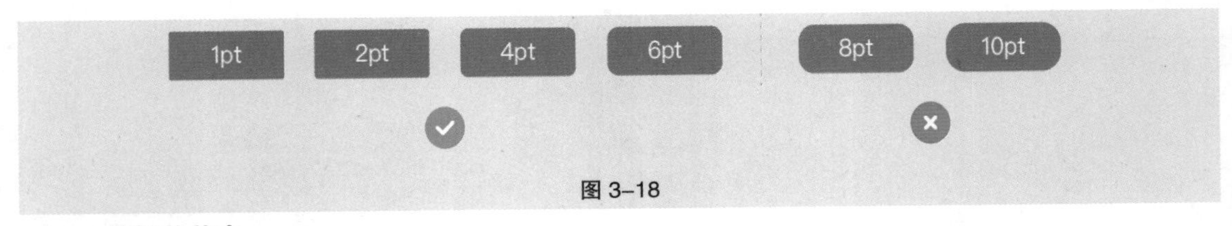

图 3-18

2. 按钮的状态

按钮的状态包括默认状态、点击状态、禁用状态、忙碌状态。设计师在进行设计时，应该根据按钮的不同状态做出设计上的变化，以便用户明确如何进行产品交互，如图 3-19 所示。

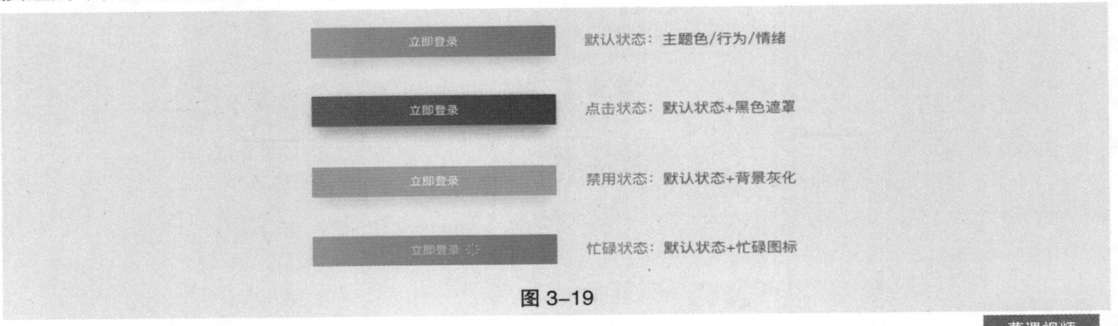

图 3-19

3.2.4 课堂案例——制作旅游类 App 按钮控件

慕课视频
制作旅游类 App 按钮控件

【案例设计要求】

（1）运用 Photoshop 制作工具栏中的“立即预定”按钮控件，设计效果如图 3-20 所示，环境效果如图 3-21 所示。

（2）工具栏尺寸：750 px（宽）×98 px（高）。控件尺寸：80 px（高）。

（3）符合控件的设计规则。

【案例学习目标】学习使用 Photoshop 制作“立即预定”按钮控件。

【案例知识要点】使用“圆角矩形”工具绘制按钮，使用“横排文字”工具输入文字。

【效果文件所在位置】云盘 /Ch03/ 制作旅游类 App 按钮控件 / 效果 / 制作旅游类 App 按钮控件 .psd。

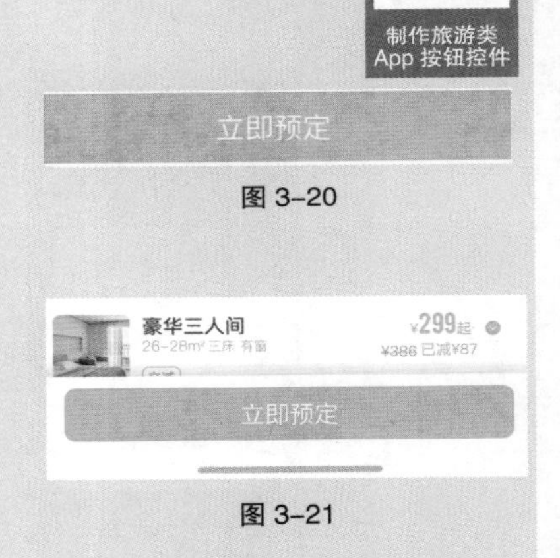

图 3-20

图 3-21

（1）按 Ctrl+N 组合键，弹出“新建文档”对话框，将宽度设置为 750 像素，高度设置为 98 像素，分辨率设置为 72 像素 / 英寸，背景内容设置为白色，如图 3-22 所示。单击“创建”按钮，完成文档的新建。

（2）选择“圆角矩形”工具 ，在属性栏的“选择工具模式”下拉列表中选择“形状”选项，将“填充”颜色设置为橘黄色（255、151、1），“描边”颜色设置为无，“半径”选项设置为 16 像素。在图像窗口中适当的位置绘制圆角矩形，在“图层”控制面板中生成新的形状图层“圆角矩形 1”。选择“窗口 > 属性”命令，弹出“属性”控制面板，选项设置如图 3-23 所示，按

Enter 键确定操作，效果如图 3–24 所示。

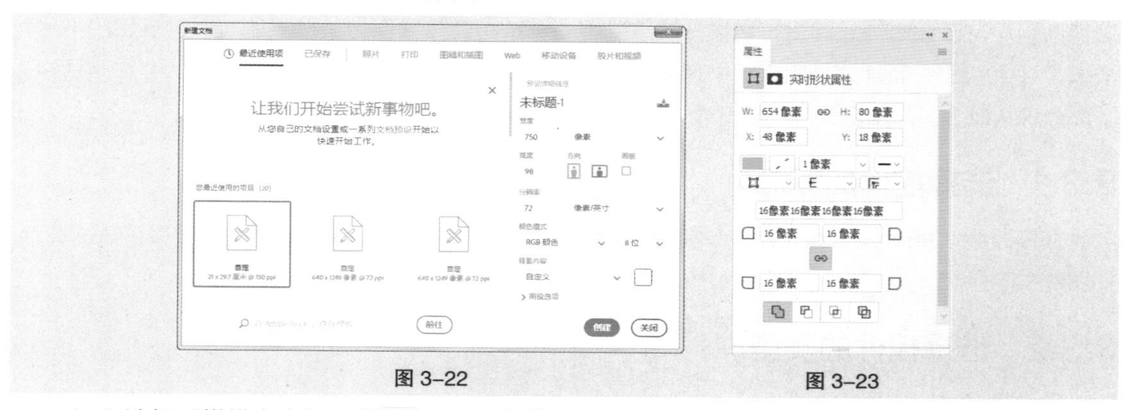

图 3–22　　图 3–23

（3）选择“横排文字”工具 T，在适当的位置输入需要的文字并选取文字，选择“窗口 > 字符”命令，弹出“字符”控制面板，将“颜色”选项设置为白色，其他选项的设置如图 3–25 所示，按 Enter 键确定操作，效果如图 3–26 所示，在“图层”控制面板中生成新的文字图层。

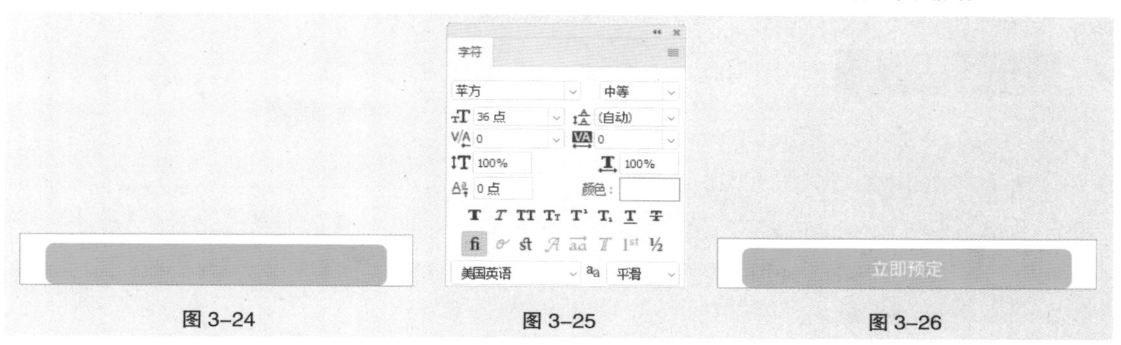

图 3–24　　图 3–25　　图 3–26

（4）在“图层”控制面板中，按住 Shift 键的同时，单击“圆角矩形 1”图层，将需要的图层同时选取。按 Ctrl+G 组合键，群组图层并将其命名为“预定按钮”，如图 3–27 所示。单击“背景”图层左侧的眼睛图标，隐藏该图层，如图 3–28 所示，效果如图 3–29 所示。旅游类 App 按钮控件制作完成。

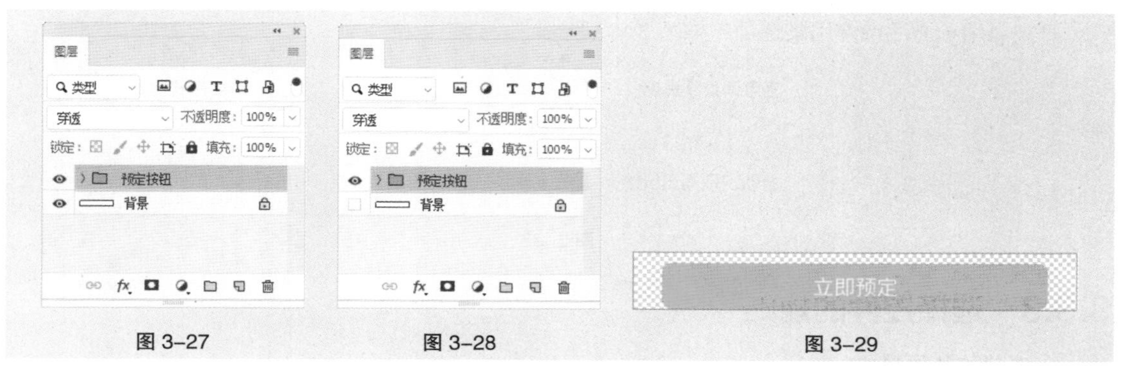

图 3–27　　图 3–28　　图 3–29

3.3 选择控件

选择控件是 UI 设计中必不可少的控件，它和我们的实际生活息息相关，其中，“单选按钮”一词主要来源于汽车收音机。因为汽车收音机的仪表盘下有一组按钮，这些按钮能够存储电台预设，以保证用户可以在电台之间进行切换。按下其中一个按钮会使其保持被按下的状态，直到按下另一个按钮才会弹出。而开关是指生活中带有短柄的开关，每次启动时，它都会在两种状态之间切换。下面分别从概念、类型以及规则这 3 个方面进行选择控件的讲解。

3.3.1 选择控件的概念

选择控件（Selection Controls）是允许用户选择选项的控件，具有符合预期、一目了然的特点，如图 3-30 所示。

3.3.2 选择控件的类型

1. 单选按钮

单选按钮可用于从列表中仅选择一个选项，如图 3-31 所示。

2. 复选框

复选框可用于从列表中选择一个或多个选项，如图 3-32 所示。

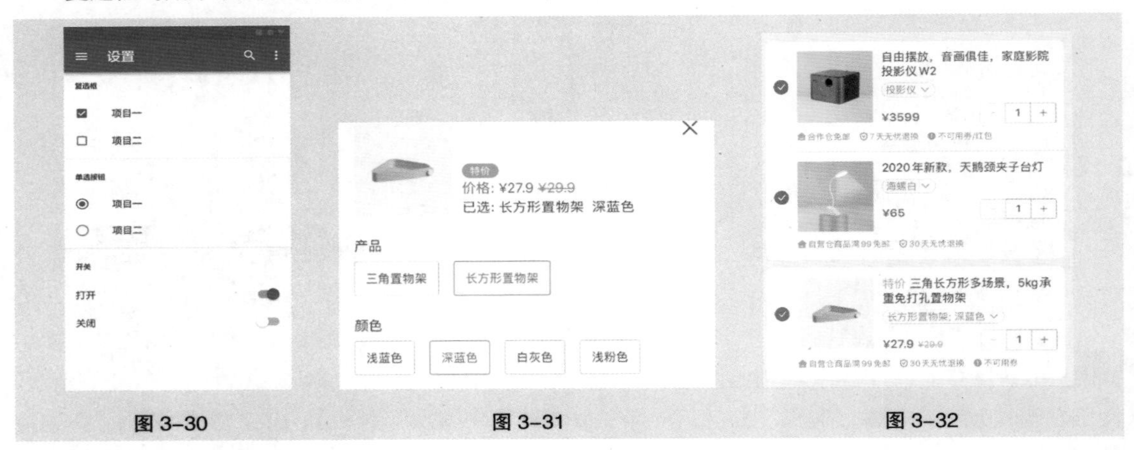

图 3-30　　图 3-31　　图 3-32

3. 开关

开关可用于激活或停用某选项，如图 3-33 所示。

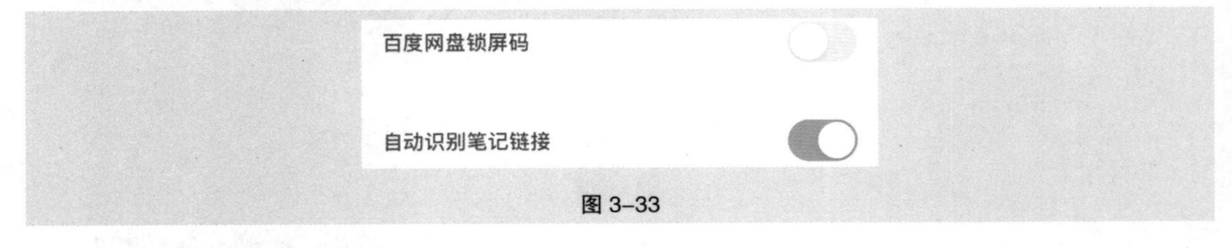

图 3-33

3.3.3 选择控件的规则

1. 选择控件的尺寸

选择控件中，单选按钮的直径尺寸建议为 20 pt；复选框的长度尺寸建议为 24 pt；开关的长度尺寸建议为 36 pt，宽度尺寸建议为 20 pt，如图 3-34 所示。

2. 选择控件的状态

选择控件的状态包括选择及未选择状态，如图 3-34 所示。

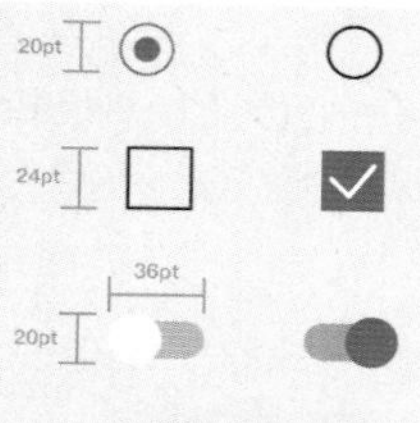

图 3-34

3.3.4 课堂案例——制作旅游类 App 选择控件

【案例设计要求】

（1）运用 Photoshop 制作选择控件，设计效果如图 3-35 所示，环境效果如图 3-36 所示。

（2）控件尺寸为：32 px。

（3）符合控件的设计规则。

【案例学习目标】学习使用 Photoshop 制作选择控件。

【案例知识要点】使用“椭圆”工具和“圆角矩形”工具绘制形状，使用相应快捷键合并形状并将形状旋转到适当的角度。

【效果文件所在位置】云盘 /Ch03/ 制作旅游类 App 选择控件 / 效果 / 制作旅游类 App 选择控件 .psd。

图 3-35

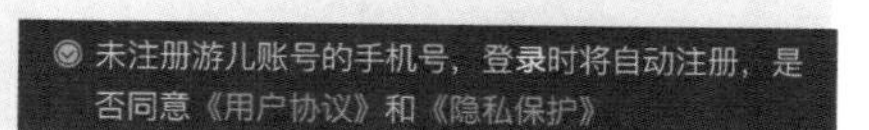

图 3-36

（1）按 Ctrl+N 组合键，弹出“新建文档”对话框，将宽度设置为 32 像素，高度设置为 32 像素，分辨率设置为 72 像素 / 英寸，背景内容设置为白色，如图 3-37 所示。单击“创建”按钮，完成文档的新建。

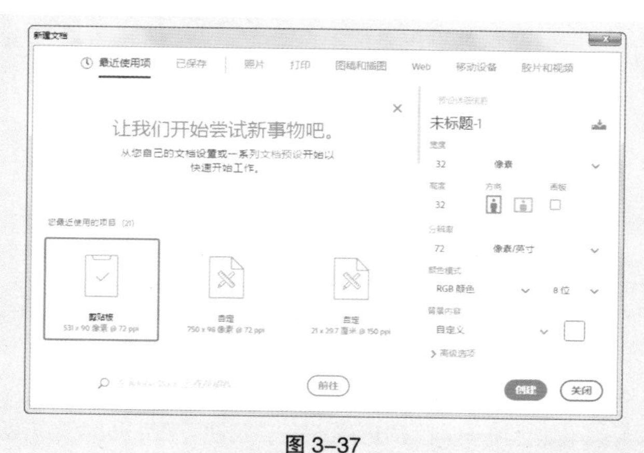

图 3-37

（2）单击“图层”控制面板下方的“创建新图层”按钮 ，新建图层。将前景色设置为橘黄色（255、151、1），按 Alt+Delete 组合键，用前景色填充图层，效果如图 3-38 所示。

（3）选择“椭圆”工具 ，在属性栏的“选择工具模式”下拉列表中选择“形状”选项，将“填充”

颜色设置为无，“描边”颜色设置为白色，“设置形状描边宽度”选项设置为 2 像素。按住 Shift 键的同时，在图像窗口中适当的位置绘制圆形，在“图层”控制面板中生成新的形状图层“椭圆 1”。选择“窗口 > 属性”命令，弹出“属性”控制面板，在面板中进行设置，如图 3-39 所示，效果如图 3-40 所示。

（4）将“椭圆 1”图层拖曳到“图层”控制面板下方的“创建新图层”按钮 上进行复制，生成新的形状图层“椭圆 1 拷贝”。在属性栏中将“填充”颜色设置为无，“描边”颜色设置为橘黄色（255、151、1）。

（5）在“图层”控制面板中，选中“椭圆 1”图层，按住 Shift 键的同时，单击“图层 1”图层，将需要的图层同时选取。按 Ctrl+G 组合键，群组图层并将其命名为“未填充”。单击图层组左侧的眼睛图标，隐藏该图层组，并选中“椭圆 1 拷贝”图层，如图 3-41 所示，效果如图 3-42 所示。

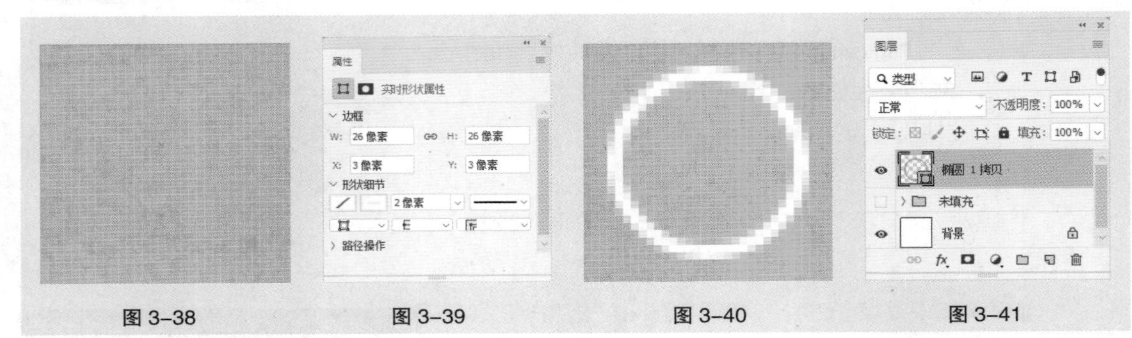

图 3-38　　图 3-39　　图 3-40　　图 3-41

（6）将“椭圆 1 拷贝”图层拖曳到“图层”控制面板下方的“创建新图层”按钮 上进行复制，生成新的形状图层“椭圆 1 拷贝 2”。按 Ctrl+T 组合键，在图形周围出现变换框，按住 Alt+Shift 组合键的同时，拖曳右上角的控制手柄等比例缩小图形，按 Enter 键确定操作，如图 3-43 所示。

（7）选择“椭圆”工具 ，在属性栏中将“填充”颜色设置为橘黄色（255、151、1），“描边”颜色设置为无，在“属性”控制面板中进行其他设置，如图 3-44 所示，效果如图 3-45 所示。

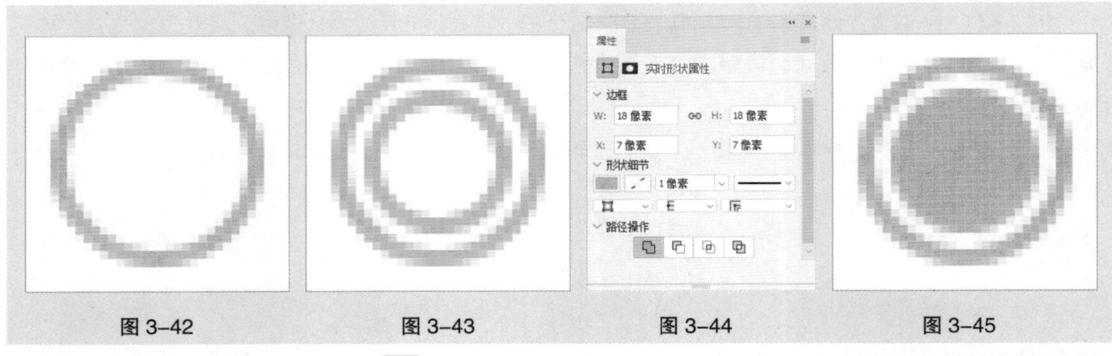

图 3-42　　图 3-43　　图 3-44　　图 3-45

（8）选择“圆角矩形”工具 ，在属性栏中将“半径”选项设置为 1 像素，在图像窗口中适当的位置绘制圆角矩形，在属性栏中将“填充”颜色设置为白色，“描边”颜色设置为无，效果如图 3-46 所示，在“图层”控制面板中生成新的形状图层“圆角矩形 1”。在“属性”控制面板中进行其他设置，如图 3-47 所示，效果如图 3-48 所示。

（9）使用相同的方法再次绘制一个圆角矩形，在“属性”控制面板中进行其他设置，如图 3-49 所示，效果如图 3-50 所示，在“图层”控制面板中生成新的形状图层“圆角矩形 2”。

（10）在“图层”控制面板中，按住 Shift 键的同时，单击“圆角矩形 1”图层，将需要的图层同时选取，按 Ctrl+E 组合键，合并形状，如图 3-51 所示。

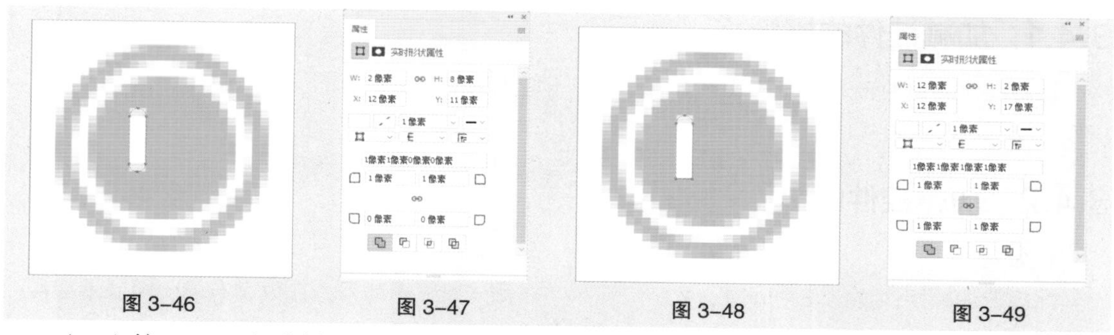

图 3-46　　图 3-47　　图 3-48　　图 3-49

（11）按 Ctrl+T 组合键，在图形周围出现变换框，如图 3-52 所示。按住 Alt 键的同时，将变换参考点拖曳到适当的位置，如图 3-53 所示。将鼠标指针放在变换框的控制手柄的右下角，鼠标指针变为旋转图标，按住 Shift 键的同时，拖曳鼠标指针将图形旋转到 -45°，如图 3-54 所示。按 Enter 键确定操作，效果如图 3-55 所示。旅游类 App 选择控件制作完成。

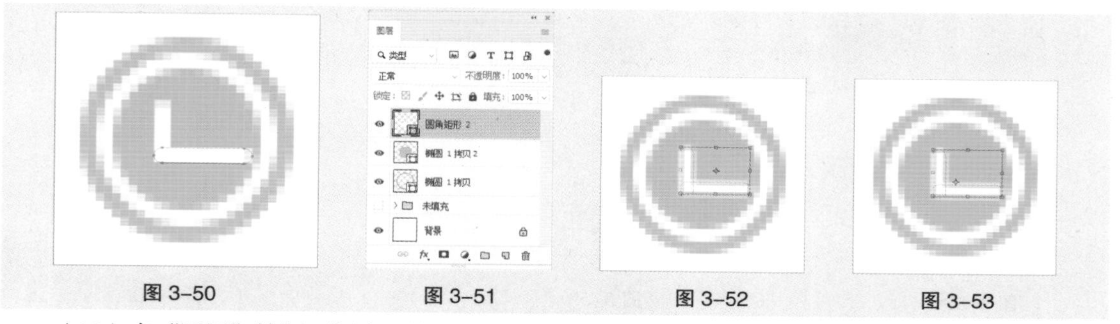

图 3-50　　图 3-51　　图 3-52　　图 3-53

（12）在“图层”控制面板中，按住 Shift 键的同时，单击“椭圆 1 拷贝”图层，将需要的图层同时选取。按 Ctrl+G 组合键，群组图层并将其命名为“已填充”，如图 3-56 所示。按住 Shift 键的同时，单击“未填充”图层组，将需要的图层组同时选取。按 Ctrl+G 组合键，群组图层组并将其命名为“选择控件”，如图 3-57 所示。

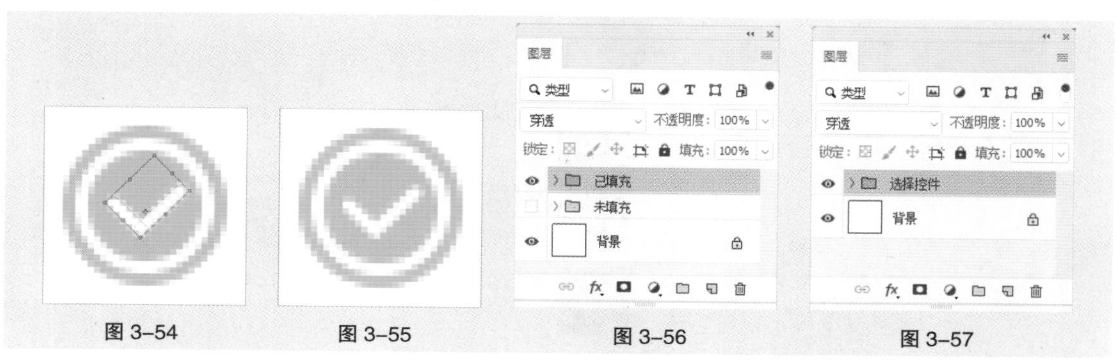

图 3-54　　图 3-55　　图 3-56　　图 3-57

3.4 加减控件

加减控件通常会在用户购买商品时，选择物品数量的场景下进行运用。加减控件虽然不像按钮控件和选择控件一样有着丰富的应用，但其中的设计细节仍需设计师特别注意。下面分别从概念、类型以及规则这 3 个方面进行加减控件的讲解。

3.4.1 加减控件的概念

加减控件又称为步进器（Steppers），是用于增加或减少增量值的两段控制，具有简洁高效、操作方便的特点，如图 3-58 所示。

3.4.2 加减控件的类型

1. 常规

常规的加减控件通常在中间显示数字，在数字左侧一段显示减号，在数字右侧一段显示加号，如图 3-59 所示。

2. 自定义

自定义的加减控件可以运用图像替换加号和减号，如图 3-60 所示。

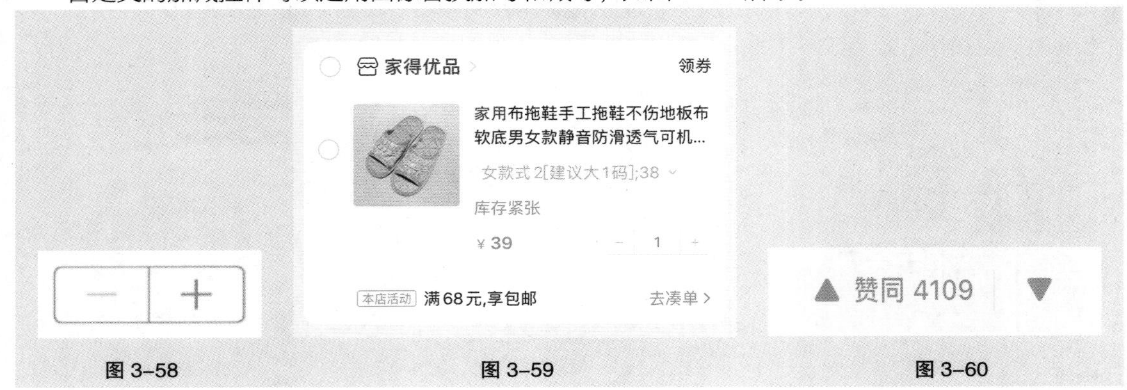

图 3-58　　图 3-59　　图 3-60

3.4.3 加减控件的规则

加减控件的高度建议在 20 ～ 40 pt 内，如图 3-61 所示。

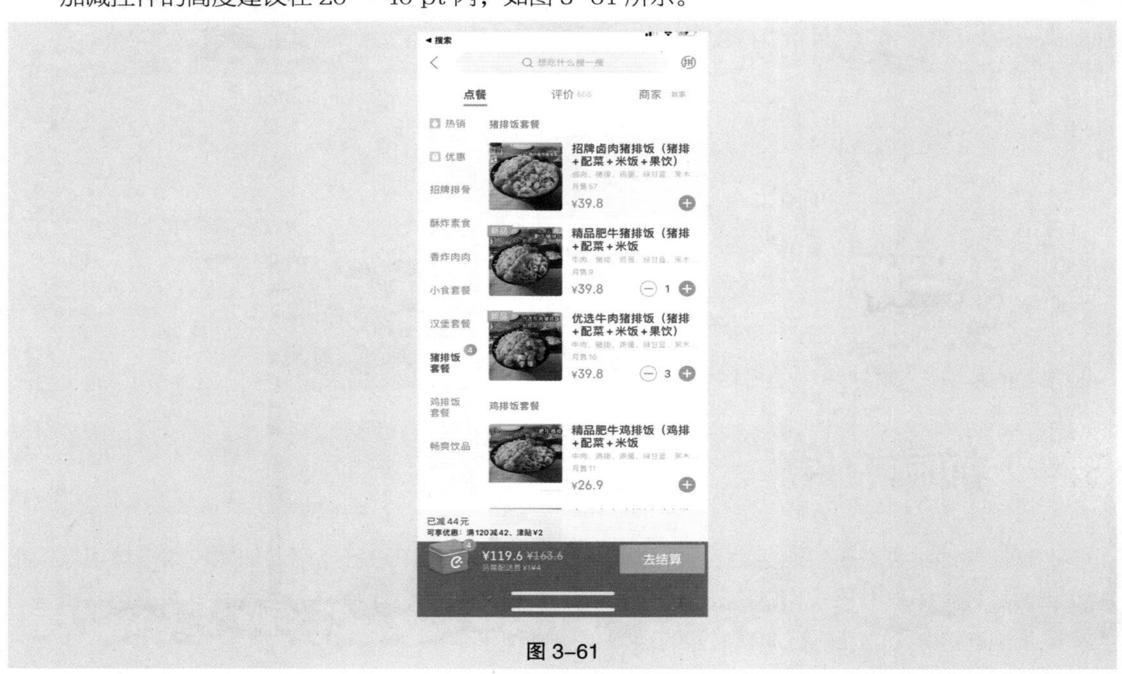

图 3-61

加减控件中的左右两个按钮，需要合理地减去内侧的圆角，如图 3-62 所示。

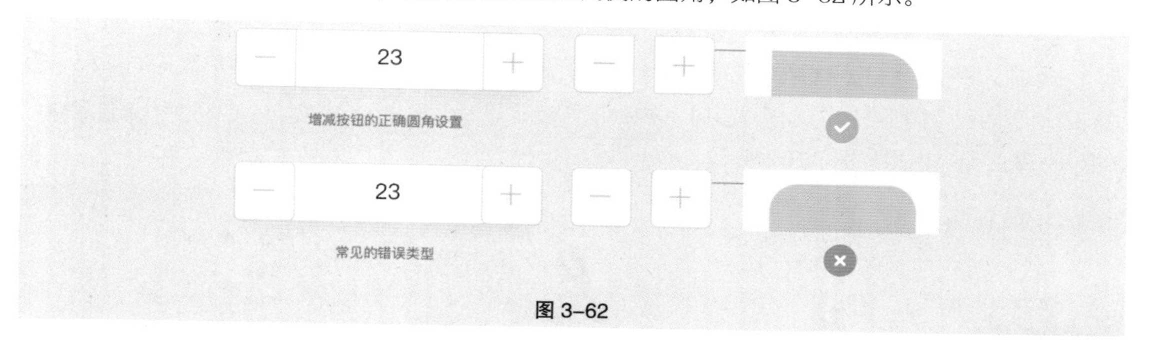

图 3-62

3.4.4　课堂案例——制作旅游类 App 加减控件

慕课视频
制作旅游类 App 加减控件

【案例设计要求】

（1）运用 Photoshop 制作加减控件，设计效果如图 3-63 所示，环境效果如图 3-64 所示。

（2）加减控件尺寸：48 px（宽）× 48 px（高）。

（3）符合控件的设计规则。

图 3-63

【案例学习目标】学习使用 Photoshop 制作加减控件。

图 3-64

【案例知识要点】使用“椭圆”工具和“圆角矩形”工具绘制形状，使用“减去顶层形状”命令修饰形状，使用“横排文字”工具输入文字。

【效果文件所在位置】云盘 /Ch03/ 制作旅游类 App 加减控件 / 效果 / 制作旅游类 App 加减控件 .psd。

（1）按 Ctrl+N 组合键，弹出“新建文档”对话框，将宽度设置为 168 像素，高度设置为 48 像素，分辨率设置为 72 像素 / 英寸，背景内容设置为白色，如图 3-65 所示。单击“创建”按钮，完成文档的新建。

图 3-65

（2）选择“椭圆”工具，在属性栏的“选择工具模式”下拉列表中选择“形状”选项，将“填充”颜色设置为无，“描边”颜色设置为深黄色（255、121、0），“设置形状描边宽度”选项设置为“2 像素”。按住 Shift 键的同时，在图像窗口中适当的位置绘制圆形，在“图层”控制面板中生成新的形状图层“椭圆 1”。选择“窗口 > 属性”命令，弹出“属性”控制面板，在面板中进行设置，如图 3-66 所示，效果如图 3-67 所示。

图 3-66　　图 3-67　　图 3-68

（3）选择“圆角矩形”工具，在属性栏中将“半径”选项设置为 2 像素，在图像窗口中适当的位置绘制圆角矩形，在属性栏中将“填充”颜色设置为深黄色（255、121、0），“描边”颜色设置为无，在“图层”控制面板中生成新的形状图层“圆角矩形 1”。在“属性”控制面板中进行其他设置，如图 3-68 所示，效果如图 3-69 所示。

（4）在“图层”控制面板中，选中“椭圆 1”图层，将其拖曳到“图层”控制面板下方的“创建新图层”按钮上进行复制，生成新的形状图层“椭圆 1 拷贝”，并将其拖曳到“圆角矩形 1”图层的上方，如图 3-70 所示。

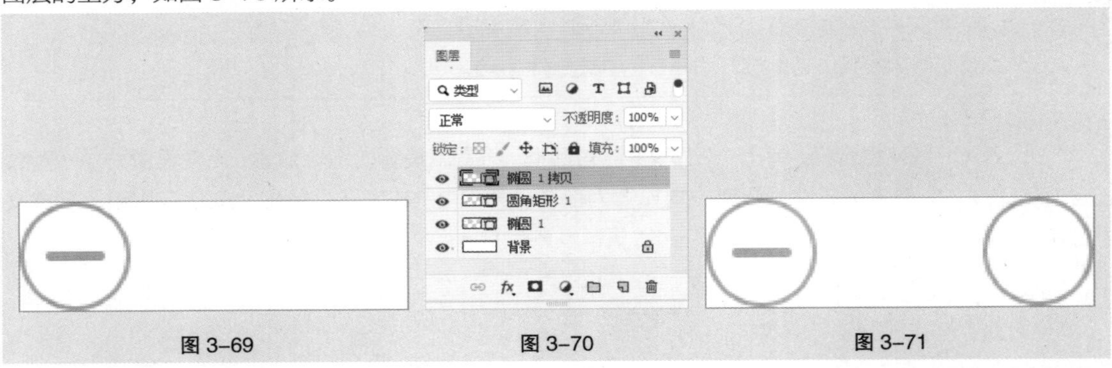

图 3-69　　图 3-70　　图 3-71

（5）选择“移动”工具，按住 Shift 键的同时，将复制的圆形水平向右拖曳到适当的位置，如图 3-71 所示。选择“椭圆”工具，在属性栏中将“填充”颜色设置为深黄色（255、121、0），“描边”颜色设置为无，效果如图 3-72 所示。

（6）选择“圆角矩形”工具，在属性栏中将“半径”选项设置为 2 像素。按住 Alt 键的同时，在图像窗口中适当的位置绘制圆角矩形，在“属性”控制面板中进行设置，如图 3-73 所示，效果如图 3-74 所示。

（7）使用相同的方法，在图像窗口中适当的位置再次绘制一个圆角矩形，在“属性”控制面板中进行设置，如图 3-75 所示，效果如图 3-76 所示。

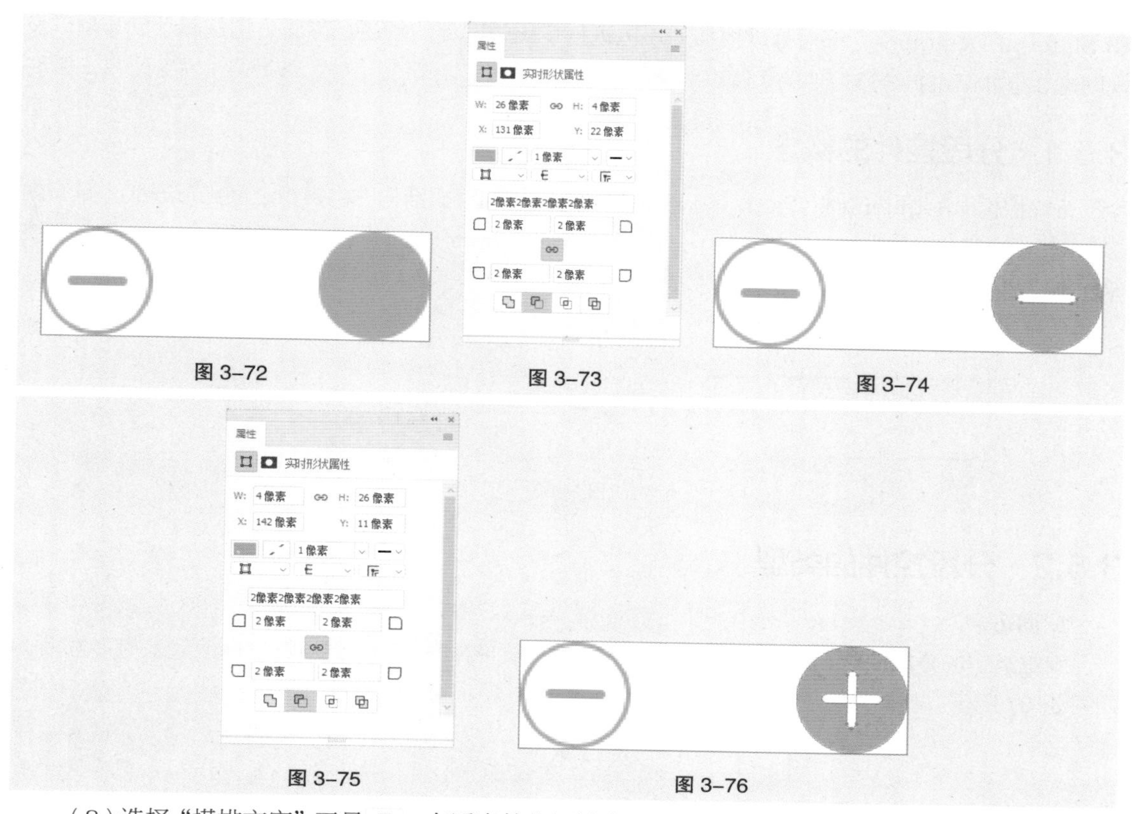

图 3-72　　图 3-73　　图 3-74

图 3-75　　图 3-76

（8）选择“横排文字”工具 T，在适当的位置输入需要的文字并选取文字，选择“窗口 > 字符”命令，弹出“字符”控制面板，将“颜色”选项设置为深黄色（255、121、0），其他选项的设置如图 3-77 所示，按 Enter 键确定操作，效果如图 3-78 所示，在“图层”控制面板中生成新的文字图层。

（9）在“图层”控制面板中，按住 Shift 键的同时，单击“椭圆 1”图层，将需要的图层同时选取。按 Ctrl+G 组合键，群组图层并将其命名为“加减控件”，如图 3-79 所示。旅游类 App 加减控件制作完成。

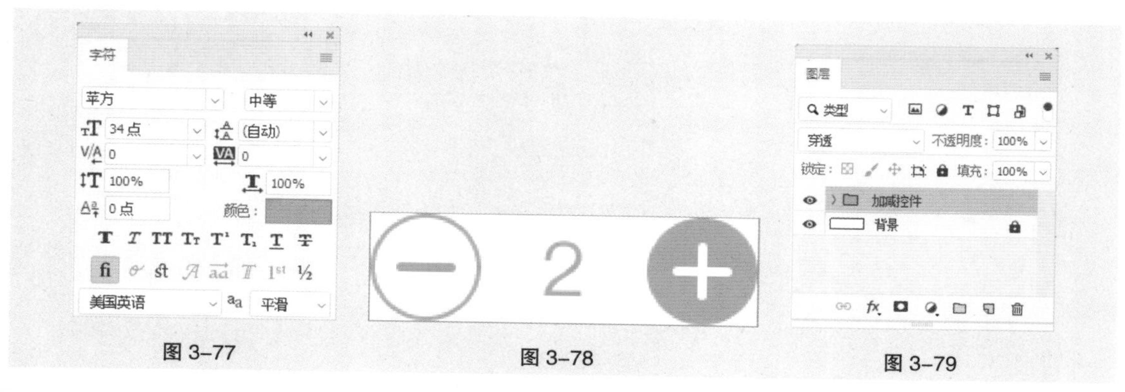

图 3-77　　图 3-78　　图 3-79

3.5 分段控件

分段控件是 UI 设计中最常见的控件之一，它的物理原型为现实世界中书本上的小标签。在 iOS

和 Material Design 中，都对分段控件的规范进行了比较详尽的阐述。下面分别从概念、类型以及规则这 3 个方面进行分段控件的讲解。

3.5.1　分段控件的概念

分段控件（Segmented Controls）在相关且处于相同层次结构的内容组之间进行导航，具有内容丰富、选项同行的特点。Android 中，由于使用的是 Material Design，因此将 iOS 中的分段控件称为选项卡（Tabs），如图 3-80 所示。

标签一　标签二　标签三

标签一　标签二　标签三　标签四　标签五

图 3-80

3.5.2　分段控件的类型

1. 固定

固定类型的分段控件，选项卡会在一个屏幕上显示所有选项，它们不会滚动以显示更多选项，如图 3-81 所示。

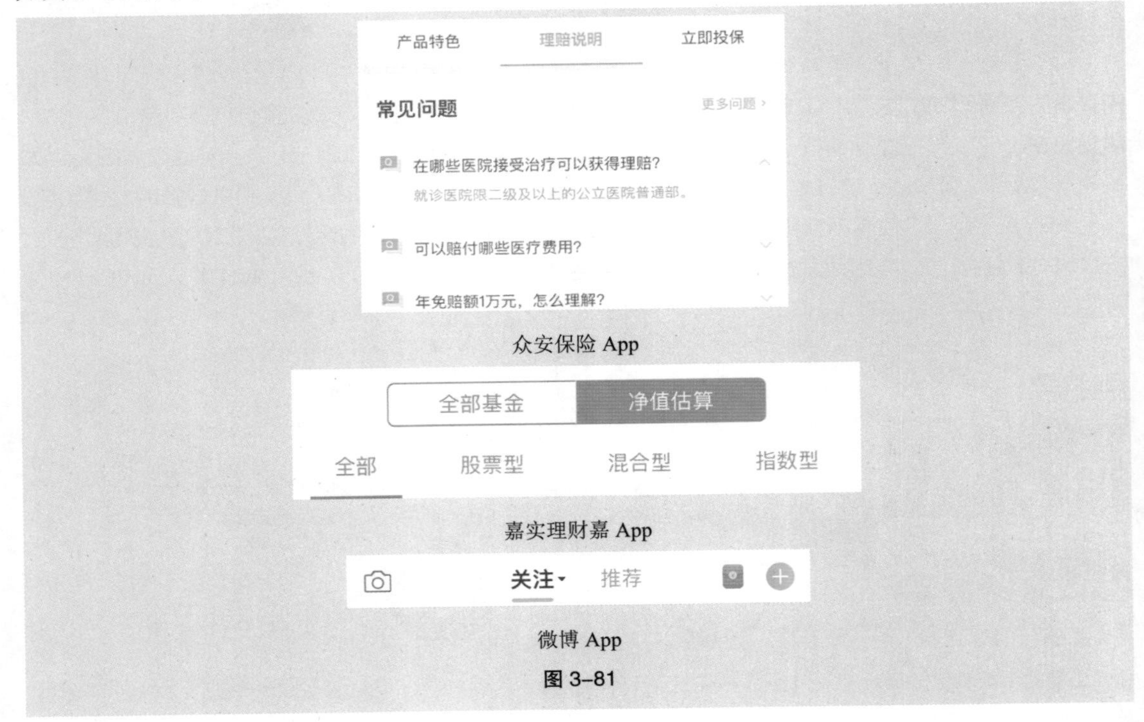

众安保险 App

嘉实理财嘉 App

微博 App

图 3-81

2. 滚动

滚动类型的分段控件，标签没有固定的宽度，它们是可滚动的，因此某些选项卡将保持在屏幕外，直到滚动为止，如图 3-82 所示。

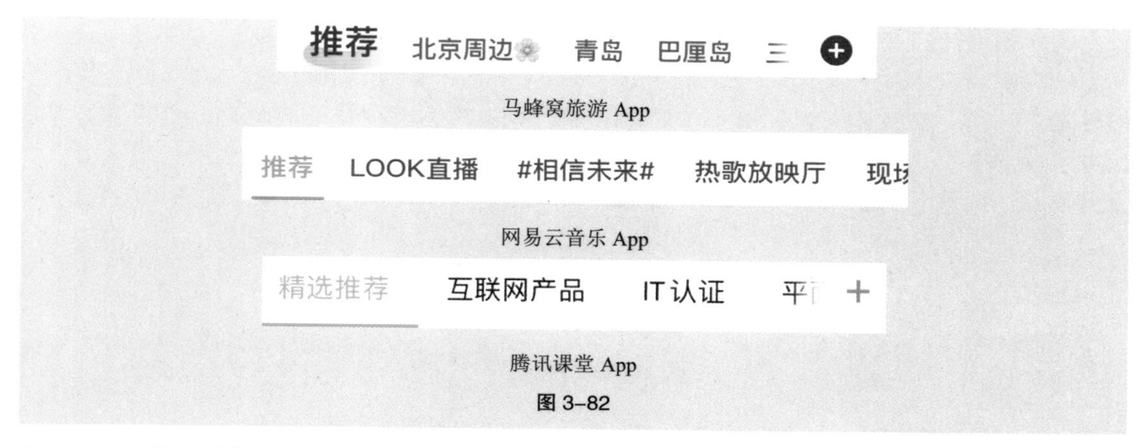

图 3-82

3.5.3 分段控件的规则

1. 分段控件的尺寸

（1）分段控件的高度。

分段控件用于 App 顶部导航栏中时，高度需要设计得较大，建议为 40 ~ 48 pt；分段控件用于 App 页面中部时，高度需要设计得较小，建议为 28 ~ 36 pt，如图 3-83 所示。

图 3-83

（2）分段控件的宽度。

选项少时，直接进行均分显示。选项较多时，采取定宽模式，宽度建议在 64 pt 及以上，如图 3-84 所示。

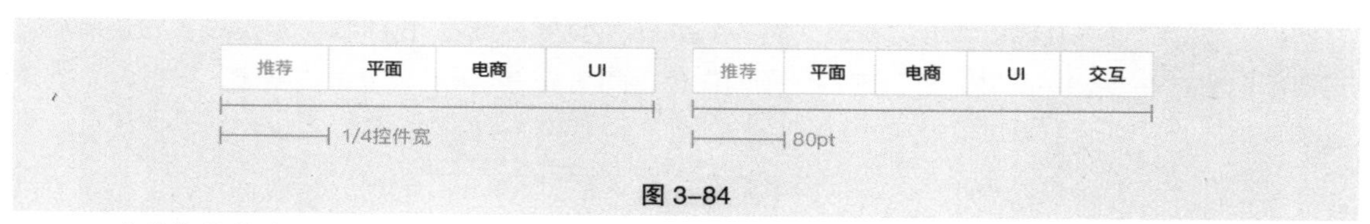

图 3-84

2. 分段控件的文字

通常分页器是没有背景色的，但背景需通过隐藏填充和描边的方式画出，这样才可以通过垂直居中的方式来确定中间文字的位置，如图 3-85 所示。

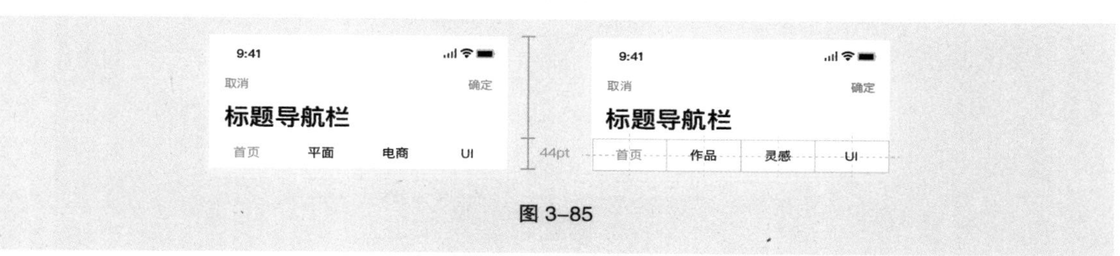

图 3-85

3. 分段控件的下划线

分段控件的下划线可以放置在控件底部或直接在文字下方悬浮，其高度应不大于 2 pt，其宽度应该和每个选项的背景区域等长，如果在文字下方悬浮则其宽度建议为 6 ～ 8 pt（小于文字总宽），如图 3-86 所示。

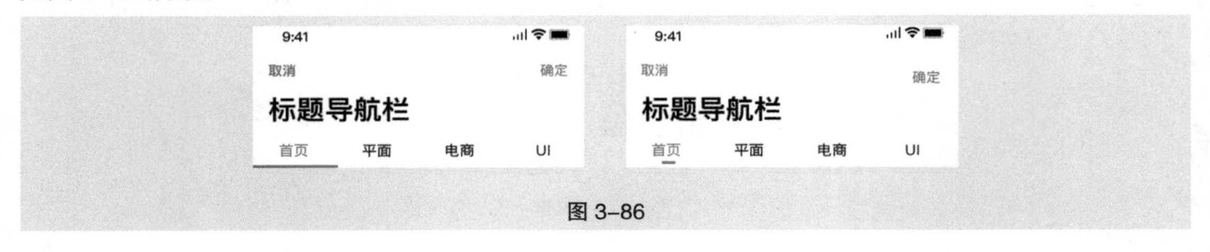

图 3-86

3.5.4 课堂案例——制作旅游类 App 分段控件

【案例设计要求】

（1）运用 Photoshop 制作分段控件，设计效果如图 3-87 所示。

（2）控件尺寸：750 px（宽）× 88 px（高）。

（3）符合控件的设计规则。

【案例学习目标】学习使用 Photoshop 制作分段控件。

【案例知识要点】使用“矩形”工具、“椭圆”工具和“圆角矩形”工具绘制形状，使用“横排文字”工具输入文字，使用“添加图层蒙版”命令和“画笔”工具修饰文字，使用“减去顶层形状”命令修饰形状。

【效果文件所在位置】云盘 /Ch03/ 制作旅游类 App 分段控件 / 效果 / 制作旅游类 App 分段控件 .psd。

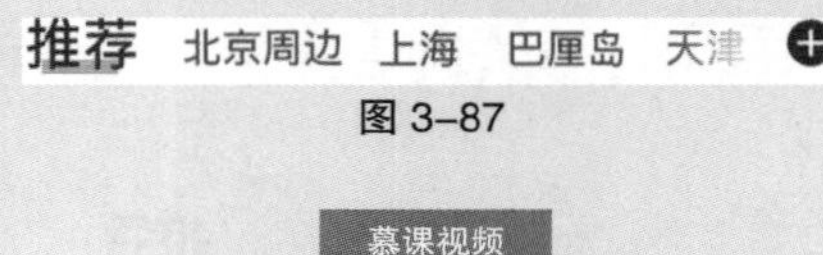

图 3-87

（1）按 Ctrl+N 组合键，弹出“新建文档”对话框，将宽度设置为 750 像素，高度设置为 88 像素，分辨率设置为 72 像素 / 英寸，背景内容设置为白色，如图 3-88 所示。单击“创建”按钮，完成文档的新建。

图 3-88

（2）选择“视图 > 新建参考线版面”命令，弹出“新建参考线版面”对话框，选项设置如图 3-89 所示。单击“确定”按钮，完成参考线的创建，效果如图 3-90 所示。

（3）选择“横排文字”工具 T.，在适当的位置输入需要的文字并选取文字，选择“窗口 > 字符”命令，弹出“字符”控制面板，将“颜色”选项设置为深灰色（52、52、52），其他选项的设置如图 3-91 所示，按 Enter 键确定操作，效果如图 3-92 所示，在“图层”控制面板中生成新的文字图层。

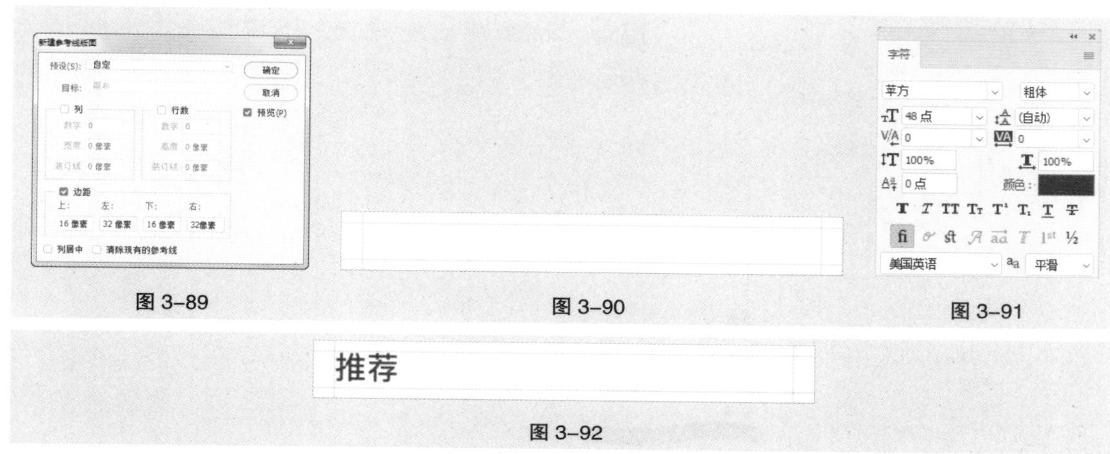

图 3-89　图 3-90　图 3-91

图 3-92

（4）选择“矩形”工具 □.，在属性栏的“选择工具模式”下拉列表中选择“形状”选项，将“填充”颜色设置为黄色（241、168、72），“描边”颜色设置为无。在图像窗口中适当的位置绘制矩形，在“图层”控制面板中生成新的形状图层“矩形 1”。选择“窗口 > 属性”命令，弹出“属性”控制面板，在面板中进行设置，如图 3-93 所示。

（5）在“图层”控制面板中选中“推荐”文字图层，将其拖曳到“矩形 1”图层的上方，如图 3-94 所示，效果如图 3-95 所示。

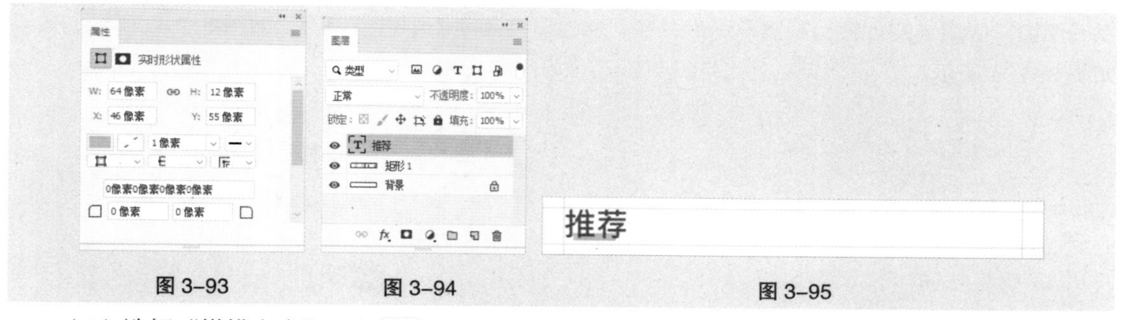

图 3-93　图 3-94　图 3-95

（6）选择“横排文字”工具 T.，在适当的位置分别输入需要的文字并选取文字，在“字符”控制面板中，将“颜色”选项设置为浅灰色（80、80、80），其他选项的设置如图 3-96 所示，按 Enter 键确定操作，效果如图 3-97 所示，在“图层”控制面板中分别生成新的文字图层。

（7）分别单击“哈尔滨”“云南”“三亚”文字图层左侧的眼睛图标，隐藏图层。选中“天津”文字图层，单击“图层”控制面板下方的“添加图层蒙版”按钮，为图层添加图层蒙版，如图 3-98 所示。将前景色设置为黑色。选择“画笔”工具，在属性栏中单击“画笔预设”选项右侧的按钮，在弹出的面板中选择需要的画笔形状和大小，如图 3-99 所示，在图像窗口中进行涂抹，擦除不需要的部分，效果如图 3-100 所示。

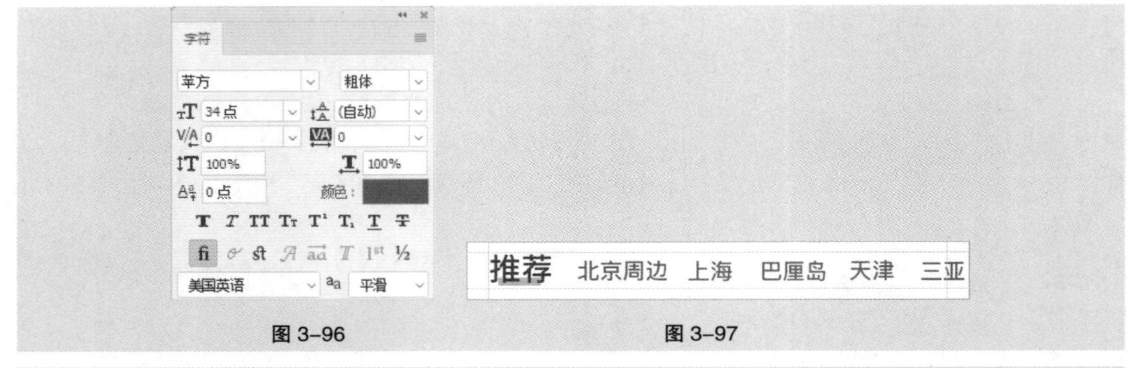

图 3-96　　图 3-97

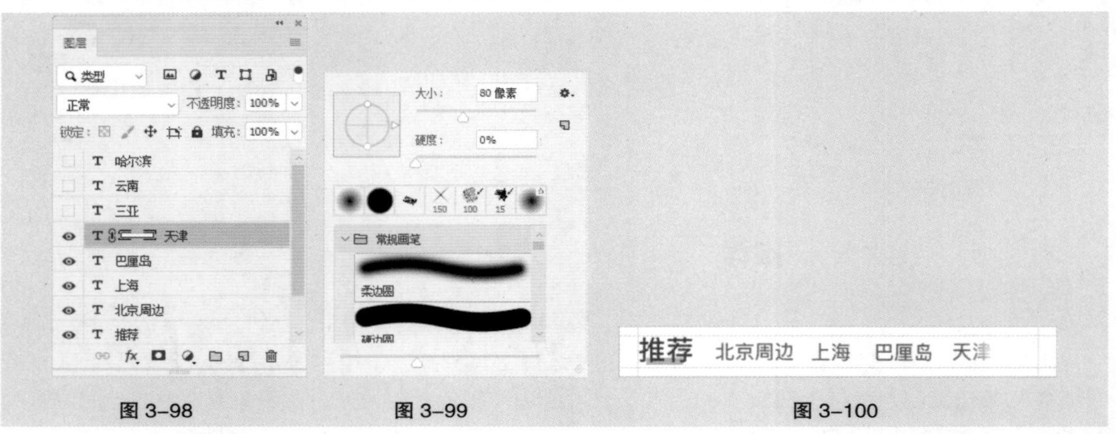

图 3-98　　图 3-99　　图 3-100

（8）选择“椭圆”工具 ，在属性栏中将“填充”颜色设置为深灰色（52、52、52），“描边”颜色设置为无。按住 Shift 键的同时，在图像窗口中适当的位置绘制圆形，在“图层”控制面板中生成新的形状图层“椭圆 1”。在“属性”控制面板中进行设置，如图 3-101 所示，效果如图 3-102 所示。

（9）选择“圆角矩形”工具 ，在属性栏中将“半径”选项设置为 2 像素。按住 Alt 键的同时，在图像窗口中适当的位置绘制圆角矩形，在“属性”控制面板中进行设置，如图 3-103 所示，效果如图 3-104 所示。

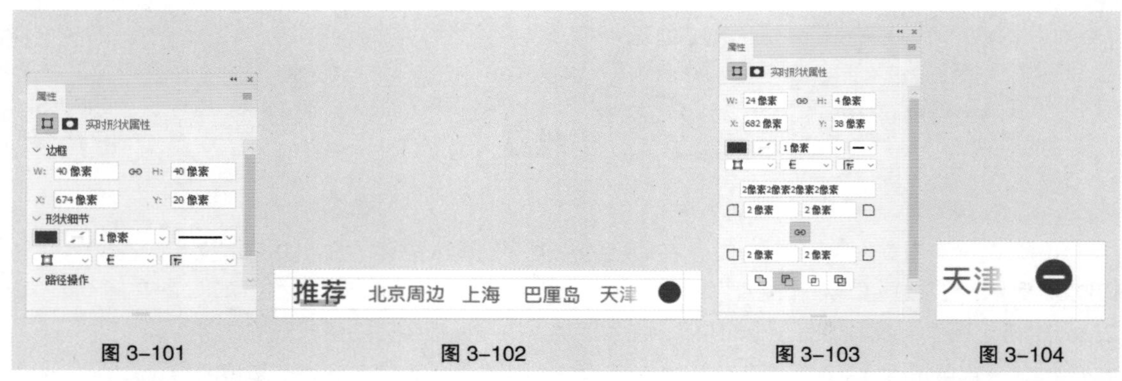

图 3-101　　图 3-102　　图 3-103　　图 3-104

（10）使用相同的方法，在图像窗口中适当的位置再次绘制一个圆角矩形，在“属性”控制面板中进行设置，如图 3-105 所示，效果如图 3-106 所示。在“图层”控制面板中，按住 Shift 键的同时，单击“矩形 1”图层，将需要的图层同时选取。按 Ctrl+G 组合键，群组图层并将其命名为“分段控件”，如图 3-107 所示。旅游类 App 分段控件制作完成。

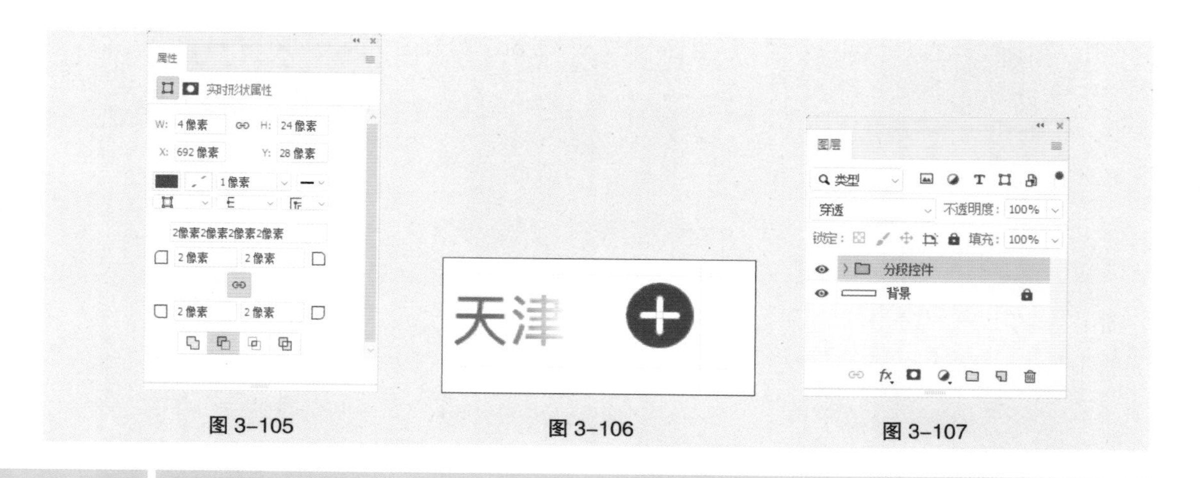

图 3-105　　图 3-106　　图 3-107

3.6 页面控件

页面控件与分段控件一样，都是 UI 设计中的常用控件之一。页面控件的应用次数虽然较多，但场景却比较单一，大部分情况都是与 Banner 图片一起使用。下面分别从概念、类型以及规则这 3 个方面进行页面控件的讲解。

3.6.1 页面控件的概念

页面控件（Page Controls）用于显示当前页面在平面页面列表中的位置，具有小巧便利、状态明确的特点。它以一系列小指示点的形式出现，表示可用页面的打开顺序，其中实心点表示当前页面，如图 3-108 所示。

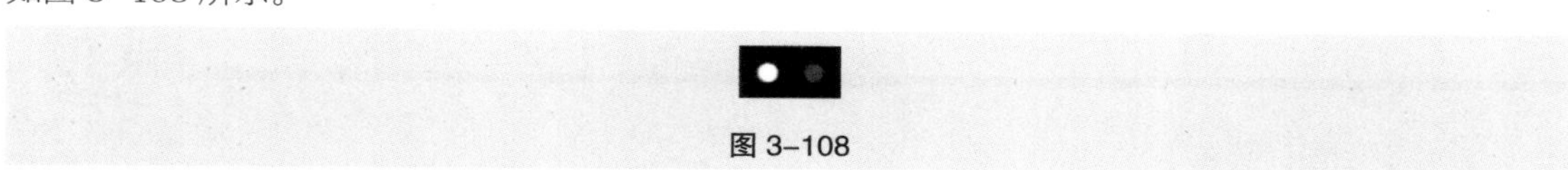

图 3-108

3.6.2 页面控件的类型

页面控件的类型可以根据形状分为圆形和矩形，如图 3-109 和图 3-110 所示。

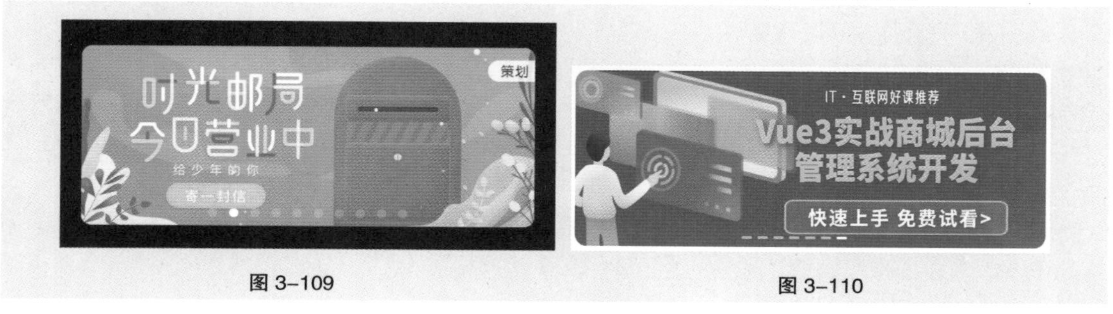

图 3-109　　图 3-110

3.6.3 页面控件的规则

1. 页面控件的尺寸

圆形页面控件的尺寸建议为 8 pt、10 pt、12 pt，如图 3-111 所示。

矩形页面控件的尺寸建议为 14 pt×2 pt、16 pt×2 pt、20 pt×3 pt，如图 3-111 所示。

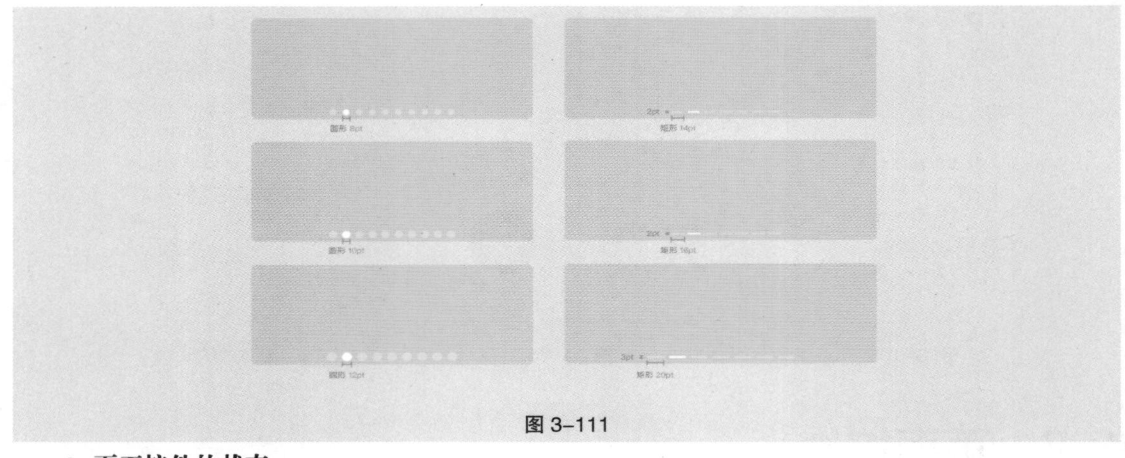

图 3-111

2. 页面控件的状态

页面控件被选中时，透明度为 100%；未被选中时，透明度为 40% ～ 60%，如图 3-112 所示。

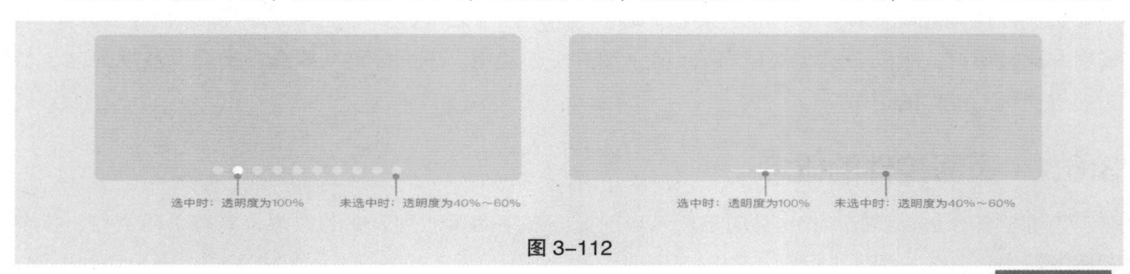

图 3-112

3.6.4 课堂案例——制作旅游类 App 页面控件

慕课视频

制作旅游类 App 页面控件

【案例设计要求】

（1）运用 Photoshop 制作页面控件，设计效果如图 3-113 所示，环境效果如图 3-114 所示。

（2）控件尺寸：32 px（宽）×2 px（高）。

（3）符合控件的设计规则。

【案例学习目标】学习使用 Photoshop 制作页面控件。

【案例知识要点】使用“直线”工具绘制形状。

【效果文件所在位置】云盘 /Ch03/ 制作旅游类 App 页面控件 / 效果 / 制作旅游类 App 页面控件 .psd。

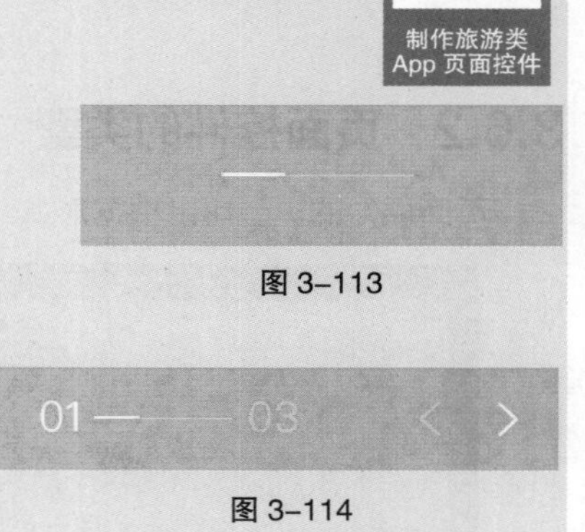

图 3-113

图 3-114

（1）按 Ctrl+N 组合键，弹出“新建文档”对话框，将宽度设置为 240 像素，高度设置为 72 像素，分辨率设置为 72 像素 / 英寸，背景内容设置为橘黄色（255、151、1），如图 3-115 所示。单击“创建”按钮，完成文档的新建，如图 3-116 所示。

图 3-115　　图 3-116

（2）选择“直线”工具 ，在属性栏的“选择工具模式”下拉列表中选择“形状”选项，将“填充”颜色设置为无，“描边”颜色设置为白色，“粗细”选项设置为 2 像素。按住 Shift 键的同时，在图像窗口中适当的位置绘制一条直线，效果如图 3-117 所示，在“图层”控制面板中生成新的形状图层“形状 1”。

（3）在属性栏中将“粗细”选项设置为 1 像素，按住 Shift 键的同时，在图像窗口中适当的位置再次绘制一条直线，效果如图 3-118 所示，在“图层”控制面板中生成新的形状图层“形状 2”。

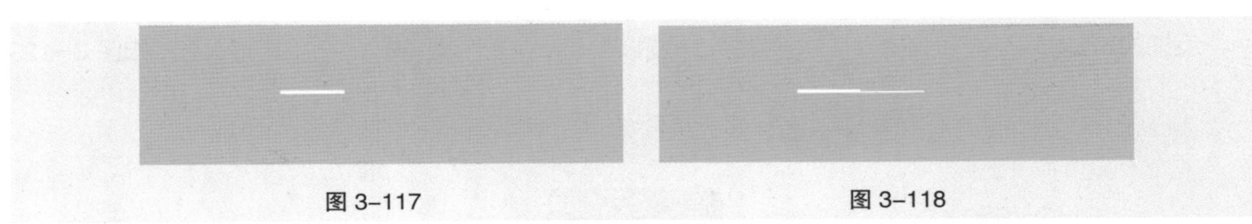

图 3-117　　图 3-118

（4）在“图层”控制面板中将其“不透明度”选项设置为 50%，如图 3-119 所示，效果如图 3-120 所示。

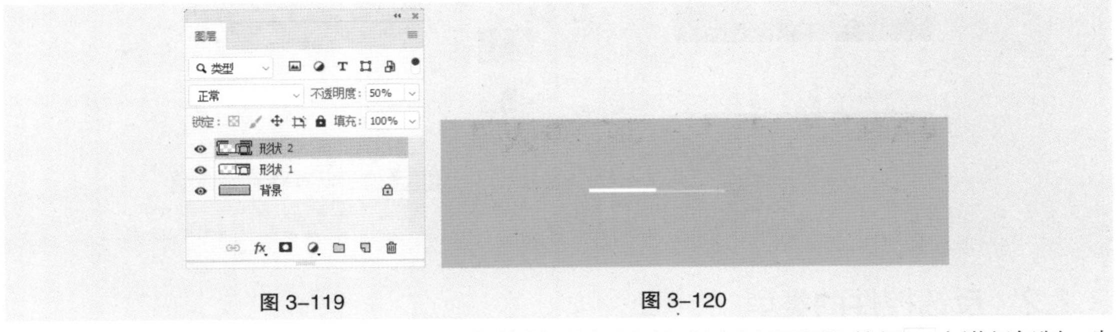

图 3-119　　图 3-120

（5）将“形状 2”图层拖曳到“图层”控制面板下方的“创建新图层”按钮 上进行复制，生成新的形状图层“形状 2 拷贝”。选择“移动”工具 ，按住 Shift 键的同时，将复制的形状水平向右拖曳到适当的位置，如图 3-121 所示。

（6）在“图层”控制面板中，按住 Shift 键的同时，单击“形状 1”图层，将需要的图层同时选取。按 Ctrl+G 组合键，群组图层并将其命名为“页面控件”，如图 3-122 所示。旅游类 App 页面控件制作完成。

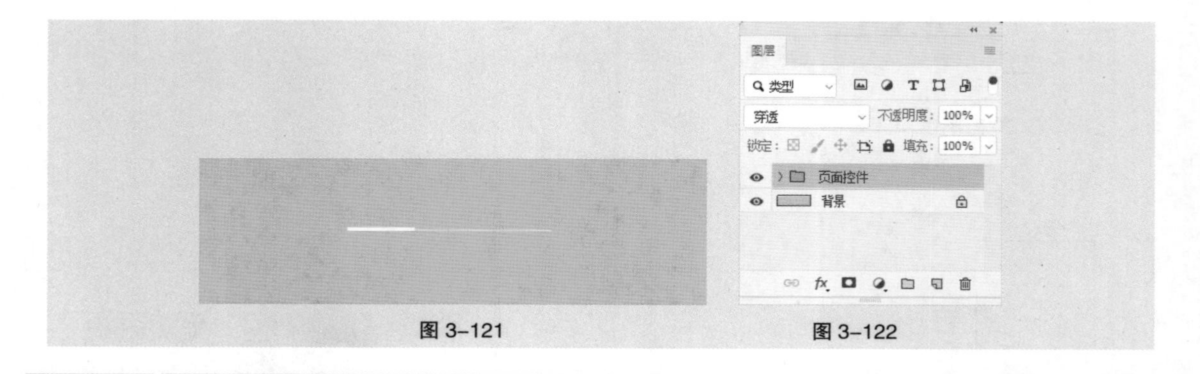

图 3-121　　图 3-122

3.7　反馈控件

反馈控件是 UI 设计中需要与用户进行紧密交互的核心控件。其中，作为反馈控件之一的吐司提示更与我们的生活有着千丝万缕的关系，它主要是参考了烤面包（Toast）烤熟时从烤面包机（Toaster）里弹出来的样子而进行命名的。下面分别从概念、类型以及规则这 3 个方面进行反馈控件的讲解。

3.7.1　反馈控件的概念

反馈控件即产品与用户交互的视觉和行为接触点，具有传达信息、吸引用户的特点，如图 3-123 所示。

图 3-123

3.7.2　反馈控件的类型

1. 角标

角标（badge）又称徽标，通常指出现在图标或文字右上角的红色图形，表示有新内容或者待处理信息，有带文字数字和不带文字数字之分，如图 3-124 所示。

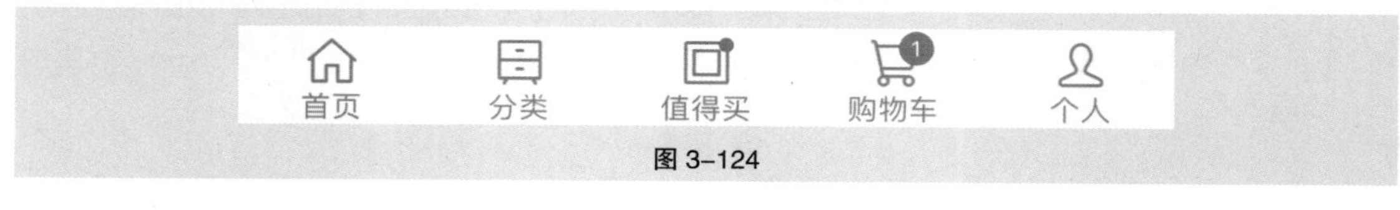

图 3-124

2. 吐司提示

吐司提示（Toast）通常出现在页面顶部和中部，浮于页面上方，无法对其进行操作，出现一段时间后便会消失，并且在此期间不影响其他正常操作，如图 3-125 所示。

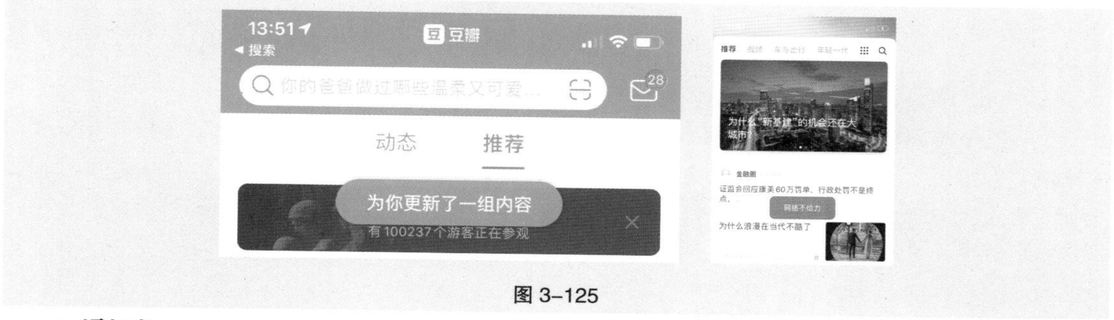

图 3-125

3. 通知条

通知条（NoticeBar）通常位于导航栏下方，一般用作系统提醒、活动提醒等通知。其重要级别低于弹窗、高于吐司提示，如图 3-126 所示。

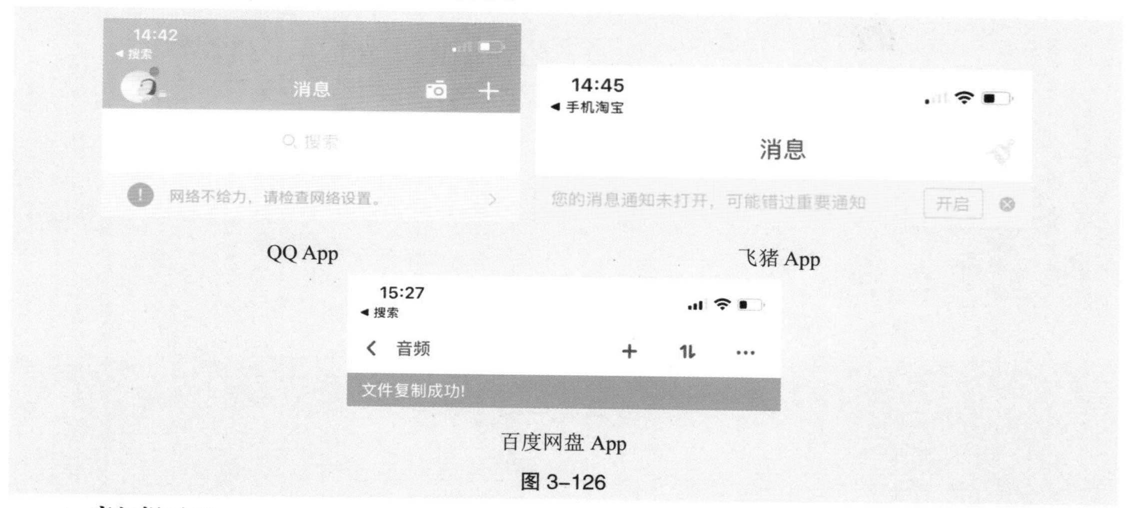

QQ App　　飞猪 App

百度网盘 App

图 3-126

4. 底部提示栏

底部提示栏（SnackBars）用于在屏幕底部提供有关应用程序进程的简短消息，如图 3-127 所示。

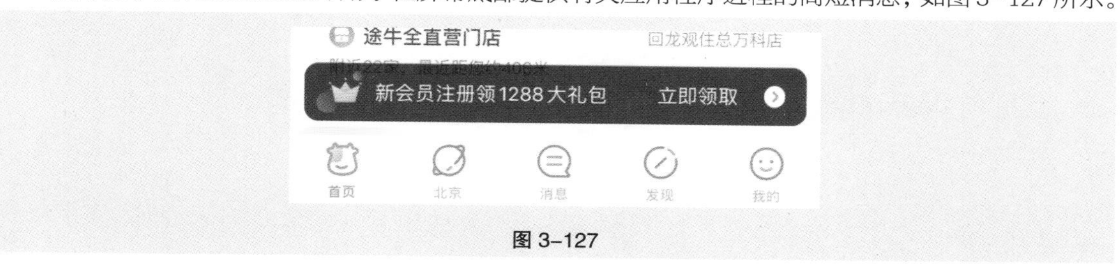

图 3-127

3.7.3 反馈控件的规则

1. 角标

（1）角标的尺寸。

在角标的尺寸中，小红点的尺寸建议为 6 ～ 8 pt，红色圆形的尺寸建议为 12 ～ 16 pt（圆角矩形、类圆角矩形的高度），小红点与红色圆形的大小关系通常为 1 ：2，如图 3-128 所示。

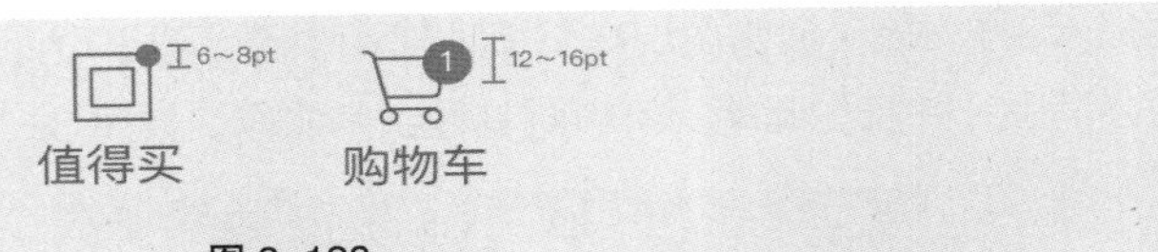

图 3-128

（2）角标的文字。

角标的字体应该为非衬线，可以和系统字体进行匹配；当底层图形为圆形时，字体与底层图形的比例关系接近 1 ： 2；当底层图形为圆角矩形时，字体与圆角矩形的高度比例同样接近 1：2；字体到上下侧的距离与字体到左右侧的距离的比例关系为 1：1.2，如图 3-129 所示。

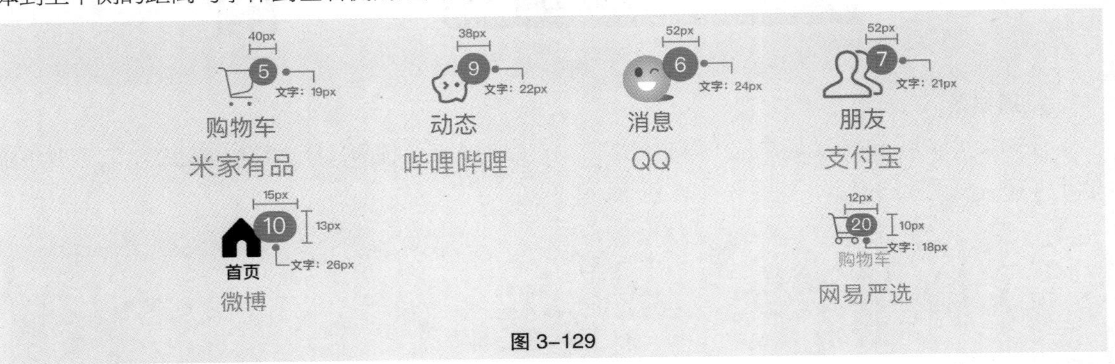

图 3-129

（3）角标的色彩。

绝大多数角标的用色都是红色，部分品牌色为暖色系色彩的 App 会使用其品牌色作为角标色彩，如图 3-130 所示。

图 3-130

（4）角标的层级。

角标出现在面性图标中时，通常添加白色描边，如图 3-131 所示。

图 3-131

角标出现在线性图标中时，可以不添加白色描边，如图 3-132 所示。

图 3-132

小红点通常位于图标之外，如图 3-133 所示。

图 3-133

2. 吐司提示

（1）吐司提示的尺寸。

- 宽度和高度根据文字来设置，通常一行不超过 12 个字，如图 3-134 所示。
- 圆角半径建议为 10 pt，如图 3-134 所示。

（2）吐司提示的文字。

文字尺寸建议为 14 pt，如图 3-134 所示。

（3）吐司提示的透明度。

透明度建议为 70%，如图 3-134 所示。

3. 通知条

（1）通知条的尺寸。

通知条的高度通常为 32 pt ～ 44 pt，如图 3-135 所示。

（2）通知条的文字。

通知条的文字尺寸通常为 12 pt ～ 14 pt，如图 3-135 所示。

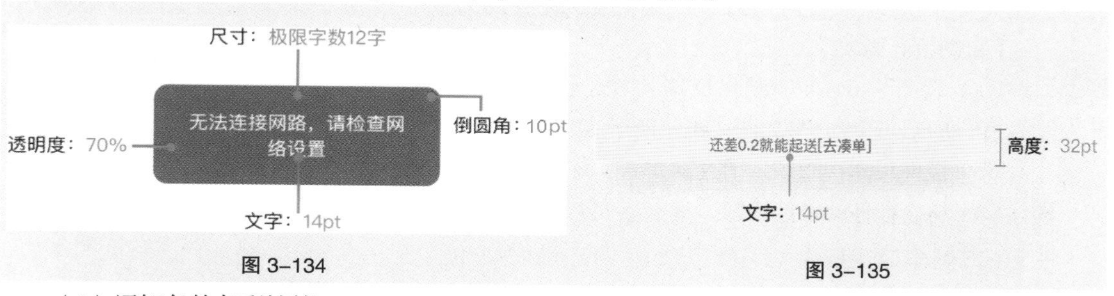

图 3-134　　图 3-135

（3）通知条的色彩情绪。

- 黄色：将通知条的颜色设置为黄色，表示提醒，如图 3-136 所示。

图 3-136

- 绿色：将通知条的颜色设置为绿色，表示通过，如图 3-137 所示。

文件复制成功!

图 3-137

- 红色：将通知条的颜色设置为红色，表示警告，如图 3-138 所示。

图 3-138

4. 底部提示栏

（1）底部提示栏的尺寸。

- 宽度：底部提示栏的宽度建议为 344 pt，如图 3-139 所示。
- 高度：底部提示栏的高度单行尺寸建议为 48 pt，双行尺寸建议为 68 pt，如图 3-139 所示。

（2）底部提示栏的间距。

按钮的间距建议为 8 pt，文字的间距建议为 16 pt，如图 3-139 所示。

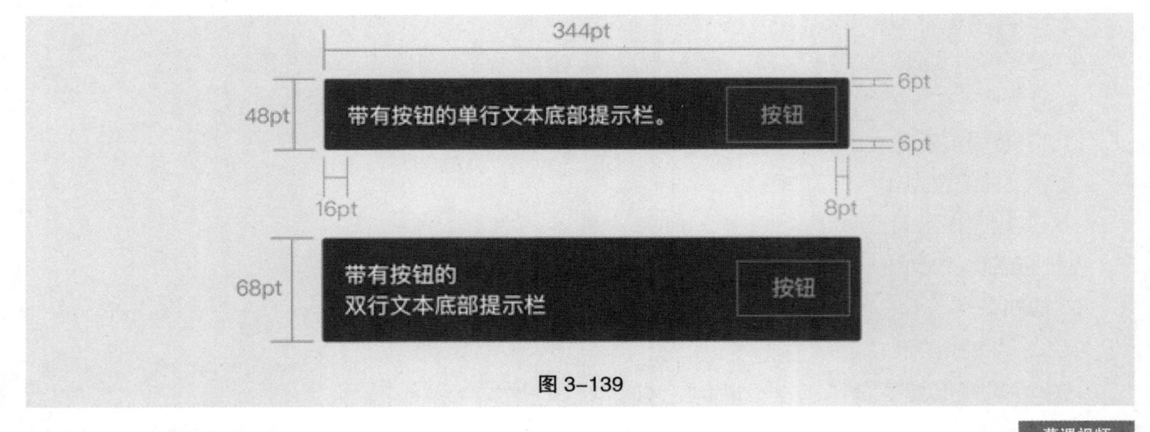

图 3-139

3.7.4 课堂案例——制作旅游类 App 反馈控件

幕课视频

制作旅游类 App 反馈控件

【案例设计要求】

（1）运用 Photoshop 制作反馈控件，设计效果如图 3-140 所示，环境效果如图 3-141 所示。

（2）控件尺寸：32 px（宽）×2 px（高）。

（3）符合控件的设计规则。

【案例学习目标】学习使用 Photoshop 制作反馈控件。

【案例知识要点】使用“椭圆”工具绘制形状，使用“横排文字”工具输入文字。

【效果文件所在位置】云盘 /Ch03/ 制作旅游类 App 反馈控件 / 效果 / 制作旅游类 App 反馈控件 .psd。

图 3-140

图 3-141

（1）按 Ctrl+N 组合键，弹出“新建文档”对话框，将宽度设置为 32 像素，高度设置为 32 像素，分辨率设置为 72 像素 / 英寸，背景内容设置为白色，如图 3-142 所示。单击“创建”按钮，完成文档的新建。

（2）选择“椭圆”工具 ○，在属性栏的“选择工具模式”下拉列表中选择“形状”选项，将“填充”颜色设置为红色（240、60、27），“描边”颜色设置为无。按住 Shift 键的同时，在图像窗口中适当的位置绘制圆形，在“图层”控制面板中生成新的形状图层“椭圆 1”。选择“窗口 > 属性”命令，弹出“属性”控制面板，在面板中进行设置，如图 3-143 所示，效果如图 3-144 所示。

（3）选择“横排文字”工具 T，在适当的位置输入需要的文字并选取文字，选择“窗口 > 字符”命令，弹出“字符”控制面板，将“颜色”选项设置为白色，其他选项的设置如图 3-145 所示，按 Enter 键确定操作，效果如图 3-146 所示，在“图层”控制面板中生成新的文字图层。

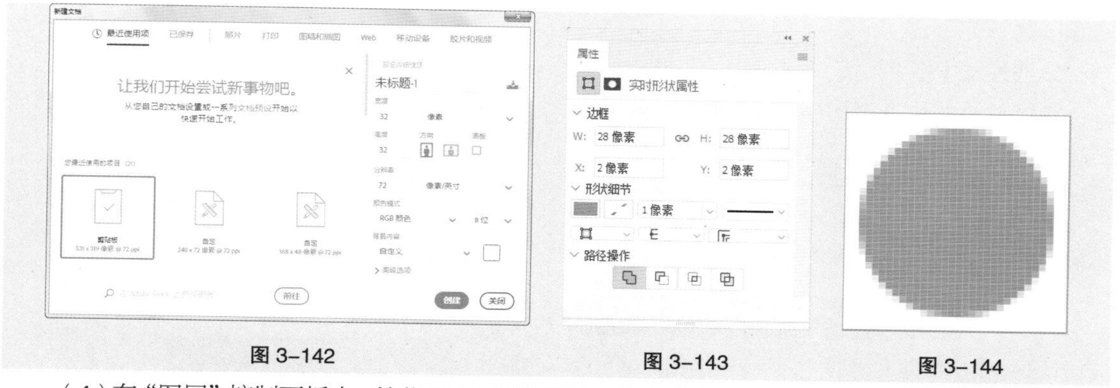
图 3-142　图 3-143　图 3-144

（4）在“图层”控制面板中，按住 Shift 键的同时，单击“椭圆 1”图层，将需要的图层同时选取。按 Ctrl+G 组合键，群组图层并将其命名为“反馈控件”，如图 3-147 所示。旅游类 App 反馈控件制作完成。

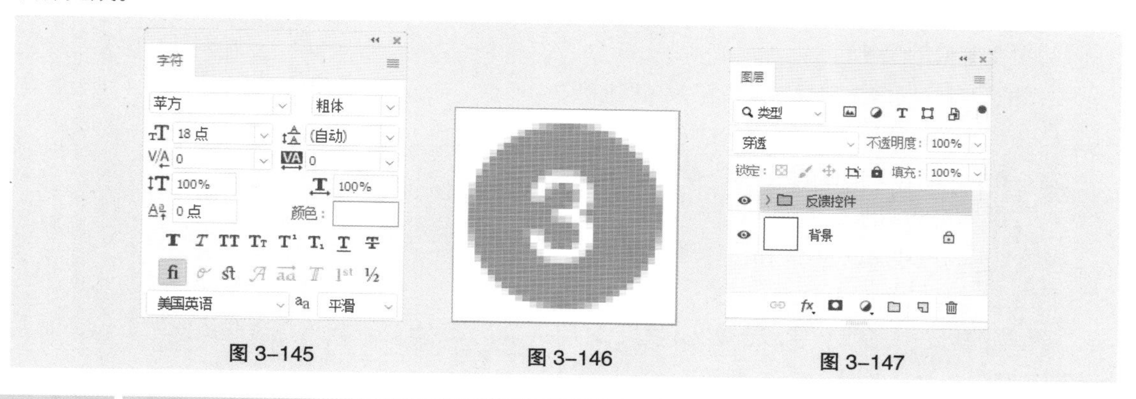
图 3-145　图 3-146　图 3-147

3.8 文本框控件

文本框控件是一个经典控件，它的出现几乎可以追溯到可视化交互诞生的源头。不论是产品设计师还是产品使用者，都要和文本框相处。下面分别从概念、类型以及规则这 3 个方面进行文本框控件的讲解。

3.8.1 文本框控件的概念

文本框（Text Fields）允许用户输入和编辑文本，具有易于发现、操作高效的特点，当用户点击它时会自动调出键盘。使用文本框可获得少量信息，例如电子邮件地址，如图 3-148 所示。

图 3-148

3.8.2 文本框控件的类型

1. 填充文本框

填充文本框在视觉上有更强的冲击力，可以在被其他内容和组件包围时进行突出强调，如

图 3-149 所示。

2. 线性文本框

线性文本框在视觉上的冲击力不是很强，当它们出现在表单之类的地方时，许多文本字段放在一起，有助于简化布局，如图 3-150 所示。

图 3-149　　图 3-150

3.8.3 文本框控件的规则

（1）文本框的尺寸。

文本框的宽度根据文字长度来设置，高度通常为 56 pt。

（2）文本框的间距。

文字和图标距离文本框的尺寸建议为 12 pt。

（3）文本框的图标。

操作图标的尺寸建议为 24 pt。

（4）文本框的状态。

文本框的状态包括默认状态、输入状态、禁用状态、错误状态。默认状态时线宽为 1 pt，输入状态时线宽为 2 pt，如图 3-151 所示。

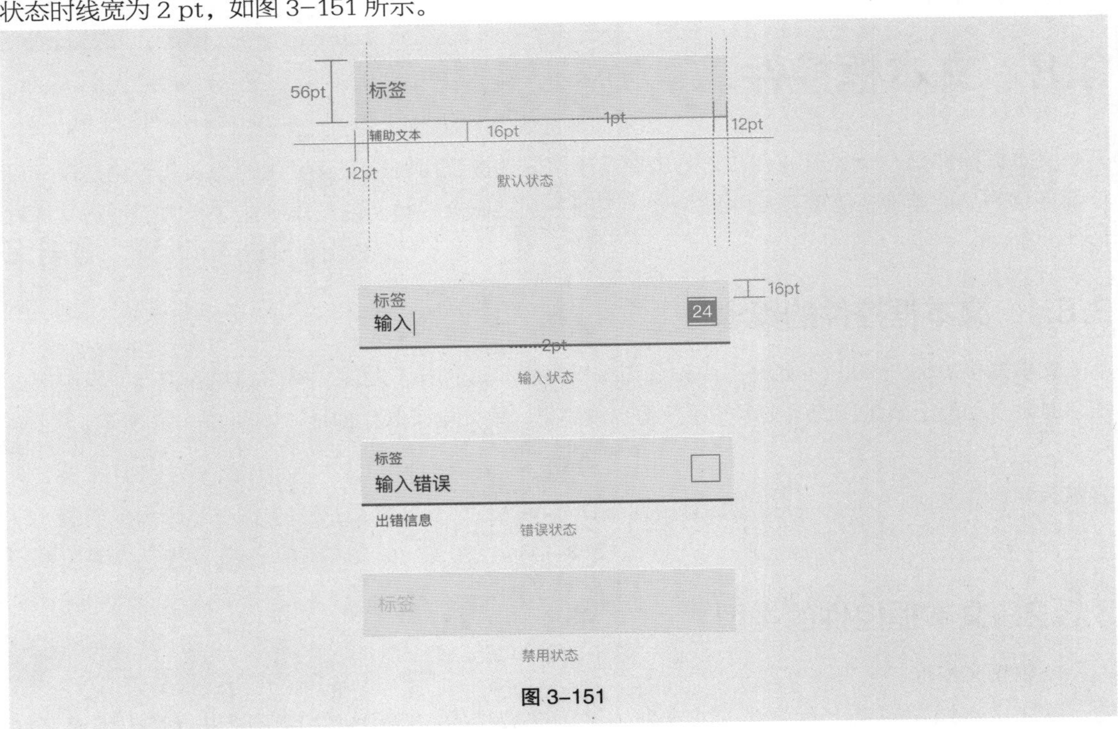

图 3-151

3.8.4 课堂案例——制作旅游类 App 文本框控件

【案例设计要求】

（1）运用 Photoshop 制作文本框控件，设计效果如图 3-152 所示。

（2）控件尺寸：750 px（宽）× 112 px（高）。

（3）符合控件的设计规则。

图 3-152

【案例学习目标】学习使用 Photoshop 制作文本框控件。

【案例知识要点】使用“横排文字”工具输入文字，使用“字符”控制面板调整文字间距及位置，使用“直线”工具绘制形状。

【效果文件所在位置】云盘 /Ch03/ 制作旅游类 App 文本框控件 / 效果 / 制作旅游类 App 文本框控件 .psd。

（1）按 Ctrl+N 组合键，弹出“新建文档”对话框，将宽度设置为 750 像素，高度设置为 112 像素，分辨率设置为 72 像素 / 英寸，背景内容设置为深绿色（89、133、142），如图 3-153 所示。单击“创建”按钮，完成文档的新建，如图 3-154 所示。

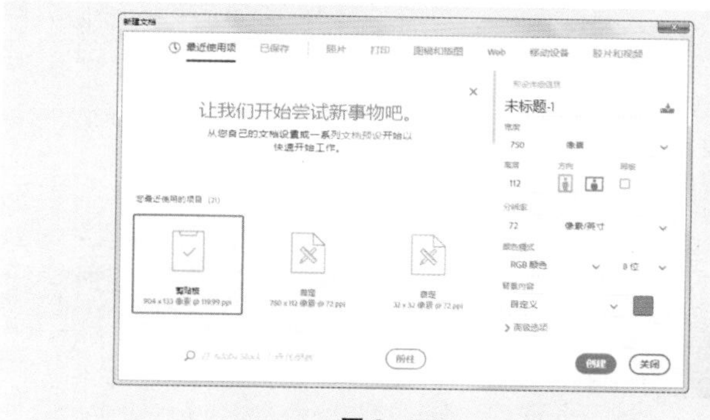

图 3-153

图 3-154

（2）选择“视图 > 新建参考线版面”命令，弹出“新建参考线版面”对话框，选项设置如图 3-155 所示。单击“确定”按钮，完成参考线的创建，效果如图 3-156 所示。

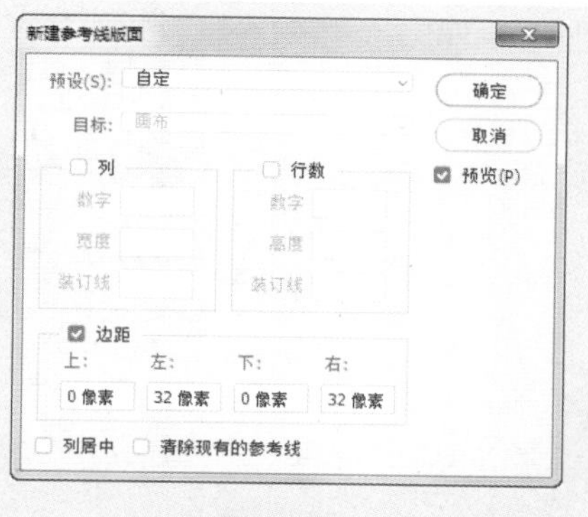

图 3-155

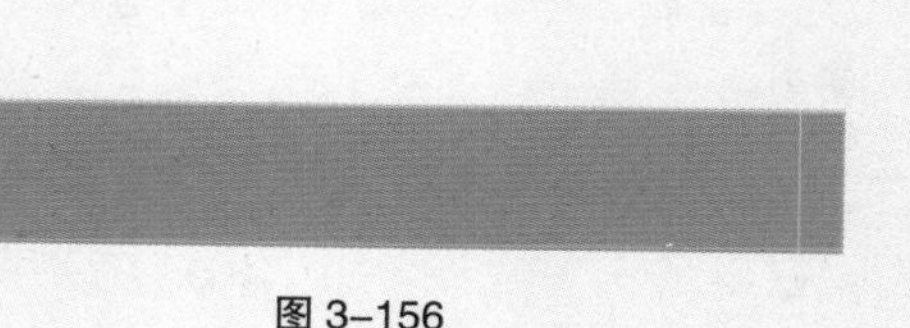

图 3-156

（3）选择“横排文字”工具 T.，在适当的位置输入需要的文字并选取文字，选择“窗口 > 字符”命令，弹出“字符”控制面板，将“颜色”选项设置为白色，其他选项的设置如图 3-157 所示，按 Enter 键确定操作，效果如图 3–158 所示，在“图层”控制面板中生成新的文字图层。

（4）选择“直线”工具，在属性栏中将“填充”颜色设置为无，“描边”颜色设置为白色，“粗细”选项设置为 1 像素。按住 Shift 键的同时，在图像窗口中适当的位置绘制一条直线，在“图层”控制面板中生成新的形状图层“形状 1”，如图 3–159 所示，效果如图 3–160 所示。

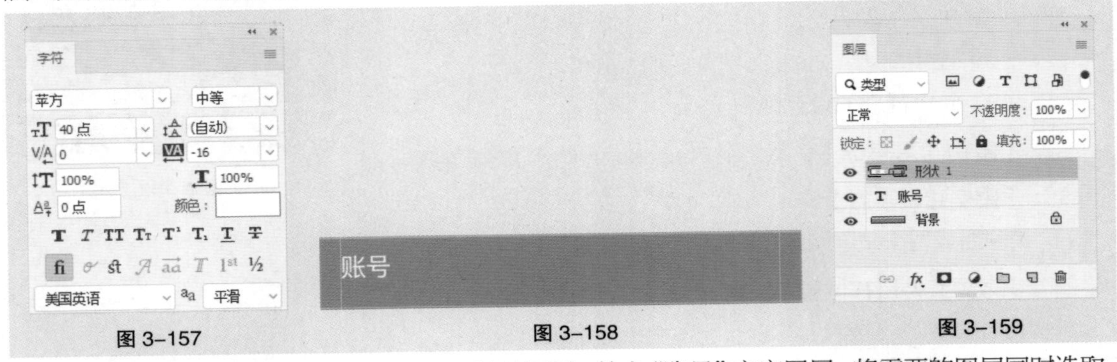

图 3–157　　图 3–158　　图 3–159

（5）在“图层”控制面板中按住 Shift 键的同时，单击“账号”文字图层，将需要的图层同时选取。按 Ctrl+G 组合键，群组图层并将其命名为“未填充”，设置图层组的“不透明度”选项为 40%，如图 3–161 所示，效果如图 3–162 所示。

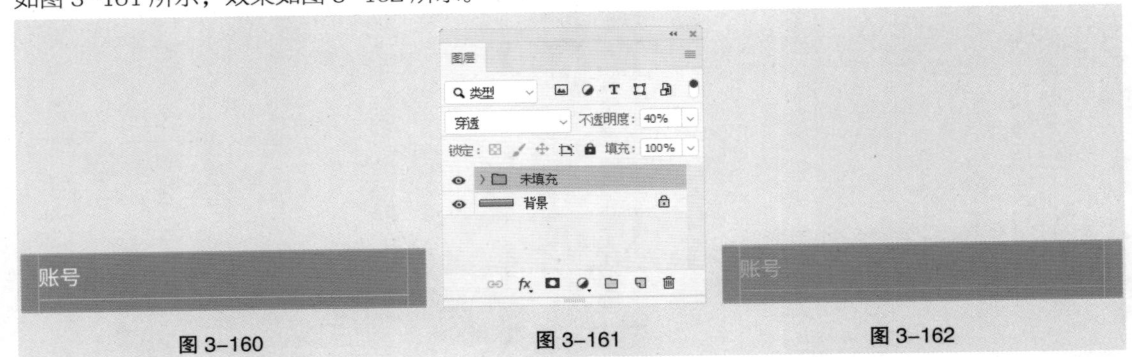

图 3–160　　图 3–161　　图 3–162

（6）将“未填充”图层组拖曳到“图层”控制面板下方的“创建新图层”按钮上进行复制，生成新的图层组并将其命名为“已填充”，设置图层组的“不透明度”选项为 100%。单击“未填充”图层组左侧的眼睛图标，隐藏该图层组，如图 3–163 所示。

（7）展开“已填充”图层组，选取“账号”文字图层，如图 3–164 所示。选择“横排文字”工具，选取文字并修改文字，效果如图 3–165 所示。

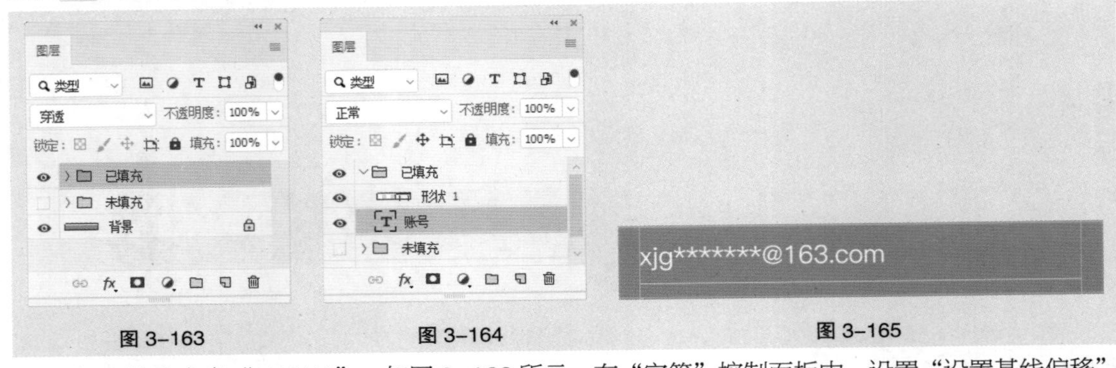

图 3–163　　图 3–164　　图 3–165

（8）选取文字“*******”，如图 3–166 所示。在“字符”控制面板中，设置“设置基线偏移”

选项为 -10 点，如图 3-167 所示，效果如图 3-168 所示。

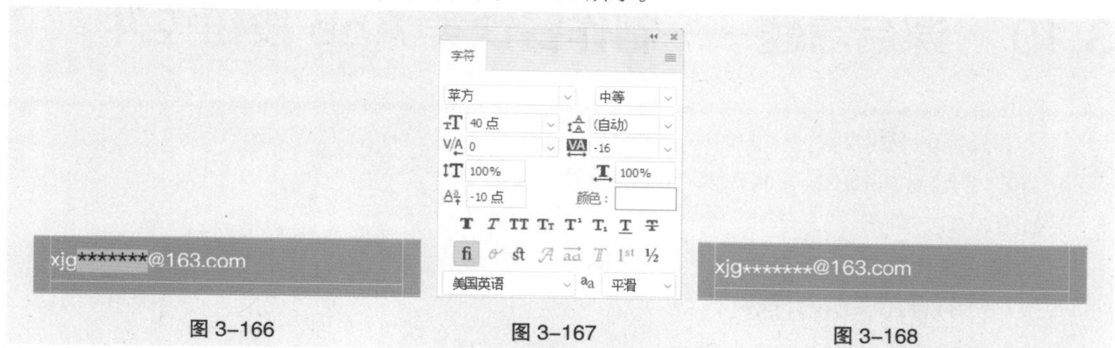

图 3-166　　图 3-167　　图 3-168

（9）选择“直线”工具 ，在属性栏中将“填充”颜色设置为无，“描边”颜色设置为白色，“粗细”选项设置为 1 像素。按住 Shift 键的同时，在图像窗口中适当的位置绘制一条竖线，在“图层”控制面板中生成新的形状图层“形状 2”，如图 3-169 所示，效果如图 3-170 所示。折叠“已填充”图层组。

（10）在“图层”控制面板中按住 Shift 键的同时，单击“未填充”图层组，将需要的图层组同时选取。按 Ctrl+G 组合键，群组图层并将其命名为“文本框控件”，如图 3-171 所示。旅游类 App 文本框控件制作完成。

图 3-169　　图 3-170　　图 3-171

3.9 课堂练习——制作电商类 App 文本框控件

【案例设计要求】

（1）运用 Photoshop 制作文本框控件，设计效果如图 3-172 所示。

（2）控件尺寸：750 px（宽）× 112 px（高）。

（3）符合控件的设计规则。

图 3-172

【案例学习目标】学习使用 Photoshop 制作文本框控件。

【练习知识要点】使用“直线”工具绘制直线，使用“横排文字”工具输入文字。

【效果文件所在位置】云盘 /Ch03 / 制作电商类 App 文本框控件 / 效果 / 制作电商类 App 文本框控件 .psd。

3.10 课后习题——制作餐饮类 App 按钮控件

【案例设计要求】

（1）运用 Photoshop 制作两个按钮控件，设计效果如图 3-173 所示。

（2）单个控件尺寸：750 px（宽）× 80 px（高）。

（3）符合控件的设计规则。

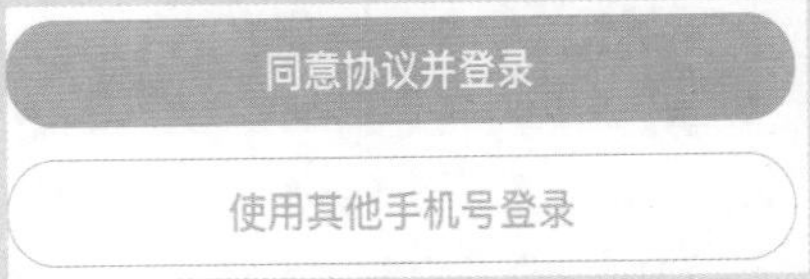

图 3-173

慕课视频

制作餐饮类 App 按钮控件

【案例学习目标】学习使用 Photoshop 制作按钮控件。

【练习知识要点】使用“圆角矩形”工具绘制按钮，使用“横排文字”工具输入文字。

【效果文件所在位置】云盘 /Ch03/ 制作餐饮类 App 按钮控件 / 效果 / 制作餐饮类 App 按钮控件 .psd。

04

第 4 章 UI 设计中的组件设计

本章介绍

组件设计是界面设计的核心基础，它可以向用户呈现完整、独立的需求模块。与控件一样，组件能够实现模块化设计，帮助设计及开发人员高效工作。本章将对导航栏、标签栏、金刚区以及瓷片区等常用组件的基础知识及设计规则进行系统讲解与实操演练。通过对本章的学习，读者可以对组件设计有一个系统的认识，并快速掌握绘制组件的规范和方法，为接下来的页面设计打下基础。

学习目标

- 了解组件的基础知识
- 掌握导航栏的设计方法
- 掌握标签栏的设计方法
- 掌握金刚区的设计方法
- 掌握瓷片区的设计方法

4.1 初识组件

组件是 UI 设计发展的产物，其作用是保持设计的一致性以及提高设计和开发的效率。优秀的组件不仅便于设计新人快速上手操作，还具备强大的可复用性。因此，组件设计对于 UI 设计是非常重要的内容。下面分别从组件的概念及组件的获取这两个方面进行组件的基础讲解。

4.1.1 组件的概念

组件是将图片、图形、图标、文字等多个元素进行组合，以更好地传递信息。它具有使用灵活、便于复用的特点，并且便于用户进行交互，如图 4-1 所示。

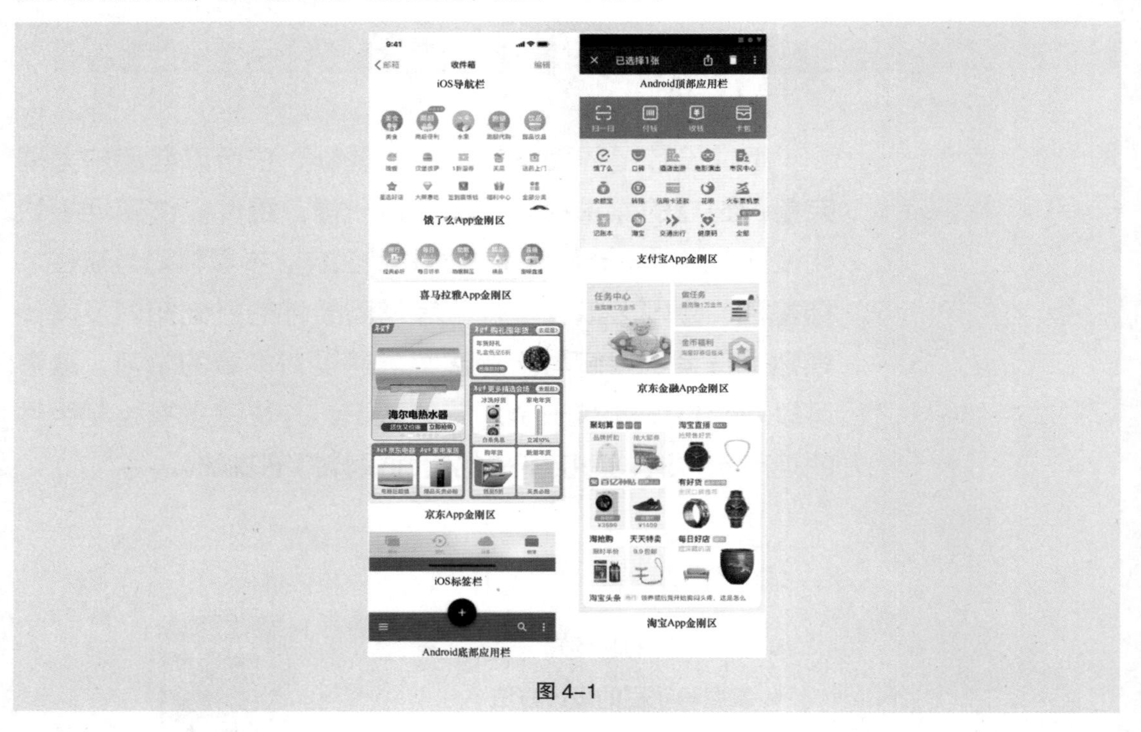

图 4-1

4.1.2 组件的获取

组件同控件一样，可以从 iOS 以及 Material Design 官方网站获取与下载，如图 4-2 所示。UI 设计师通常会在官方组件的基础之上再进行优化设计，以便自己使用。

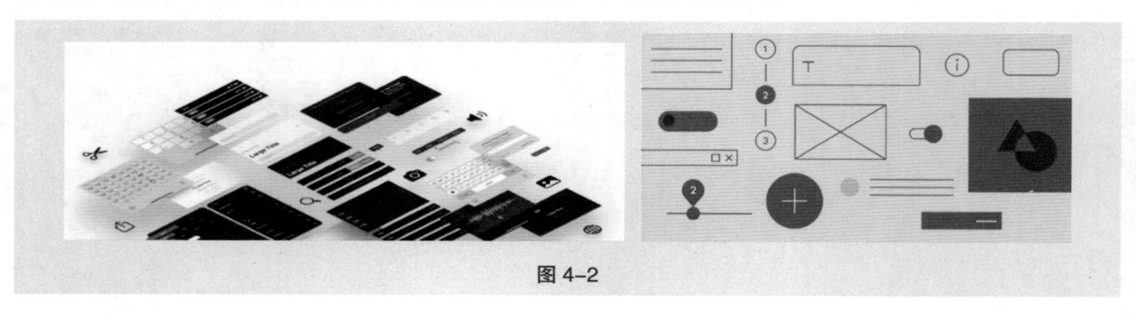

图 4-2

4.2 导航栏

导航栏作为 UI 设计中的常用组件之一，有着高频的使用性，几乎所有 App 产品都带有导航栏。在 iOS 和 Material Design 中，都对导航栏的规范进行了比较详尽的阐述。导航栏看似简单，却有很多设计细节值得大家思考与研究。下面分别从概念、类型以及规则这 3 个方面进行导航栏的讲解。

4.2.1 导航栏的概念

导航栏（Navigation Bar，Navbar）位于 App 顶部，状态栏下方，具有持久显示、指导用户的特点，提供了位置指示及功能操作的作用。Android 中，由于使用的是 Material Design，因此将 iOS 中的导航栏称为顶部应用栏（Top App Bar），如图 4-3 所示。

（a）iOS 导航栏　　（b）Android 顶部应用栏

图 4-3

4.2.2 导航栏的类型

1. 常规导航栏

• 标题导航栏：标题导航栏属于常规导航栏中最基础的一种，主要由标题和操作图标组成。这类导航栏常用于二级详情界面或导航简单的一级界面，如图 4-4 所示。

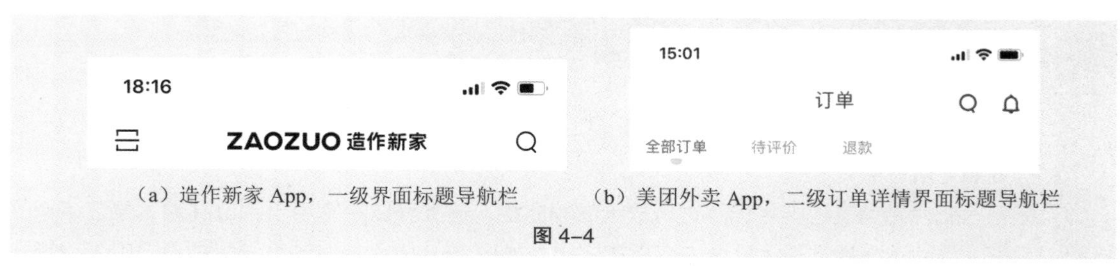

（a）造作新家 App，一级界面标题导航栏　　（b）美团外卖 App，二级订单详情界面标题导航栏

图 4-4

• 搜索框导航栏：搜索框导航栏是常规导航栏中专门用于实现搜索功能的导航栏。它在标题导航栏的基础之上，增加搜索框，去除导航标题。这类导航栏常用于新闻资讯、交流社区以及娱乐影音等需要进行高频检索的 App 首页，如图 4-5 所示。

（a）网易新闻 App，搜索框导航栏　　（b）豆瓣 App，搜索框导航栏

图 4-5

• Tab/ 分段控件导航栏：Tab 和分段控件导航栏都是常规导航栏中有多个选项的导航栏。区别在于分段控件导航栏一般有 2 ~ 5 个可选项，且不能左右滑动，常用于内容较严肃的新闻和理财等类型 App；而 Tab 导航栏的可选项可以扩展很多，并且可以左右滑动切换，常用于内容较活泼的社交和娱乐等类型 App，如图 4-6 所示。

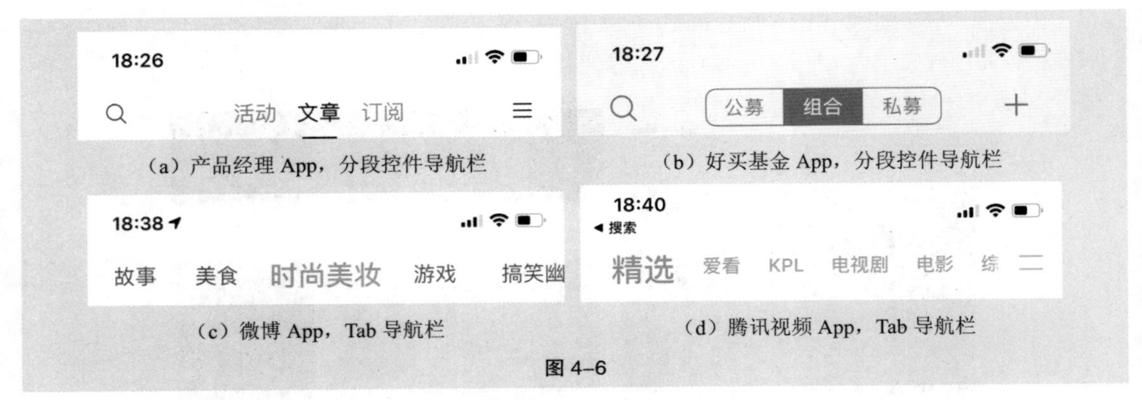

（a）产品经理 App，分段控件导航栏　　（b）好买基金 App，分段控件导航栏

（c）微博 App，Tab 导航栏　　（d）腾讯视频 App，Tab 导航栏

图 4-6

2. 通栏导航栏

通栏导航栏是在常规导航栏的基础之上，将颜色与下方 Banner 等内容进行融合的一种导航栏。这类导航栏常用于电商、旅游等复杂或需要烘托氛围的界面中，如图 4-7 所示。

（a）天天基金 App，通栏导航栏　　（b）小米有品 App，通栏导航栏

图 4-7

3. 大标题导航栏

大标题导航栏是导航栏中将标题进行放大的导航栏。这类导航栏常用于定位高端、文艺清新的界面中，可以帮助减少视觉干扰，让内容更加突出，如图 4-8 所示。但这类导航栏不适用于功能性较强的界面。

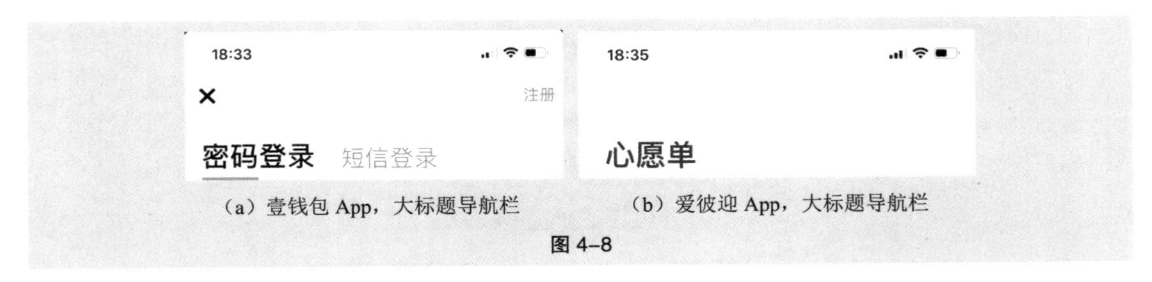

（a）壹钱包 App，大标题导航栏　（b）爱彼迎 App，大标题导航栏

图 4-8

有些 App 也会折中使用，在常规导航栏高度下，放大字号，隐去分割线，使标题看起来更大，如图 4-9 所示。

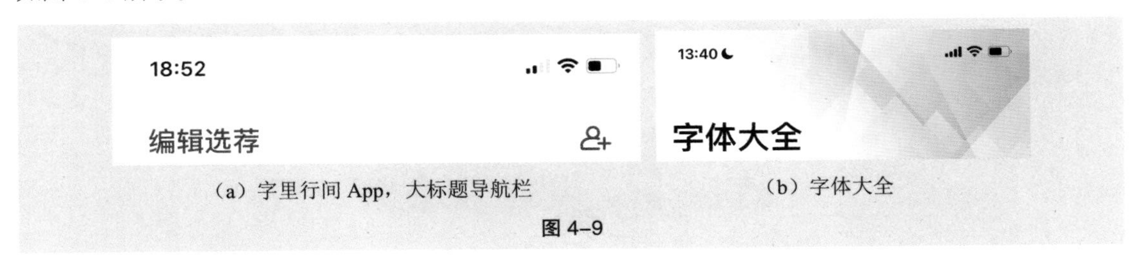

（a）字里行间 App，大标题导航栏　（b）字体大全

图 4-9

4.2.3 导航栏的规则

1. 标题导航栏

（1）标题导航栏的尺寸。

- iOS 中标题导航栏的宽度为 375pt，高度为 44pt，如图 4-10 所示。
- Android 中标题导航栏的宽度为 360pt，高度为 56pt，如图 4-10 所示。

（2）标题导航栏的文字。

- 标题文字尺寸为 17 ~ 18pt，如图 4-10 所示。
- 操作注释尺寸为 16pt，如图 4-10 所示。
- 重要提示：文字层级字号对比大于 2pt。

（3）标题导航栏的图标。

图标之间的间距尺寸设计为 24pt，如图 4-10 所示。

2. 大标题导航栏

（1）大标题导航栏的尺寸。

- iOS 中大标题导航栏的宽度为 375pt，高度为 96pt，如图 4-11 所示。
- Android 中大标题导航栏的宽度为 360pt，高度为 128pt，如图 4-11 所示。

（2）大标题导航栏的文字。

- 标题文字尺寸为 34pt，如图 4-11 所示。
- 操作注释尺寸为 32pt，如图 4-11 所示。

（3）大标题导航栏的图标。

图标之间的间距尺寸设计为 24pt，如图 4-11 所示。

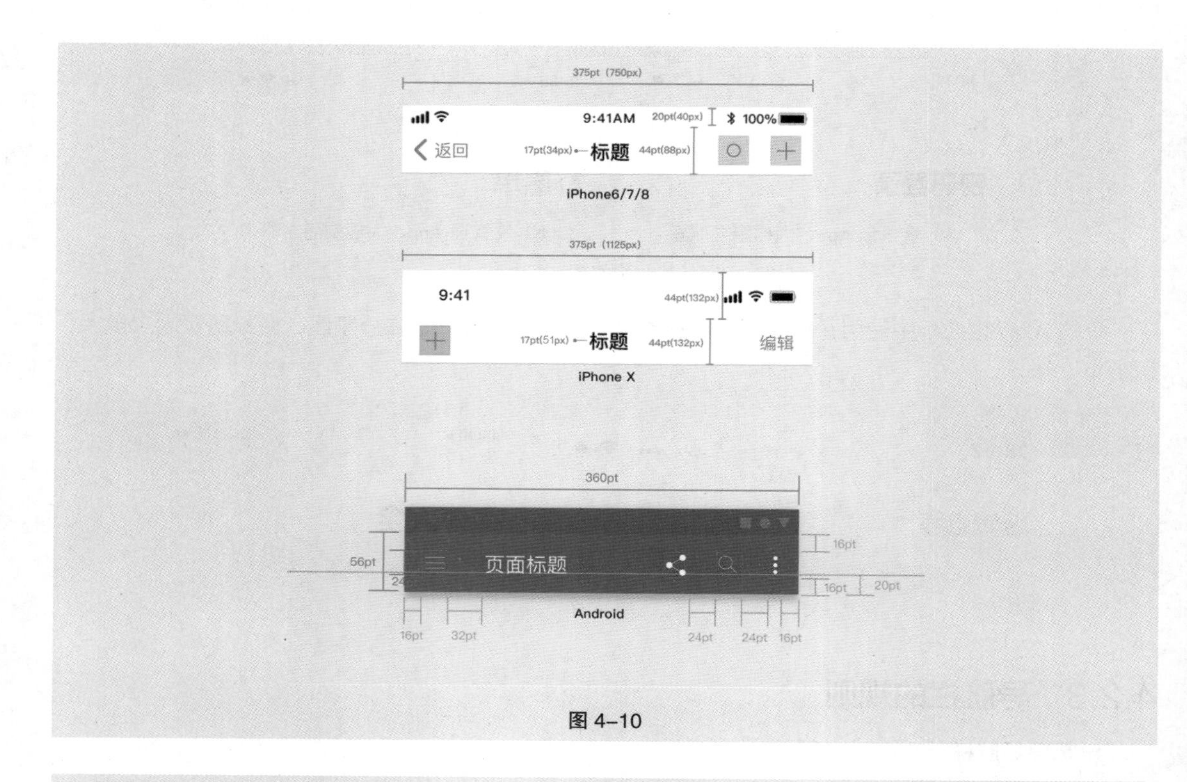
375pt（750px）
9:41AM
20pt(40px)
100%
返回
17pt(34px)
标题
44pt(88px)
iPhone6/7/8
375pt（1125px）
9:41
44pt(132px)
17pt(51px)
标题
44pt(132px)
编辑
iPhone X
360pt
56pt
页面标题
16pt
16pt
20pt
Android
16pt
32pt
24pt
24pt
16pt

图 4–10

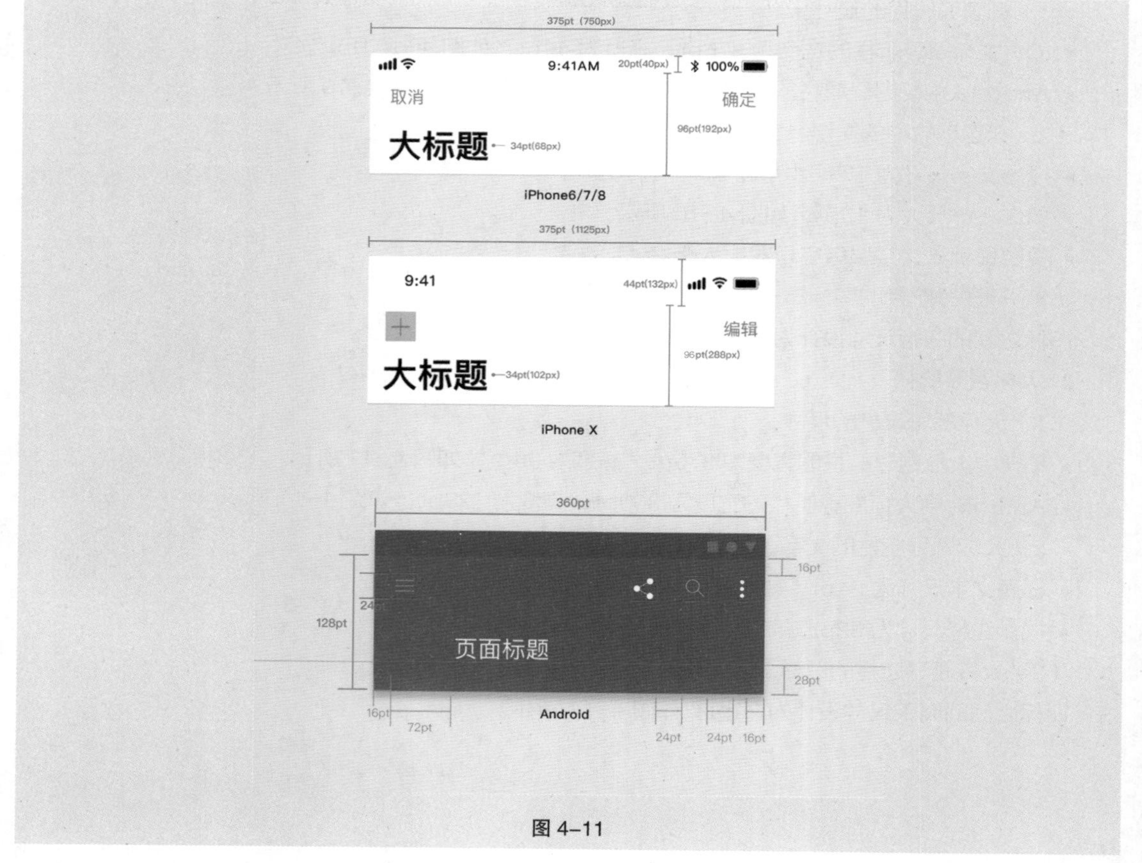
375pt（750px）
9:41AM
20pt(40px)
100%
取消
确定
96pt(192px)
大标题
34pt(68px)
iPhone6/7/8
375pt（1125px）
9:41
44pt(132px)
编辑
96pt(288px)
大标题
34pt(102px)
iPhone X
360pt
16pt
128pt
页面标题
28pt
Android
16pt
72pt
24pt
24pt
16pt

图 4–11

3. 搜索框导航栏

（1）搜索框导航栏的尺寸。

搜索框尺寸为 275pt（宽）×30pt（高），如图 4–12 所示。

（2）搜索框导航栏的文字。

- 搜索文字尺寸为 14pt，如图 4–12 所示。
- 图标文字尺寸为 9pt，如图 4–12 所示。

（3）搜索框导航栏的图标。

- 图标设计尺寸为 24pt、20pt、16pt，如图 4–12 所示。
- 重要提示：图标设计的尺寸规律为 4 或 8 的倍数。

（4）搜索框导航栏的间距。

- 整体设计分布：内部间距建议为 8pt，外部间距建议为 16pt，如图 4–12 所示。
- 重要提示：间距分布的远近应遵循五分原则和等分原则。

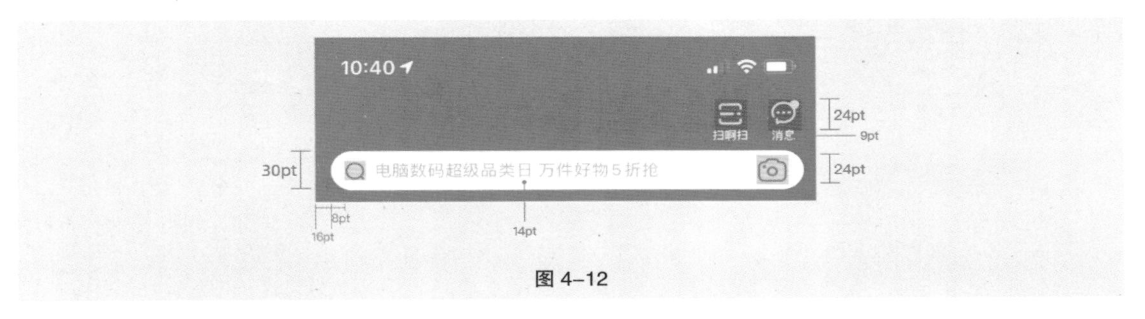

图 4–12

（5）搜索框导航栏的效果。

- 黑色遮罩：避免与背景颜色相同，影响阅读，如图 4–13 所示。
- 搜索框微投影：凸显搜索功能，如图 4–14 所示。

图 4–13　　图 4–14

4.2.4 课堂案例——制作旅游类 App 导航栏

【案例设计要求】

（1）运用 Photoshop 制作导航栏，设计效果如图 4–15 所示，环境效果如图 4–16 所示。

（2）导航栏尺寸：750px（宽）×88px（高）。

（3）符合导航栏的设计规则。

【案例学习目标】学习使用 Photoshop 制作导航栏。

【案例知识要点】使用“圆角矩形”工具绘制形状，使用“属性”控制面板制作弥散投影，使用“置入嵌入对象”命令置入图标，使用“横排文字”工具输入文字。

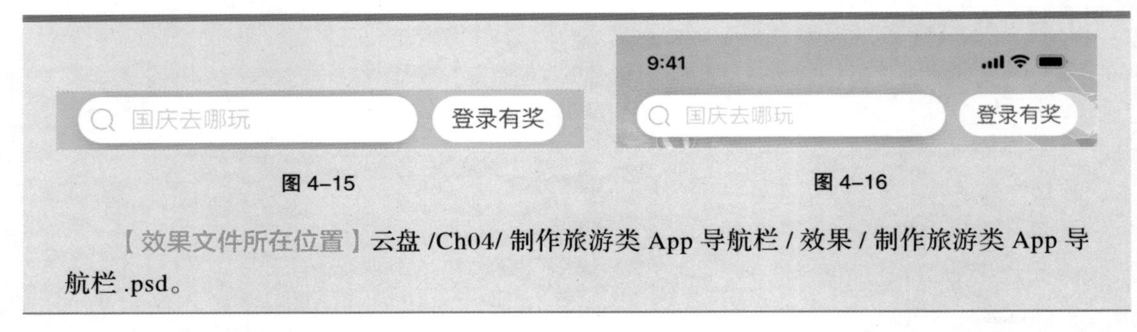

图 4-15　　图 4-16

【效果文件所在位置】云盘 /Ch04/ 制作旅游类 App 导航栏 / 效果 / 制作旅游类 App 导航栏 .psd。

（1）按 Ctrl+N 组合键，弹出“新建文档”对话框，将宽度设置为 750 像素，高度设置为 88 像素，分辨率设置为 72 像素 / 英寸，背景内容设置为浅蓝色（126、212、229），如图 4-17 所示。单击“创建”按钮，完成文档的新建。

图 4-17

（2）选择“圆角矩形”工具 ，在属性栏的“选择工具模式”下拉列表中选择“形状”选项，将“填充”颜色设置为白色，“描边”颜色设置为无，“半径”选项设置为 34 像素。在图像窗口中的适当位置绘制圆角矩形，在“图层”控制面板中生成新的形状图层“圆角矩形 1”。选择“窗口 > 属性”命令，弹出“属性”控制面板，选项设置如图 4-18 所示，按 Enter 键确定操作，效果如图 4-19 所示。

图 4-18　　图 4-19

（3）按 Ctrl+J 组合键，复制图层，在“图层”控制面板中生成新的形状图层“圆角矩形 1 拷贝”。在属性栏中将“填充”颜色设置为深绿色（77、105、110）。在“属性”控制面板中进行设置，如图 4-20 所示，按 Enter 键确定操作，效果如图 4-21 所示。在“属性”控制面板中单击“蒙版”按钮，选项设置如图 4-22 所示，按 Enter 键确定操作，效果如图 4-23 所示。

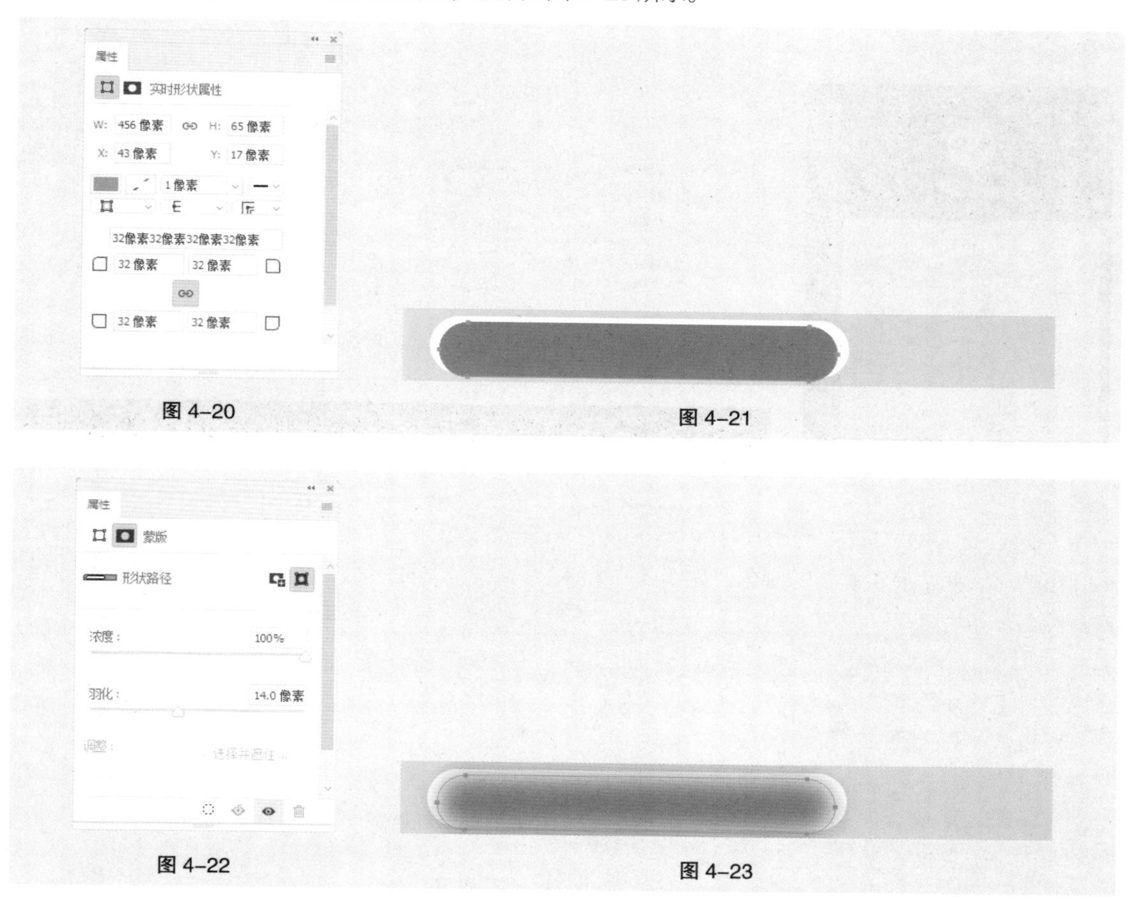

图 4-20　　图 4-21

图 4-22　　图 4-23

（4）在“图层”控制面板中将“圆角矩形 1 拷贝”图层的“不透明度”选项设置为 30%，并将其拖曳到“圆角矩形 1”图层的下方，如图 4-24 所示，效果如图 4-25 所示。

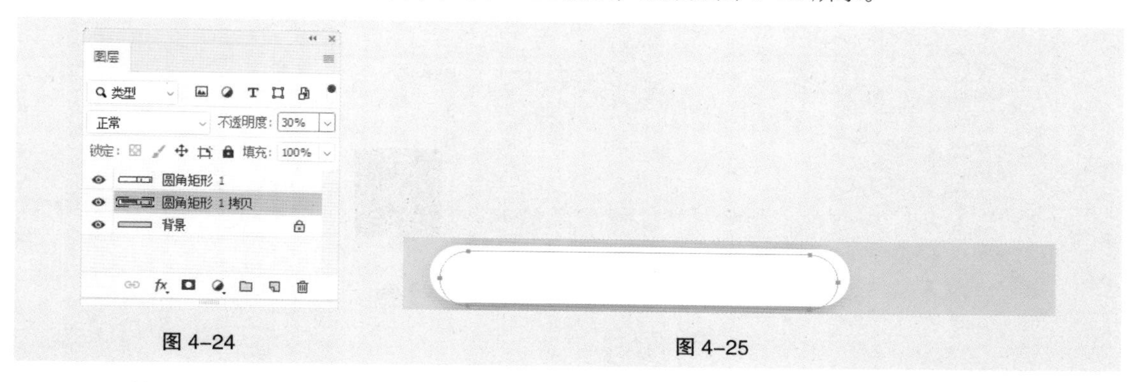

图 4-24　　图 4-25

（5）使用浏览器打开 Iconfont- 阿里巴巴矢量图标库官网，单击右侧的“快捷登录”按钮，如图 4-26 所示，在弹出的对话框中选择登录方式并登录，如图 4-27 所示。在搜索框中输入文字“搜索”，如图 4-28 所示，并单击右侧的“搜索”按钮，进入图标页面。

图 4-26

图 4-27

图 4-28

（6）在页面中将鼠标指针放置在需要下载的图标上，如图 4-29 所示。单击下方的“下载”按钮，在弹出的对话框中设置需要的颜色，如图 4-30 所示。单击 “AI 下载”按钮，在弹出的对话框中设置文件名及下载路径，如图 4-31 所示，单击“下载”按钮，下载矢量图标。

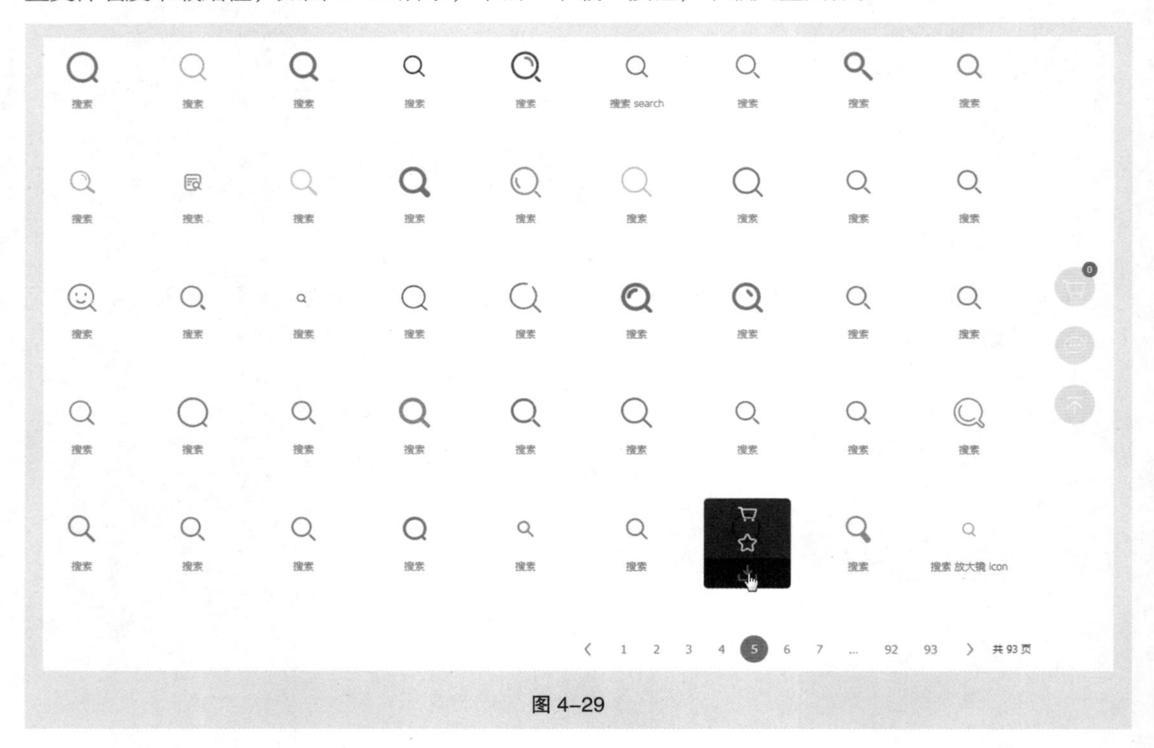

图 4-29

图 4-30

图 4-31

（7）在“图层”控制面板中选中“圆角矩形 1”图层。选择“文件 > 置入嵌入对象”命令，弹出“置入嵌入的对象”对话框。选择云盘中的“Ch04 > 制作旅游类 App 导航栏 > 素材 > 02”文件，单击“置入”按钮，将图片置入图像窗口中。将其拖曳到适当的位置，按 Enter 键确定操作，在“图层”控制面板中生成新的图层并将其命名为“方形网格系统”。在“属性”控制面板中进行设置，如图 4-32 所示，按 Enter 键确定操作，效果如图 4-33 所示。

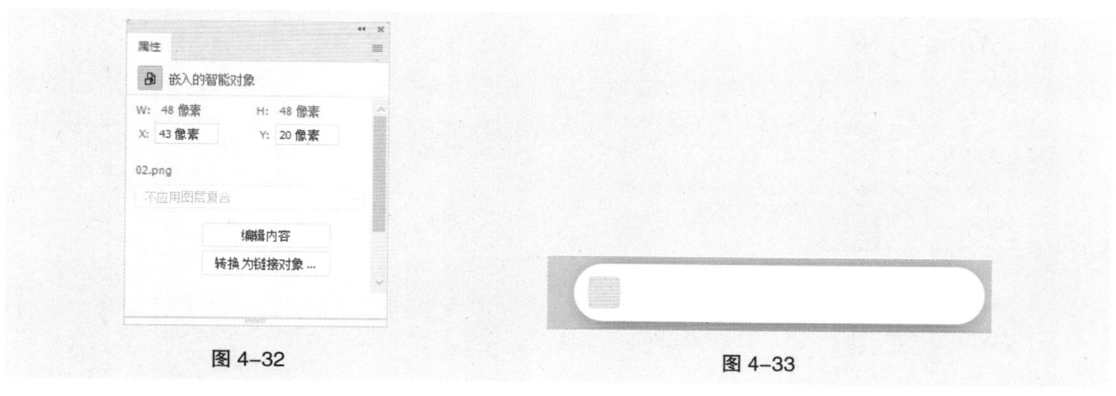

图 4-32

图 4-33

（8）选择“文件 > 置入嵌入对象”命令，弹出“置入嵌入的对象”对话框。选择云盘中的“Ch04 > 制作旅游类 App 导航栏 > 素材 > 01”文件，单击“置入”按钮，将图标置入图像窗口中。将其拖曳到适当的位置并调整其大小，按 Enter 键确定操作，在“图层”控制面板中生成新的图层并将其命名为“搜索”。在“属性”控制面板中进行设置，如图 4-34 所示，按 Enter 键确定操作，将图标置于图标盒子中，效果如图 4-35 所示。

图 4-34

图 4-35

（9）单击“方形网格系统”图层左侧的眼睛图标，隐藏图层，如图 4–36 所示。选择“横排文字”工具，在适当的位置输入需要的文字并选取文字，选择“窗口 > 字符”命令，弹出“字符”控制面板，将“颜色”选项设置为浅灰色（193、193、193），其他选项的设置如图 4–37 所示，按 Enter 键确定操作，效果如图 4–38 所示，在“图层”控制面板中生成新的文字图层。

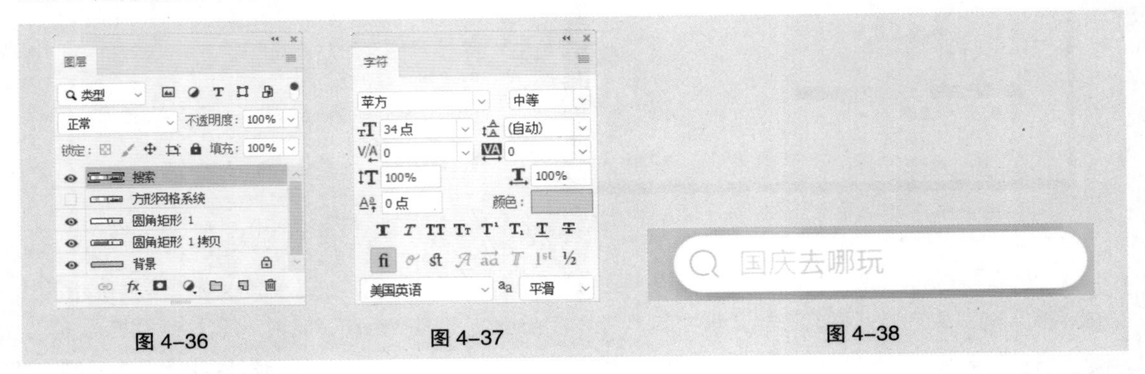

图 4–36　　图 4–37　　图 4–38

（10）选择“圆角矩形”工具，在属性栏中将“填充”颜色设置为白色，“描边”颜色设置为无，“半径”选项设置为 34 像素。在图像窗口中适当的位置绘制圆角矩形，在“图层”控制面板中生成新的形状图层“圆角矩形 2”。在“属性”控制面板中进行设置，如图 4–39 所示，按 Enter 键确定操作，效果如图 4–40 所示。

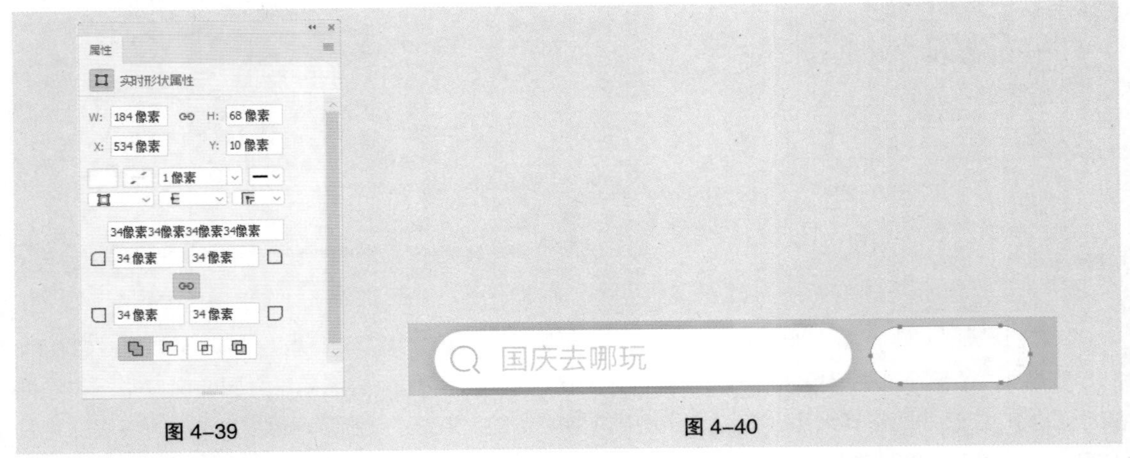

图 4–39　　图 4–40

（11）按 Ctrl+J 组合键，复制图层，在“图层”控制面板中生成新的形状图层“圆角矩形 2 拷贝”。在属性栏中将“填充”颜色设置为深绿色（77、105、110）。在“属性”控制面板中进行设置，如图 4–41 所示，按 Enter 键确定操作，效果如图 4–42 所示。在“属性”控制面板中单击“蒙版”按钮，选项设置如图 4–43 所示，按 Enter 键确定操作，效果如图 4–44 所示。

（12）在“图层”控制面板中将“圆角矩形 2 拷贝”图层的“不透明度”选项设置为 30%，并将其拖曳到“圆角矩形 2”图层的下方，如图 4–45 所示，效果如图 4–46 所示。

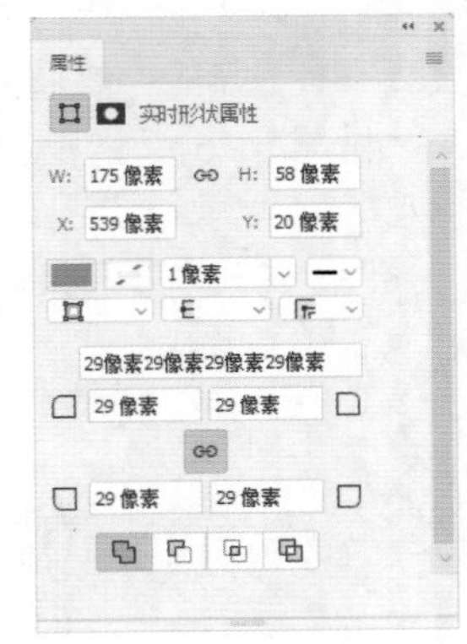

图 4–41

图 4-42　　图 4-43　　图 4-44

（13）在“图层”控制面板中选中“圆角矩形 2”图层。选择“横排文字”工具 T，在适当的位置输入需要的文字并选取文字，在“字符”控制面板中进行设置，将“颜色”选项设置为深灰色（52、52、52），其他选项的设置如图 4-47 所示，按 Enter 键确定操作，效果如图 4-48 所示，在“图层”控制面板中生成新的文字图层。

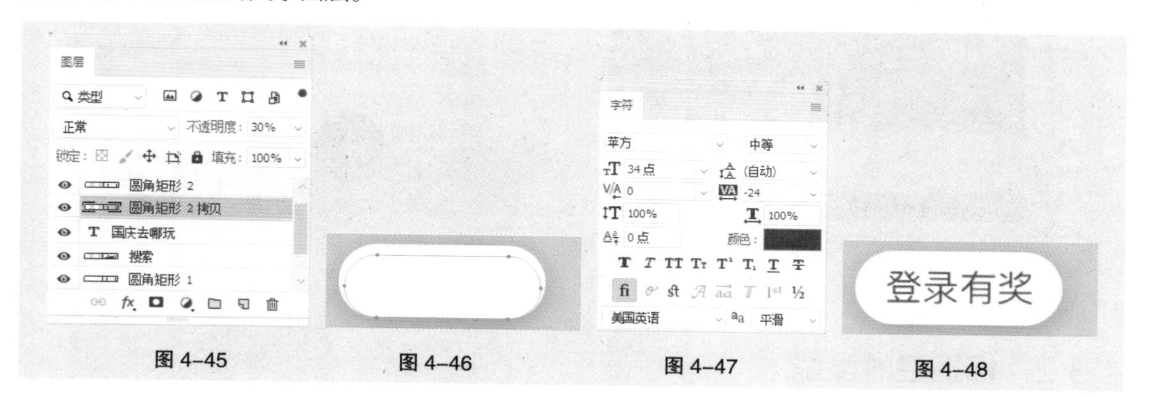

图 4-45　　图 4-46　　图 4-47　　图 4-48

（14）按住 Shift 键，单击“圆角矩形 1 拷贝”图层，同时选取需要的图层。按 Ctrl+G 组合键，群组图层并将其命名为“导航栏”，如图 4-49 所示。旅游类 App 导航栏制作完成，效果如图 4-50 所示。

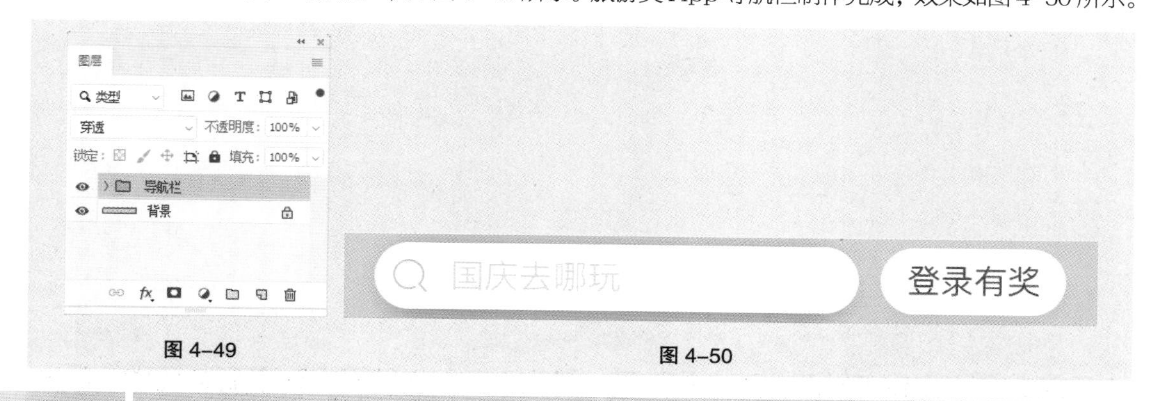

图 4-49　　图 4-50

4.3 标签栏

标签栏与导航栏一样，也是 UI 设计中的常用组件之一。它是向用户展现产品框架结构的关键组件，并且连接着整个产品核心的顶层信息。用户可以通过切换标签栏到达不同的顶层页面，实现所有功能。标签栏不论从视觉层面还是交互层面，都有很多需要探索研究的方面。下面分别从概念、类型以及规则这 3 个方面进行标签栏的讲解。

4.3.1　标签栏的概念

标签栏（Tab 栏）位于 App 的底部，具有指导用户、操作灵活的特点，提供了位置指示及页面切换的功能。Android 中，由于使用的是 Material Design，因此将 iOS 中的标签栏称为底部应用栏（Bottom App Bar），如图 4-51 所示。

（a）iOS 标签栏　　（b）Android 底部应用栏

图 4-51

4.3.2　标签栏的类型

1. 背景样式

（1）白色或浅灰色。

白色或浅灰色背景样式的标签栏区分明显，最为常用，如图 4-52 所示。

（a）虎嗅 App 标签栏　　（b）叮当快药 App 标签栏

图 4-52

（2）黑色或深灰色。

黑色或深灰色背景样式的标签栏适用于短视频、工具类等娱乐型 App，如图 4-53 所示。

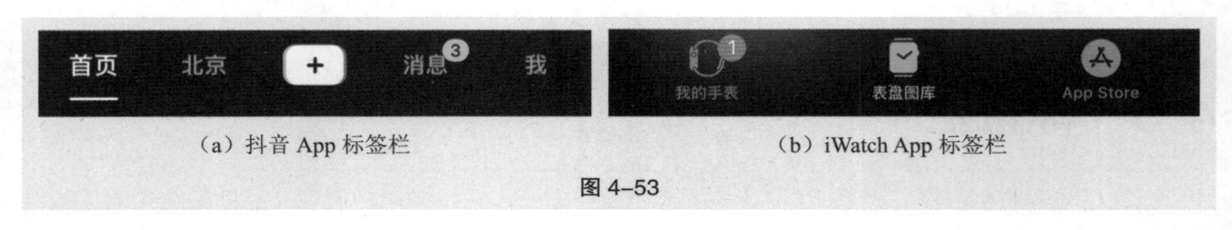

（a）抖音 App 标签栏　　（b）iWatch App 标签栏

图 4-53

2. 展示方式

（1）图标。

标签栏以纯图标的方式进行展示，普遍识别性较弱。这类展示方式适用于文艺类 App，如图 4-54 所示。

（a）字里行间 App 标签栏　　（b）花瓣 App 标签栏

图 4-54

（2）文字。

标签栏以纯文字的方式进行展示，样式比较单一。这类展示方式适用于短视频类 App，如图 4-55 所示。

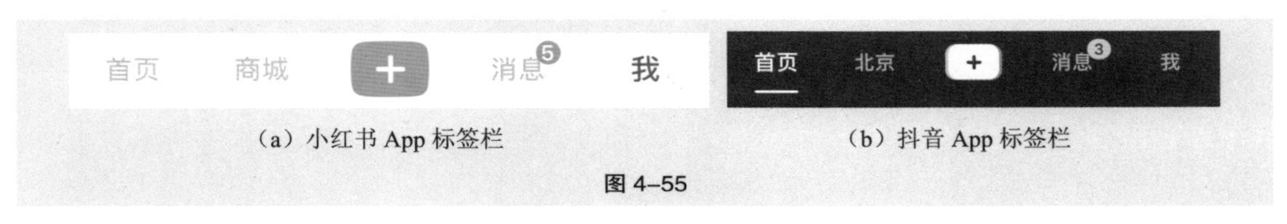

（a）小红书 App 标签栏　　（b）抖音 App 标签栏

图 4-55

（3）图标 + 文字。

标签栏以“图标 + 文字”的方式进行展示，拥有较高的识别度，是大多数 App 采用的展示方式，如图 4-56 所示。

（a）微信读书 App 标签栏　　（b）1 号店 App 标签栏

图 4-56

（4）图标 + 文字 + 舵式。

标签栏以“图标 + 文字 + 舵式”的方式进行展示，通常具有发布需求。这类展示方式适用于社区型 App，如图 4-57 所示。

（a）58 同城 App 标签栏　　（b）转转 App 标签栏

图 4-57

4.3.3 标签栏的规则

1. 标签栏的尺寸

- iOS 中标签栏的宽度为 375pt，高度为 49pt，如图 4-58 所示。
- Android 中标签栏的宽度为 360pt，高度为 56pt，如图 4-58 所示。

- 通用的图标设计尺寸为 24pt，如图 4-58 所示。
- FAB（浮动操作按钮）的设计尺寸为 56pt，如图 4-58 所示。
- 图标下文字的设计尺寸为 10pt，如图 4-58 所示。

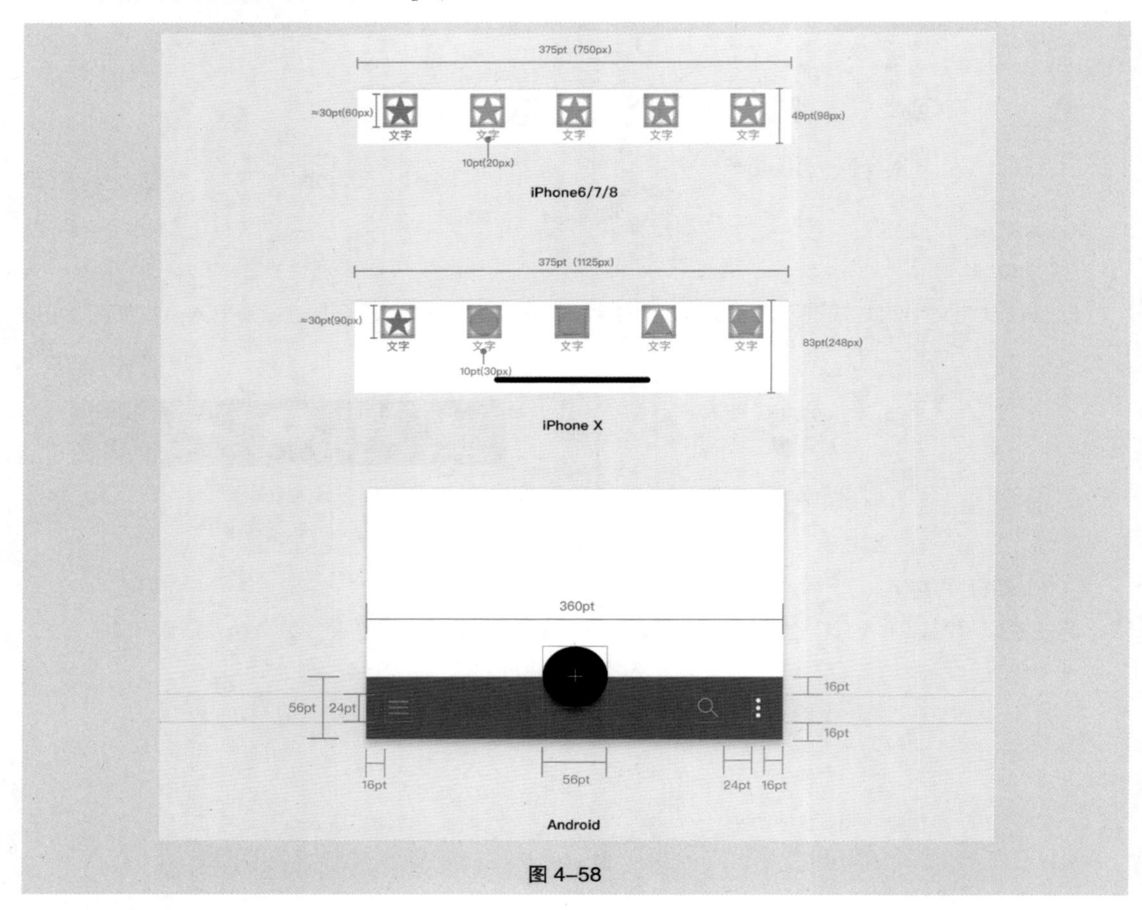

图 4-58

2. 标签栏的布局

标签栏中的图标数量通常为 3 ~ 5 个。标签栏的布局方法共有屏幕等分、边距删减等分以及图标左右间距相等这 3 种。屏幕等分的方式最常用，其具体的布局方法是，列宽 = 屏幕宽度 / 标签个数；边距删减等分的方式是对屏幕等分方式的一种补充，其具体的布局方法是，减去标签栏中左右两边间距，再将标签进行等分；图标左右间距相等的方式并不常用，其适用于标签数量为 3 个的情况，如图 4-59 所示。

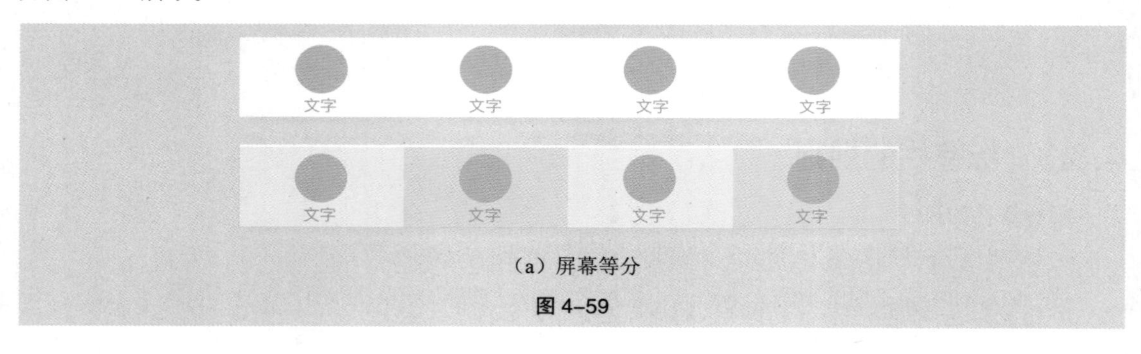

（a）屏幕等分

图 4-59

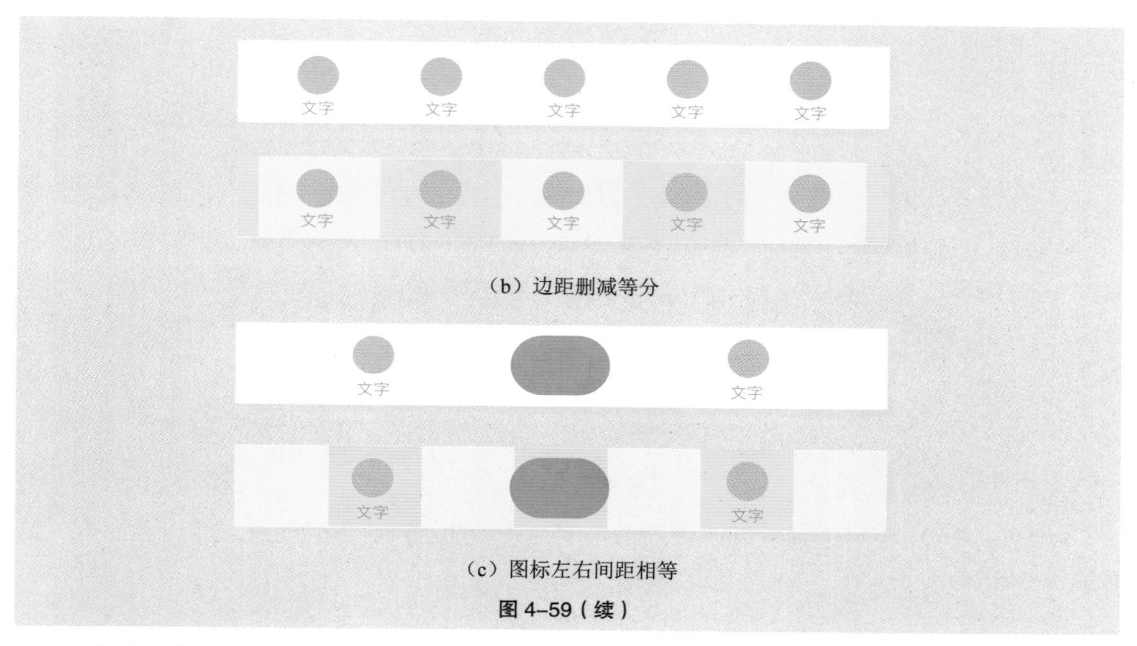

（b）边距删减等分

（c）图标左右间距相等

图 4-59（续）

3. 标签栏的图标

（1）标签栏的图标尺寸。

通用的图标设计尺寸为 24pt。不同形状的图标会产生不同的视觉重量，为保持视觉平衡，不同形状的图标设计尺寸如图 4-60 所示。

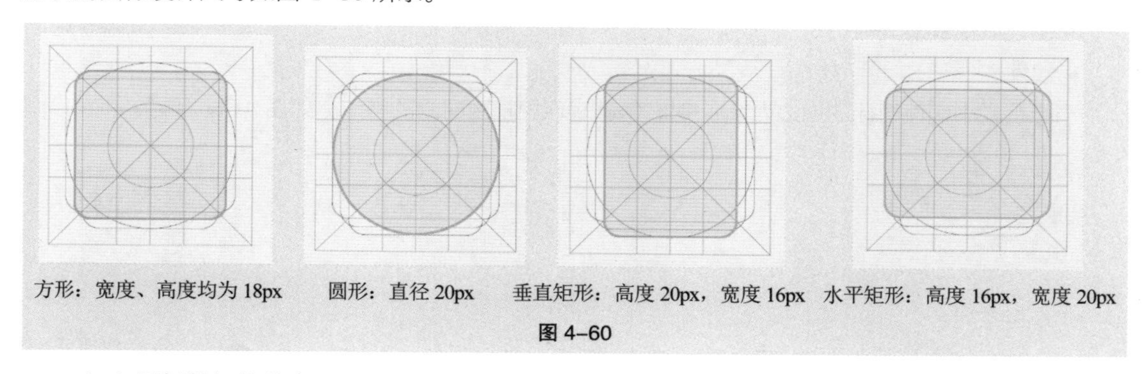

方形：宽度、高度均为 18px　圆形：直径 20px　垂直矩形：高度 20px，宽度 16px　水平矩形：高度 16px，宽度 20px

图 4-60

（2）图标的切换状态。

• 线性（未选中状态）- 面性（选中状态）：这种方式下的切换状态反馈最强烈、最常用，如图 4-61 所示。

图 4-61

• 面性（未选中状态）- 面性（选中状态）：这种方式下的切换状态安全厚重，适用于阅读、工具类产品，如图 4-62 所示。

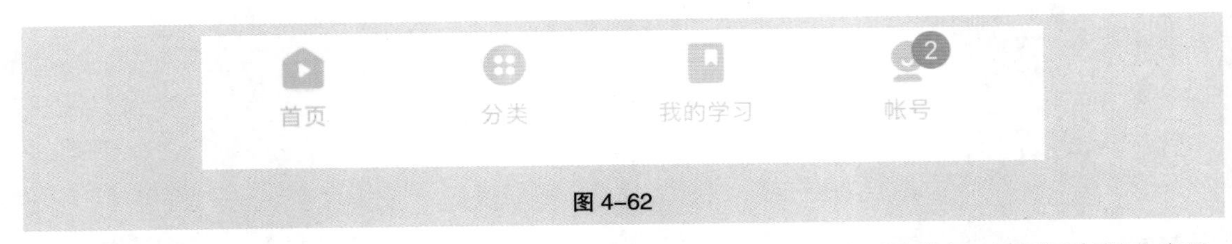

图 4-62

• 线性（未选中状态）– 线面（选中状态）：这种方式下的切换状态活泼有趣，适用于年轻化产品，如图 4-63 所示。

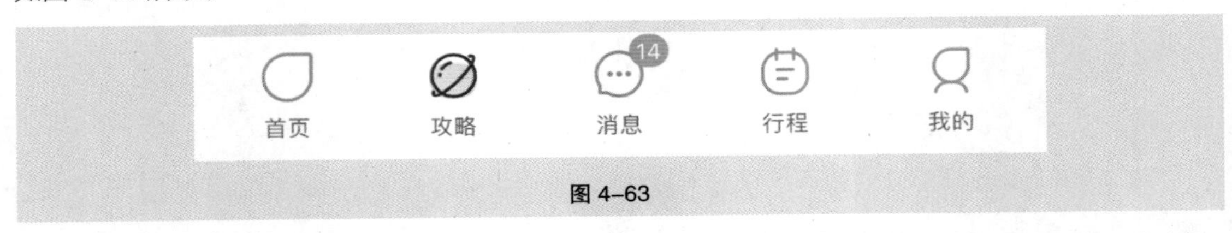

图 4-63

• 线性（未选中状态）– 线性（选中状态）：这种方式下的切换状态精致简洁，适用于生活类产品，如图 4-64 所示。

图 4-64

（3）图标的风格样式。

• 线性。

当标签栏中线性图标的描边为 2px 时，能够表现出精致时尚的特点，如图 4-65 所示。

（a）小米有品 App 底部标签栏

（b）产品经理 App 底部标签栏

（c）前程无忧 App 底部标签栏

图 4-65

当标签栏中线性图标的描边为 3px 时，通用常规，适用于大部分产品，如图 4-66 所示。

（a）微信 App 底部标签栏

（b）票牛 App 底部标签栏

（c）一起学 App 底部标签栏

图 4-66

当标签栏中线性图标的描边为 4px 时，能够表现出年轻浑厚的特点，如图 4-67 所示。

（a）好好住 App 底部标签栏

（b）宜信财富 App 底部标签栏

（c）众安保险 App 底部标签栏

图 4-67

- 面性。

标签栏中的面性图标能够表现出稳重扎实的特点，常用于运动类、阅读类 App，如图 4-68 所示。

（a）得到 App 底部标签栏

（b）网易云课堂 App 底部标签栏

（c）Keep App 底部标签栏

图 4-68

- 线面。

标签栏中的线面图标能够表现出活泼有趣的特点，常用于选中状态，如图 4-69 所示。

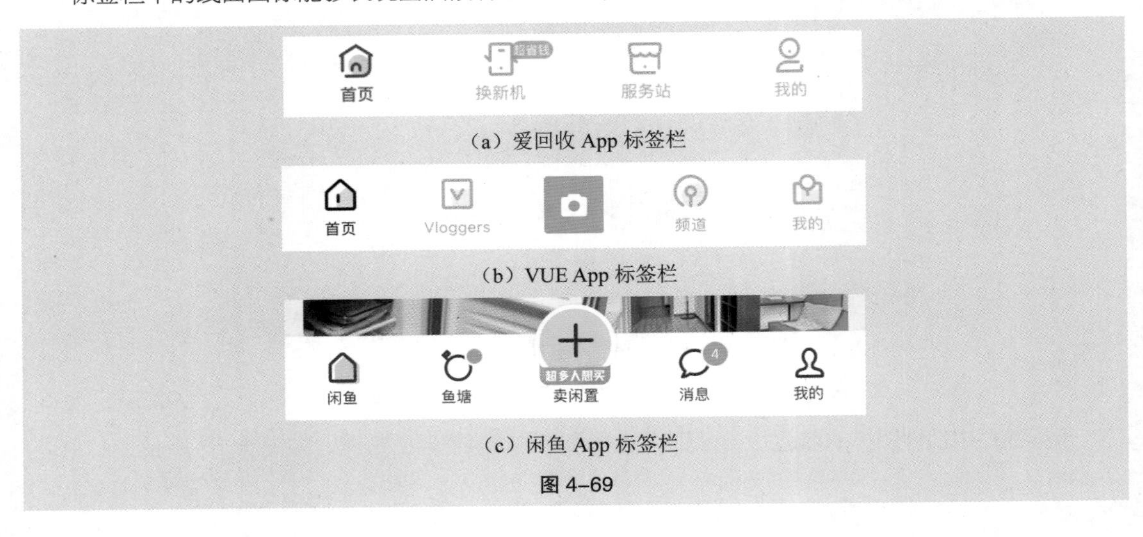

（a）爱回收 App 标签栏

（b）VUE App 标签栏

（c）闲鱼 App 标签栏

图 4-69

4.3.4 课堂案例——制作旅游类 App 标签栏

【案例设计要求】

（1）运用 Illustrator 和 Photoshop 制作标签栏，设计效果如图 4-70（a）所示，环境效果如图 4-70（b）所示。

（2）标签栏尺寸：750px（宽）×98px（高）。

（3）符合标签栏的设计规则。

【案例学习目标】学习使用 Illustrator 和 Photoshop 制作标签栏。

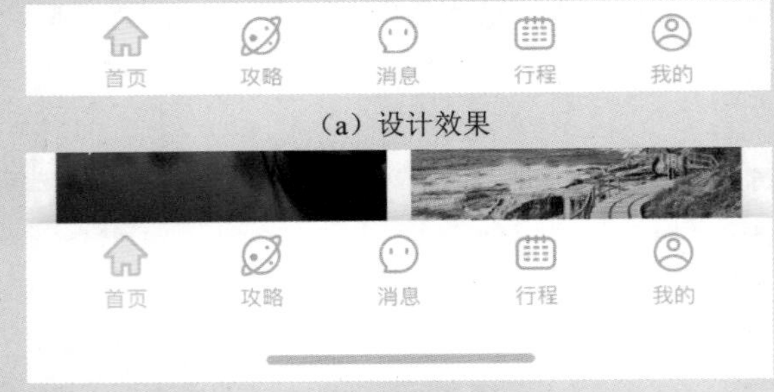

（a）设计效果

（b）环境效果

图 4-70

【案例知识要点】在 Illustrator 中，使用“矩形”工具绘制形状，使用“钢笔”工具添加锚点，使用“直接选择”工具调整锚点到适当的位置并制作圆角效果。在 Photoshop 中，使用“矩形”工具和“属性”控制面板确定参考线的位置，使用“置入嵌入对象”命令置入图标，使用“横排文字”工具输入文字。

【效果文件所在位置】云盘 /Ch04/ 制作旅游类 App 标签栏 / 效果 / 制作旅游类 App 标签栏 .psd。

（1）在 Illustrator 中，按 Ctrl+N 组合键，弹出“新建文档”对话框，设置宽度为 24px，高度为 24px，取向为横向，颜色模式为 RGB，分辨率为 72 像素 / 英寸，单击“创建”按钮，新建一个文档。

（2）选择“编辑 > 首选项 > 常规”命令，弹出“首选项”对话框，将“键盘增量”选项设置为 1px，如图 4–71 所示。单击“单位”选项卡，切换到相应面板中进行设置，如图 4–72 所示。

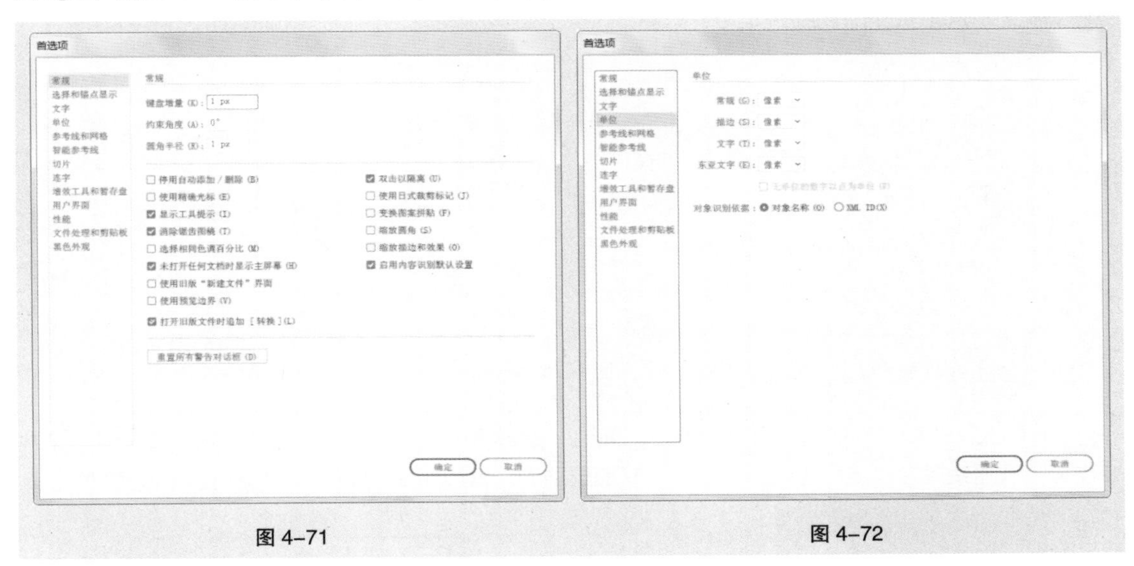

图 4–71　　图 4–72

（3）单击“参考线和网格”选项卡，切换到相应的面板，将“网格线间隔”选项设置为 1px，如图 4–73 所示，单击“确定”按钮。

（4）选择“视图 > 显示网格”命令，显示网格。选择“视图 > 对齐网格”命令，对齐网格。选择“视图 > 对齐像素”命令，对齐像素。

（5）选择“文件 > 打开”命令，弹出“打开”对话框，选择云盘中的“Ch04 > 制作旅游类 App 标签栏 > 素材 > 02”文件，单击“打开”按钮，效果如图 4–74 所示。

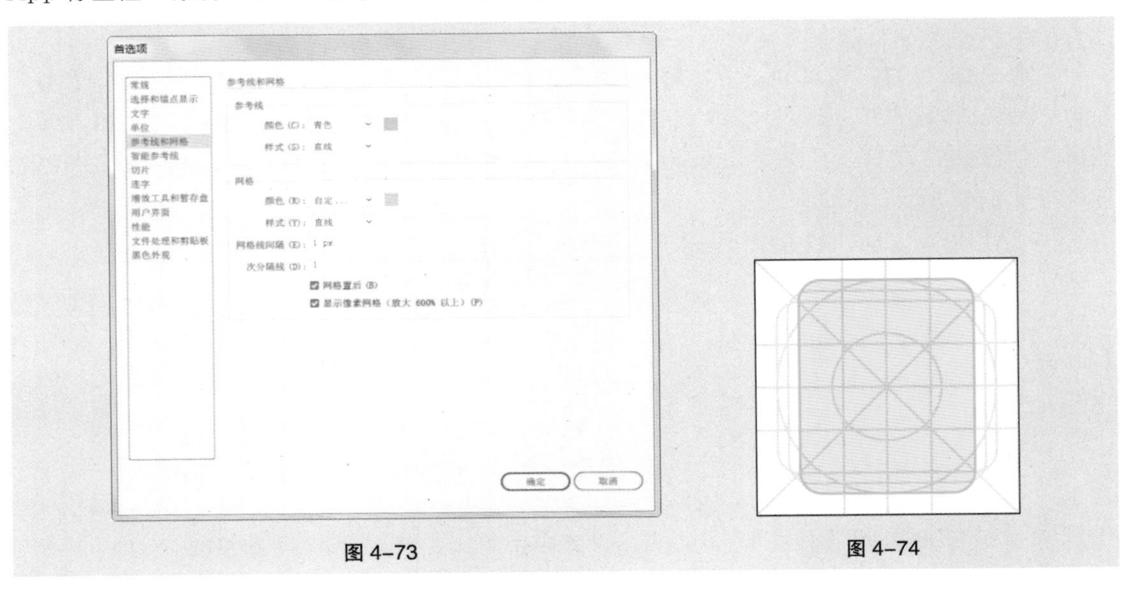

图 4–73　　图 4–74

（6）选择“选择”工具，选取网格系统，按 Ctrl+C 组合键，复制图形。返回到正在编辑的页面，按 Ctrl+V 组合键，将其粘贴到制作旅游类 App 标签栏页面中，并拖曳复制的网格系统到适当的位置，效果如图 4–75 所示。

（7）选择“矩形”工具，在页面中单击鼠标左键，弹出“矩形”对话框，选项设置如图 4–76 所示。单击“确定”按钮，出现一个矩形。设置描边色为灰色（153、153、153），填充描边，并设置填充色为无，效果如图 4–77 所示。

图 4–75　图 4–76　图 4–77

（8）选择“窗口 > 描边”命令，弹出“描边”控制面板，将“粗细”选项设置为 1.5 px，“对齐描边”选项设置为“使描边内侧对齐”，其他选项的设置如图 4–78 所示，效果如图 4–79 所示。

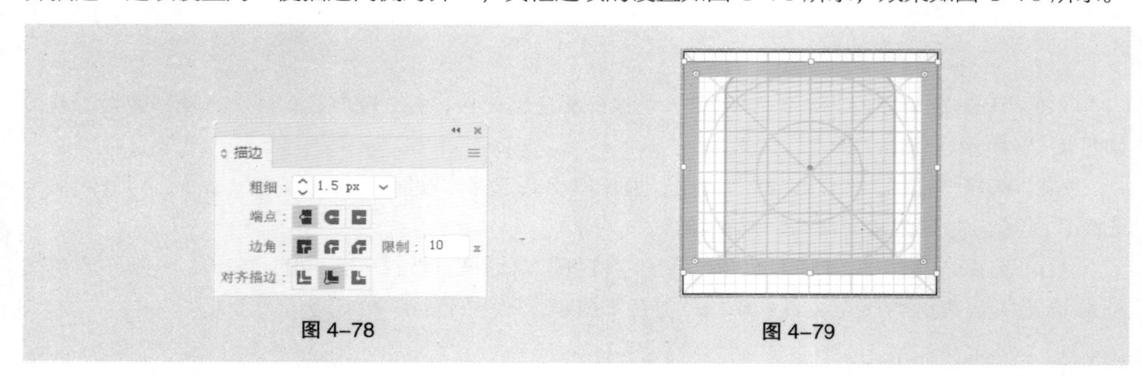

图 4–78　图 4–79

（9）选择“钢笔”工具，在矩形上方中间的位置单击鼠标左键，添加一个锚点，在“属性”控制面板中，设置“X”选项为 12px，“Y”选项为 1px，如图 4–80 所示，效果如图 4–81 所示。选择“直接选择”工具，按住 Shift 键的同时，选取需要的锚点，将其垂直向下拖曳 7px 的位置，效果如图 4–82 所示。

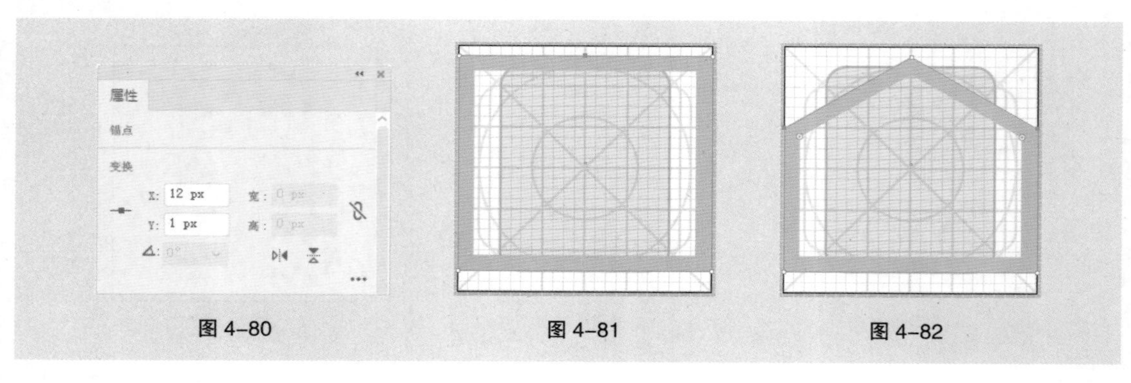

图 4–80　图 4–81　图 4–82

（10）选择“钢笔”工具 ，在形状右侧的位置单击鼠标左键，添加一个锚点，在“属性”控制面板中，设置“X”选项为 24px，“Y”选项为 10px，如图 4-83 所示，效果如图 4-84 所示。选择“直接选择”工具 ，按住 Shift 键的同时，选取需要的锚点，将其水平向左拖曳 5px 的位置，效果如图 4-85 所示。

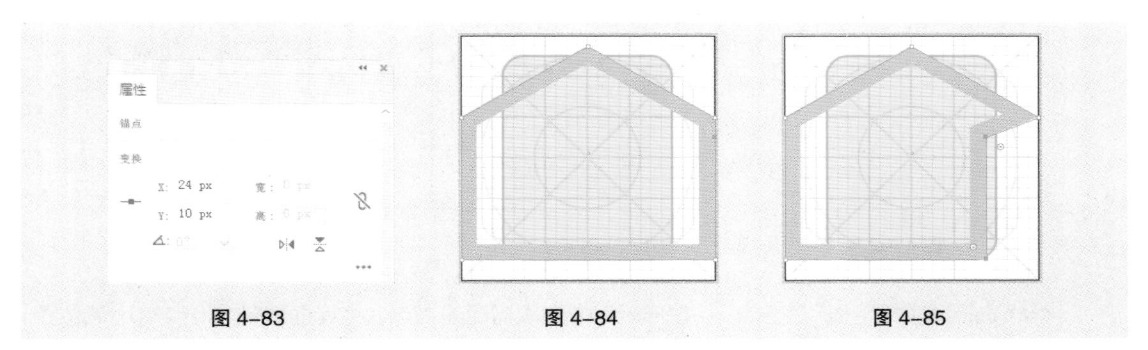

图 4-83　　图 4-84　　图 4-85

（11）选择“钢笔”工具 ，在形状左侧的位置单击鼠标左键，添加一个锚点，在“属性”控制面板中，设置“X”选项为 0px，“Y”选项为 10px，如图 4-86 所示，效果如图 4-87 所示。选择“直接选择”工具 ，按住 Shift 键的同时，选取需要的锚点，将其水平向右拖曳 5px 的位置，效果如图 4-88 所示。

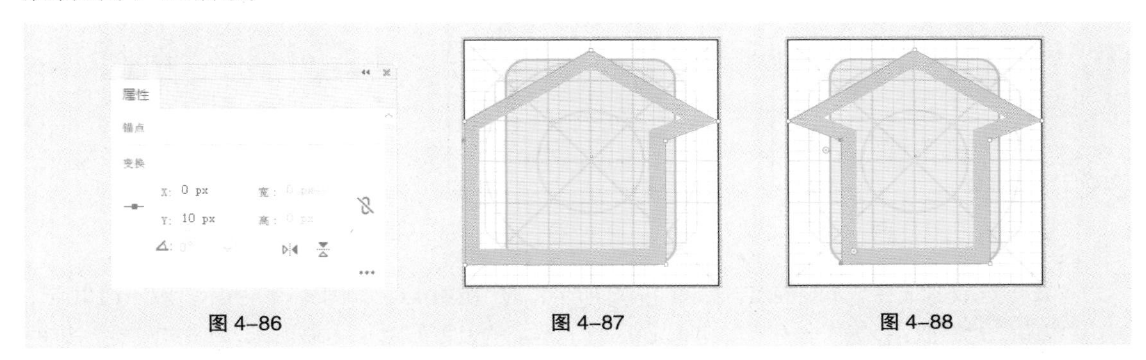

图 4-86　　图 4-87　　图 4-88

（12）选择“直接选择”工具 ，在形状左侧选取需要的锚点，将其垂直向下拖曳 2px 的位置，效果如图 4-89 所示。按住 Shift 键的同时，选取需要的锚点，将其垂直向下拖曳 3px 的位置，效果如图 4-90 所示。使用相同的方法调整右侧的锚点，效果如图 4-91 所示。

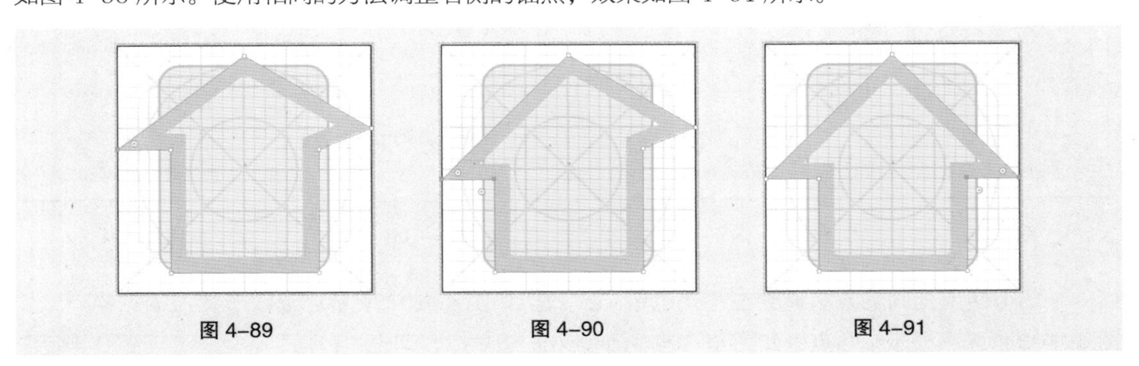

图 4-89　　图 4-90　　图 4-91

（13）选择“钢笔”工具 ，在形状下方的位置单击鼠标左键，添加一个锚点，在“属性”控制面板中，设置“X”选项为 10px，“Y”选项为 22px，如图 4-92 所示，效果如图 4-93 所示。

使用相同的方法，分别在“X”选项为 11px、13px 和 14px，“Y”选项均为 22px 的位置添加 3 个锚点，效果如图 4-94 所示。

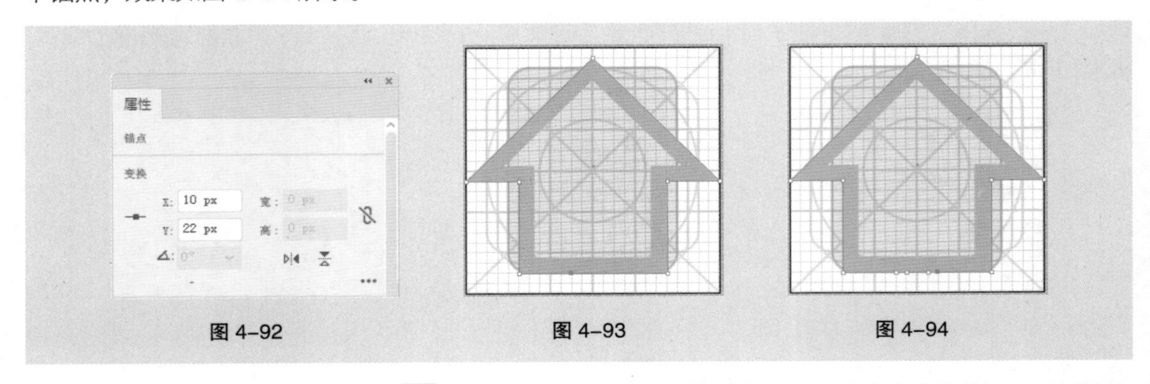

图 4-92　　图 4-93　　图 4-94

（14）选择“直接选择”工具▷，在形状下方选取需要的锚点，将其垂直向上拖曳 5px 的位置，效果如图 4-95 所示。选取左侧的锚点，将其水平向右拖曳 1px 的位置，效果如图 4-96 所示。使用相同的方法调整右侧的锚点，效果如图 4-97 所示。

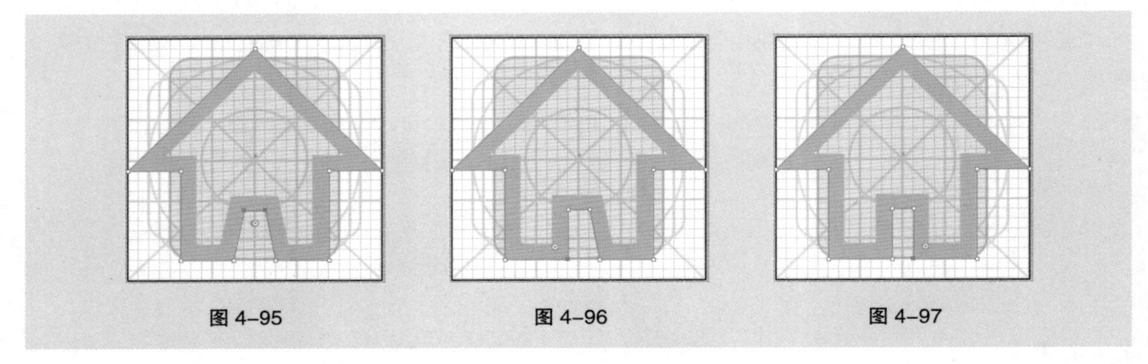

图 4-95　　图 4-96　　图 4-97

（15）选取形状右下角的锚点，如图 4-98 所示，显示边角点，如图 4-99 所示。双击边角点，弹出“边角”对话框，设置“半径”选项为 2px，其他选项的设置如图 4-100 所示。单击“确定”按钮，效果如图 4-101 所示。

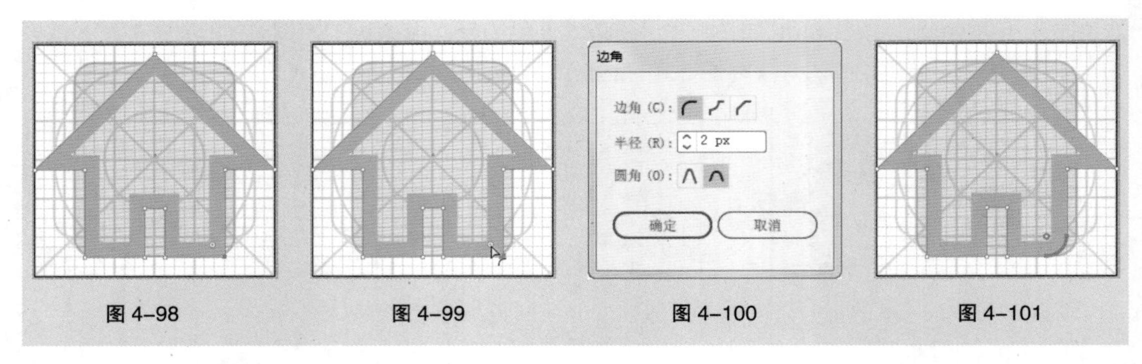

图 4-98　　图 4-99　　图 4-100　　图 4-101

（16）使用相同的方法调整左下角的锚点，效果如图 4-102 所示。选取形状顶端的锚点，如图 4-103 所示，显示边角点，如图 4-104 所示。双击边角点，弹出“边角”对话框，设置“半径”选项为 1px，其他选项的设置如图 4-105 所示。单击“确定”按钮，效果如图 4-106 所示。使用相同的方法调整另外两个锚点，效果如图 4-107 所示。

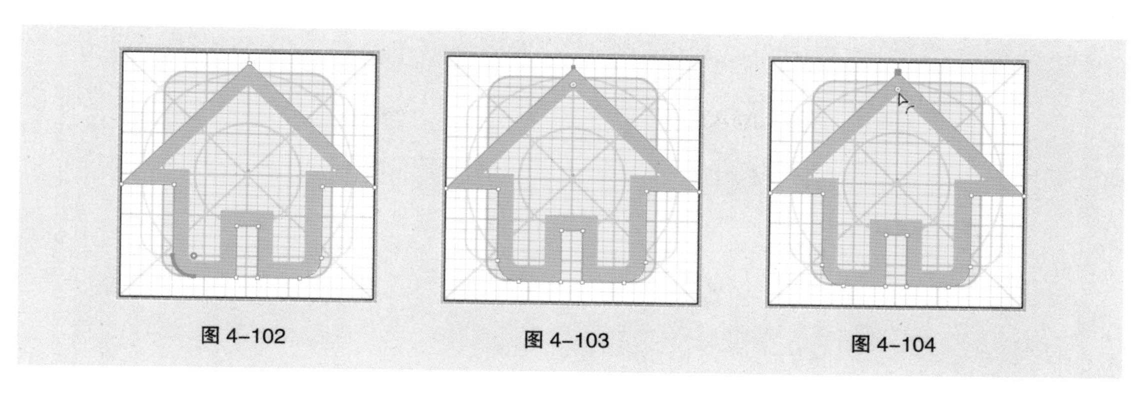

图 4-102　图 4-103　图 4-104

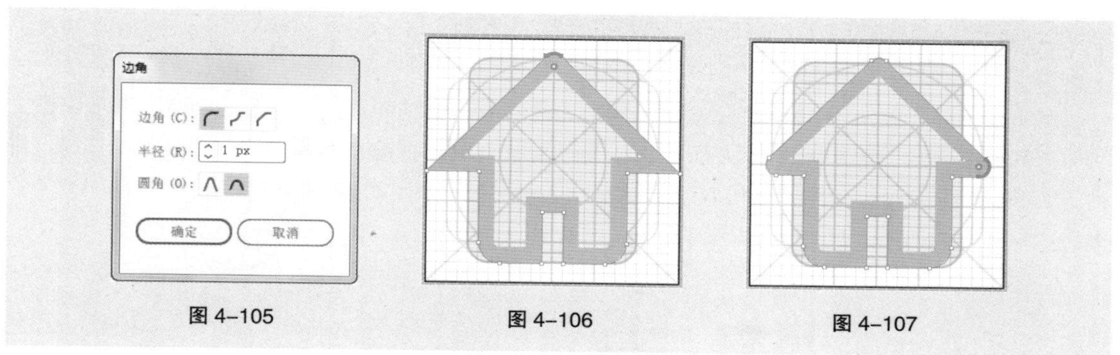

图 4-105　图 4-106　图 4-107

（17）选择“选择”工具，选取图标。在“属性”控制面板中，单击“保持宽度与高度比例”按钮，设置“高”选项为 21px，其他选项的设置如图 4-108 所示。单击“保持宽度与高度比例”按钮，设置“宽”选项为 22px，“Y”选项为 12px，其他选项的设置如图 4-109 所示，效果如图 4-110 所示。

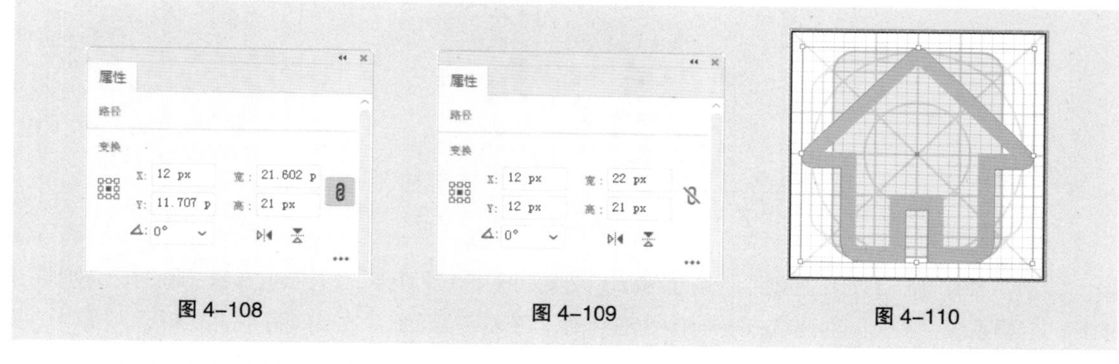

图 4-108　图 4-109　图 4-110

（18）选择“画板”工具，按住 Alt+Shift 组合键的同时，将“画板 1”垂直向下拖曳到适当的位置，如图 4-111 所示，在文件中生成新的画板“画板 2”。选择“选择”工具，选取“画板 2”中的图标，设置描边色为橘黄色（255、151、1），效果如图 4-112 所示。

（19）保持图形的选取状态，按 Ctrl+C 组合键，复制图形，按 Ctrl+F 组合键，原位粘贴图形，设置填充色为橘黄色（255、151、1），填充图形，并设置描边色为无，效果如图 4-113 所示。

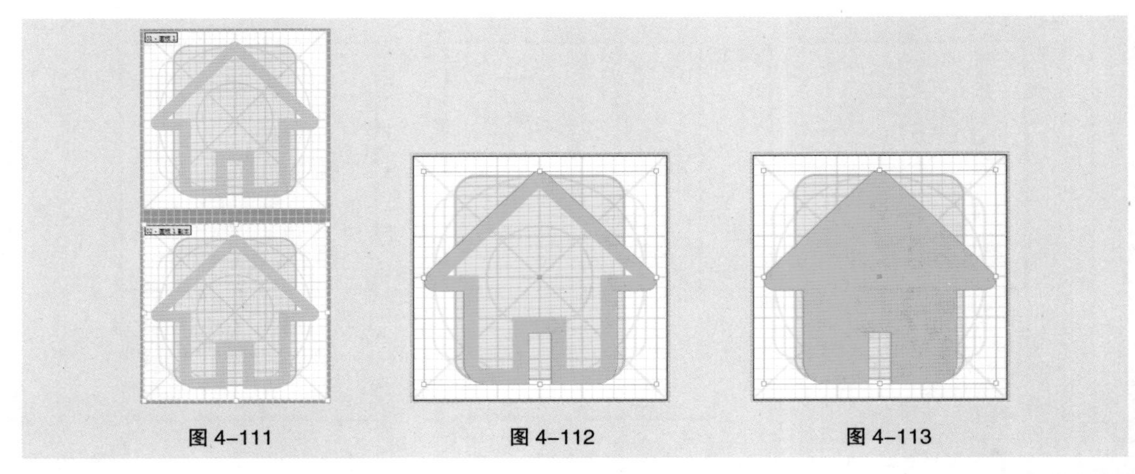

图 4-111　　图 4-112　　图 4-113

（20）选择“窗口 > 透明度”命令，弹出“透明度”控制面板，将“不透明度”选项设置为 30%，其他选项的设置如图 4-114 所示。在图形上单击鼠标右键，在弹出的快捷菜单中选择“排列 > 后移一层”命令，如图 4-115 所示，将形状后移一层，效果如图 4-116 所示。

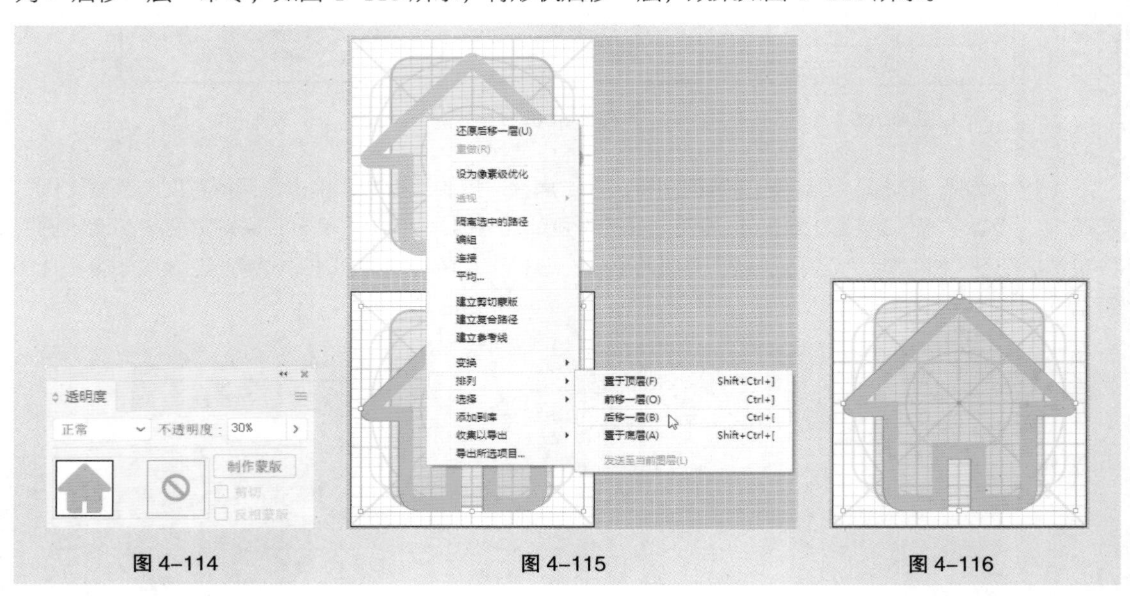

图 4-114　　图 4-115　　图 4-116

（21）使用相同的方法分别绘制其他图标，效果如图 4-117 所示。按住 Shift 键的同时，分别单击图标的网格系统，将其同时选取，按 Ctrl+3 组合键，隐藏网格系统，效果如图 4-118 所示。按 Ctrl+S 组合键，将文件保存在“Ch04 > 制作旅游类 App 标签栏 > 素材”的路径中，命名为“01.ai”。

图 4-117　　图 4-118

（22）在 Photoshop 中，按 Ctrl+N 组合键，弹出“新建文档”对话框，将宽度设置为 750 像素，高度设置为 98 像素，分辨率设置为 72 像素 / 英寸，背景内容设置为白色，如图 4–119 所示。单击“创建”按钮，完成文档的新建。

图 4–119

（23）选择“视图 > 新建参考线版面”命令，弹出“新建参考线版面”对话框，选项设置如图 4–120 所示。单击“确定”按钮，完成参考线的创建，效果如图 4–121 所示。

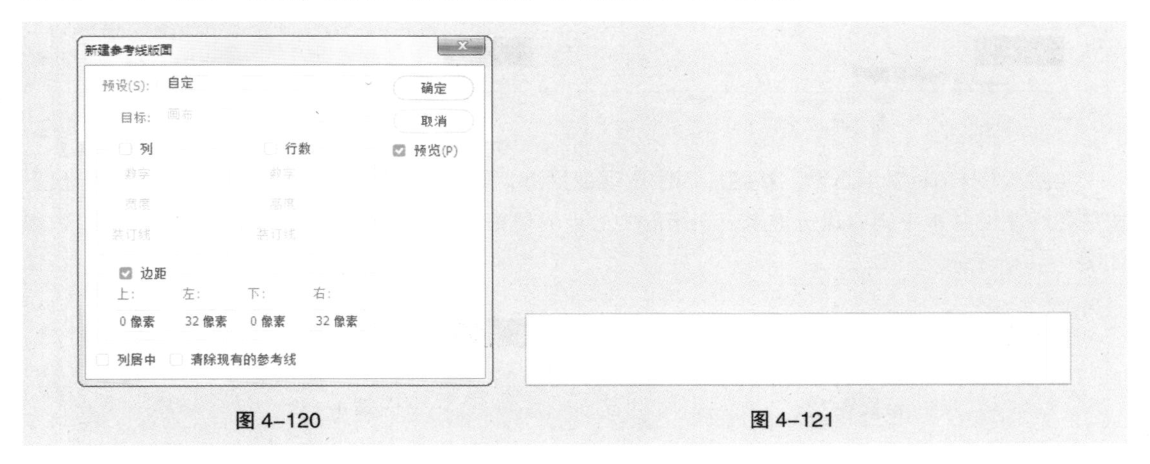

图 4–120

图 4–121

（24）选择“矩形”工具 □，在属性栏的“选择工具模式”下拉列表中选择“形状”选项，将“填充”颜色设置为黑色，“描边”颜色设置为无。在图像窗口中适当的位置绘制矩形，在“图层”控制面板中生成新的形状图层“矩形 1”。选择“窗口 > 属性”命令，弹出“属性”控制面板，在面板中进行设置。在“W”选项中输入数值，如图 4–122 所示，按 Enter 键确定操作，效果如图 4–123 所示。去除小数点后的数值，保留整数，如图 4–124 所示，效果如图 4–125 所示。

（25）按 Ctrl+R 组合键，显示标尺。选择“视图 > 对齐到 > 全部”命令。在图像窗口左侧标尺上按住鼠标左键并水平向右进行拖曳，在矩形右侧锚点的位置松开鼠标左键，完成参考线的创建，效果如图 4–126 所示。

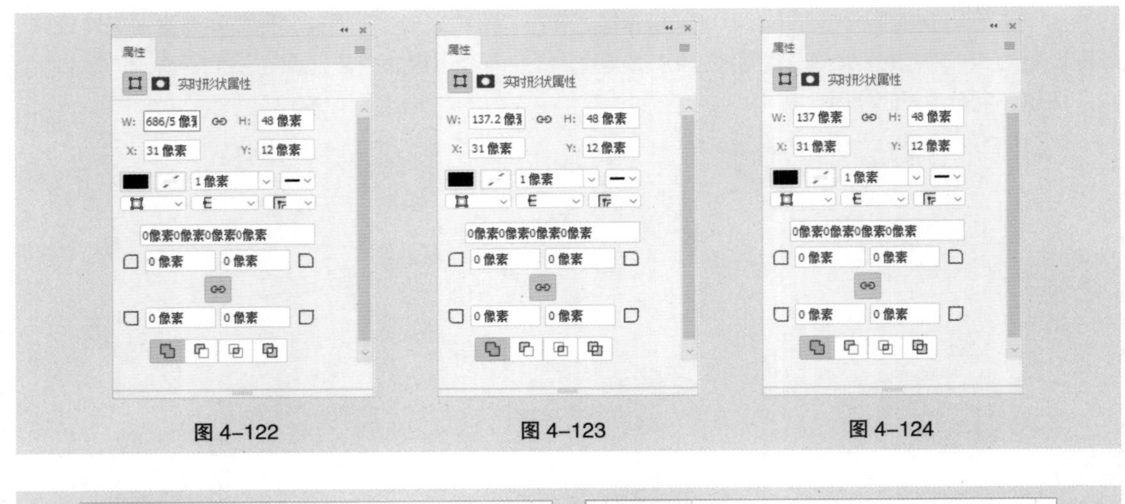

图 4–122　图 4–123　图 4–124

图 4–125　图 4–126

（26）在图像窗口上方标尺上按住鼠标左键并垂直向下进行拖曳，在矩形上方锚点的位置松开鼠标左键，完成参考线的创建，效果如图 4–127 所示。使用相同的方法，在矩形下方创建一条参考线，效果如图 4–128 所示。

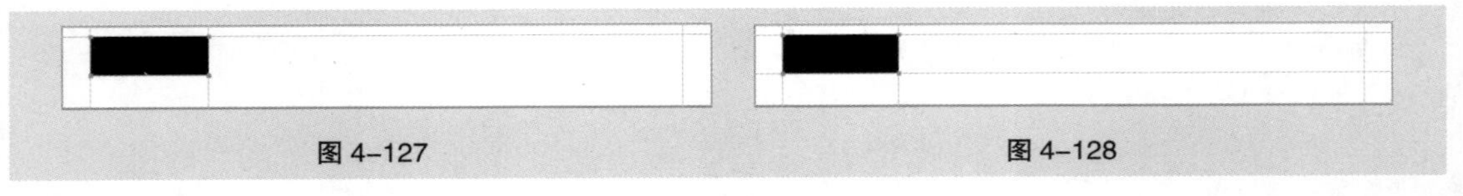

图 4–127　图 4–128

（27）按 Ctrl+T 组合键，在图形周围出现变换框，如图 4–129 所示。在图像窗口左侧标尺上按住鼠标左键并水平向右进行拖曳，在矩形中心点的位置松开鼠标左键，完成参考线的创建，效果如图 4–130 所示。

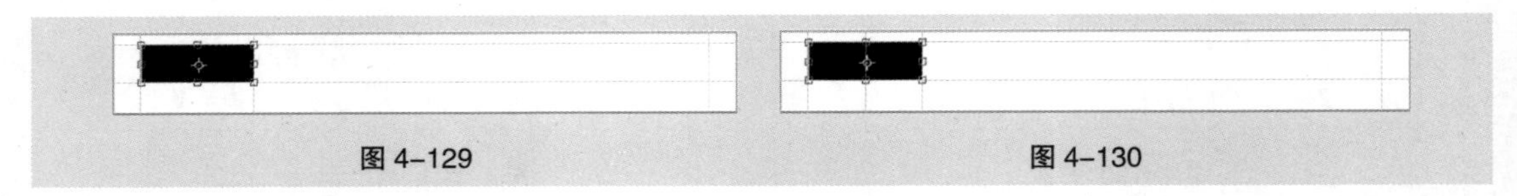

图 4–129　图 4–130

（28）选择“移动”工具，按住 Shift 键的同时，将矩形水平向右移动到适当的位置，使矩形左侧贴齐辅助线，如图 4–131 所示。使用上述的方法，分别在位于矩形中心和矩形右侧的位置添加两条垂直辅助线，如图 4–132 所示。

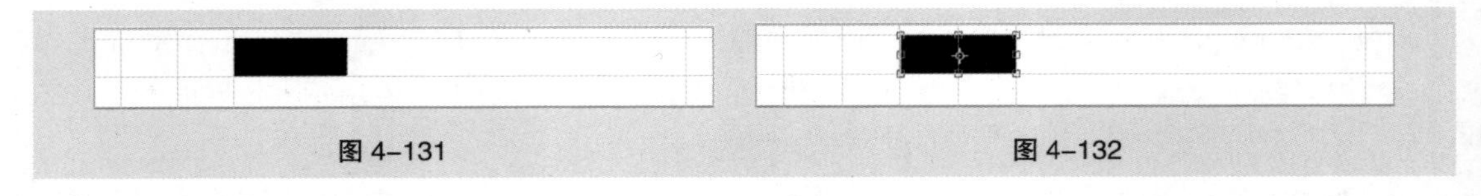

图 4–131　图 4–132

（29）使用相同的方法，分别添加 4 条垂直辅助线，如图 4–133 所示。选择“矩形”工具，在“属性”控制面板中进行设置，如图 4–134 所示。按 Ctrl+T 组合键，在图形周围出现变换框，在图像窗口左侧标尺上按住鼠标左键并水平向右进行拖曳，在矩形中心点的位置松开鼠标左键，完成参考线的创建，效果如图 4–135 所示。按 Enter 键确定操作，在“图层”控制面板中选中“矩形 1”图层，按 Delete 键将其删除，效果如图 4–136 所示。

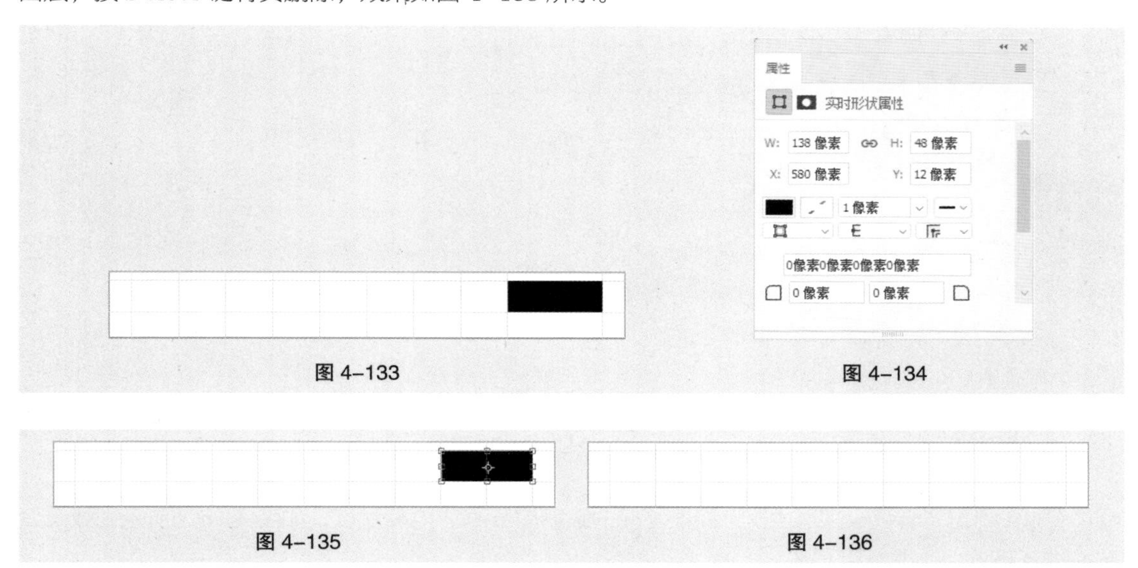

图 4–133　　图 4–134

图 4–135　　图 4–136

（30）选择“文件 > 置入嵌入对象”命令，弹出“置入嵌入的对象”对话框。选择云盘中的“Ch04 > 制作旅游类 App 标签栏 > 素材 > 01”文件，单击“置入”按钮，弹出“打开为智能对象”对话框，选择“页面 1”，如图 4–137 所示，单击“确定”按钮，将图标置入图像窗口中，如图 4–138 所示。将其拖曳到适当的位置并调整大小，按 Enter 键确定操作，在“图层”控制面板中生成新的图层并将其命名为“首页（未选中）”。在“属性”控制面板中进行设置，如图 4–139 所示，按 Enter 键确定操作，效果如图 4–140 所示。

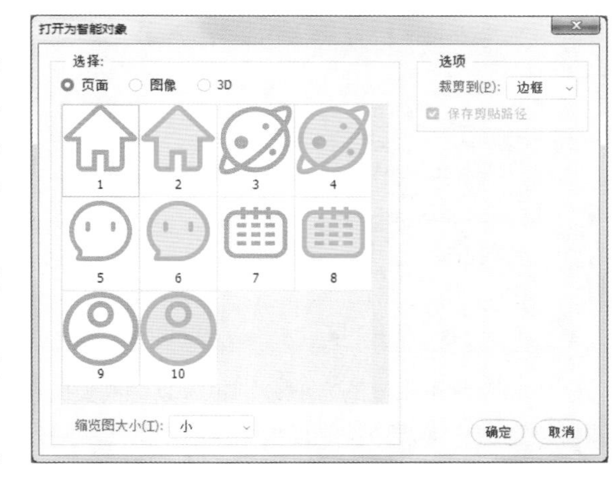

图 4–137

图 4–138　　图 4–139　　图 4–140

（31）选择“文件 > 置入嵌入对象”命令，弹出“置入嵌入的对象”对话框。选择云盘中的“Ch04 > 制作旅游类 App 标签栏 > 素材 > 01”文件，单击“置入”按钮，弹出“打开为智能对象”

对话框，选择“页面 2”，如图 4-141 所示，单击“确定”按钮，将图标置入图像窗口中，并调整为与“首页(未选中)”图标相同的位置与大小，在“图层”控制面板中生成新的图层并将其命名为“首页（已选中）”，如图 4-142 所示。

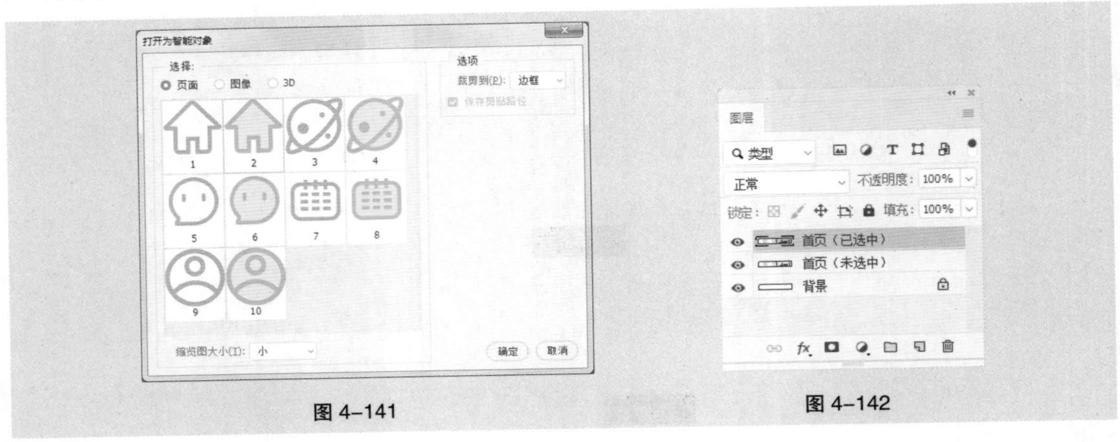

图 4-141　　图 4-142

（32）单击“首页（未选中）”图层左侧的眼睛图标，隐藏图层，如图 4-143 所示，效果如图 4-144 所示。

图 4-143　　图 4-144

（33）使用相同的方法分别置入其他需要的图标并调整大小，在“属性”控制面板中分别设置图标位置，在“图层”控制面板中生成新的图层并分别将其命名，设置图标的显示与隐藏，如图 4-145 所示，效果如图 4-146 所示。

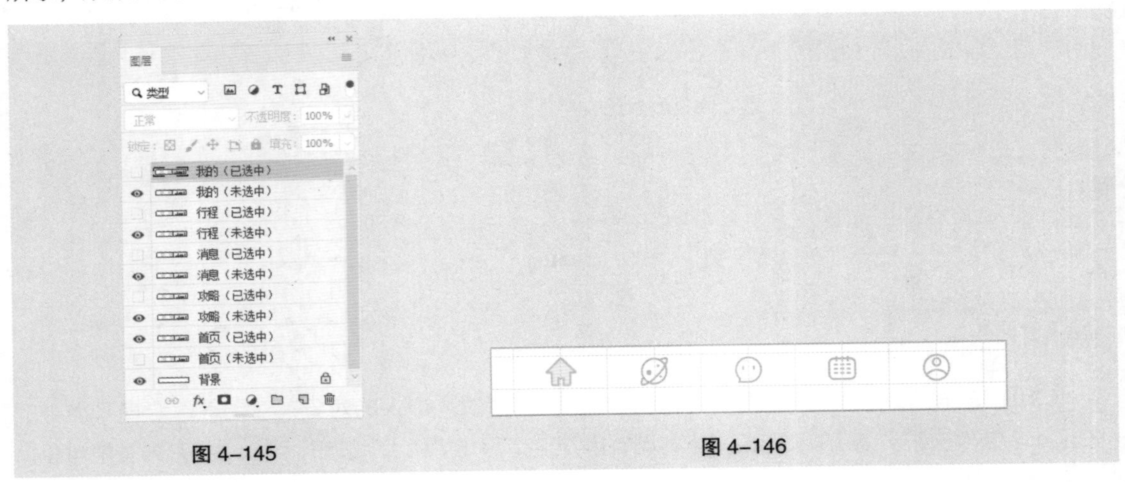

图 4-145　　图 4-146

（34）选择“视图 > 新建参考线”命令，弹出“新建参考线”对话框，选项设置如图 4-147 所示。单击“确定”按钮，完成参考线的创建，效果如图 4-148 所示。

图 4-147　　图 4-148

（35）选中“背景”图层。选择“横排文字”工具 T，在适当的位置输入需要的文字并选取文字，选择“窗口 > 字符”命令，弹出“字符”控制面板，将“颜色”选项设置为橘黄色（255、151、1），其他选项的设置如图 4-149 所示，按 Enter 键确定操作，效果如图 4-150 所示，在“图层”控制面板中生成新的文字图层，如图 4-151 所示。

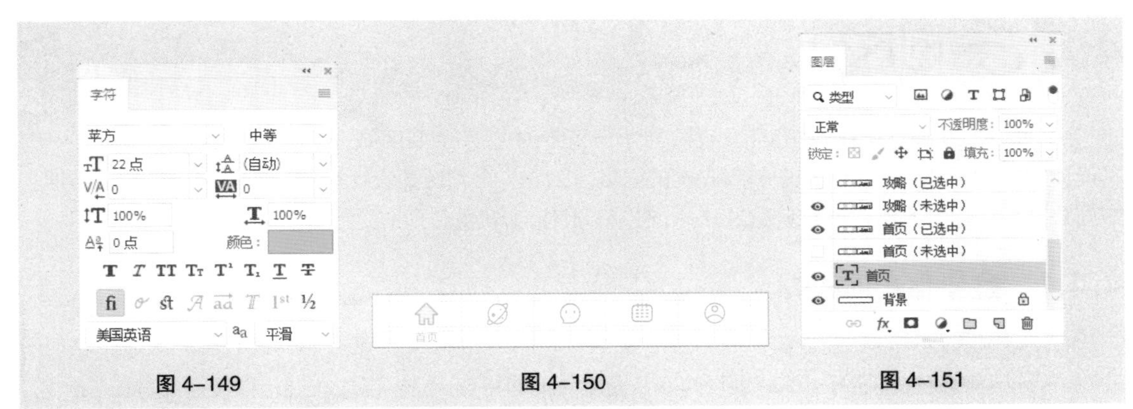

图 4-149　　图 4-150　　图 4-151

（36）使用相同的方法再次分别输入文字，在“字符”控制面板中，将“颜色”选项设置为灰色（153、153、153），其他选项的设置如图 4-152 所示，按 Enter 键确定操作，效果如图 4-153 所示，在“图层”控制面板中分别生成新的文字图层。

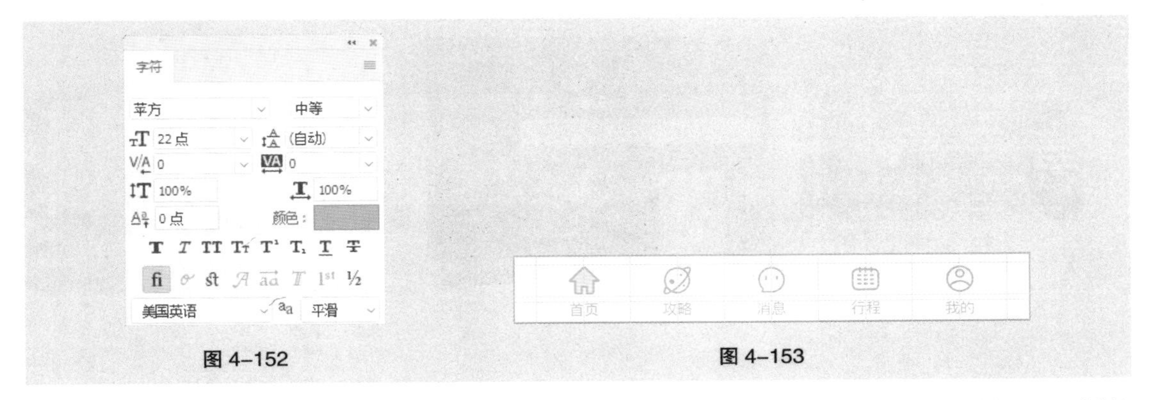

图 4-152　　图 4-153

（37）在“图层”控制面板中选中“我的（已选中）”图层，如图 4-154 所示。按住 Shift 键的同时，单击“首页”图层，将需要的图层同时选取。按 Ctrl+G 组合键，群组图层并将其命名为“标签栏”，如图 4-155 所示。旅游类 App 标签栏制作完成。

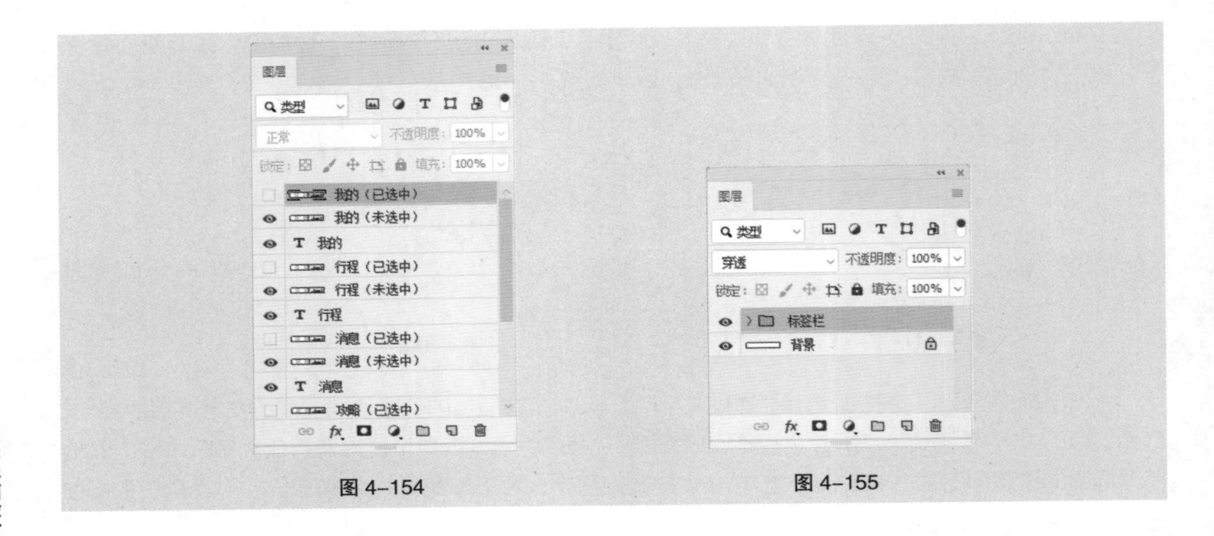

图 4-154　　图 4-155

4.4 金刚区

金刚区是 UI 设计中比较重要的组件，它位于页面中头部重要区域，聚合了核心业务的功能入口，其设计发挥的好坏直接影响到业务曝光度的强弱。因此，金刚区是设计师需要重点深入设计的组件。下面分别从概念、类型以及规则这 3 个方面进行金刚区的讲解。

4.4.1 金刚区的概念

金刚区又称为快速功能入口，通常位于搜索框、Banner 之下，是页面的核心功能区域，表现形式为多行排列的宫格区图标，具有展现丰富、设计精美的特点，提供了趣味展示以及业务导流的作用，如图 4-156 所示。

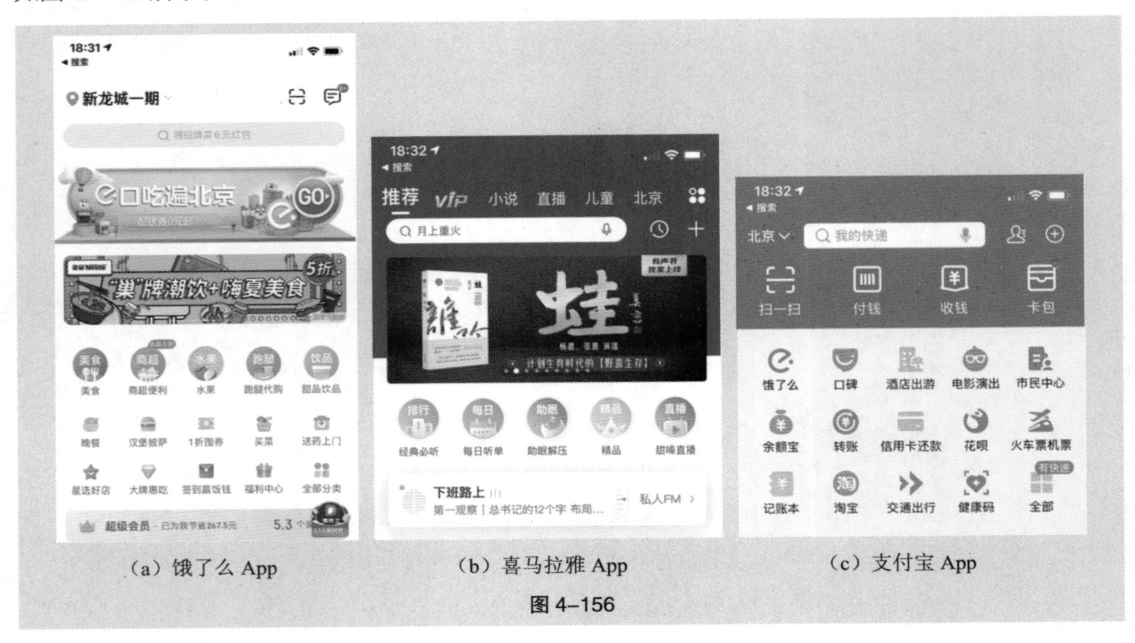

（a）饿了么 App　　（b）喜马拉雅 App　　（c）支付宝 App

图 4-156

4.4.2 金刚区的类型

1. 图标 + 文字

设计形式以“图标 + 文字”类型为主的金刚区，有着设计细节丰富、富有创意等优势，但同时容易出现对文字信息依赖性较强的问题，如图 4-157 所示。

图 4-157

2. 图片 + 文字

设计形式以“图片 + 文字”类型为主的金刚区，有着主题明确、具有感染力等优势，但同时容易出现产品缺乏设计感等问题，如图 4-158 所示。

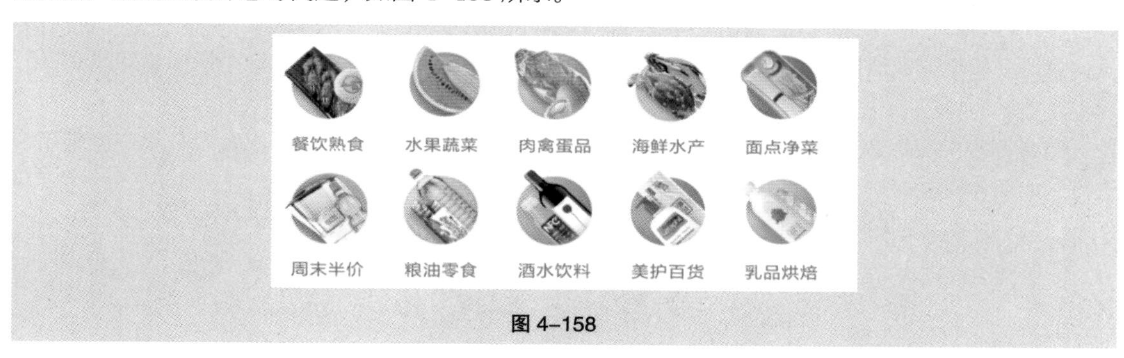

图 4-158

3. 图标 + 图片 + 文字

设计形式以“图标 + 图片 + 文字”类型为主的金刚区，有着运营目的强等优势，但同时容易出现产品视觉不统一等问题，如图 4-159 所示。

图 4-159

4.4.3 金刚区的规则

1. 金刚区的尺寸

- iOS 中金刚区的宽度为 375pt，高度会根据图标数量变化，如图 4-160 所示。

- Android 中金刚区的宽度为 360dp，高度会根据图标数量变化，如图 4-160 所示。
- 主图标尺寸约为 48pt，如图 4-160 所示。
- 副图标尺寸约为 32pt，如图 4-160 所示。
- 文字尺寸约为 11pt，如图 4-160 所示。

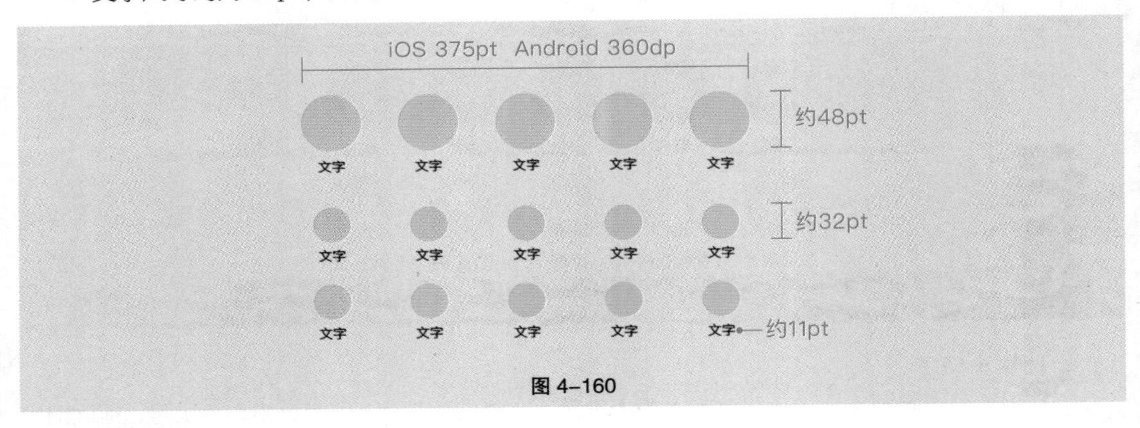

图 4-160

2. 金刚区的布局

（1）数量。

金刚区图标的数量根据米勒法则的 7±2 规律而来，通常在一行中不超过 5 个图标，如图 4-161 所示。

当金刚区中图标数量太多时，应进行适当分组，分组一般根据产品业务属性以及用户使用频率进行，如图 4-162 所示。

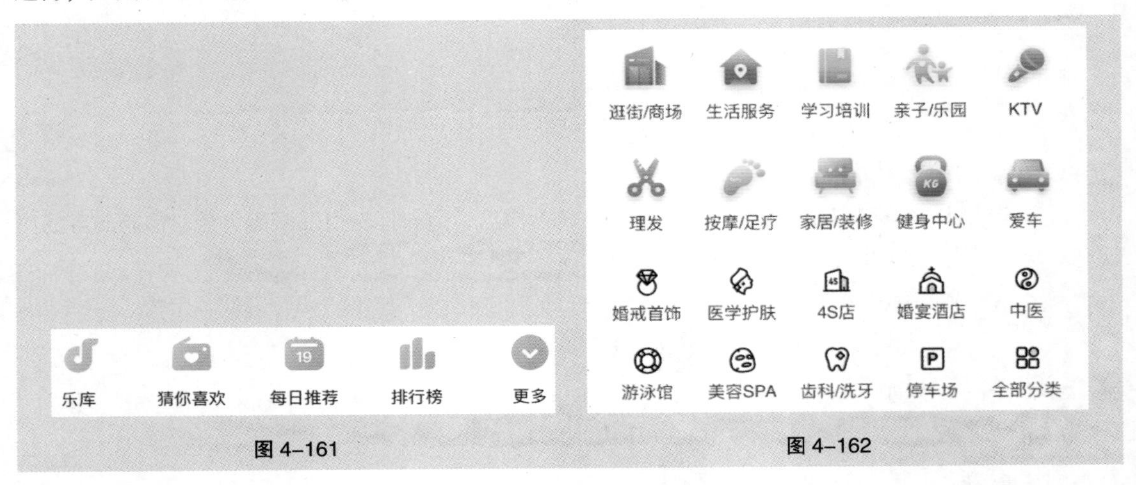

图 4-161　　图 4-162

当业务属性一致时，可以用横向滚动的方式进行图标展示。此时，靠近屏幕右侧的图标应该运用展示不全的处理手法，以提示用户可以横向滑动，如图 4-163 所示。

图 4-163

（2）方法。

金刚区的布局方法共有边距删减法和占位等分法这两种。边距删减法具体的布局方法是，减去左右两边间距，再进行等分。这种布局方式适用于一行有 5 个图标或带有底板图标的金刚区，如图 4–164 所示。占位等分法具体的布局方法是，列宽 = 屏幕宽度 / 标签个数。这种布局方式适用于一行有 4 个图标或无底板图标的金刚区，如图 4–164 所示。

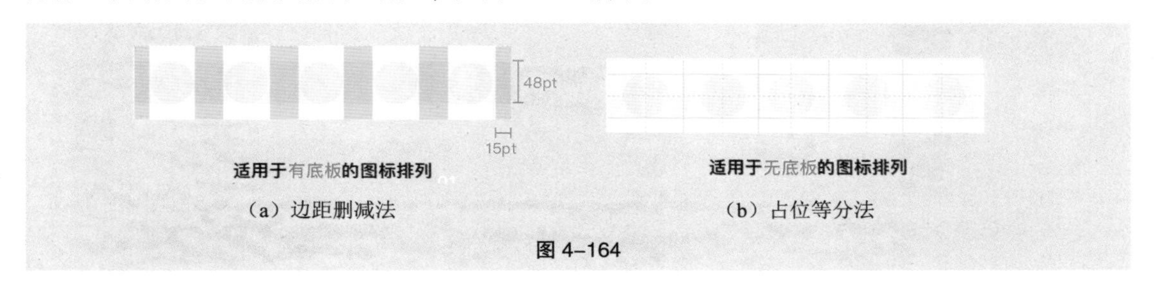

（a）边距删减法　（b）占位等分法

图 4–164

3. 金刚区的图标

（1）金刚区图标的尺寸。

- 主图标底板尺寸为 40 ~ 48pt，如图 4–165 所示。
- 内环图标：底板尺寸的 0.618（黄金分割），如图 4–165 所示。
- 副图标：底板尺寸的 0.618 或 0.382（黄金分割）。

（2）金刚区图标的风格。

- 无底板。

■ 面性图标：无底板的金刚区面性图标的视觉层级感比有底板的金刚区面性图标稍弱。这类图标常用于主金刚区及少数副金刚区，如图 4–166 所示。

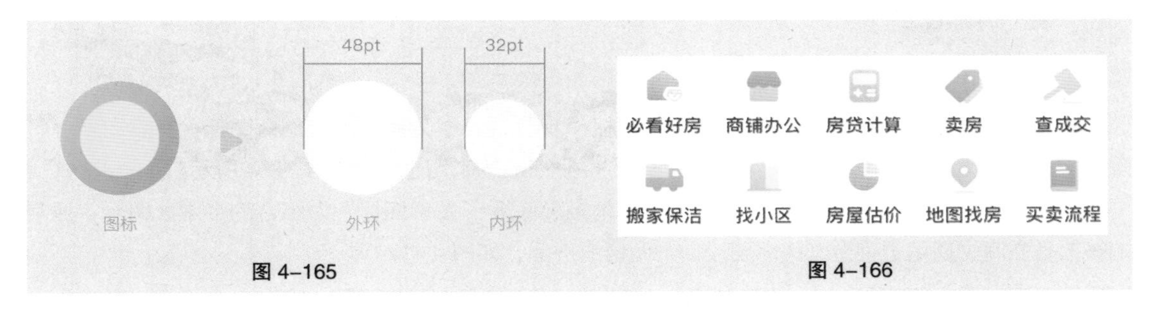

图 4–165　图 4–166

■ 线性图标：当金刚区使用无底板的线性图标时，应设计较粗的线条。这类图标常用于功能突出的金融类产品，如图 4–167 所示。

■ 线面图标：无底板的线面图标作为金刚区图标使用时，常用于趣味性 App，如图 4–168 所示。

图 4–167　图 4–168

- 有底板。

■ 圆形底板 + 面性图标：以“圆形底板 + 面性图标”为组合的金刚区图标，有着柔和简洁的特点。

这类图标最为常用，如图 4–169 所示。

■ 圆形底板 + 业务说明 + 面性图标：以“圆形底板 + 业务说明 + 面性图标”为组合的金刚区图标，有着柔和、识别度高的特点。这类图标的使用频率仅次于以“圆形底板 + 面性图标”为组合的金刚区图标，如图 4–170 所示。

图 4–169　　图 4–170

■ 圆形底板 + 线性图标：以“圆形底板 + 线性图标”为组合的金刚区图标，有着品质高、精致的特点。这类图标并不常用，如图 4–171 所示。

■ 圆角矩形底板 + 面性图标：以“圆角矩形底板 + 面性图标”为组合的金刚区图标，有着严谨、不失柔和的特点。这类图标常用于教育类产品，如图 4–172 所示。

图 4–171　　图 4–172

■ 超椭圆底板 + 面性图标：以“超椭圆底板 + 面性图标”为组合的金刚区图标，有着有趣、可爱的特点。这类图标在使用时，容易拉近距离，提升产品的亲切感，如图 4–173 所示。

■ 大圆角矩形底板 + 图形图标：以“大圆角矩形底板 + 图形图标”为组合的金刚区图标，通常能够节省空间，适用于副金刚区需要设计为两行的产品，如图 4–174 所示。

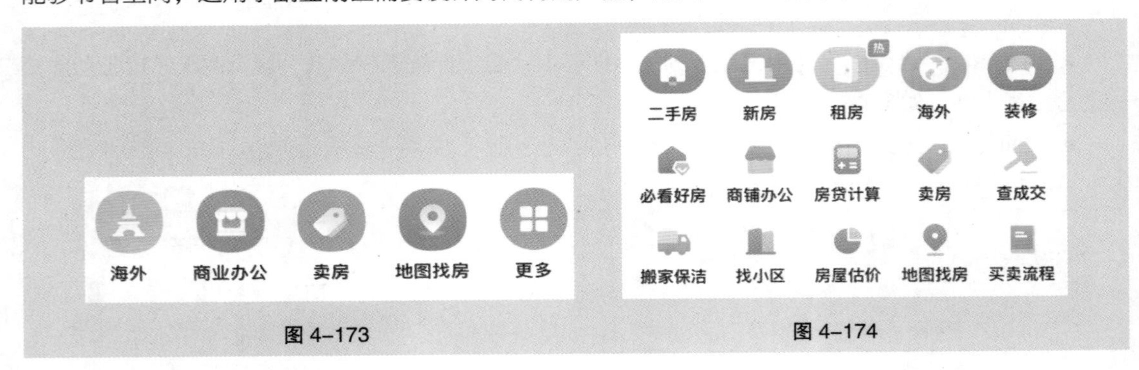

图 4–173　　图 4–174

（3）金刚区图标的配色。

不同的色彩因为其固有的特点，会使人产生不同的感受。例如，红色带给人们热情、兴奋的感受，而绿色则带给人们安全、舒缓的感受。因此进行图标配色时要考虑色彩情绪，需要让色彩表达的含义和该图标表达的含义一致，如图 4-175 所示。

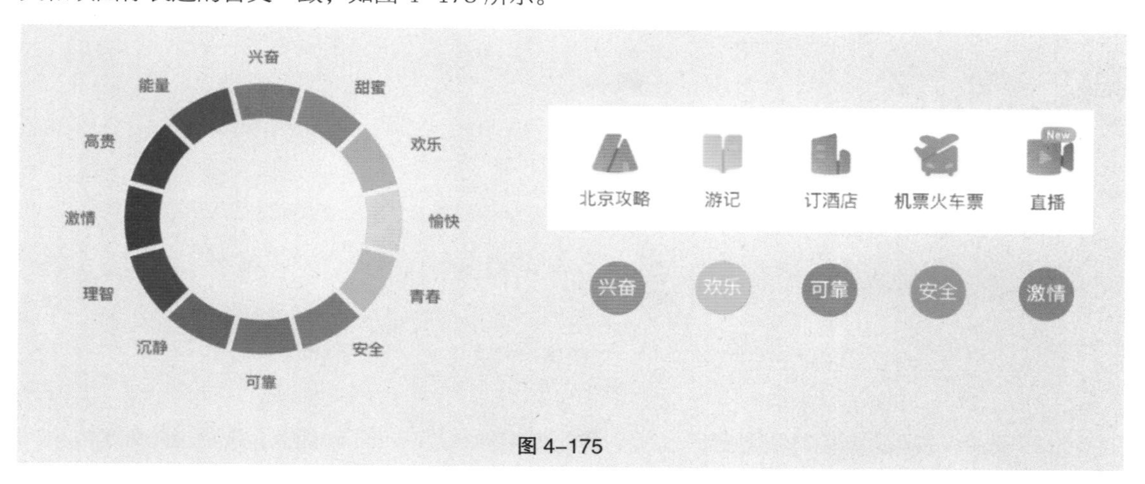

图 4-175

4.4.4 课堂案例——制作旅游类 App 金刚区

【案例设计要求】

（1）运用 Photoshop 制作金刚区，设计效果如图 4-176 所示，环境效果如图 4-177 所示。

（2）金刚区尺寸：750px（宽）× 144px（高）。

（3）符合金刚区的设计规则。

【案例学习目标】学习使用 Photoshop 制作金刚区。

图 4-176　　图 4-177

【案例知识要点】使用“矩形”工具和“属性”控制面板确定参考线的位置，使用“圆角矩形”工具和“椭圆”工具绘制图标，使用“直接选择”工具调整图标，使用“渐变叠加”选项添加效果，使用“置入嵌入对象”命令置入网格系统从而调整图标，使用“横排文字”工具输入文字。

【效果文件所在位置】云盘/Ch04/制作旅游类 App 金刚区/效果/制作旅游类 App 金刚区.psd。

（1）按 Ctrl+N 组合键，弹出“新建文档”对话框，将宽度设置为 750 像素，高度设置为 144 像素，分辨率设置为 72 像素 / 英寸，背景内容设置为白色，如图 4-178 所示。单击“创建”按钮，完成文档的新建。

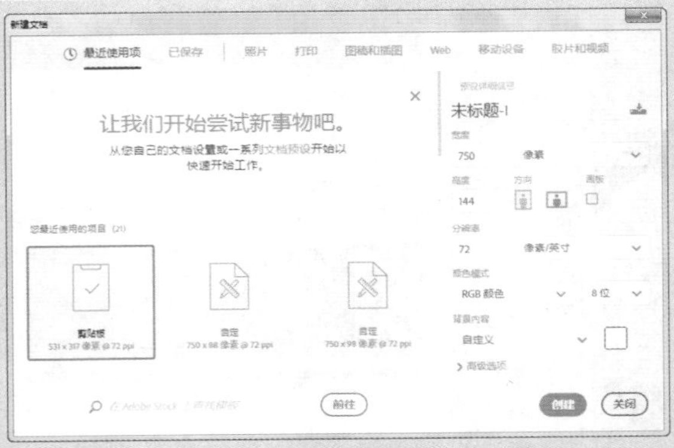

图 4–178

（2）选择“视图 > 新建参考线版面”命令，弹出“新建参考线版面”对话框，选项设置如图 4–179 所示。单击“确定”按钮，完成参考线的创建，效果如图 4–180 所示。

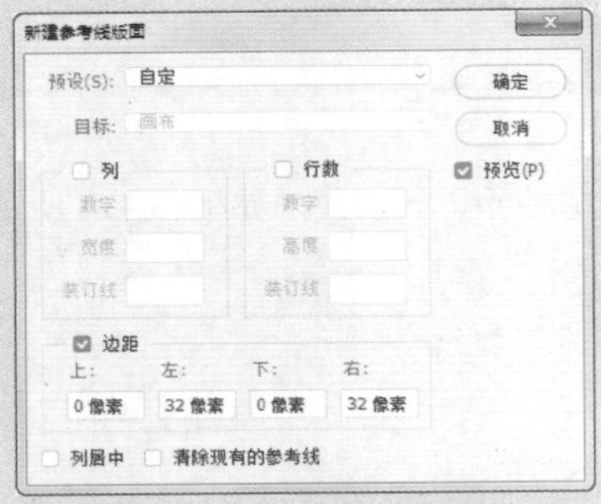

图 4–179

图 4–180

（3）选择“矩形”工具 ，在属性栏的“选择工具模式”下拉列表中选择“形状”选项，将“填充”颜色设置为黑色，“描边”颜色设置为无。在图像窗口中适当的位置绘制矩形，在“图层”控制面板中生成新的形状图层“矩形 1”。选择“窗口 > 属性”命令，弹出“属性”控制面板，在面板中进行设置。在“W”选项中输入数值，如图 4–181 所示，按 Enter 键确定操作，效果如图 4–182 所示。去除小数点后的数值，保留整数，如图 4–183 所示，效果如图 4–184 所示。

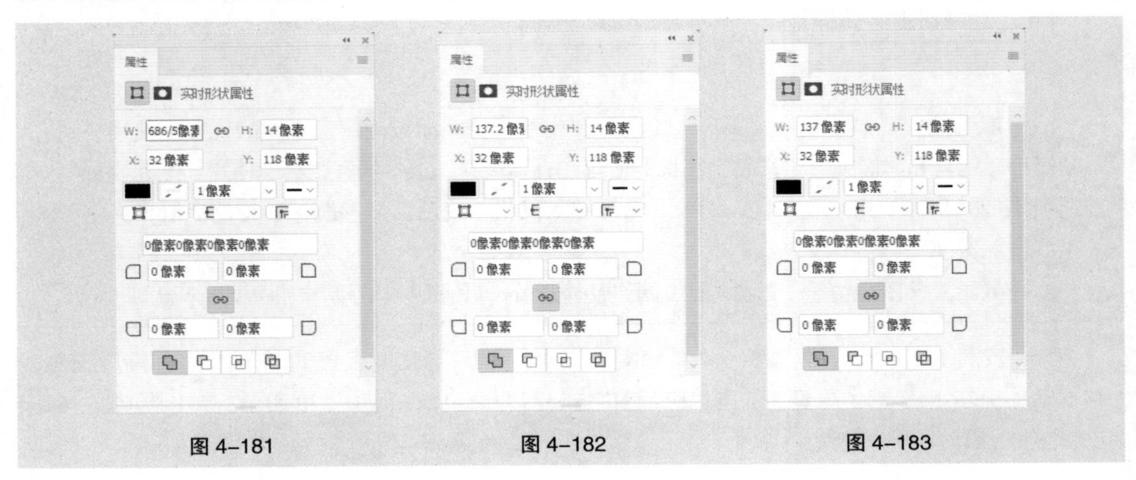

图 4–181　图 4–182　图 4–183

（4）按 Ctrl+R 组合键，显示标尺。选择“视图 > 对齐到 > 全部”命令。在图像窗口左侧标尺上按住鼠标左键并水平向右进行拖曳，在矩形右侧锚点的位置松开鼠标左键，完成参考线的创建，效果如图 4-185 所示。

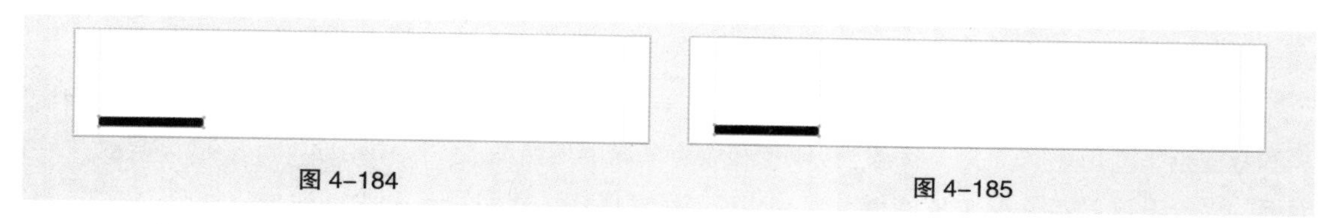

图 4-184　　图 4-185

（5）按 Ctrl+T 组合键，在图形周围出现变换框，如图 4-186 所示。在图像窗口左侧标尺上按住鼠标左键并水平向右进行拖曳，在矩形中心点的位置松开鼠标左键，完成参考线的创建，效果如图 4-187 所示。

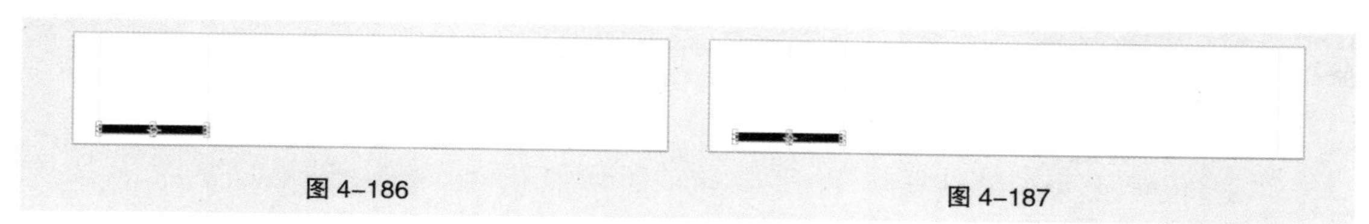

图 4-186　　图 4-187

（6）选择“移动”工具 ，按住 Shift 键的同时，将矩形水平向右移动到适当的位置，使矩形左侧贴齐辅助线，如图 4-188 所示。使用上述的方法，分别在位于矩形中心和矩形右侧的位置添加两条垂直辅助线，如图 4-189 所示。

图 4-188　　图 4-189

（7）使用相同的方法，分别添加 4 条垂直辅助线，如图 4-190 所示。选择“矩形”工具 ，在“属性”控制面板中进行设置，如图 4-191 所示。按 Ctrl+T 组合键，在图形周围出现变换框，在图像窗口左侧标尺上按住鼠标左键并水平向右进行拖曳，在矩形中心点的位置松开鼠标左键，完成参考线的创建，效果如图 4-192 所示。按 Enter 键确定操作，在“图层”控制面板中选中“矩形 1”图层，按 Delete 键将其删除，效果如图 4-193 所示。

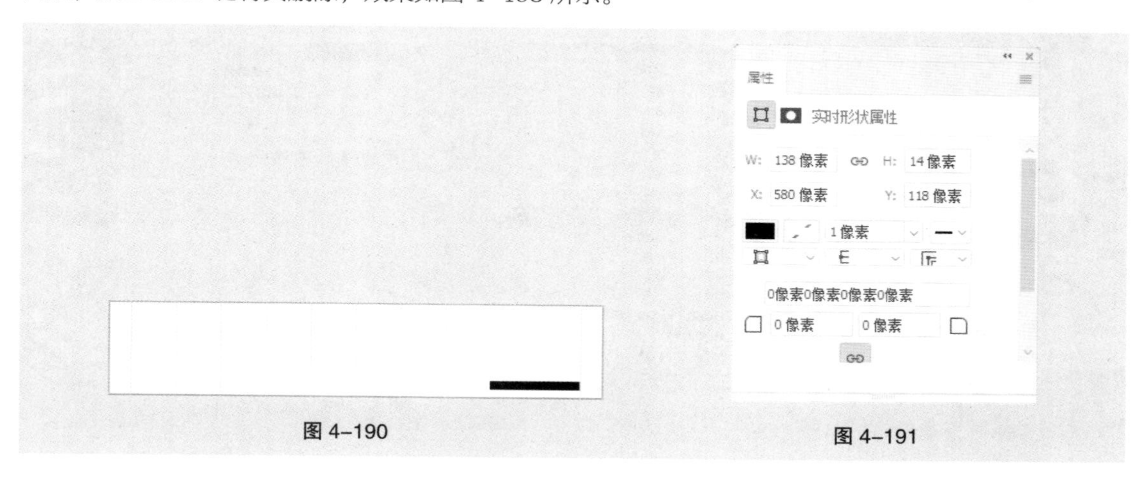

图 4-190　　图 4-191

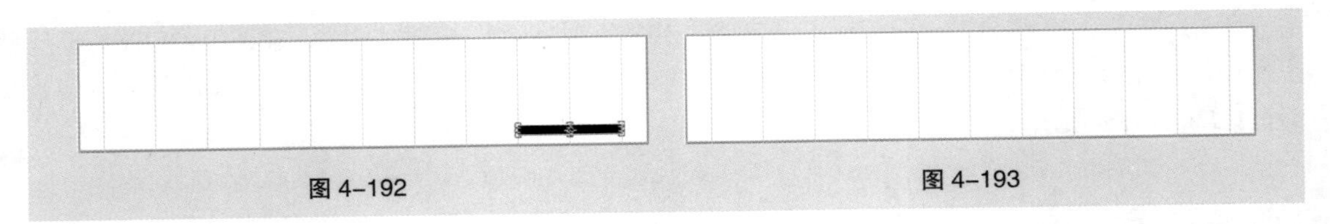
图 4–192　　图 4–193

（8）选择“圆角矩形”工具▢，在属性栏中将“半径”选项设置为 4 像素。在图像窗口中适当的位置绘制圆角矩形，在“图层”控制面板中生成新的形状图层“圆角矩形 1”。在“属性”控制面板中进行设置，如图 4–194 所示，按 Enter 键确定操作，效果如图 4–195 所示。

图 4–194　　图 4–195

（9）单击“图层”控制面板下方的“添加图层样式”按钮 fx，在弹出的下拉列表中选择“渐变叠加”选项，弹出对话框，单击“渐变”选项右侧的“点按可编辑渐变”按钮，弹出“渐变编辑器”对话框，在“位置”选项中分别输入 0、100 两个位置点，分别设置两个位置点颜色的 RGB 值为 0（1、206、149）、100（4、219、64），如图 4–196 所示，单击“确定”按钮。返回到“图层样式”对话框，其他选项的设置如图 4–197 所示，单击“确定”按钮，效果如图 4–198 所示。

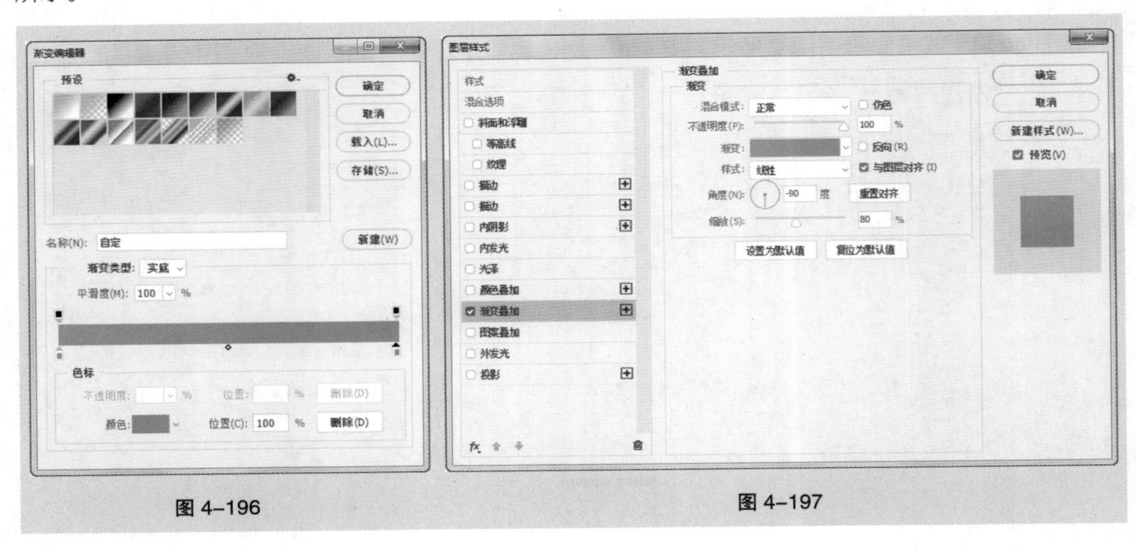
图 4–196　　图 4–197

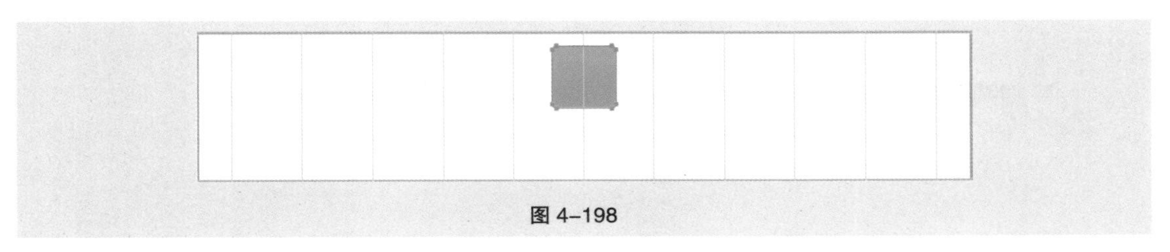
图 4-198

（10）选择“圆角矩形”工具 ▢，在属性栏中将“半径”选项设置为 2 像素。在图像窗口中适当的位置绘制圆角矩形，效果如图 4-199 所示，在“图层”控制面板中生成新的形状图层 “圆角矩形 2”。在“属性”控制面板中进行其他设置，如图 4-200 所示，按 Enter 键确定操作，效果如图 4-201 所示。

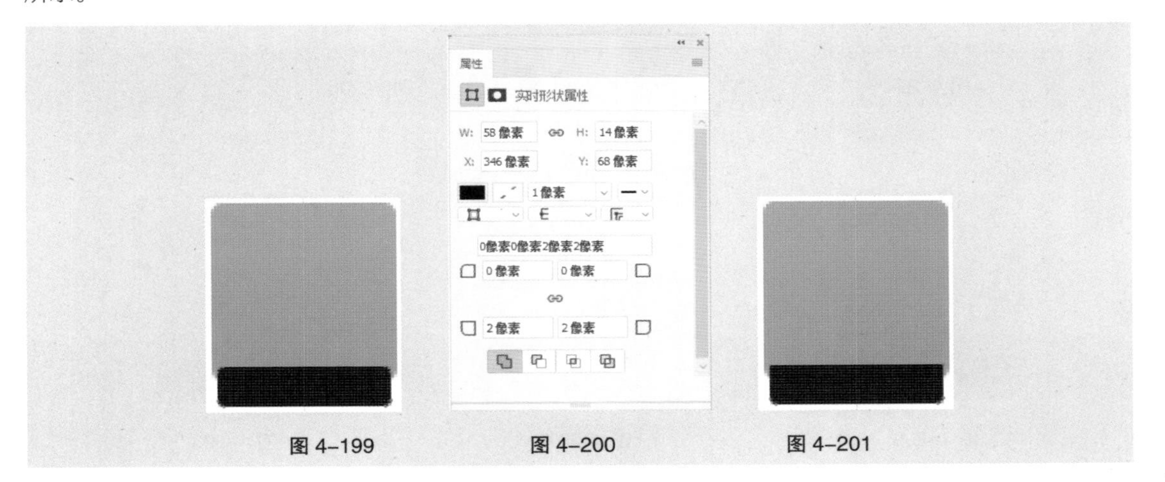

图 4-199　　图 4-200　　图 4-201

（11）选择“直接选择”工具 ↖，选中左上角的锚点，按住 Shift 键的同时，将其水平向右拖曳到适当的位置，效果如图 4-202 所示。使用相同的方法调整右上角的锚点，效果如图 4-203 所示。

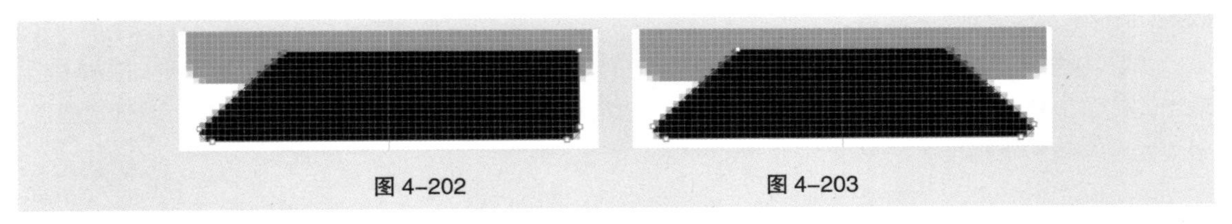
图 4-202　　图 4-203

（12）单击“图层”控制面板下方的“添加图层样式”按钮 fx，在弹出的下拉列表中选择“渐变叠加”选项，弹出对话框，单击“渐变”选项右侧的“点按可编辑渐变”按钮，弹出“渐变编辑器”对话框，在“位置”选项中分别输入 0、100 两个位置点，分别设置两个位置点颜色的 RGB 值为 0（1、187、55）、100（2、207、59），如图 4-204 所示，单击“确定”按钮。返回到“图层样式”对话框，其他选项的设置如图 4-205 所示，单击“确定”按钮，效果如图 4-206 所示。

（13）在“图层”控制面板中选中“圆角矩形 1”图层，将其拖曳到“圆角矩形 2”图层的上方，如图 4-207 所示，效果如图 4-208 所示。

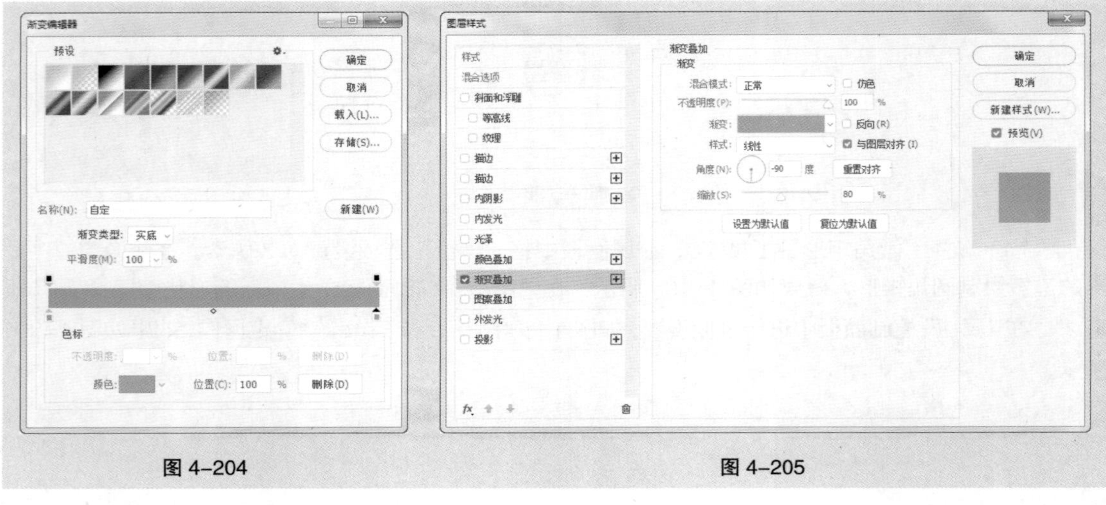

图 4-204　　图 4-205

图 4-206　　图 4-207　　图 4-208

（14）选择“圆角矩形”工具 ，在属性栏中将“半径”选项设置为 4 像素。在图像窗口中适当的位置绘制圆角矩形，在“图层”控制面板中生成新的形状图层“圆角矩形 3”。在“属性”控制面板中进行设置，将“填充”颜色设置为白色，其他选项的设置如图 4-209 所示，按 Enter 键确定操作，效果如图 4-210 所示。

（15）选择“路径选择”工具 ，按住 Alt+Shift 组合键的同时，将圆角矩形水平向右拖曳至适当的位置，复制图形。在“属性”控制面板中进行设置，如图 4-211 所示，按 Enter 键确定操作，效果如图 4-212 所示。

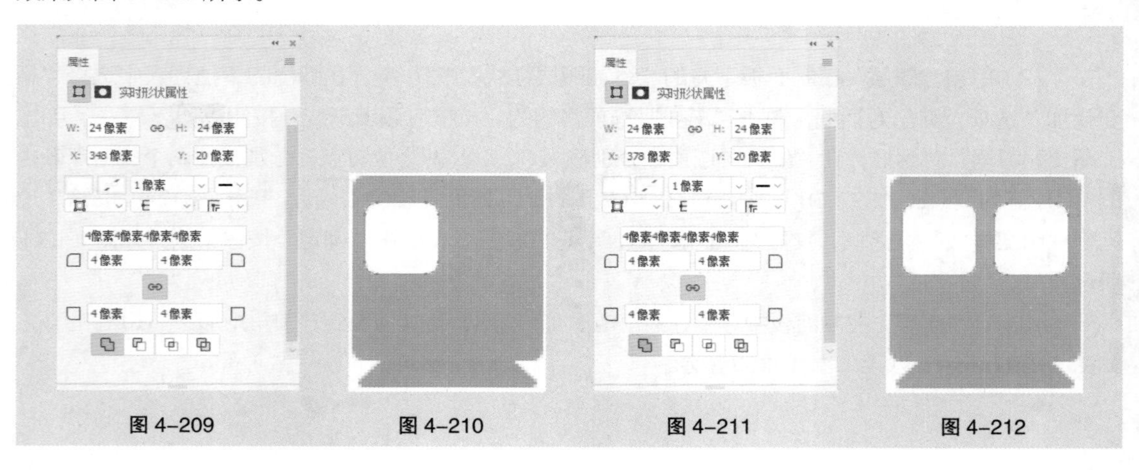

图 4-209　　图 4-210　　图 4-211　　图 4-212

（16）选择“椭圆”工具◯，按住 Shift 键的同时，在图像窗口中适当的位置绘制圆形，在“图层”控制面板中生成新的形状图层“椭圆 1”。在“属性”控制面板中进行设置，如图 4–213 所示，按 Enter 键确定操作，效果如图 4–214 所示。

（17）选择“路径选择”工具，按住 Alt+Shift 组合键的同时，将圆形水平向右拖曳至适当的位置，复制图形。在“属性”控制面板中进行设置，如图 4–215 所示，按 Enter 键确定操作，效果如图 4–216 所示。

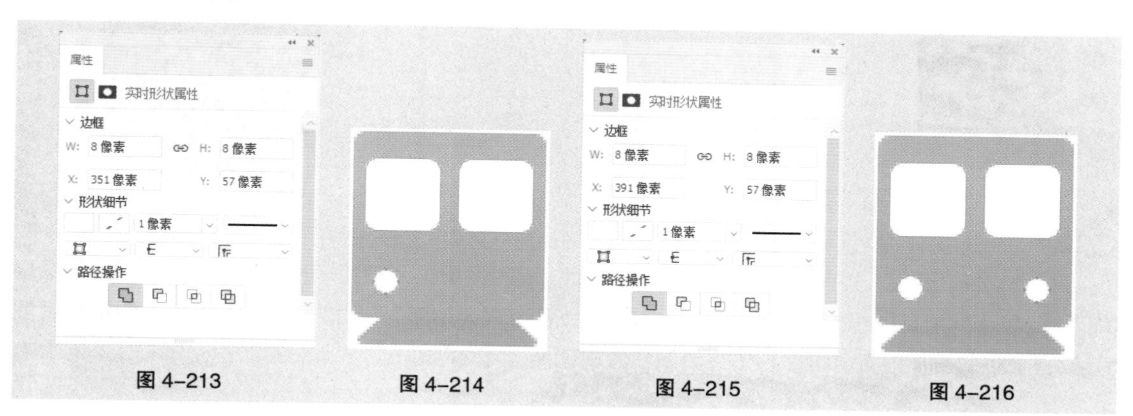

图 4–213　　图 4–214　　图 4–215　　图 4–216

（18）在“图层”控制面板中将“圆角矩形 3”图层的“填充”选项设置为 0%，如图 4–217 所示。

（19）单击“图层”控制面板下方的“添加图层样式”按钮 fx，在弹出的下拉列表中选择“渐变叠加”选项，弹出对话框，单击“渐变”选项右侧的“点按可编辑渐变”按钮，弹出“渐变编辑器”对话框，在“位置”选项中分别输入 0、100 两个位置点，分别设置两个位置点的颜色为白色。分别设置两个位置点的不透明度值为 0（60%）、100（20%），如图 4–218 所示，单击“确定”按钮。返回到“图层样式”对话框，其他选项的设置如图 4–219 所示，单击“确定”按钮，效果如图 4–220 所示。

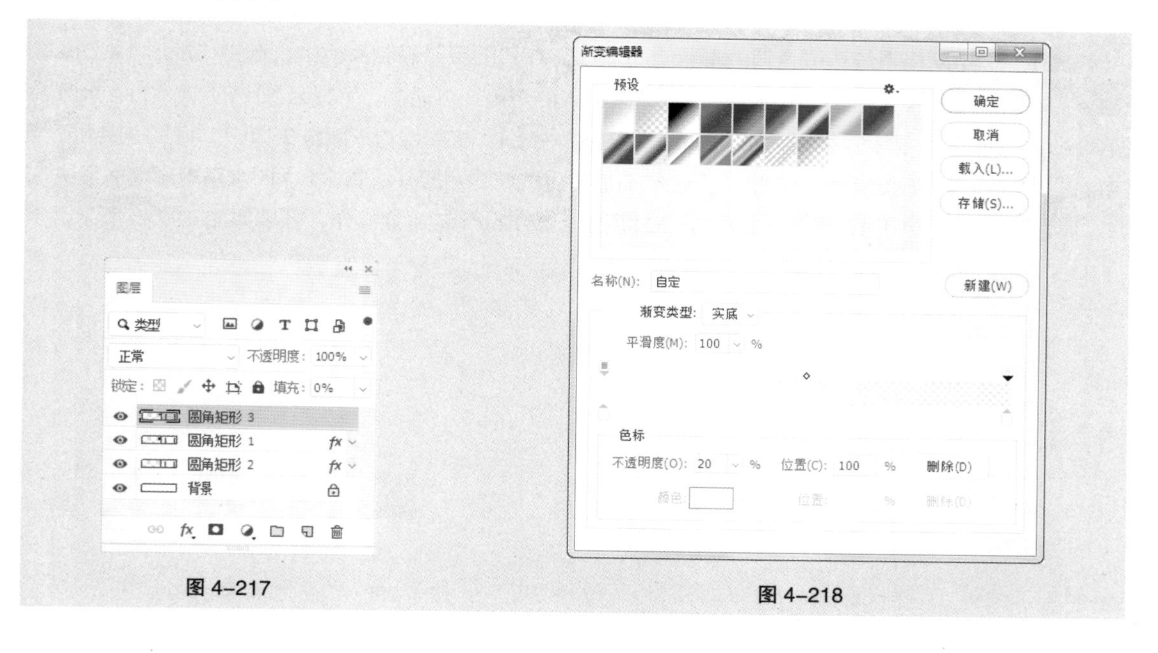

图 4–217　　图 4–218

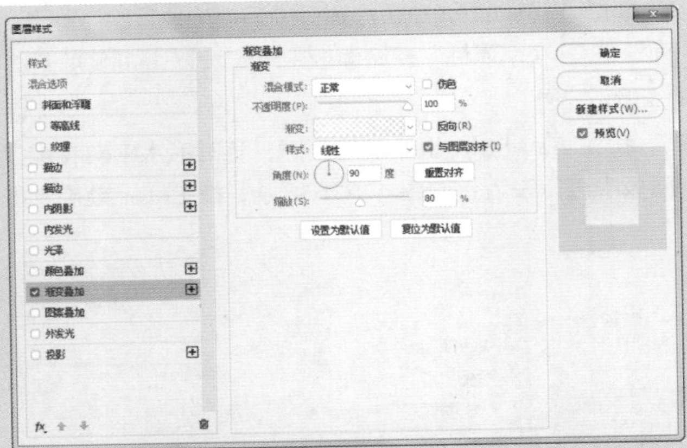

图 4-219

图 4-220

（20）在“图层”控制面板中，按住 Shift 键的同时，单击“圆角矩形 2”图层，将需要的图层同时选取。按 Ctrl+G 组合键，群组图层并将其命名为“火车票”，如图 4-221 所示。使用相同的方法分别制作其他图标，如图 4-222 所示，效果如图 4-223 所示。

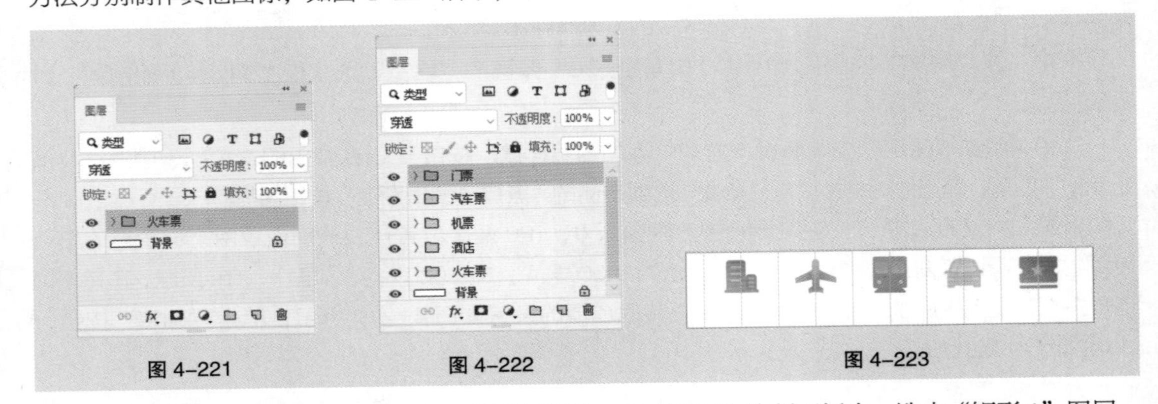

图 4-221　　图 4-222　　图 4-223

（21）运用网格系统选取合适的形状进行调整。在“图层”控制面板中，选中“矩形 1”图层。选择“文件 > 置入嵌入对象”命令，弹出“置入嵌入的对象”对话框。选择云盘中的“Ch04 > 制作旅游类 App 金刚区 > 素材 > 01”文件，单击“置入”按钮，将图片置入图像窗口中。将其拖曳到适当的位置，按 Enter 键确定操作，在“图层”控制面板中生成新的图层并将其命名为“水平矩形网格系统”。在“属性”控制面板中进行设置，如图 4-224 所示，按 Enter 键确定操作，效果如图 4-225 所示。

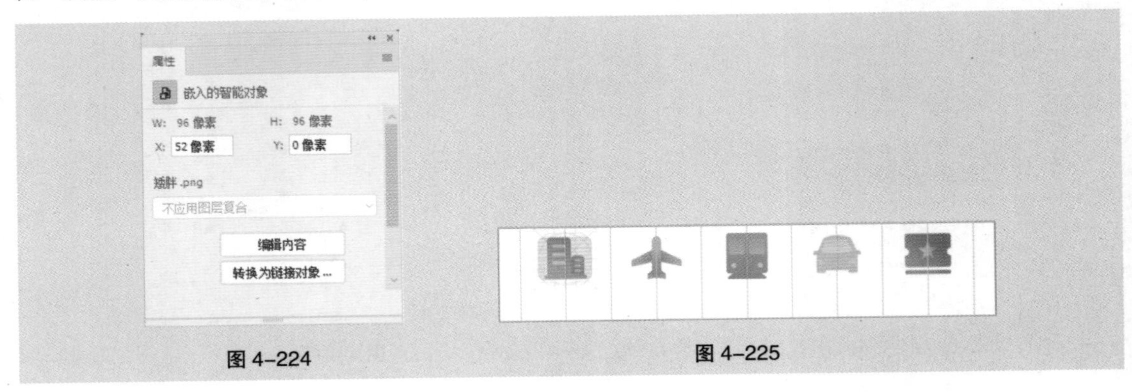

图 4-224　　图 4-225

（22）选择“移动”工具 ，按住 Alt+Shift 组合键的同时，将网格系统水平向右拖曳至适当的位置，复制图像，在“属性”控制面板中进行设置，如图 4-226 所示，在“图层”控制面板中生成新的形状图层“水平矩形网格系统 拷贝”。使用相同的方法再次复制一个图像，在“属性”控制面板中进行设置，如图 4-227 所示，在“图层”控制面板中生成新的形状图层“水平矩形网格系统 拷贝 2”，效果如图 4-228 所示。

图 4-226　　图 4-227　　图 4-228

（23）选择“文件 > 置入嵌入对象”命令，弹出“置入嵌入的对象”对话框。选择云盘中的“Ch04 > 制作旅游类 App 金刚区 > 素材 > 02”文件，单击“置入”按钮，将图片置入图像窗口中。将其拖曳到适当的位置，按 Enter 键确定操作，在“图层”控制面板中生成新的图层并将其命名为“垂直矩形网格系统”。在“属性”控制面板中进行设置，如图 4-229 所示，按 Enter 键确定操作，效果如图 4-230 所示。

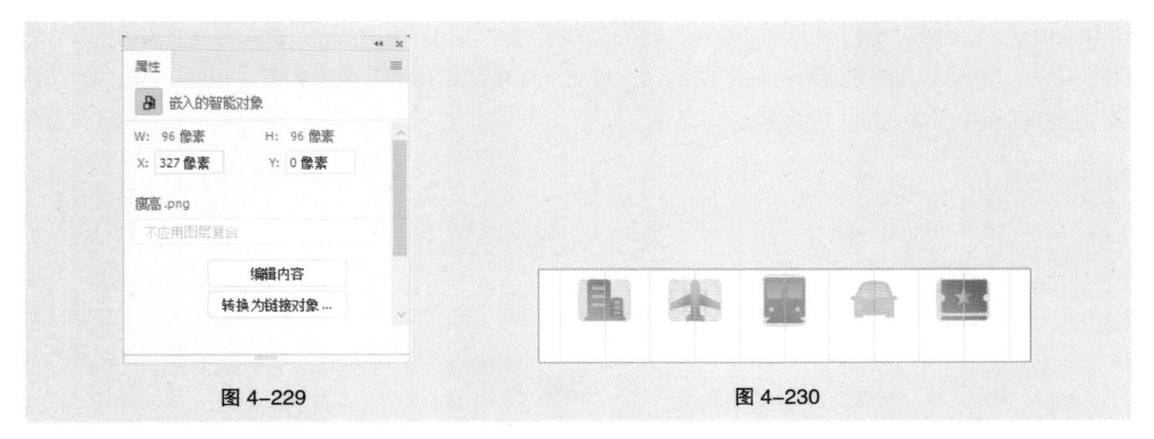

图 4-229　　图 4-230

（24）选择“文件 > 置入嵌入对象”命令，弹出“置入嵌入的对象”对话框。选择云盘中的“Ch04 > 制作旅游类 App 金刚区 > 素材 > 03”文件，单击“置入”按钮，将图片置入图像窗口中。将其拖曳到适当的位置，按 Enter 键确定操作，在“图层”控制面板中生成新的图层并将其命名为“方形网格系统”。在“属性”控制面板中进行设置，如图 4-231 所示，按 Enter 键确定操作，效果如图 4-232 所示。

（25）按住 Shift 键的同时，单击“水平矩形网格系统”图层，将需要的图层同时选取。按 Ctrl+G 组合键，群组图层并将其命名为“网格系统”，如图 4-233 所示。

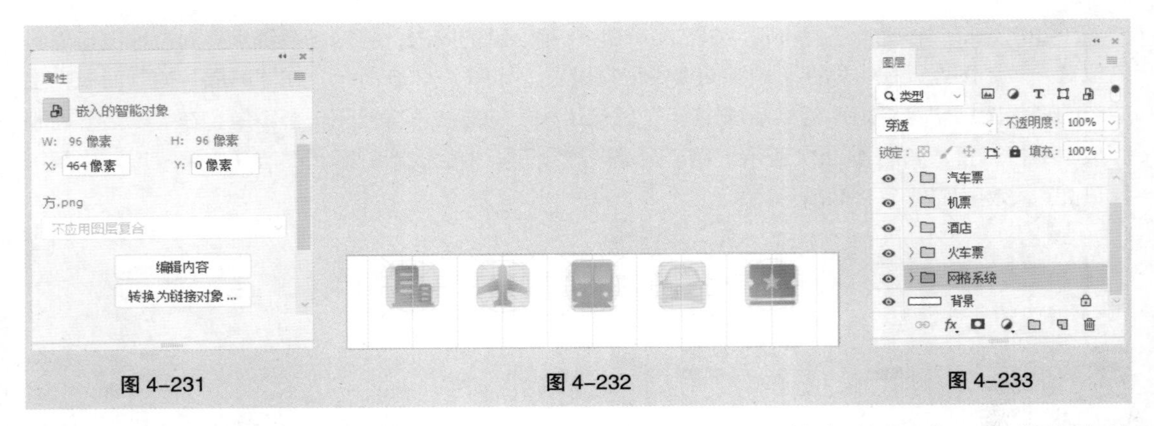

图 4-231　　图 4-232　　图 4-233

（26）通过观察可见，“火车票”图标与其他图标相对比，易引起视觉不平衡。在“图层”控制面板中，选中“火车票”图层组，按 Ctrl+T 组合键，在图形周围出现变换框，按住 Alt+Shift 组合键的同时，拖曳右上角的控制手柄等比例缩小图标，按 Enter 键确定操作，效果如图 4-234 所示。使用相同的方法调整“门票”图标，效果如图 4-235 所示。

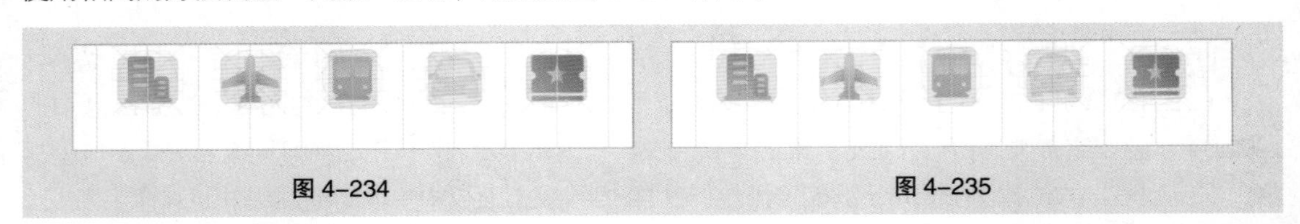
图 4-234　　图 4-235

（27）在“图层”控制面板中，单击“方形网格系统”图层左侧的眼睛图标，隐藏图层，并选中“火车票”图层组，如图 4-236 所示。选择“横排文字”工具 T，在适当的位置输入需要的文字并选取文字，选择“窗口 > 字符”命令，弹出“字符”控制面板，将“颜色”选项设置为深灰色（52、52、52），其他选项的设置如图 4-237 所示，按 Enter 键确定操作，效果如图 4-238 所示，在“图层”控制面板中生成新的文字图层。

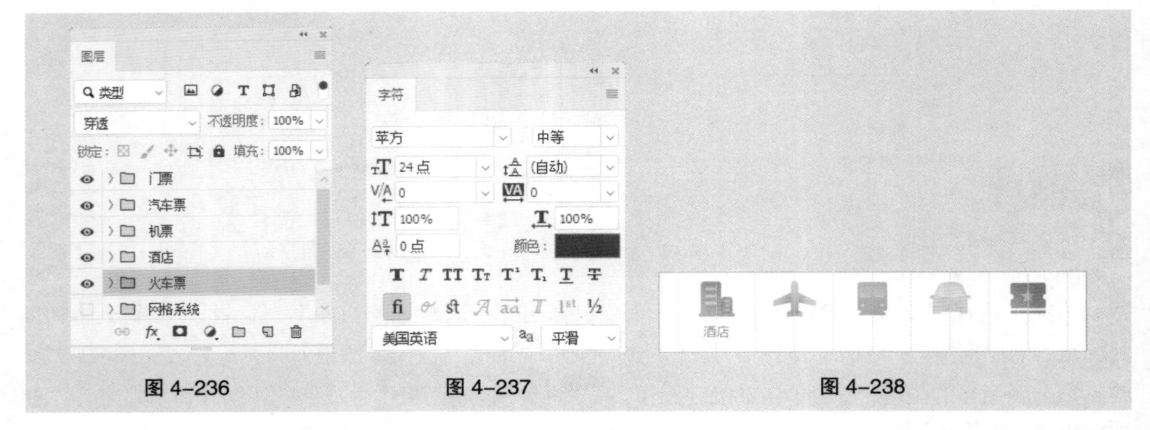

图 4-236　　图 4-237　　图 4-238

（28）使用相同的方法分别输入其他文字，制作出图 4-239 所示的效果，在“图层”控制面板中分别生成新的文字图层。选中“门票”图层组，如图 4-240 所示。按住 Shift 键的同时，单击“矩形 1”图层，将需要的图层同时选取。按 Ctrl+G 组合键，群组图层并将其命名为“金刚区”，如图 4-241 所示。旅游类 App 金刚区制作完成。

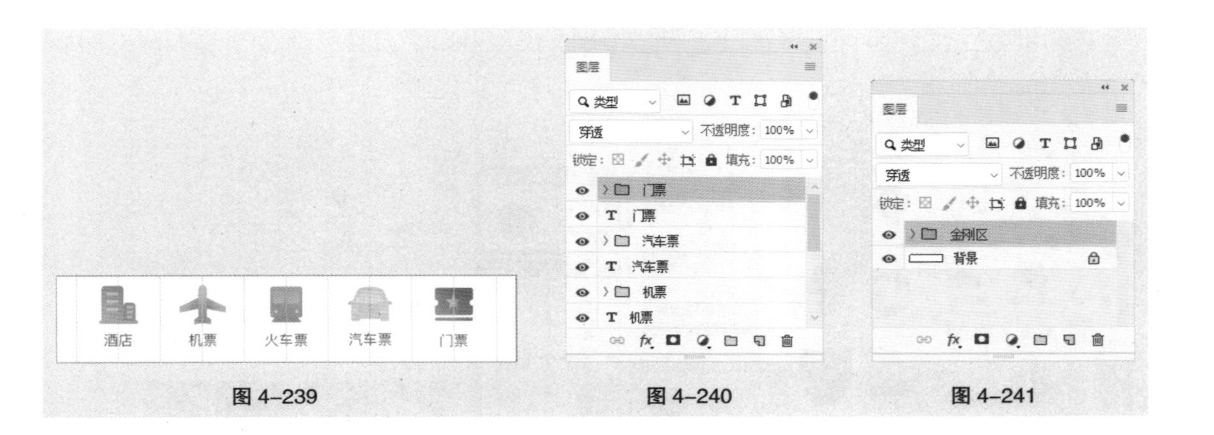

图 4-239　　图 4-240　　图 4-241

4.5 瓷片区

瓷片区和金刚区一样，是 UI 设计中比较重要的组件。它的本质是由不同板块拼接在一起形成的运营位。瓷片区展示各类促销内容，可以提高产品转化率。因此，瓷片区是设计师值得花费心思设计的组件。下面分别从概念、类型以及规则这 3 个方面进行瓷片区的讲解。

4.5.1 瓷片区的概念

瓷片区即将图像和文字等元素通过特定排列的形式，组成一个完整的模块进行展示，因其视觉外观看上去就像一块块瓷片贴在版面上，故称为“瓷片区”。瓷片区常用于电商平台以及泛娱乐类 App，是流量的入口，如图 4-242 所示。

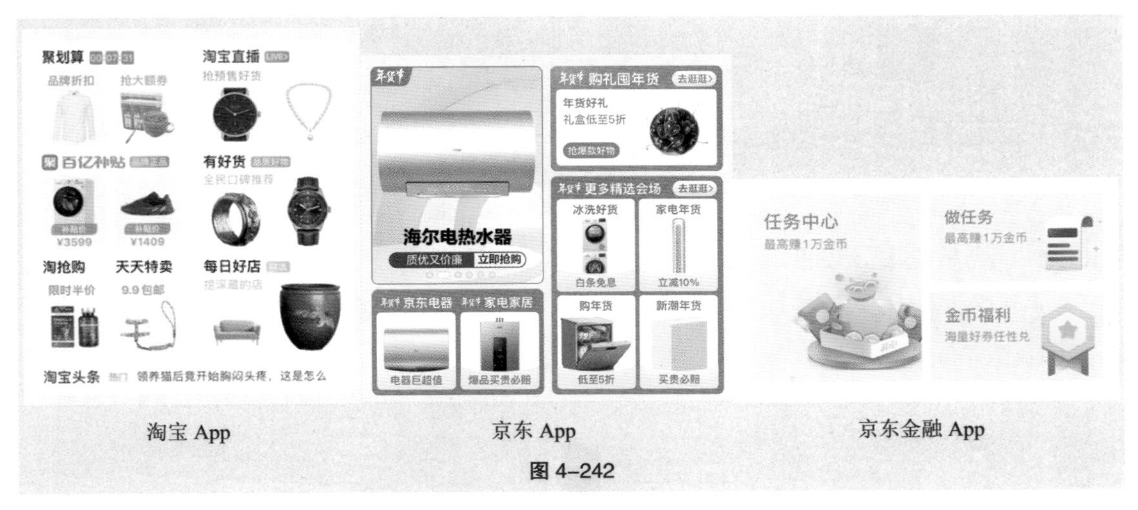

淘宝 App　　京东 App　　京东金融 App

图 4-242

4.5.2 瓷片区的类型

1. 实物图片

- 优点：识别性高、代入感强、可复用，设计效率较高。
- 缺点：对图片素材的要求较高。

• 使用场景：实物图片的瓷片区适用于对实物图有较大需求的产品类型，例如外卖类、电商类、旅行类产品，如图 4-243 所示。

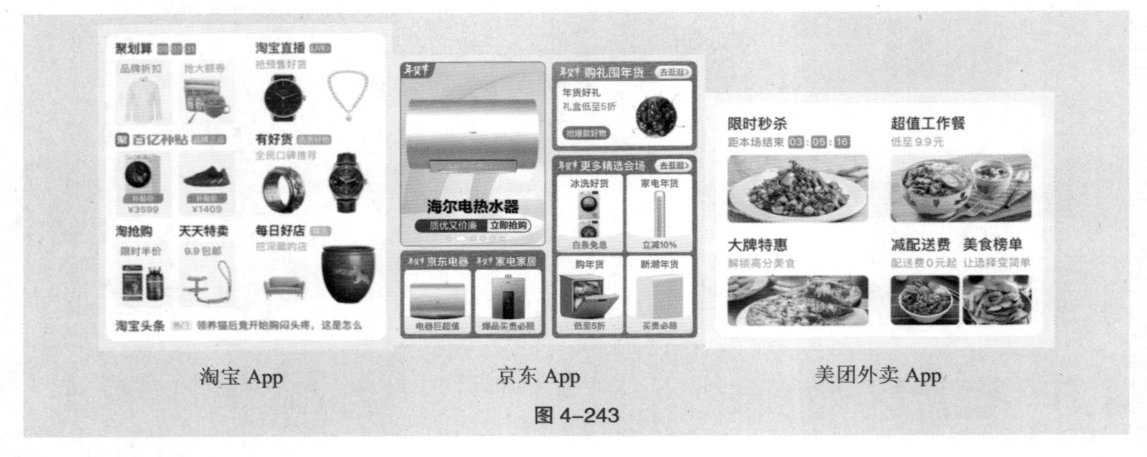

图 4-243

2. 插画插图

• 优点：可以高度概括瓷片区的运营含义，精美的插图有助于提升产品的细节品质和趣味。

• 缺点：一对一，难以复用，比较耗时。

• 使用场景：插画插图的瓷片区适用于虚拟产品、金融产品等对风格有明显要求的产品类型，如图 4-244 所示。

图 4-244

4.5.3 瓷片区的规则

1. 瓷片区的布局

（1）整齐布局。

瓷片区的整齐布局是指每块瓷片的大小一致。这样进行布局的瓷片区更加富有韵律，如图 4-245 所示。

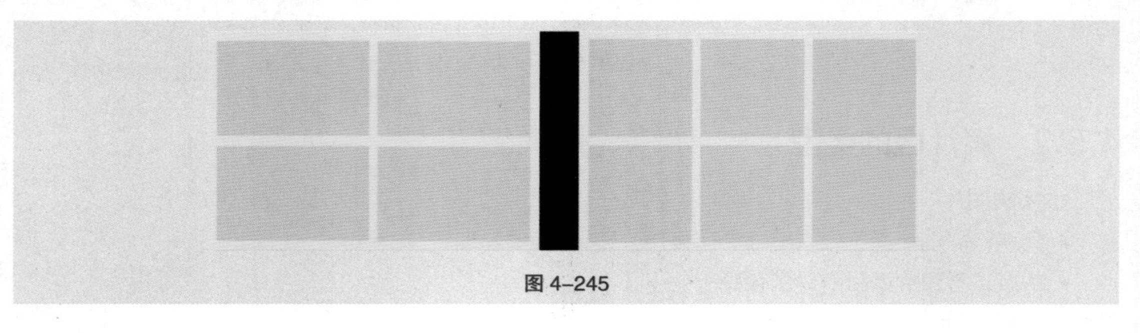

图 4-245

（2）灵活布局。

瓷片区的灵活布局是指对瓷片进行合并变形等处理，然后突出显示一块瓷片。这样进行布局的瓷片区能够区分主次，如图 4-246 所示。

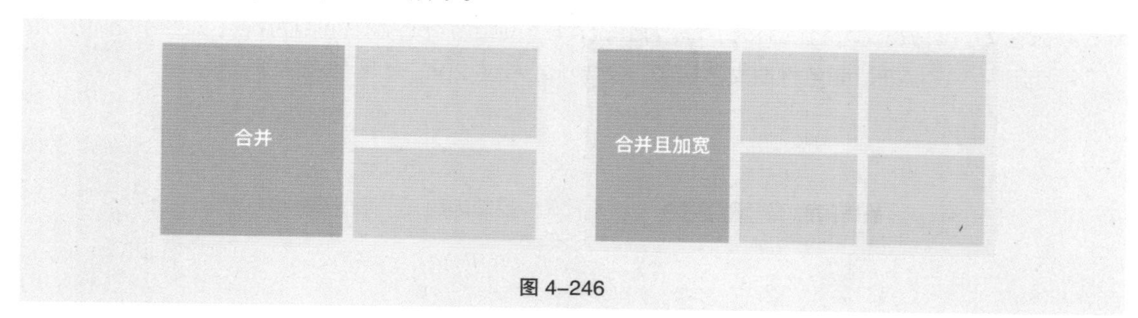

图 4-246

2. 瓷片区的排版

（1）对角线排版。

呈对角线结构布局的瓷片区，建议一行显示 2 ~ 3 块瓷片。这种排版的瓷片区适用于文字信息较多的情况，如图 4-247 所示。

（2）左右排版。

呈左右结构布局的瓷片区，建议一行显示一块或两块瓷片。这种排版的瓷片区的瓷片呈狭长矩形，适用于配图为插画或图标的情况，如图 4-248 所示。

图 4-247

图 4-248

（3）上下排版。

呈上下结构布局的瓷片区，建议一行显示不少于 3 块瓷片。这种排版的瓷片区的瓷片呈瘦高矩形，适用于界面功能入口较多的情况，如图 4-249 所示。

图 4-249

3. 瓷片区的文字

- 主文案字号建议为 15 ~ 18pt，如图 4-250 所示。
- 副文案字号建议为 11 ~ 13pt，如图 4-250 所示。
- 标签文字字号建议为 11pt，按钮高度为 18pt，上下间距为 4pt，左右间距为 6pt，如图 4-250 所示。
- 运用大小、粗细、颜色打造文字层级，文字大小相差 2pt，如图 4-250 所示。

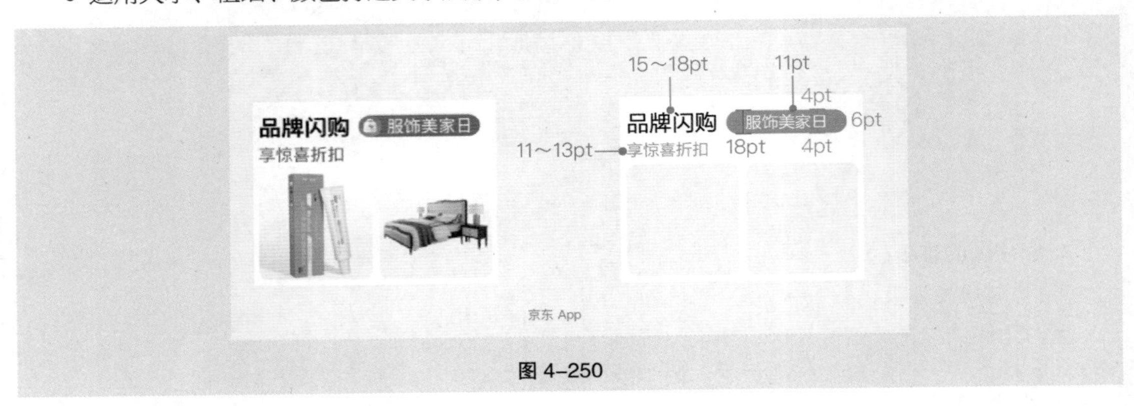

图 4-250

4. 瓷片区的图片

（1）配图质量。

- 高质量、符合产品调性，如图 4-251 所示。
- 背景简洁、抠图边缘要干净，如图 4-251 所示。
- 颜色、饱和度、明度统一，如图 4-251 所示。

（2）配图规范。

- 统一图片或插图的尺寸和视觉面积，如图 4-252 所示。
- 保证图片之间的差异性，如图 4-252 所示。
- 提炼关键文案信息，如图 4-252 所示。

图 4-251

5. 瓷片区的背景

（1）白色背景。

使用白色背景的瓷片区，画面会显得整洁干净，如图 4-253 所示。

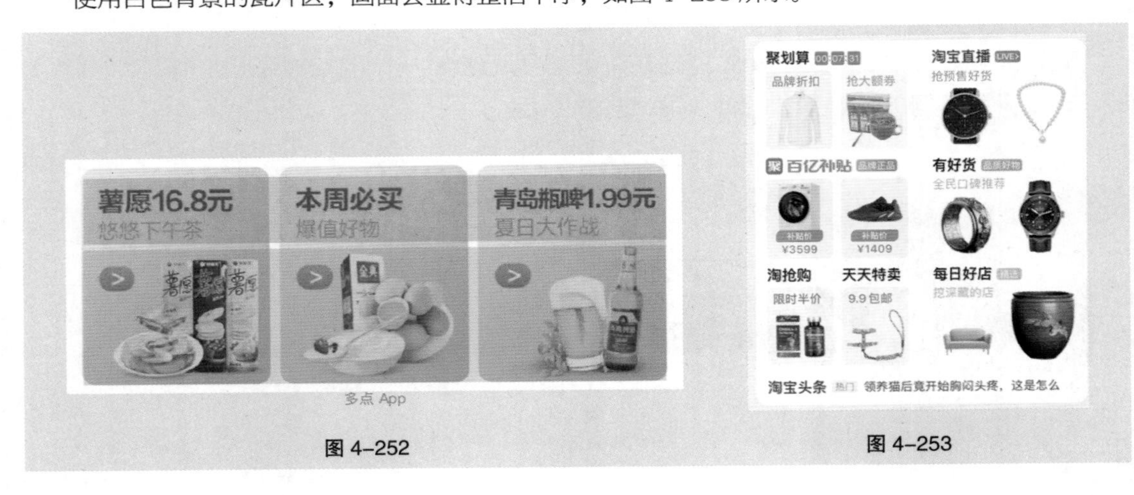

图 4-252

图 4-253

（2）纯色背景。

使用纯色背景的瓷片区，在设计时应尽可能跟图片或插图的主色调邻近，如图 4-254 所示。

（3）渐变背景。

使用渐变背景的瓷片区，需要根据插图主色调进行颜色的渐变设计，如图 4-255 所示。

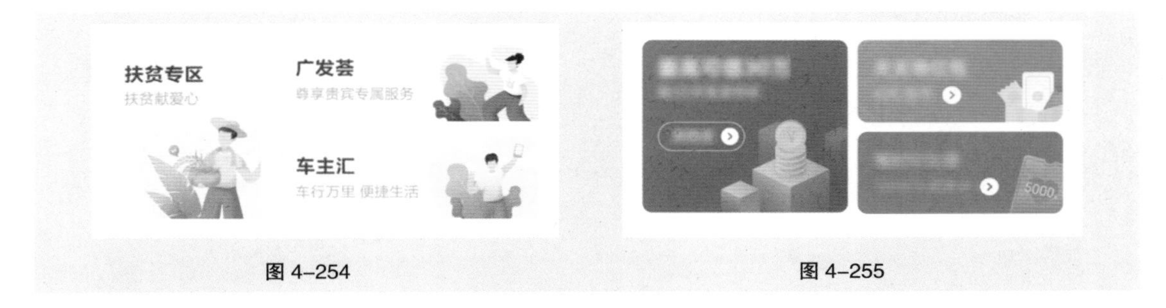

图 4-254　　图 4-255

4.5.4 课堂案例——制作旅游类 App 瓷片区

【案例设计要求】

（1）运用 Photoshop 制作瓷片区，设计效果如图 4-256 所示。

（2）排版布局：灵活布局。

（3）符合瓷片区的设计规则。

【案例学习目标】学习使用 Photoshop 制作瓷片区。

慕课视频

制作旅游类 App 瓷片区

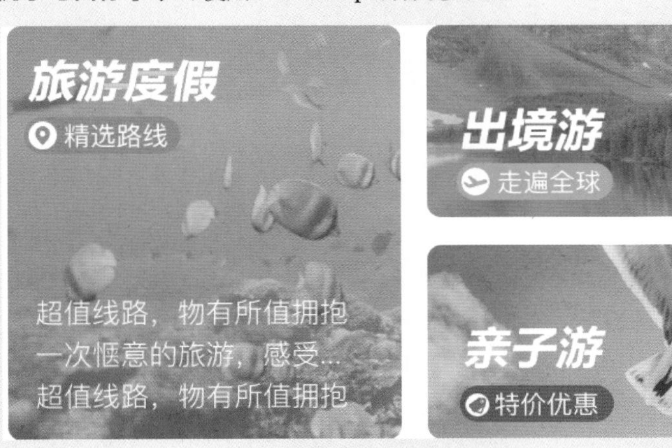

图 4-256

【案例知识要点】使用“圆角矩形”工具、“矩形”工具和“椭圆”工具绘制形状，使用“置入嵌入对象”命令置入图片和图标，使用“创建剪贴蒙版”命令调整图片显示区域，使用“渐变叠加”和“颜色叠加”选项添加效果，使用“横排文字”工具输入文字。

【效果文件所在位置】云盘/Ch04/制作旅游类 App 瓷片区/效果/制作旅游类 App 瓷片区.psd。

（1）按 Ctrl+N 组合键，弹出“新建文档”对话框，将宽度设置为 750 像素，高度设置为 360 像素，分辨率设置为 72 像素/英寸，背景内容设置为白色，如图 4-257 所示。单击“创建”按钮，完成文档的新建。

图 4-257

（2）选择“视图 > 新建参考线版面”命令，弹出“新建参考线版面”对话框，选项设置如图 4-258 所示。单击“确定”按钮，完成参考线的创建，效果如图 4-259 所示。

图 4-258

图 4-259

（3）选择“圆角矩形”工具，在属性栏的“选择工具模式”下拉列表中选择“形状”选项，将“填充”颜色设置为黑色，“描边”颜色设置为无，“半径”选项设置为 12 像素。在图像窗口中适当的位置绘制圆角矩形，在“图层”控制面板中生成新的形状图层“圆角矩形 1”。选择“窗口 > 属性”命令，弹出“属性”控制面板，选项设置如图 4-260 所示，按 Enter 键确定操作，效果如图 4-261 所示。

图 4-260

图 4-261

（4）按 Ctrl+J 组合键，复制图层，在“图层”控制面板中生成新的形状图层“圆角矩形 1 拷贝”，单击图层左侧的眼睛图标，隐藏图层，并选中“圆角矩形 1”图层，如图 4-262 所示。

（5）选择“文件 > 置入嵌入对象”命令，弹出“置入嵌入的对象”对话框。选择云盘中的“Ch04 > 制作旅游类 App 瓷片区 > 素材 > 01”文件，单击“置入”按钮，将图片置入图像窗口中。将其拖曳到适当的位置并调整大小，按 Enter 键确定操作，在“图层”控制面板中生成新的图层并将其命名为“图片 1”。按 Alt+Ctrl+G 组合键，为“图片 1”图层创建剪贴蒙版，效果如图 4-263 所示。

图 4-262　　图 4-263

（6）在“图层”控制面板中选中“圆角矩形 1 拷贝”图层，单击图层左侧的空白图标，显示图层。单击“图层”控制面板下方的“添加图层样式”按钮 fx，在弹出的下拉列表中选择“渐变叠加”选项，弹出对话框，单击“渐变”选项右侧的“点按可编辑渐变”按钮，弹出“渐变编辑器”对话框，在“位置”选项中分别输入 0、100 两个位置点，分别设置两个位置点颜色的 RGB 值为 0（1、206、149）、100（4、219、64），如图 4-264 所示，单击“确定”按钮。返回到“图层样式”对话框，其他选项的设置如图 4-265 所示，单击“确定”按钮，效果如图 4-266 所示。设置“圆角矩形 1 拷贝”图层的“不透明度”选项为 35%，效果如图 4-267 所示。按 Alt+Ctrl+G 组合键，为图层创建剪贴蒙版。

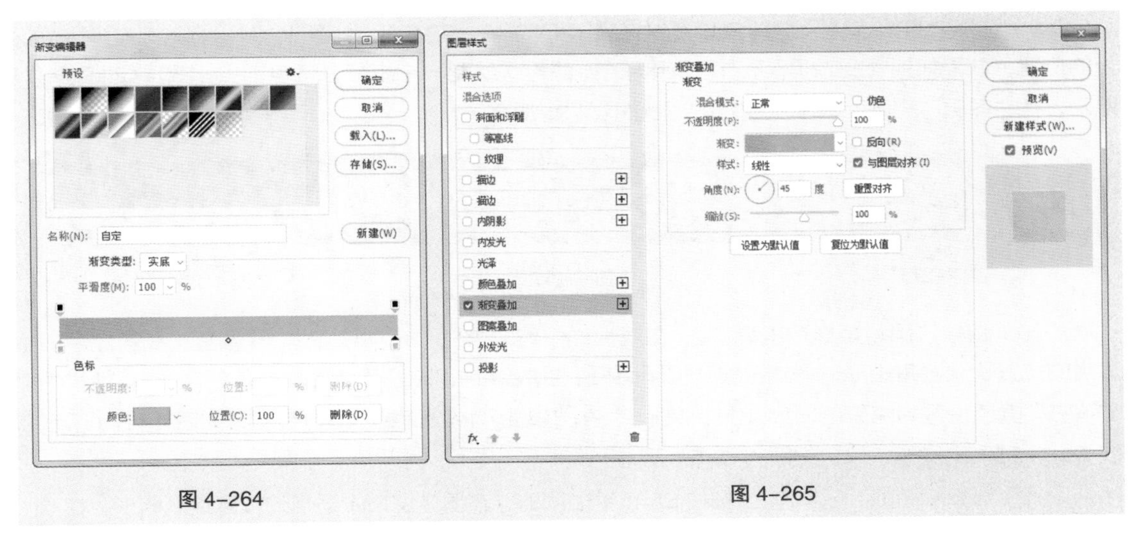

图 4-264　　图 4-265

图 4-266

图 4-267

（7）选择“横排文字”工具 T，在适当的位置输入需要的文字并选取文字，选择“窗口 > 字符”命令，弹出“字符”控制面板，将“颜色”选项设置为白色，其他选项的设置如图 4-268 所示，按 Enter 键确定操作，效果如图 4-269 所示，在“图层”控制面板中生成新的文字图层。

（8）选择“矩形”工具 ，在属性栏中将“填充”颜色设置为橘黄色（254、186、2），“描边”颜色设置为无。在图像窗口中适当的位置绘制矩形，在“图层”控制面板中生成新的形状图层“矩形 1”。在“属性”控制面板中进行设置，如图 4-270 所示，按 Enter 键确定操作，效果如图 4-271 所示。

图 4-268　　图 4-269　　图 4-270

（9）选择“直接选择”工具 ，选中右下角的锚点，按住 Shift 键的同时，将其向左拖曳到适当的位置，效果如图 4-272 所示。使用相同的方法再次绘制一个矩形并调整锚点，效果如图 4-273 所示，在“图层”控制面板中生成新的形状图层“矩形 2”。

旅游度假　　旅游度假　　旅游度假

图 4-271　　图 4-272　　图 4-273

（10）选择“圆角矩形”工具 ，在属性栏中将“半径”选项设置为 16 像素。在图像窗口中适当的位置绘制圆角矩形，在“图层”控制面板中生成新的形状图层“圆角矩形 2”。在属性栏中将“填充”颜色设置为深蓝色（1、139、241），在“属性”控制面板中进行设置，如图 4-274 所示，按 Enter 键确定操作，效果如图 4-275 所示。

（11）选择“椭圆”工具 ，按住 Shift 键的同时，在图像窗口中适当的位置绘制圆形，在“图层”控制面板中生成新的形状图层“椭圆 1”。在属性栏中将“填充”颜色设置为白色，在“属性”控制面板中进行设置，如图 4-276 所示，按 Enter 键确定操作，效果如图 4-277 所示。

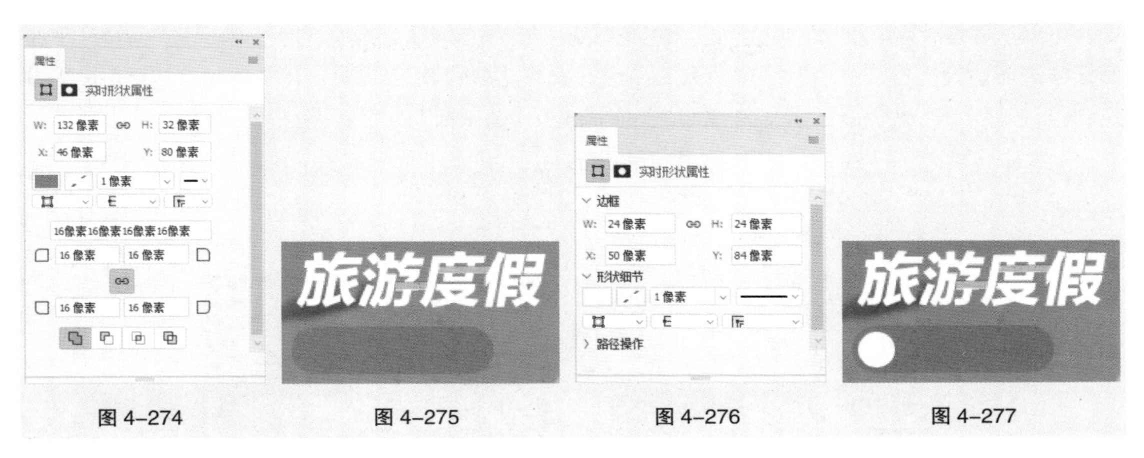

图 4-274　　图 4-275　　图 4-276　　图 4-277

（12）在 Iconfont- 阿里巴巴矢量图标库官网中下载需要的图标，选择“文件 > 置入嵌入对象”命令，弹出“置入嵌入的对象”对话框。选择云盘中的“Ch04 > 制作旅游类 App 瓷片区 > 素材 > 02”文件，单击“置入”按钮，将图标置入图像窗口中。将其拖曳到适当的位置并调整大小，按 Enter 键确定操作，在“图层”控制面板中生成新的图层并将其命名为“位置”。在“属性”控制面板中进行设置，如图 4-278 所示，按 Enter 键确定操作，效果如图 4-279 所示。

图 4-278　　图 4-279

（13）单击“图层”控制面板下方的“添加图层样式”按钮 fx.，在弹出的下拉列表中选择“颜色叠加”选项，弹出对话框，设置“叠加”颜色为深蓝色（1、139、241），单击“确定”按钮。返回到“图层样式”对话框，其他选项的设置如图 4-280 所示，单击“确定”按钮，效果如图 4-281 所示。

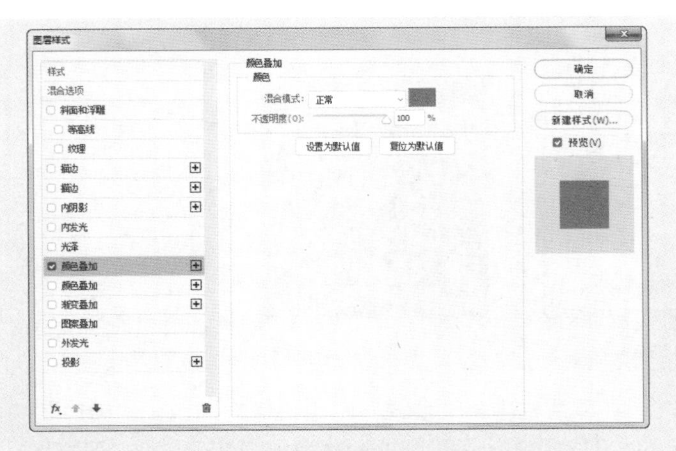

图 4-280　　图 4-281

（14）选择“横排文字”工具 T，在适当的位置输入需要的文字并选取文字，在“字符”控制面板中进行设置，将“颜色”选项设置为白色，其他选项的设置如图 4–282 所示，按 Enter 键确定操作，效果如图 4–283 所示，在“图层”控制面板中生成新的文字图层。

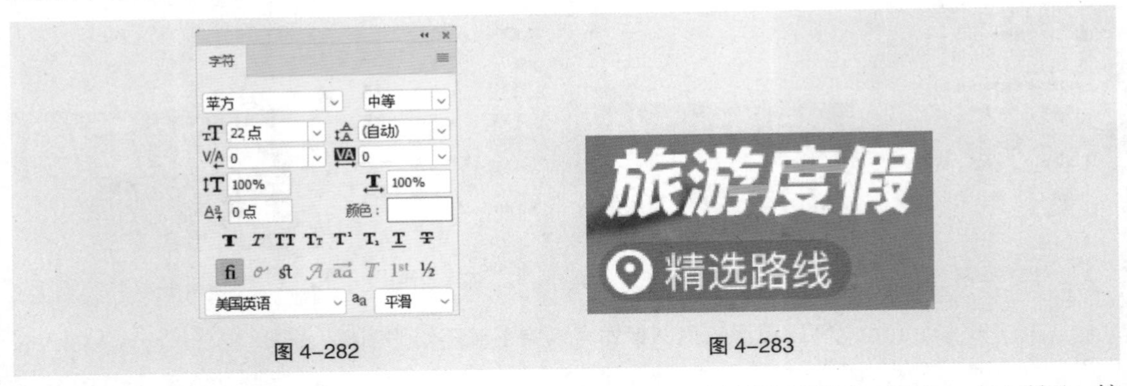

图 4–282　　图 4–283

（15）使用相同的方法再次输入文字，在“字符”控制面板中进行设置，如图 4–284 所示，按 Enter 键确定操作，效果如图 4–285 所示，在“图层”控制面板中生成新的文字图层。按住 Shift 键的同时，单击“圆角矩形 1”图层，将需要的图层同时选取。按 Ctrl+G 组合键，群组图层并将其命名为“旅游度假”，如图 4–286 所示。

图 4–284　　图 4–285　　图 4–286

（16）选择“视图 > 新建参考线”命令，弹出“新建参考线”对话框，分别在 364 像素和 386 像素的位置新建垂直参考线，选项设置如图 4–287 和图 4–288 所示，分别单击“确定”按钮，完成参考线的创建，效果如图 4–289 所示。

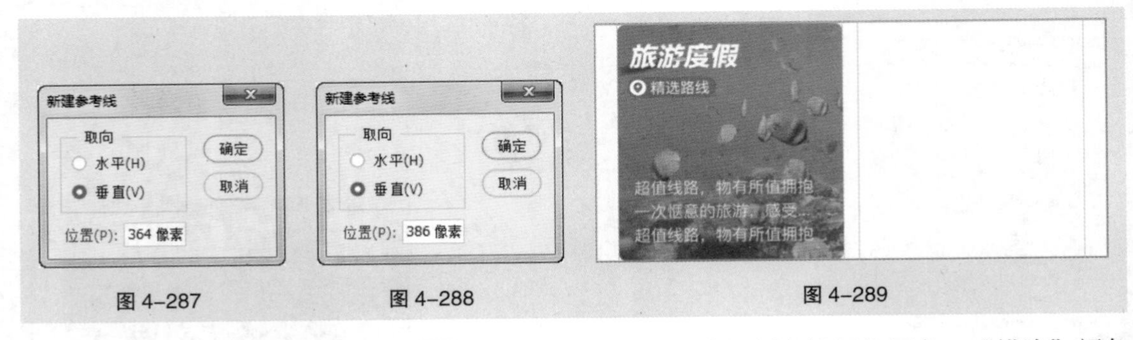

图 4–287　　图 4–288　　图 4–289

（17）选择“圆角矩形”工具 ▢，在属性栏中将“填充”颜色设置为黑色，“描边”颜色设置为无，“半径”选项设置为 12 像素。在图像窗口中适当的位置绘制圆角矩形，在“图层”控制面板中生成新的形状图层“圆角矩形 2”。在“属性”控制面板中进行设置，如图 4–290 所示，按 Enter 键确定操作，效果如图 4–291 所示。

图 4–290　　图 4–291

（18）按 Ctrl+J 组合键，复制图层，在“图层”控制面板中生成新的形状图层“圆角矩形 3 拷贝”，单击图层左侧的眼睛图标，隐藏图层，并选中“圆角矩形 3”图层，如图 4–292 所示。

（19）选择“文件 > 置入嵌入对象”命令，弹出“置入嵌入的对象”对话框。选择云盘中的“Ch04 > 制作旅游类 App 瓷片区 > 素材 > 03”文件，单击“置入”按钮，将图片置入图像窗口中。将其拖曳到适当的位置并调整大小，按 Enter 键确定操作，在“图层”控制面板中生成新的图层并将其命名为“图片 2”。按 Alt+Ctrl+G 组合键，为“图片 2”图层创建剪贴蒙版，效果如图 4–293 所示。

图 4–292　　图 4–293

（20）在“图层”控制面板中选中“圆角矩形 3 拷贝”图层，单击图层左侧的空白图标，显示图层。单击“图层”控制面板下方的“添加图层样式”按钮 fx，在弹出的下拉列表中选择“渐变叠加”选项，弹出对话框，单击“渐变”选项右侧的“点按可编辑渐变”按钮，弹出“渐变编辑器”对话框，在“位置”选项中分别输入 0、100 两个位置点，分别设置两个位置点颜色的 RGB 值为 0（50、204、188）、100（144、247、236），如图 4–294 所示，单击“确定”按钮。返回到“图层样式”对话框，其他选项的设置如图 4–295 所示，单击“确定”按钮，效果如图 4–296 所示。设置“圆角矩形 3 拷贝”图层的“不透明度”选项为 35%，效果如图 4–297 所示。按 Alt+Ctrl+G 组合键，为图层创建剪贴蒙版。

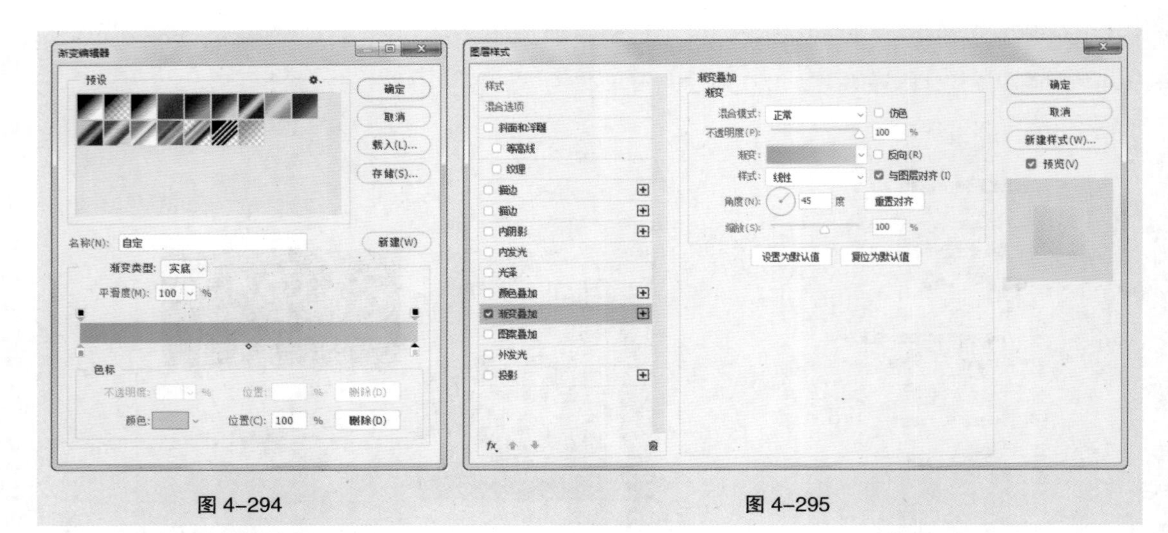
图 4-294　　图 4-295

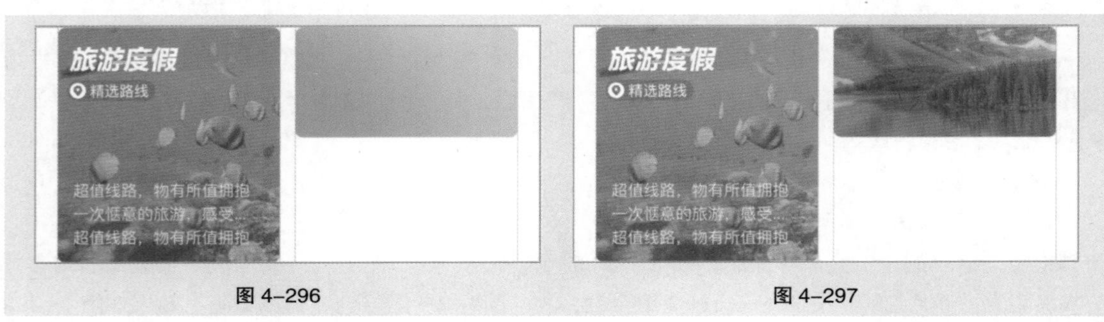

图 4-296　　图 4-297

（21）选择“横排文字”工具 T，在适当的位置输入需要的文字并选取文字，在“字符”控制面板中，将“颜色”选项设置为白色，其他选项的设置如图 4-298 所示，按 Enter 键确定操作，效果如图 4-299 所示，在“图层”控制面板中生成新的文字图层。

（22）选择“圆角矩形”工具，在属性栏中将“填充”颜色设置为绿色（25、213、162），“描边”颜色设置为无，“半径”选项设置为 16 像素。在图像窗口中适当的位置绘制圆角矩形，在“图层”控制面板中生成新的形状图层“圆角矩形 4”。在“属性”控制面板中进行设置，如图 4-300 所示，按 Enter 键确定操作，效果如图 4-301 所示。

图 4-298　　图 4-299　　图 4-300　　图 4-301

（23）选择“椭圆”工具，按住 Shift 键的同时，在图像窗口中适当的位置绘制圆形，在“图层”控制面板中生成新的形状图层“椭圆 2”。在属性栏中将“填充”颜色设置为白色，在“属性”控制面板中进行设置，如图 4-302 所示，按 Enter 键确定操作，效果如图 4-303 所示。

（24）选择“文件 > 置入嵌入对象”命令，弹出“置入嵌入的对象”对话框。选择云盘中的“Ch04 > 制作旅游类 App 瓷片区 > 素材 > 04”文件，单击“置入”按钮，将图标置入图像窗口中。将其拖曳到适当的位置并调整大小，按 Enter 键确定操作，在“图层”控制面板中生成新的图层并将其命名为“行程”。在“属性”控制面板中进行设置，如图 4-304 所示，按 Enter 键确定操作，效果如图 4-305 所示。

图 4-302　　图 4-303　　图 4-304　　图 4-305

（25）单击“图层”控制面板下方的“添加图层样式”按钮 fx.，在弹出的下拉列表中选择“颜色叠加”选项，弹出对话框，设置“叠加”颜色为绿色（25、213、162），单击“确定”按钮。返回到“图层样式”对话框，其他选项的设置如图 4-306 所示，单击“确定”按钮，效果如图 4-307 所示。

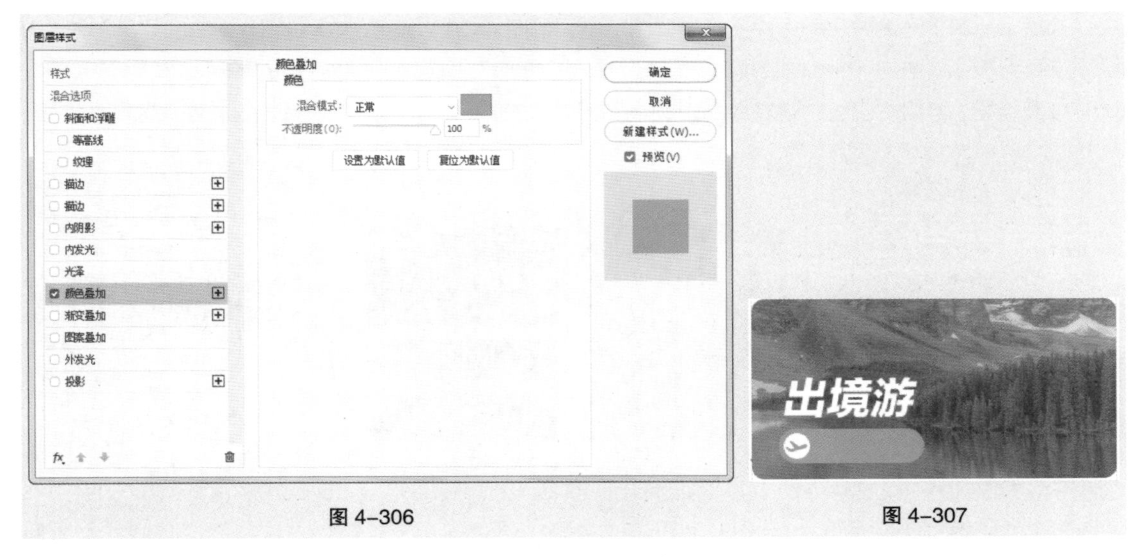

图 4-306　　图 4-307

（26）选择“横排文字”工具 T.，在适当的位置输入需要的文字并选取文字，在“字符”控制面板中进行设置，将“颜色”选项设置为白色，其他选项的设置如图 4-308 所示，按 Enter 键确定操作，效果如图 4-309 所示，在“图层”控制面板中生成新的文字图层。

（27）在“图层”控制面板中，按住 Shift 键的同时，单击“圆角矩形 3”图层，将需要的图层同时选取。按 Ctrl+G 组合键，群组图层并将其命名为“出境游”，如图 4-310 所示。

图 4-308　　图 4-309　　图 4-310

（28）选择“视图 > 新建参考线”命令，弹出“新建参考线”对话框，分别在 168 像素和 192 像素的位置新建水平参考线，选项设置如图 4-311 和图 4-312 所示，分别单击“确定”按钮，完成参考线的创建，效果如图 4-313 所示。

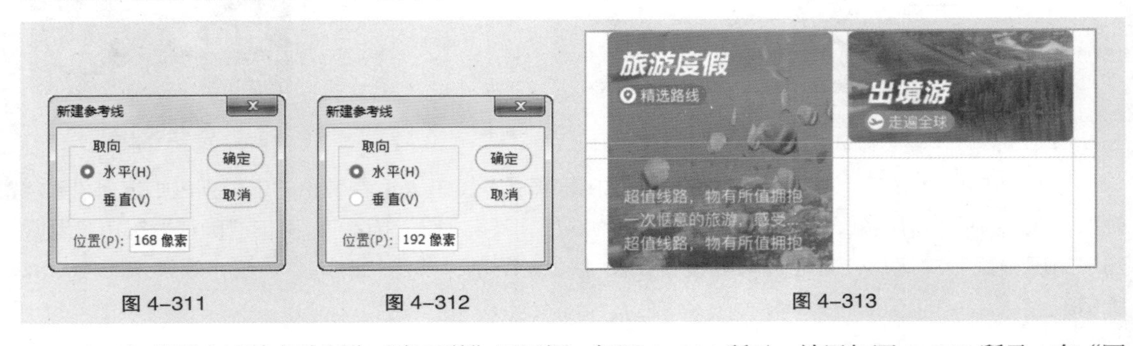

图 4-311　　图 4-312　　图 4-313

（29）使用上述的方法制作“亲子游”图层组，如图 4-314 所示，效果如图 4-315 所示。在“图层”控制面板中，按住 Shift 键的同时，单击“旅游度假”图层组，将需要的图层组同时选取。按 Ctrl+G 组合键，群组图层组并将其命名为“瓷片区”，如图 4-316 所示。旅游类 App 瓷片区制作完成。

图 4-314　　图 4-315　　图 4-316

4.6　课堂练习——制作电商类 App 标签栏

【案例设计要求】

（1）运用 Illustrator 和 Photoshop 制作标签栏，设计效果如图 4-317 所示。

（2）标签栏尺寸：750px（宽）×98px（高）。

（3）符合标签栏的设计规则。

【案例学习目标】学习使用 Illustrator 和 Photoshop 制作标签栏。

首页 分类 发现 购物车 我的

图 4–317

【案例知识要点】在 Illustrator 中，使用多种形状工具绘制图标。在 Photoshop 中，使用“矩形”工具和“属性”控制面板确定参考线的位置，使用“置入嵌入对象”命令置入图标，使用“横排文字”工具输入文字。

【效果文件所在位置】云盘/Ch04/制作电商类App标签栏/效果/制作电商类App标签栏.psd。

4.7 课后习题——制作餐饮类 App 标签栏

【案例设计要求】

（1）运用 Illustrator 和 Photoshop 制作标签栏，设计效果如图 4–318 所示。

（2）标签栏尺寸：750px（宽）×98px（高）。

（3）符合标签栏的设计规则。

【案例学习目标】学习使用 Illustrator 和 Photoshop 制作标签栏。

图 4–318

【案例知识要点】在 Illustrator 中，使用多种形状工具绘制图标。在 Photoshop 中，使用“矩形”工具和“属性”控制面板确定参考线的位置，使用“置入嵌入对象”命令置入图标，使用“横排文字”工具输入文字。

【效果文件所在位置】云盘/Ch04/制作餐饮类App标签栏/效果/制作餐饮类App标签栏.psd。

第5章

05 UI 设计中的页面设计

本章介绍

页面是 UI 设计中最重要的部分，是最终呈现给用户的结果，因此页面设计是涉及版面布局、颜色搭配等内容的综合性工作。本章将对闪屏页、引导页、首页、个人中心页、详情页以及注册登录页等常用页面的基础知识及绘制方法进行系统讲解与实操演练。通过本章的学习，读者可以对 UI 页面设计有一个基本的认识，并快速掌握绘制 UI 中常用页面的规范和方法。

学习目标

- 掌握 App 闪屏页的制作方法
- 掌握 App 引导页的制作方法
- 掌握 App 首页的制作方法
- 掌握 App 个人中心页的制作方法
- 掌握 App 详情页的制作方法
- 掌握 App 注册登录页的制作方法

5.1 闪屏页

闪屏页作为用户打开 App 时最先看到的页面，本质其实是开机广告，目的是缓解用户打开产品时等待的焦虑心情，增强用户对产品的期待。由于闪屏页主要用于品牌推广和活动宣传，容易造成用户的抵触心理，所以这类页面大部分具有倒计时和跳过功能。下面分别从概念以及类型这两个方面进行闪屏页的讲解。

5.1.1 闪屏页的概念

闪屏页又称为“启动页”，是用户点击 App 应用图标后，预先加载的一张图片。闪屏页承载了用户对 App 的第一印象，是情感化设计的重要组成部分，具有突出产品、展示营销的作用，并可以细分为品牌推广型、活动广告型、节日关怀型。

5.1.2 闪屏页的类型

1. 品牌推广型

品牌推广型闪屏页是为表现产品品牌而设定的，基本采用“产品 Logo+ 产品名称 + 产品”的简洁化设计形式，如图 5-1 所示。

图 5-1

2. 活动广告型

活动广告型闪屏页是为推广活动或广告而设定的，通常将推广的内容直接设计在闪屏页内，多采用插画以及暖色的设计形式，用以营造热闹的氛围，如图 5-2 所示。

3. 节日关怀型

节日关怀型闪屏页是为营造节假日氛围的同时凸显产品品牌而设定的，多采用“产品 Logo+ 内容插画”的设计形式，使用户感受到节日的关怀与祝福，如图 5-3 所示。

跳过
限时福利！
在线解压券免费送！
免费领取

百度网盘

跳过 03
上大学
1张百度圣卡
就够了
立即办理

Bai百度
有事搜一搜 没事看一看

知识之王
元宵节猜灯谜，红包大奖等你拿
「连胜六场又赢了」
打一操作系统
点击参与
知 知乎
发现更大的世界

11.11
今日开抢
十亿红包 不止五折
50% OFF
跳过

中国移动 4G 12:49 28%
国庆大放价
潮流尖货5折限时秒
Nutrilon
立即抢购
1 跳过

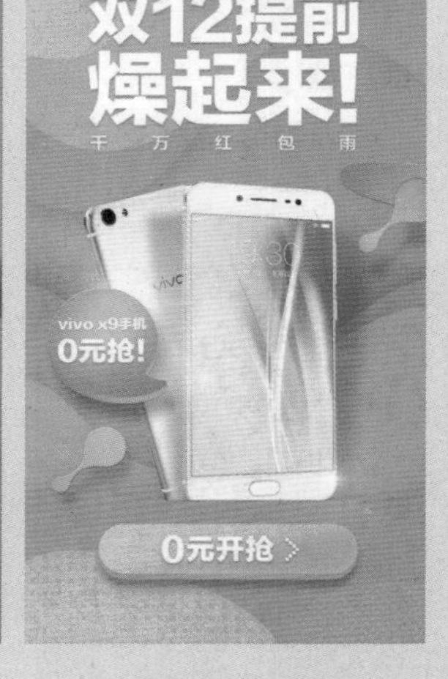
双12提前
燥起来！
千 万 红 包 雨
vivo x9手机
0元抢！
0元开抢

图 5-2

跳过 3s
端午节
的小粽想吃就吃
丙申 五月初五
闲鱼
让你的闲置游起来
闲鱼 © 2016 阿里巴巴集团

中国移动 00:22 95%
跳过
陪你长大
伴你变老
一起走遍世界
同程旅游
move it up

我要长成你
的翅膀，拂去
你的沧桑
口袋兼职
找兼职更简单

图 5-3

图 5-3（续）

5.1.3 课堂案例——制作旅游类 App 闪屏页

【案例设计要求】

（1）产品名称为游儿。运用 Photoshop 制作旅游类 App 闪屏页，设计效果如图 5-4 所示。

（2）页面尺寸：750px（宽）× 1624px（高）。

（3）体现出行业风格。

【案例学习目标】学习使用 Photoshop 制作旅游类 App 闪屏页。

【案例知识要点】使用“置入嵌入对象”命令置入图像，使用“颜色叠加”选项添加效果。

【效果文件所在位置】云盘 /Ch05/ 制作旅游类 App/ 制作旅游类 App 闪屏页 / 效果 / 制作旅游类 App 闪屏页 .psd。

慕课视频

制作旅游类
App 闪屏页

图 5-4

（1）按 Ctrl+N 组合键，弹出“新建文档”对话框，将宽度设置为 750 像素，高度设置为 1624 像素，分辨率设置为 72 像素 / 英寸，背景内容设置为白色，如图 5-5 所示。单击“创建”按钮，完成文档的新建。

（2）选择“文件 > 置入嵌入对象”命令，弹出“置入嵌入的对象”对话框。选择云盘中的“Ch05 > 制作旅游类 App > 制作旅游类 App 闪屏页 > 素材 > 01”文件，单击“置入”按钮，将图片置入图像窗口中，按 Enter 键确定操作，效果如图 5-6 所示，在“图层”控制面板中生成新的图层并将其命名为“背景图”。

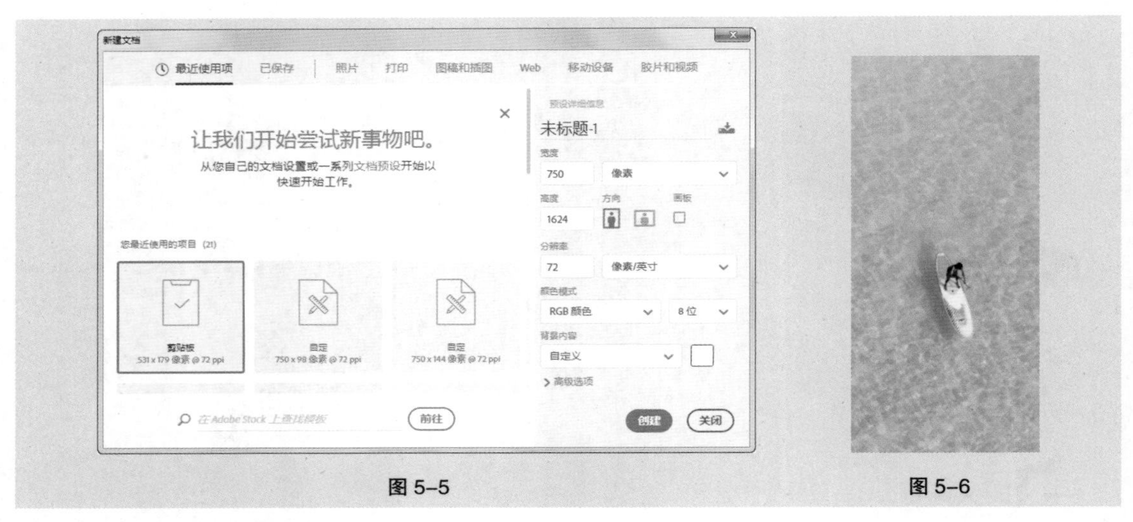

图 5-5　　图 5-6

（3）选择“视图 > 新建参考线”命令，弹出“新建参考线”对话框，选项设置如图 5-7 所示。单击“确定”按钮，完成参考线的创建，效果如图 5-8 所示。

（4）选择“视图 > 新建参考线版面”命令，弹出“新建参考线版面”对话框，选项设置如图 5-9 所示。单击“确定”按钮，完成参考线版面的创建，效果如图 5-10 所示。

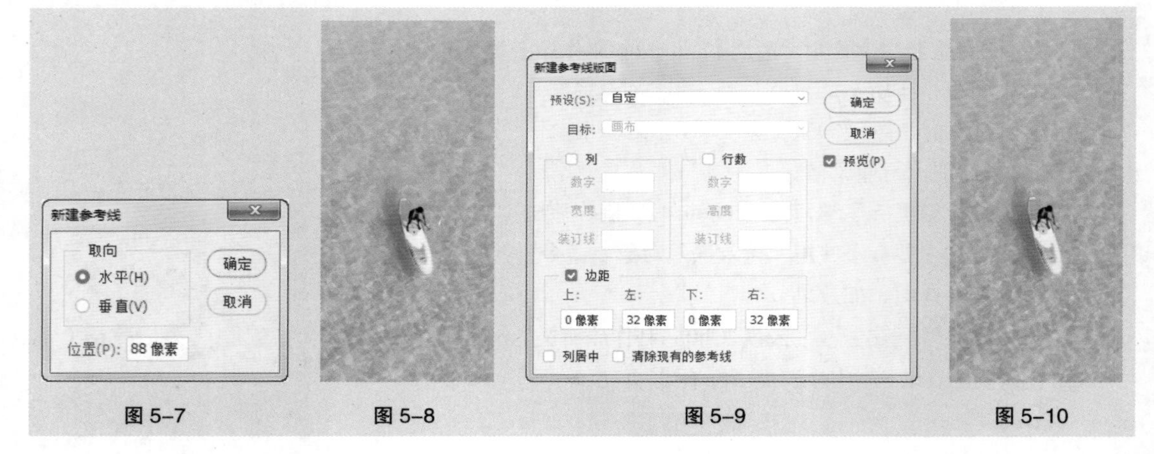

图 5-7　　图 5-8　　图 5-9　　图 5-10

（5）选择“文件 > 置入嵌入对象”命令，弹出“置入嵌入的对象”对话框。选择云盘中的“Ch05 > 制作旅游类 App > 制作旅游类 App 闪屏页 > 素材 > 02”文件，单击“置入”按钮，将图片置入图像窗口中。将其拖曳到适当的位置，按 Enter 键确定操作，效果如图 5-11 所示，在“图层”控制面板中生成新的图层并将其命名为“状态栏”。

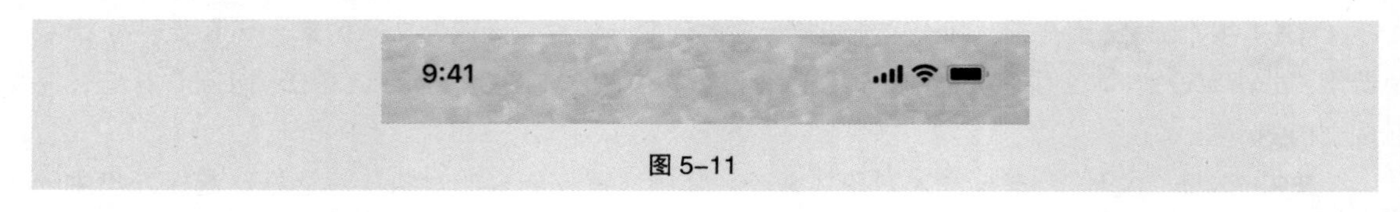

图 5-11

（6）单击“图层”控制面板下方的“添加图层样式”按钮 fx，在弹出的下拉列表中选择“颜色叠加”选项，弹出对话框，设置“叠加”颜色为白色，单击“确定”按钮。返回到“图层样式”对话框，其他选项的设置如图 5-12 所示，单击“确定”按钮，效果如图 5-13 所示。

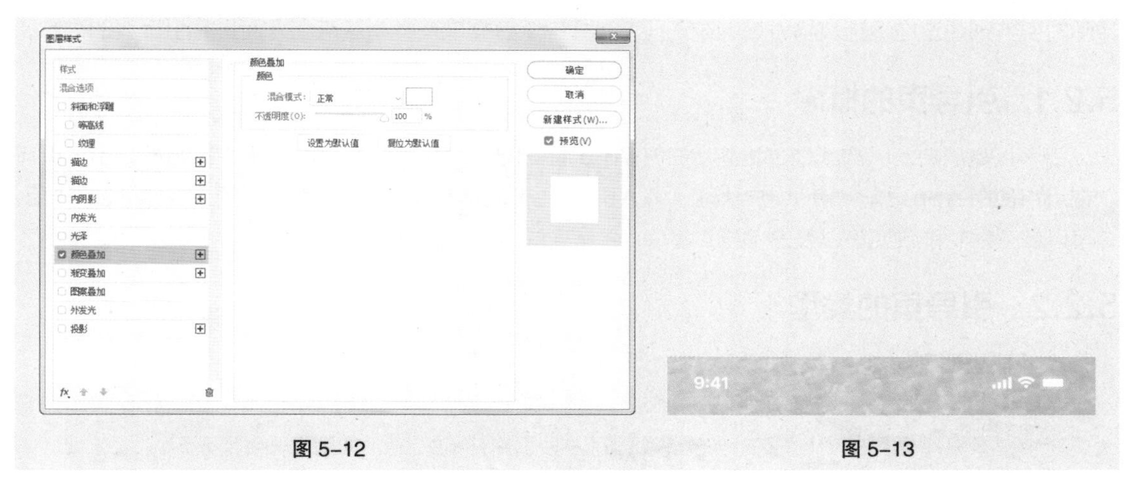

图 5-12　　图 5-13

（7）选择“文件 > 置入嵌入对象”命令，弹出“置入嵌入的对象”对话框。选择云盘中的“Ch05 > 制作旅游类 App > 制作旅游类 App 闪屏页 > 素材 > 03”文件，单击“置入”按钮，将图片置入图像窗口中。将其拖曳到适当的位置并调整大小，按 Enter 键确定操作，在“图层”控制面板中生成新的图层并将其命名为“Logo”。选择“窗口 > 属性”命令，弹出“属性”控制面板，在面板中进行设置，如图 5-14 所示，效果如图 5-15 所示。

（8）选择“文件 > 置入嵌入对象”命令，弹出“置入嵌入的对象”对话框。选择云盘中的“Ch05 > 制作旅游类 App > 制作旅游类 App 闪屏页 > 素材 > 04”文件，单击“置入”按钮，将图片置入图像窗口中。将其拖曳到适当的位置，按 Enter 键确定操作，在“图层”控制面板中生成新的图层并将其命名为“Home Indicator”。将其“不透明度”选项设置为 60%，如图 5-16 所示，效果如图 5-17 所示。

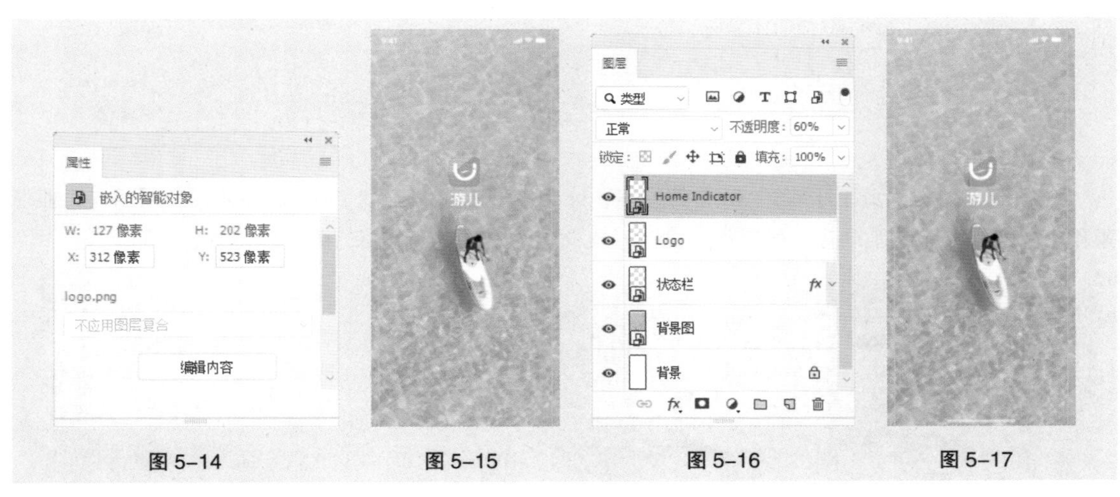

图 5-14　　图 5-15　　图 5-16　　图 5-17

5.2 引导页

引导页与闪屏页一样，是用户打开 App 时最先看到的页面。不同的是，引导页是专门用于介绍产品相关功能与特点的一组图片，而闪屏页则是单张广告图片。由于引导页是成组出现的，因此设计师需要特别注意在设计风格方面的统一。下面分别从概念以及类型这两个方面进行引导页的讲解。

5.2.1 引导页的概念

引导页是用户第一次或经过更新后打开 App 看到的一组图片，通常由 3 ~ 5 页组成。引导页可以在用户使用App之前，帮助用户快速了解App的主要功能和特点，具有操作引导、讲解功能的作用，并可以细分为功能说明型以及产品推广型。

5.2.2 引导页的类型

1. 功能说明型

功能说明型引导页是引导页中最基础的，主要对产品的新功能进行展示，常用于 App 版本的重大更新中，多采用插图的设计形式，达到短时间内吸引用户的效果，如图 5-18 所示。

图 5-18

2. 产品推广型

产品推广型引导页用于表达 App 的价值，让用户更加了解这款 App 的情怀，多采用与企业形象和产品风格一致的生动化、形象化的设计形式，让用户感受到画面的精美，如图 5-19 所示。

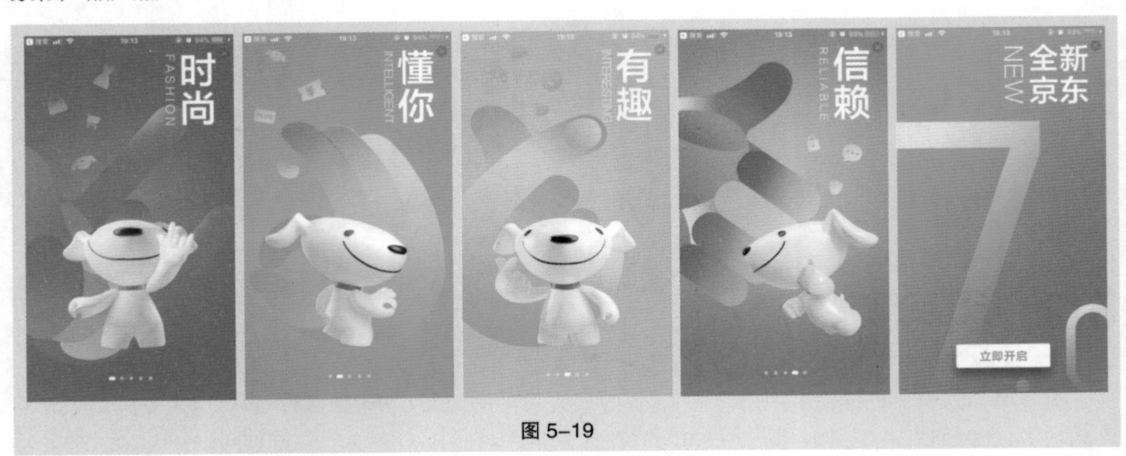

图 5-19

5.2.3 课堂案例——制作旅游类 App 引导页

【案例设计要求】

（1）运用 Photoshop 制作旅游类 App 引导页，设计效果如图 5-20 所示。

（2）页面尺寸：750px（宽）× 1624px（高）。

（3）体现出行业风格。

【案例学习目标】学习使用 Photoshop 制作旅游类 App 引导页。

图 5-20

【案例知识要点】使用“置入嵌入对象”命令置入图像和图标，使用“渐变叠加”和“颜色叠加”选项添加效果，使用“横排文字”工具输入文字。

【效果文件所在位置】云盘 /Ch05/ 制作旅游类 App/ 制作旅游类 App 引导页 1 ~ 3 / 效果 / 制作旅游类 App 引导页 1 ~ 3.psd。

1. 制作旅游类 App 引导页 1

慕课视频

制作旅游类 App 引导页 1

（1）按 Ctrl+N 组合键，弹出“新建文档”对话框，将宽度设置为 750 像素，高度设置为 1624 像素，分辨率设置为 72 像素 / 英寸，背景内容设置为白色，如图 5-21 所示。单击“创建”按钮，完成文档的新建。

图 5-21

（2）选择“文件 > 置入嵌入对象”命令，弹出“置入嵌入的对象”对话框。选择云盘中的“Ch05 > 制作旅游类 App > 制作旅游类 App 引导页 1 > 素材 > 01”文件，单击“置入”按钮，将图片置入图像窗口中。将其拖曳到适当的位置并调整大小，按 Enter 键确定操作，效果如图 5-22 所示，在“图层”控制面板中生成新的图层并将其命名为“背景图”。

（3）单击“图层”控制面板下方的“创建新图层”按钮 ，在“图层”控制面板中生成新的图层“图层 1”。将前景色设置为黑色，按 Alt+Delete 组合键，为“图层 1”填充前景色，如图 5-23 所示。

（4）单击“图层”控制面板下方的“添加图层样式”按钮 fx.，在弹出的下拉列表中选择“渐变叠加”选项，弹出对话框，单击“渐变”选项右侧的“点按可编辑渐变”按钮 ，弹出“渐变编辑器”对话框，在“位置”选项中分别输入 0、100 两个位置点，分别设置两个位置点的颜色为黑色。分别设置两个位置点的不透明度值为 30%、0%，如图 5-24 所示，单击“确定”按钮。返回到“图层样式”对话框，其他选项的设置如图 5-25 所示，单击“确定”按钮，效果如图 5-26 所示。

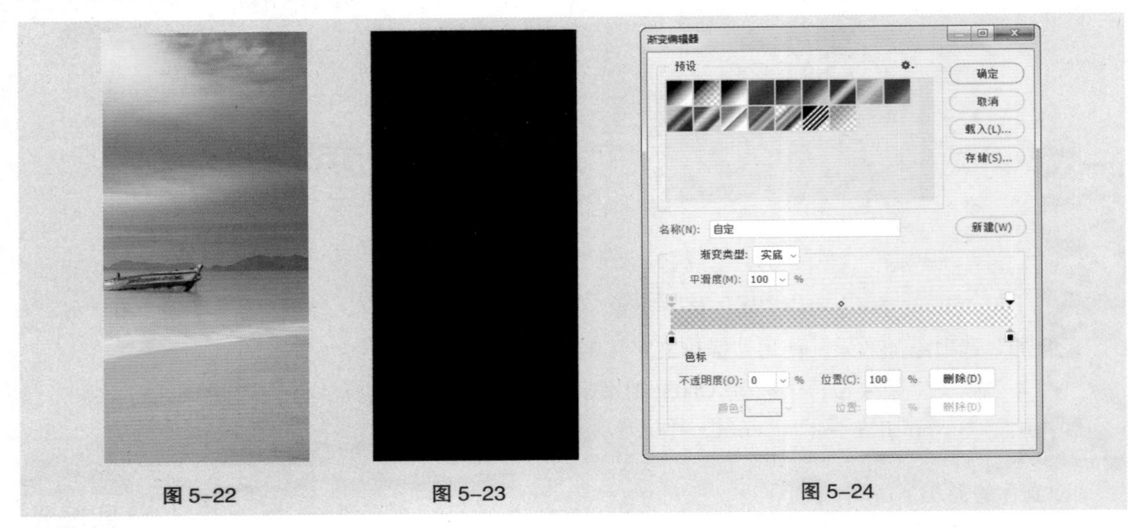

图 5-22　　图 5-23　　图 5-24

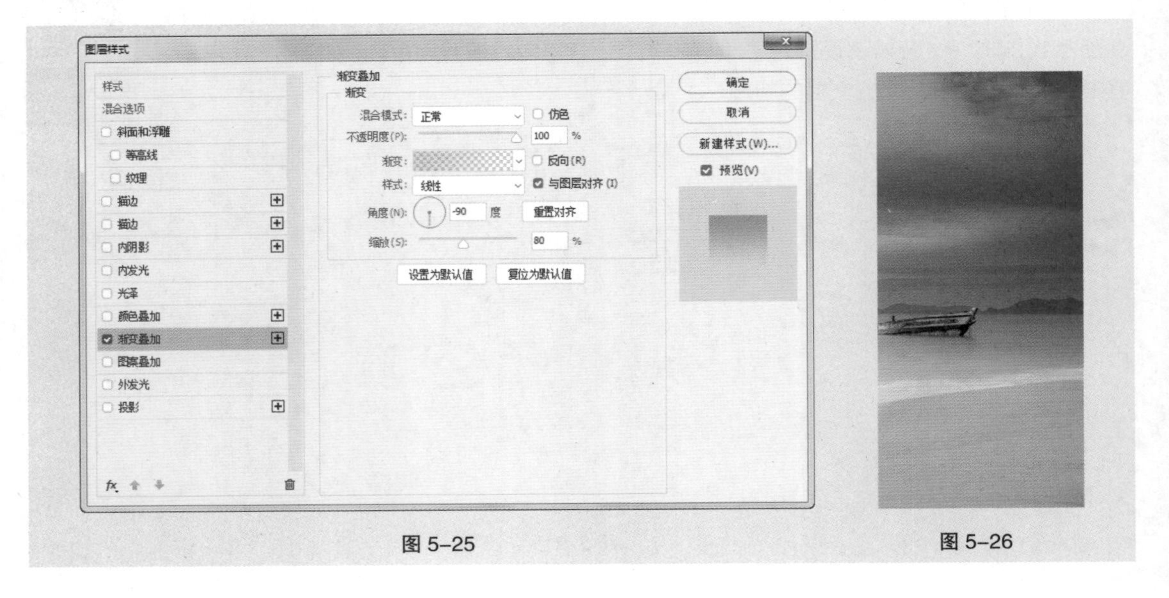

图 5-25　　图 5-26

（5）选择“视图 > 新建参考线版面”命令，弹出“新建参考线版面”对话框，选项设置如图 5-27 所示。单击“确定”按钮，完成参考线的创建，效果如图 5-28 所示。

（6）选择“文件 > 置入嵌入对象”命令，弹出“置入嵌入的对象”对话框。选择云盘中的“Ch05 > 制作旅游类 App > 制作旅游类 App 引导页 1 > 素材 > 02”文件，单击“置入”按钮，将图片置入图像窗口中。将其拖曳到适当的位置，按 Enter 键确定操作，效果如图 5-29 所示，在“图层”控制面板中生成新的图层并将其命名为“状态栏”。

图 5-27　　图 5-28　　图 5-29

（7）单击“图层”控制面板下方的“添加图层样式”按钮 fx.，在弹出的下拉列表中选择“颜色叠加”选项，弹出对话框，设置“叠加”颜色为白色，单击“确定”按钮。返回到“图层样式”对话框，其他选项的设置如图 5-30 所示，单击“确定”按钮，效果如图 5-31 所示。

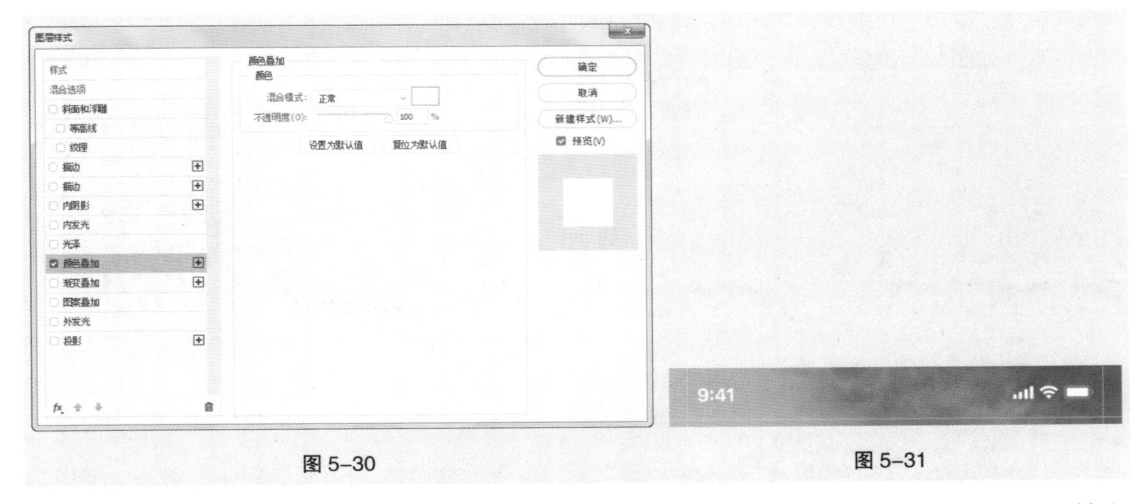

图 5-30　　图 5-31

（8）选择“视图 > 新建参考线”命令，弹出“新建参考线”对话框，选项设置如图 5-32 所示。单击“确定”按钮，完成参考线的创建，效果如图 5-33 所示。

（9）选择“文件 > 置入嵌入对象”命令，弹出“置入嵌入的对象”对话框。选择云盘中的“Ch05 > 制作旅游类 App > 制作旅游类 App 引导页 1 > 素材 > 03”文件，单击“置入”按钮，将图标置入图像窗口中。将其拖曳到适当的位置并调整大小，按 Enter 键确定操作，效果如图 5-34 所示，在“图层”控制面板中生成新的图层并将其命名为“关闭”。

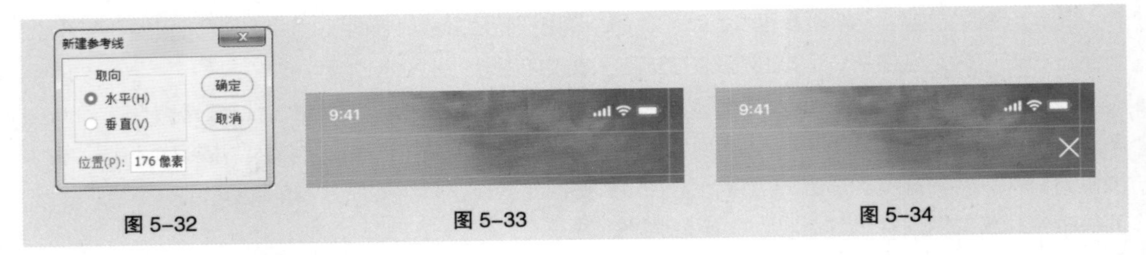

图 5-32　　图 5-33　　图 5-34

（10）按 Ctrl+G 组合键，群组图层并将其命名为“导航栏”，如图 5-35 所示。选择“横排文字”工具 T.，在适当的位置输入需要的文字并选取文字，选择“窗口 > 字符”命令，弹出“字符”控制面板，将“颜色”选项设置为白色，其他选项的设置如图 5-36 所示，按 Enter 键确定操作，效果如图 5-37 所示，在“图层”控制面板中生成新的文字图层。

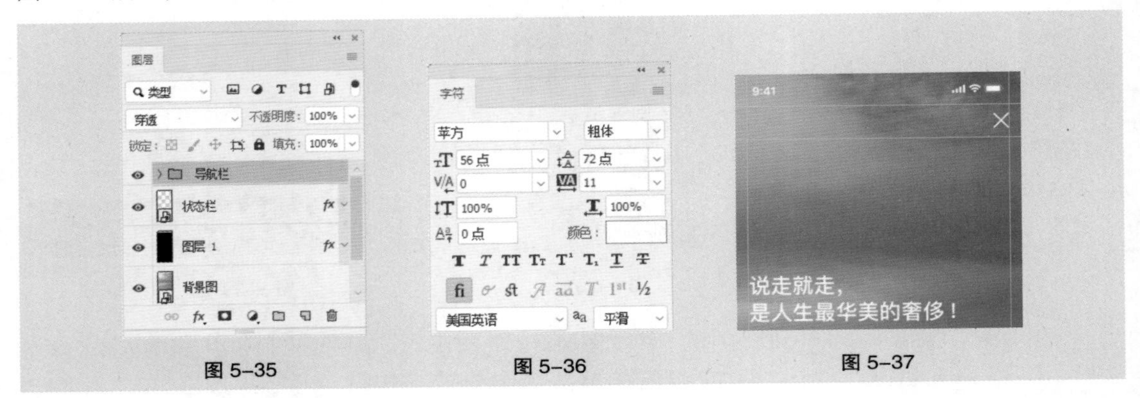

图 5-35　　图 5-36　　图 5-37

（11）使用相同的方法，再次在适当的位置分别输入需要的文字并选取文字，在“字符”控制面板中，将“颜色”选项设置为白色，其他选项的设置如图 5-38 和图 5-39 所示，按 Enter 键确定操作，效果如图 5-40 所示，在“图层”控制面板中分别生成新的文字图层。

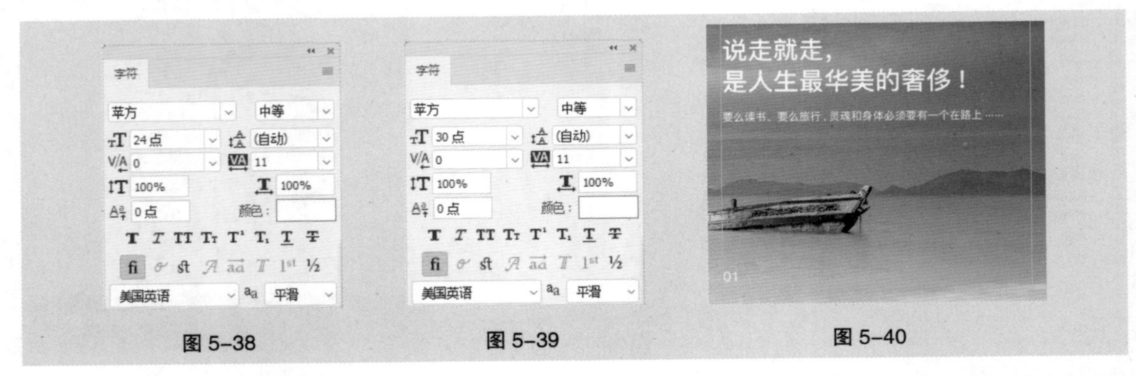

图 5-38　　图 5-39　　图 5-40

（12）按 Ctrl+O 组合键，打开云盘中的“Ch03 > 制作旅游类 App 页面控件 > 效果 > 制作旅游类 App 页面控件 .psd”文件，在“图层”控制面板中，选中“页面控件”图层组。选择“移动”工具 ✥.，将选取的图层组拖曳到新建的图像窗口中适当的位置，如图 5-41 所示，效果如图 5-42 所示。

（13）选择“横排文字”工具 T.，在适当的位置输入需要的文字并选取文字，在“字符”控制面板中，将“颜色”选项设置为白色，其他选项的设置如图 5-43 所示，按 Enter 键确定操作，在“图层”控制面板中生成新的文字图层，并将其“不透明度”选项设置为 50%，如图 5-44 所示，效果如图 5-45 所示。

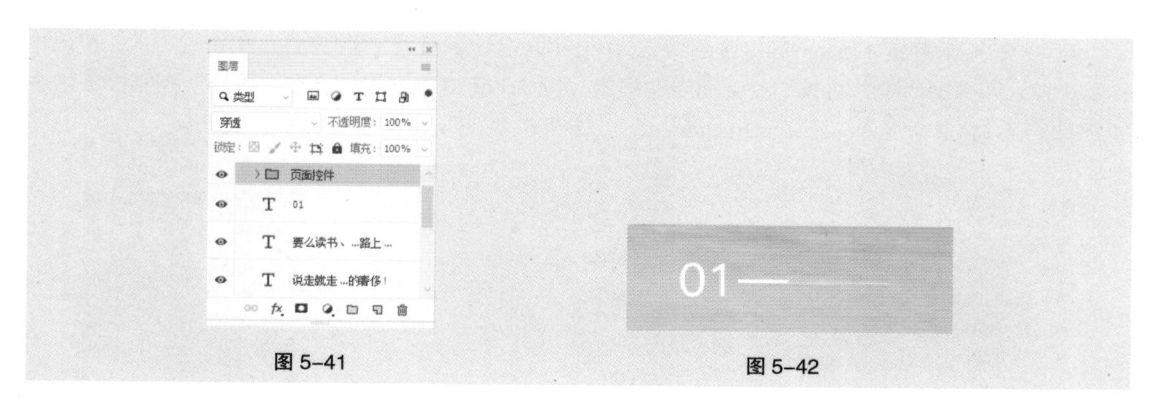

图 5-41　　图 5-42

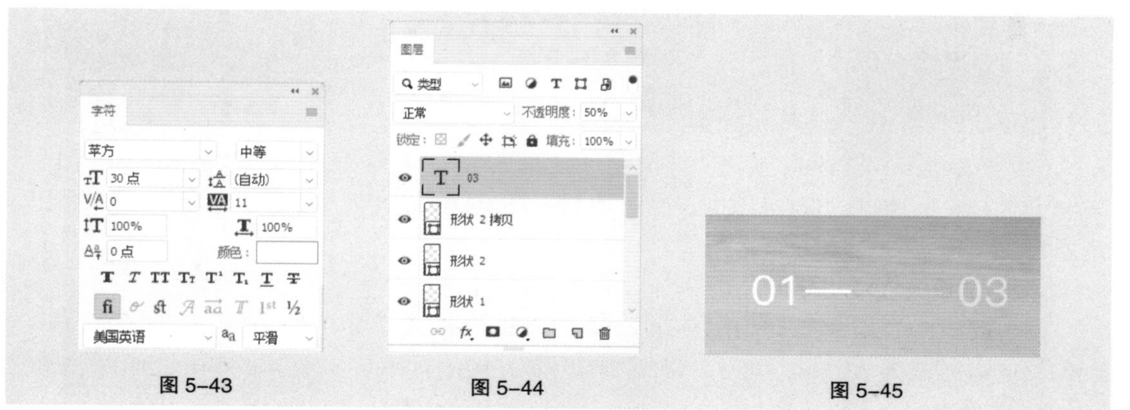

图 5-43　　图 5-44　　图 5-45

（14）选择“文件 > 置入嵌入对象”命令，弹出“置入嵌入的对象”对话框。选择云盘中的“Ch05 > 制作旅游类 App > 制作旅游类 App 引导页 1 > 素材 > 04”文件，单击“置入”按钮，将图标置入图像窗口中。将其拖曳到适当的位置并调整大小，按 Enter 键确定操作，在“图层”控制面板中生成新的图层并将其命名为“上一页”。设置图层的“不透明度”选项为 50%，如图 5-46 所示。使用相同的方法置入“05”文件，将其拖曳到适当的位置并调整大小，按 Enter 键确定操作，在“图层”控制面板中生成新的图层并将其命名为“下一页”，如图 5-47 所示，效果如图 5-48 所示。

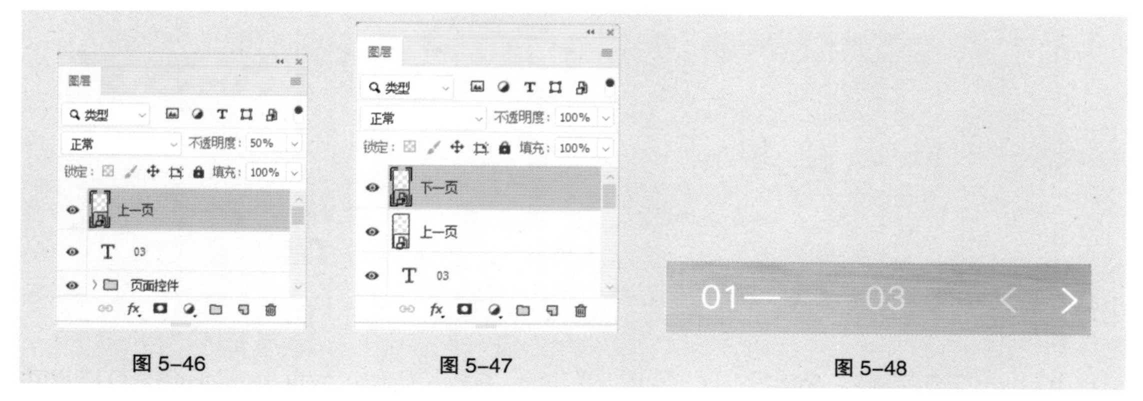

图 5-46　　图 5-47　　图 5-48

（15）按住 Shift 键的同时，单击“说走就走……的奢侈！”文字图层，将需要的图层同时选取。按 Ctrl+G 组合键，群组图层并将其命名为“内容区”，如图 5-49 所示。

（16）选择“文件 > 置入嵌入对象”命令，弹出“置入嵌入的对象”对话框。选择云盘中的

“Ch05 > 制作旅游类 App > 制作旅游类 App 引导页 1 > 素材 > 06”文件，单击“置入”按钮，将图片置入图像窗口中。将其拖曳到适当的位置，按 Enter 键确定操作，在“图层”控制面板中生成新的图层并将其命名为“Home Indicator”，如图 5–50 所示，效果如图 5–51 所示。

图 5–49　图 5–50　图 5–51

（17）按 Ctrl+S 组合键，弹出“另存为”对话框，将其命名为“制作旅游类 App 引导页 1”，保存为 PSD 格式。单击“保存”按钮，弹出“Photoshop 格式选项”对话框，单击“确定”按钮，将文件保存。

2. 制作旅游类 App 引导页 2

（1）按 Ctrl+N 组合键，弹出“新建文档”对话框，将宽度设置为 750 像素，高度设置为 1624 像素，分辨率设置为 72 像素 / 英寸，背景内容设置为白色，如图 5–52 所示。单击“创建”按钮，完成文档的新建。

图 5–52

（2）在“制作旅游类 App 引导页 1”图像窗口中，选中“Home Indicator”图层，按住 Shift 键的同时，单击“背景图”图层，将需要的图层同时选取，如图 5–53 所示。单击鼠标右键，在弹出的快捷菜单中选择“复制图层”命令，在弹出的对话框中进行设置，如图 5–54 所示，单击“确定”按钮，效果如图 5–55 所示。

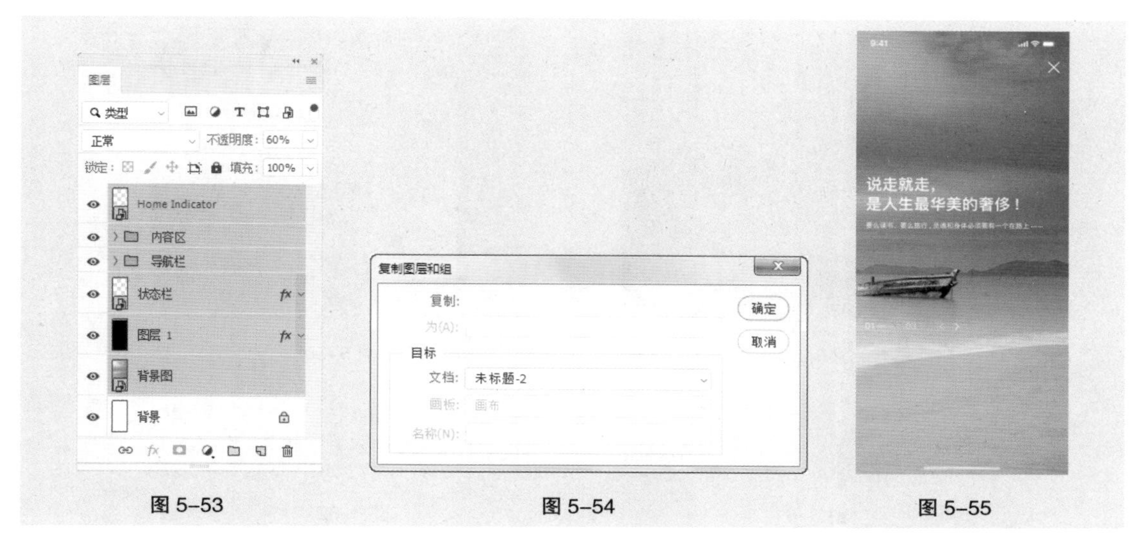

图 5-53　　图 5-54　　图 5-55

（3）在“图层”控制面板中选中“背景图”图层，按 Delete 键将其删除。选择“文件 > 置入嵌入对象”命令，弹出“置入嵌入的对象”对话框。选择云盘中的“Ch05 > 制作旅游类 App > 制作旅游类 App 引导页 2 > 素材 > 01”文件，单击“置入”按钮，将图片置入图像窗口中。将其拖曳到适当的位置，按 Enter 键确定操作，在“图层”控制面板中生成新的图层并将其命名为“背景图”，如图 5-56 所示，效果如图 5-57 所示。展开“内容区”图层组，选中“说走就走……的奢侈！”文字图层，如图 5-58 所示。

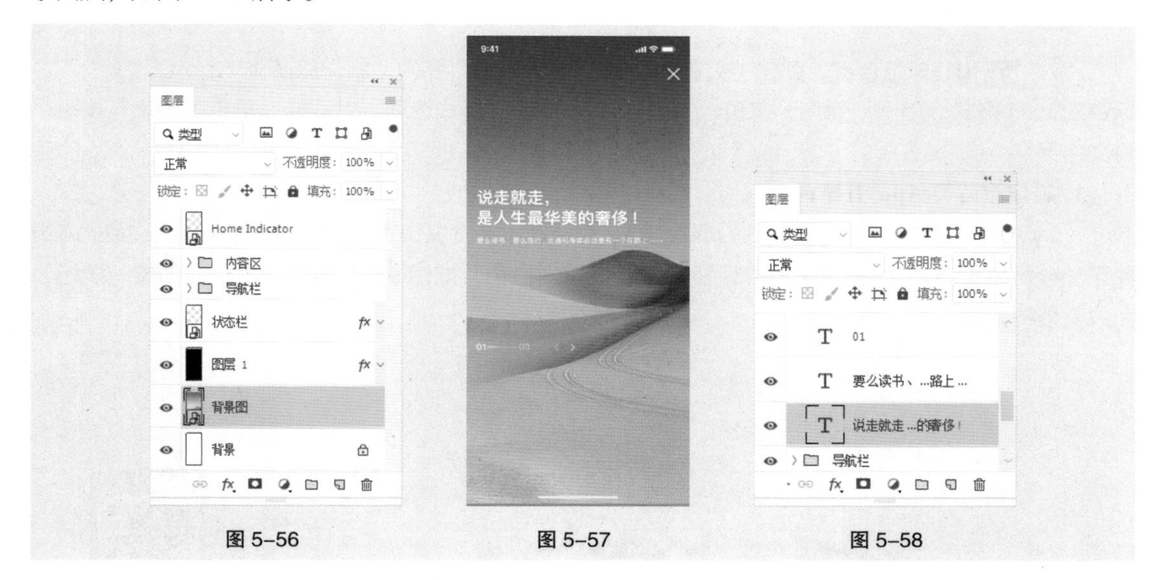

图 5-56　　图 5-57　　图 5-58

（4）选择“横排文字”工具 T，选取文字并修改文字，效果如图 5-59 所示。使用相同的方法修改其他文字，效果如图 5-60 所示。

（5）在“图层”控制面板中展开“页面控件”图层组，选中“形状 1”图层，选择“直线”工具 ／，在属性栏中将“H”选项设置为 1 像素，并调整形状位置，如图 5-61 所示。在“图层”控制面板中将其“不透明度”选项设置为 50%，效果如图 5-62 所示。

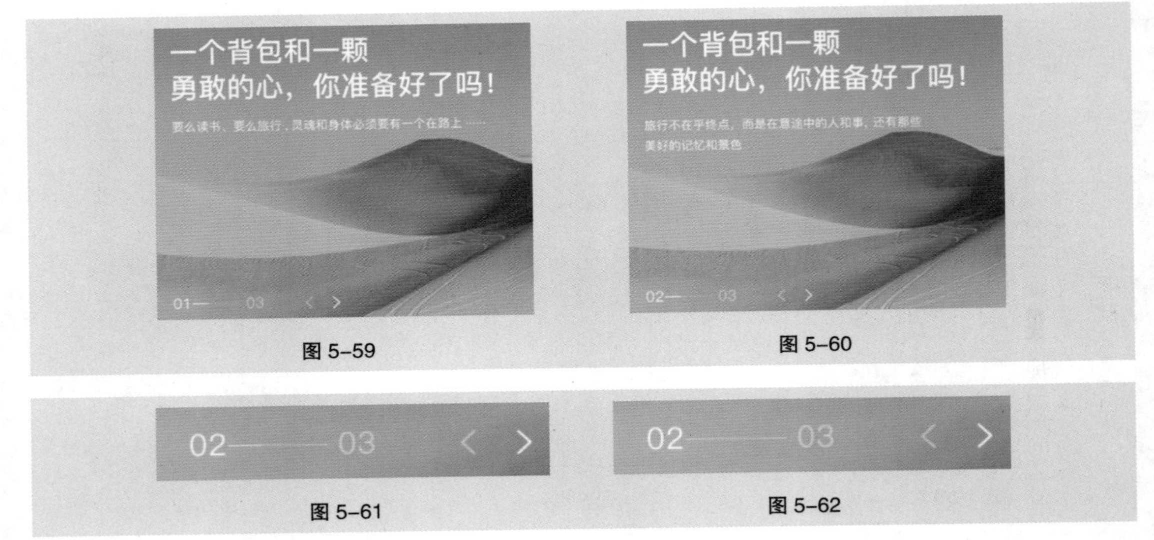

图 5-59　　图 5-60

图 5-61　　图 5-62

（6）选中“形状 2”图层，在属性栏中将“H”选项设置为 2 像素，并调整形状位置，如图 5-63 所示。在“图层”控制面板中将其“不透明度”选项设置为 100%，效果如图 5-64 所示。选中“上一页”图层，在“图层”控制面板中将其“不透明度”选项设置为 100%，效果如图 5-65 所示，并折叠“内容区”图层组。

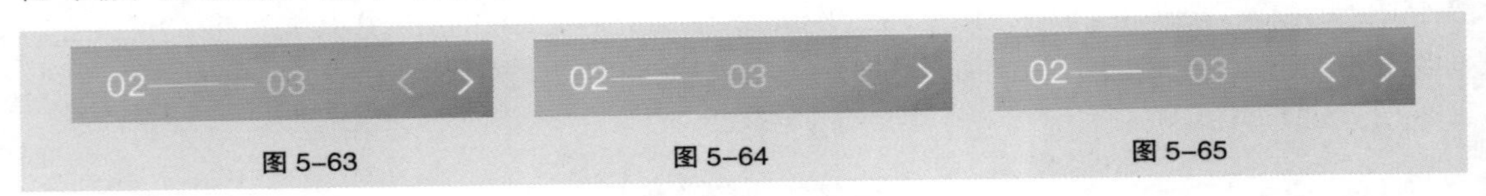

图 5-63　　图 5-64　　图 5-65

（7）按 Ctrl+S 组合键，弹出“另存为”对话框，将其命名为“制作旅游类 App 引导页 2”，保存为 PSD 格式。单击“保存”按钮，弹出“Photoshop 格式选项”对话框，单击“确定”按钮，将文件保存。

3. 制作旅游类 App 引导页 3

（1）按 Ctrl+N 组合键，弹出“新建文档”对话框，将宽度设置为 750 像素，高度设置为 1624 像素，分辨率设置为 72 像素 / 英寸，背景内容设置为白色，如图 5-66 所示。单击“创建”按钮，完成文档的新建。

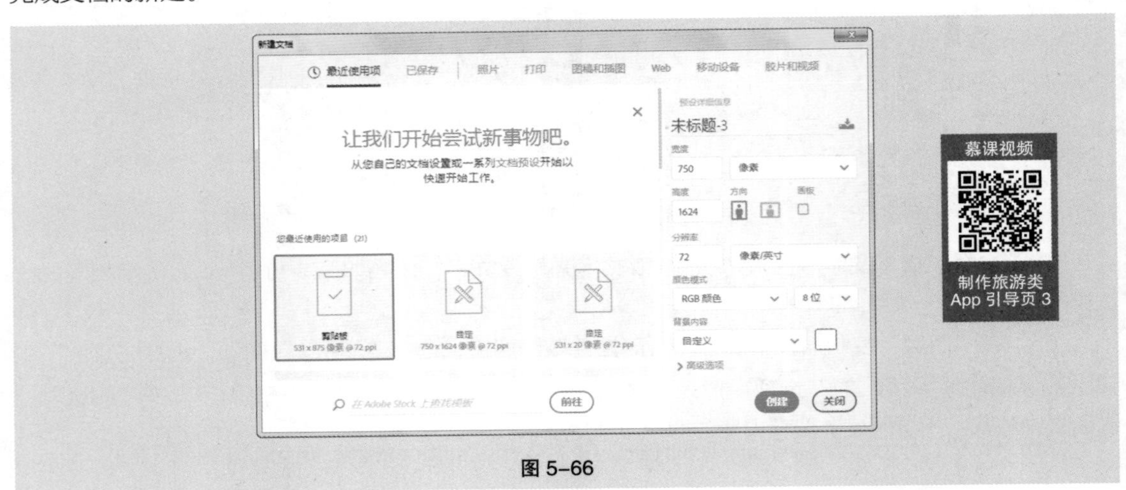

图 5-66

（2）在“制作旅游类 App 引导页 2”图像窗口中，选中“Home Indicator”图层，按住 Shift 键，单击“背景图”图层，同时选取需要的图层，如图 5–67 所示。单击鼠标右键，在弹出的快捷菜单中选择“复制图层”命令，在弹出的对话框中进行设置，如图 5–68 所示，单击“确定”按钮，效果如图 5–69 所示。

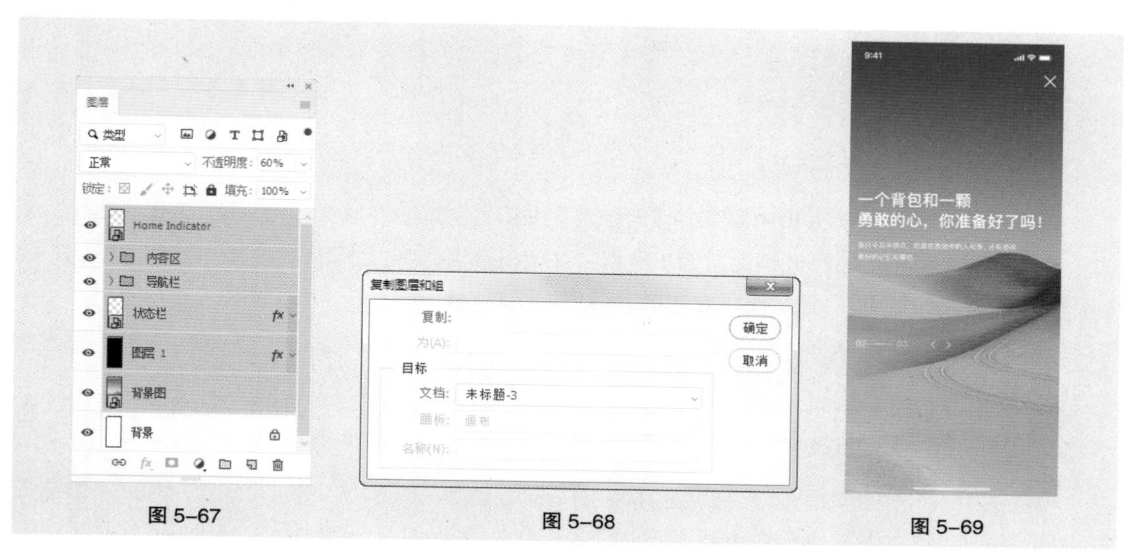

图 5–67　　图 5–68　　图 5–69

（3）在“图层”控制面板中选中“背景图”图层，按 Delete 键将其删除。选择“文件 > 置入嵌入对象”命令，弹出“置入嵌入的对象”对话框。选择云盘中的“Ch05 > 制作旅游类 App > 制作旅游类 App 引导页 3 > 素材 > 01”文件，单击“置入”按钮，将图片置入图像窗口中。将其拖曳到适当的位置，按 Enter 键确定操作，在“图层”控制面板中生成新的图层并将其命名为“背景图”，如图 5–70 所示，效果如图 5–71 所示。展开“内容区”图层组，选中“一个背包……好了吗！”文字图层，如图 5–72 所示。

图 5–70　　图 5–71　　图 5–72

（4）选择“横排文字”工具 T，选取文字并修改文字，效果如图 5–73 所示。使用相同的方法修改其他文字，效果如图 5–74 所示。

图 5-73

图 5-74

（5）在“图层”控制面板中展开“页面控件”图层组，选中“形状 2”图层，选择“直线”工具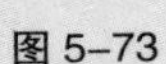，在属性栏中将“H”选项设置为 1 像素，并调整形状位置，如图 5-75 所示。在“图层”控制面板中将其“不透明度”选项设置为 50%，效果如图 5-76 所示。

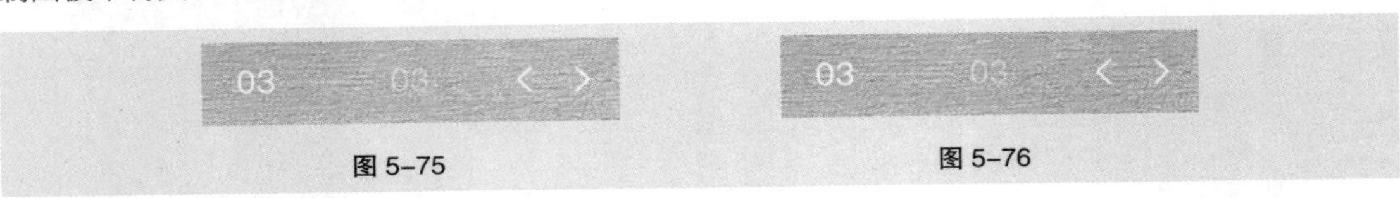

图 5-75　　图 5-76

（6）选中“形状 2 拷贝”图层，在属性栏中将“H”选项设置为 2 像素，并调整形状位置，如图 5-77 所示。在“图层”控制面板中将其“不透明度”选项设置为 100%，效果如图 5-78 所示。选中“下一页”图层，在“图层”控制面板中将其“不透明度”选项设置为 50%，效果如图 5-79 所示，并折叠“内容区”图层组。

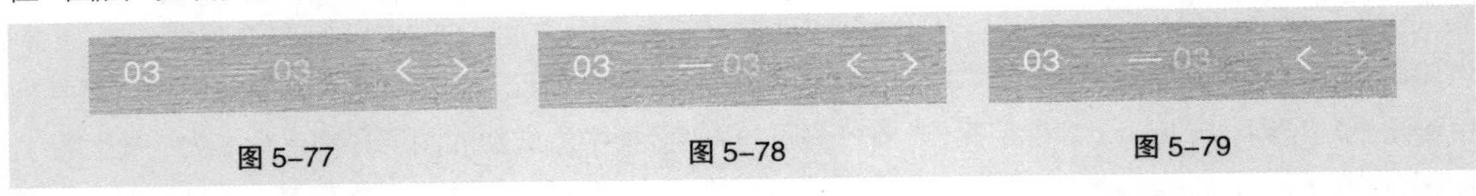

图 5-77　　图 5-78　　图 5-79

（7）在“图层”控制面板中选中“内容区”图层组。选择“视图 > 新建参考线”命令，弹出“新建参考线”对话框，选项设置如图 5-80 所示。单击“确定”按钮，完成参考线的创建，效果如图 5-81 所示。

（8）选择“圆角矩形”工具，在属性栏的“选择工具模式”下拉列表中选择“形状”选项，将“填充”颜色设置为橘黄色（255、151、1），“描边”颜色设置为无，“半径”选项设置为 24 像素。在图像窗口中适当的位置绘制圆角矩形，在“图层”控制面板中生成新的形状图层“圆角矩形 1”。选择“窗口 > 属性”命令，弹出“属性”控制面板，选项设置如图 5-82 所示，按 Enter 键确定操作，效果如图 5-83 所示。

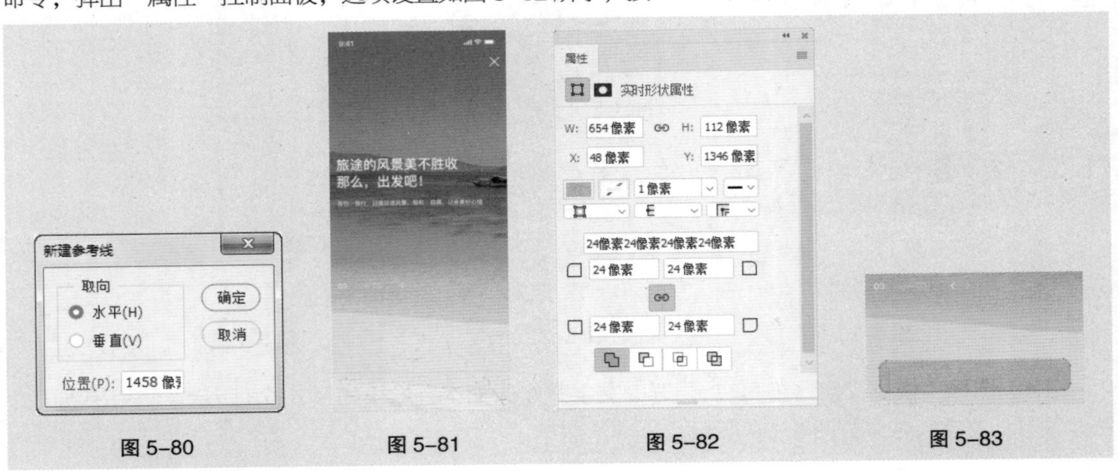

图 5-80　　图 5-81　　图 5-82　　图 5-83

（9）选择“横排文字”工具 T，在适当的位置输入需要的文字并选取文字，在“字符”控制面板中，将“颜色”选项设置为白色，其他选项的设置如图 5-84 所示，按 Enter 键确定操作，效果如图 5-85 所示，在“图层”控制面板中生成新的文字图层。

（10）在“图层”控制面板中，按住 Shift 键，之后单击“圆角矩形 1”图层，同时选取需要的图层。按 Ctrl+G 组合键，群组图层并将其命名为“开始”，如图 5-86 所示。

图 5-84　　图 5-85　　图 5-86

（11）按 Ctrl+S 组合键，弹出“另存为”对话框，将其命名为“制作旅游类 App 引导页 3”，保存为 PSD 格式。单击“保存”按钮，弹出“Photoshop 格式选项”对话框，单击“确定”按钮，将文件保存。旅游类 App 引导页制作完成。

5.3 首页

首页是每一款 App 都具备的核心页面，它看似平常，其实涉及大量的产品功能和设计细节。产品不同，首页中的功能布局也会发生变化。如何设计一款与竞品有差异化设计的首页，是 UI 设计师必须要解决的问题。下面分别从概念及类型这两个方面进行讲解。

5.3.1 首页的概念

首页又称为“起始页”，是用户正式使用 App 的第一页。首页起着流量分发、行为转化的作用，是展现产品气质的关键页面。

5.3.2 首页的类型

首页可以细分为列表型、网格型、卡片型、综合型。

1. 列表型

列表型首页在页面上将同级别的模块进行分类展示，常用于数据展示、文字阅读等方面，通常采用单一的设计形式，方便用户浏览，如图 5-87 所示。

2. 网格型

网格型首页在页面上将重要的功能以矩形模块的形式进行展示，常用于工具类 App 设计中，通常采用统一的矩形模块的设计形式，以刺激用户点击，如图 5-88 所示。

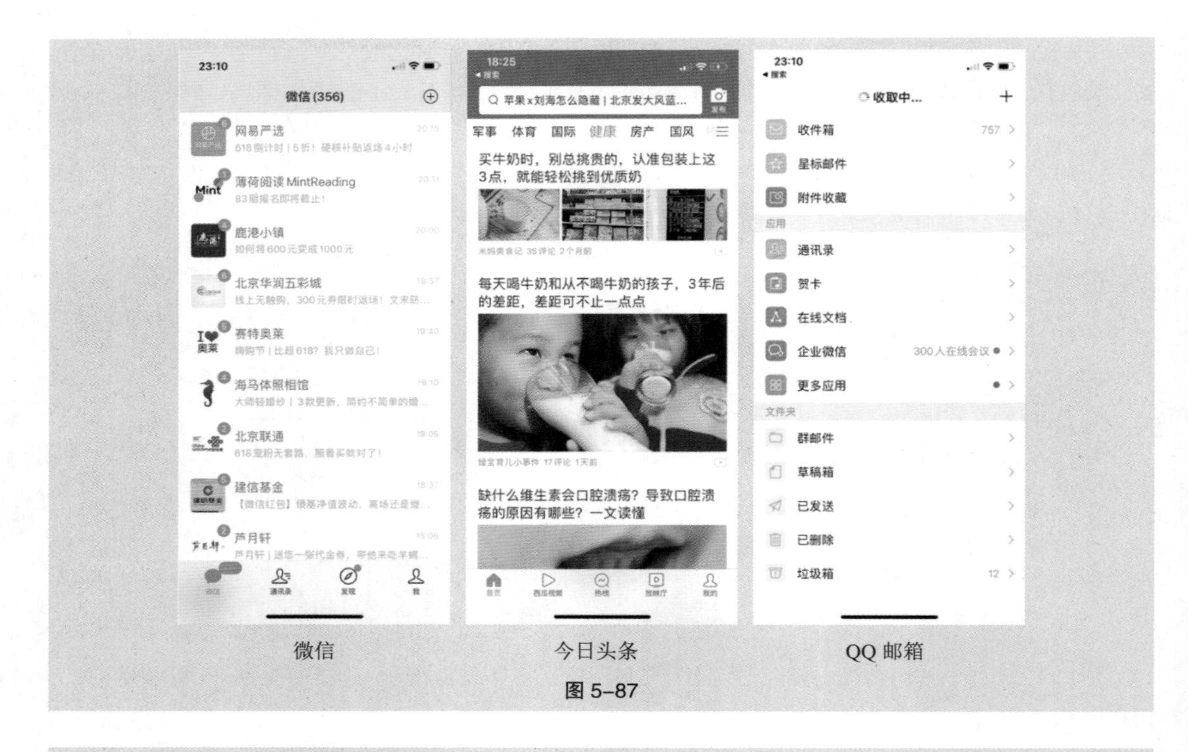

微信　　今日头条　　QQ 邮箱

图 5–87

天天 P 图　　Word　　墨刀

图 5–88

3. 卡片型

卡片型首页在页面上将图片、文字、控件放置于同一张卡片中，再将卡片进行分类展示，常用于数据展示、文字阅读、工具使用等方面。它采用统一的卡片设计形式，不仅能让用户一目了然，还能加强用户对产品内容的点击欲，如图 5-89 所示。

知乎 App　　微信读书 App　　翻译大全 App

图 5-89

4. 综合型

综合型首页是由搜索栏、Banner、金刚区、瓷片区及标签栏等组成的页面，使用范围较广，常用于电商类、教育类、旅游类 App 设计。它采用丰富的设计形式，满足用户的需求，如图 5-90 所示。

网易严选 App　　途牛旅游 App　　美团外卖 App

图 5-90

5.3.3 课堂案例——制作旅游类 App 首页

【案例设计要求】

（1）运用 Photoshop 制作旅游类 App 首页，设计效果如图 5–91 所示。

（2）页面尺寸：750px（宽）×2086px（高）。

（3）设计一款综合型首页，并体现出行业风格。

【案例学习目标】学习使用 Photoshop 制作旅游类 App 首页。

【案例知识要点】使用“圆角矩形”工具、“矩形”工具和“椭圆”工具绘制形状，使用“置入嵌入对象”命令置入图片和图标，使用“创建剪贴蒙版”命令调整图片显示区域，使用“渐变叠加”选项添加效果，使用“属性”控制面板制作弥散投影，使用“横排文字”工具输入文字。

【效果文件所在位置】云盘 /Ch05/ 制作旅游类 App/ 制作旅游类 App 首页 / 效果 / 制作旅游类 App 首页 .psd。

图 5–91

1. 制作 Banner、状态栏、导航栏和滑动轴

（1）按 Ctrl+N 组合键，弹出“新建文档”对话框，将宽度设置为 750 像素，高度设置为 2086 像素，分辨率设置为 72 像素 / 英寸，背景内容设置为浅灰色（249、249、249），如图 5–92 所示。单击“创建”按钮，完成文档的新建。

（2）选择“视图 > 新建参考线版面”命令，弹出“新建参考线版面”对话框，选项设置如图 5–93 所示。单击“确定”按钮，完成参考线的创建。

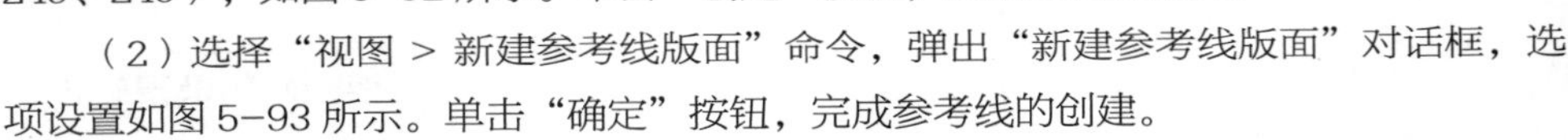

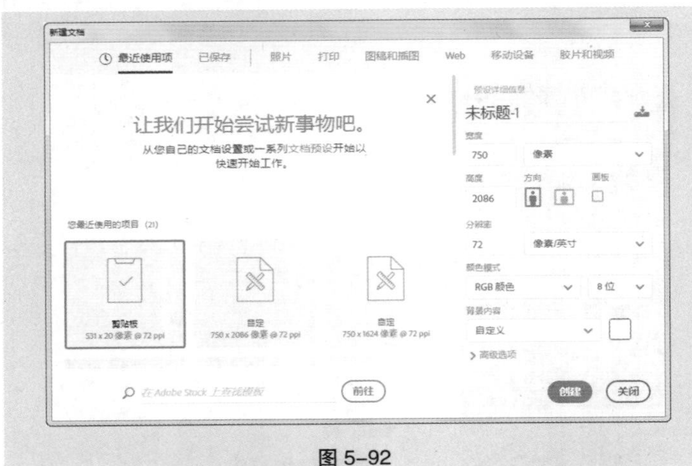

图 5–92

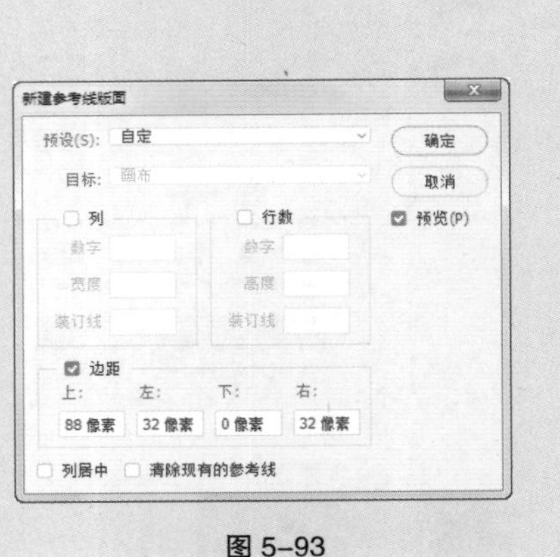

图 5–93

（3）选择“圆角矩形”工具，在属性栏的“选择工具模式”下拉列表中选择“形状”选项，将“填充”颜色设置为黑色，“描边”颜色设置为无，“半径”选项设置为 40 像素。在图像窗口中适当的位置绘制圆角矩形，如图 5–94 所示，在“图层”控制面板中生成新的形状图层“圆角矩形 1”。选择“窗口 > 属性”命令，弹出“属性”控制面板，选项设置如图 5–95 所示，按 Enter 键确定操作，效果如图 5–96 所示。

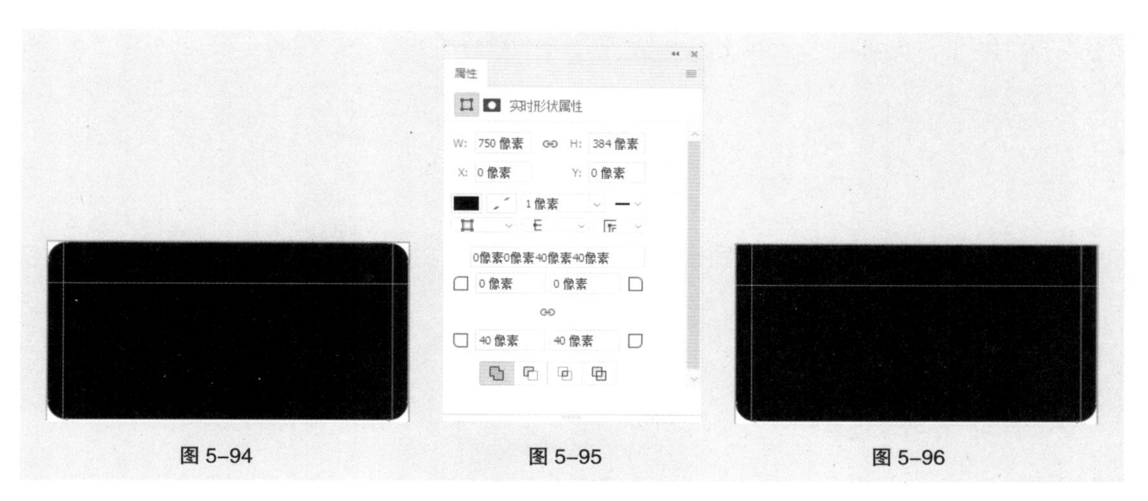

图 5-94　　图 5-95　　图 5-96

（4）选择“文件 > 置入嵌入对象”命令，弹出“置入嵌入的对象”对话框。选择云盘中的“Ch05 > 制作旅游类 App > 制作旅游类 App 首页 > 素材 > 01”文件，单击“置入”按钮，将图片置入图像窗口中。将其拖曳到适当的位置，按 Enter 键确定操作，效果如图 5-97 所示，在“图层”控制面板中生成新的图层并将其命名为“底图”。按 Alt+Ctrl+G 组合键，为图层创建剪贴蒙版，效果如图 5-98 所示。

图 5-97　　图 5-98

（5）选择“文件 > 置入嵌入对象”命令，弹出“置入嵌入的对象”对话框。选择云盘中的“Ch05 > 制作旅游类 App > 制作旅游类 App 首页 > 素材 > 02”文件，单击“置入”按钮，将图片置入图像窗口中。将其拖曳到适当的位置，按 Enter 键确定操作，效果如图 5-99 所示，在“图层”控制面板中生成新的图层并将其命名为“树”。

图 5-99

（6）单击“图层”控制面板下方的“添加图层样式”按钮 fx.，在弹出的下拉列表中选择“描边”选项，弹出对话框，设置“描边”颜色为白色，其他选项的设置如图 5-100 所示，单击“确定”按钮。按 Alt+Ctrl+G 组合键，为图层创建剪贴蒙版，效果如图 5-101 所示。

（7）使用相同的方法，置入云盘中的“Ch05 > 制作旅游类 App > 制作旅游类 App 首页 > 素材 > 03”文件，将其拖曳到适当的位置并添加描边效果，效果如图 5-102 所示，在“图层”控制面板中生成新的图层并将其命名为“热气球”。

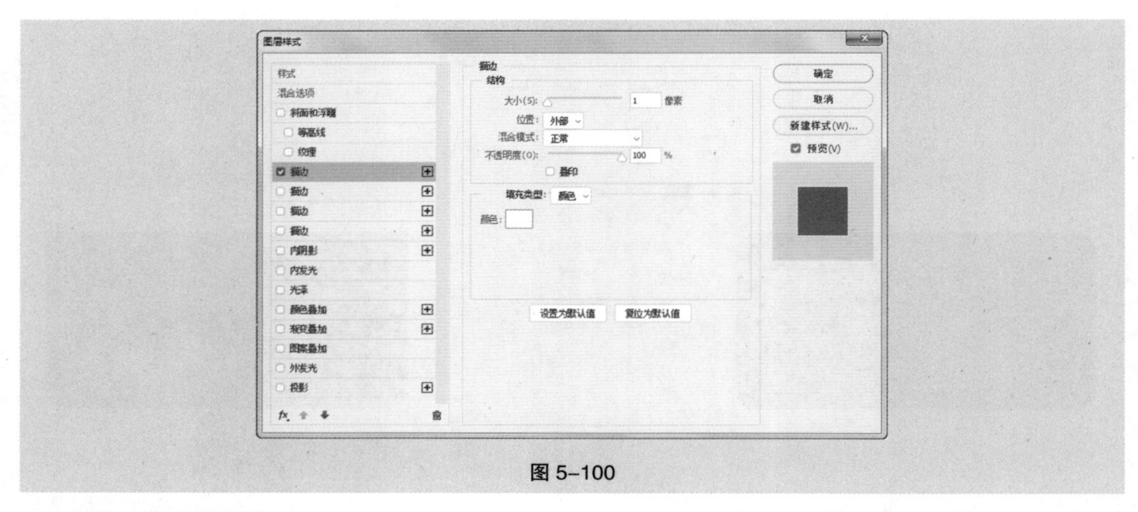

图 5-100

图 5-101　　图 5-102

（8）选择“横排文字”工具 T，在适当的位置输入需要的文字并选取文字，选择“窗口 > 字符”命令，弹出“字符”控制面板，将“颜色”选项设置为白色，其他选项的设置如图 5-103 所示，按 Enter 键确定操作，在“图层”控制面板中生成新的文字图层。选中文字“6”，在“字符”控制面板中进行设置，如图 5-104 所示，效果如图 5-105 所示。

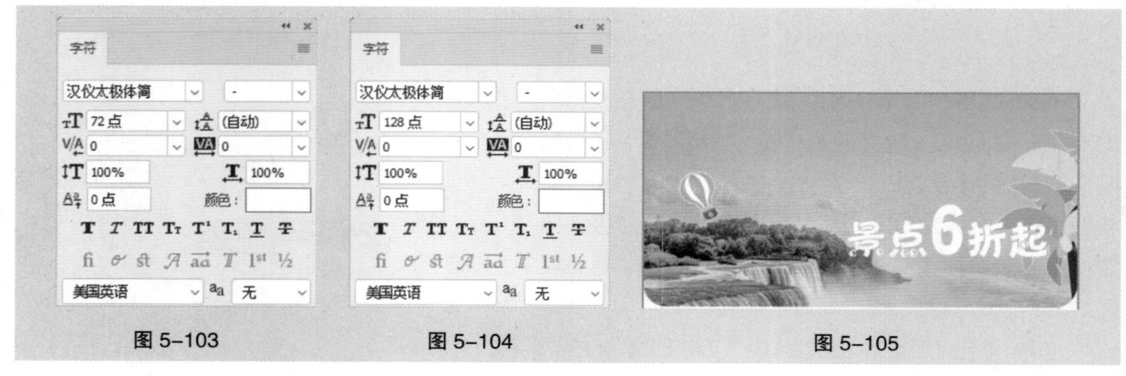

图 5-103　　图 5-104　　图 5-105

（9）按 Ctrl+J 组合键，复制文字图层，在“图层”控制面板中生成新的文字图层“景点 6 折起拷贝”。选择“横排文字”工具 T，删除不需要的文字，并调整文字位置，如图 5-106 所示。在“图层”控制面板中，将图层的“填充”选项设置为 0%，如图 5-107 所示。

（10）单击“图层”控制面板下方的“添加图层样式”按钮 fx，在弹出的下拉列表中选择“描边”选项，弹出对话框，设置“描边”颜色为白色，其他选项的设置如图 5-108 所示，单击“确定”按钮，效果如图 5-109 所示。

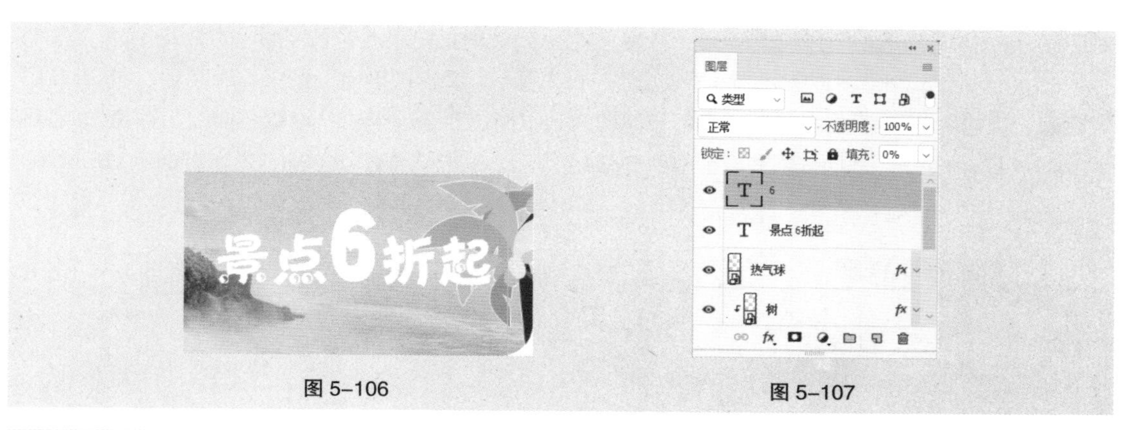

图 5-106　　　　图 5-107

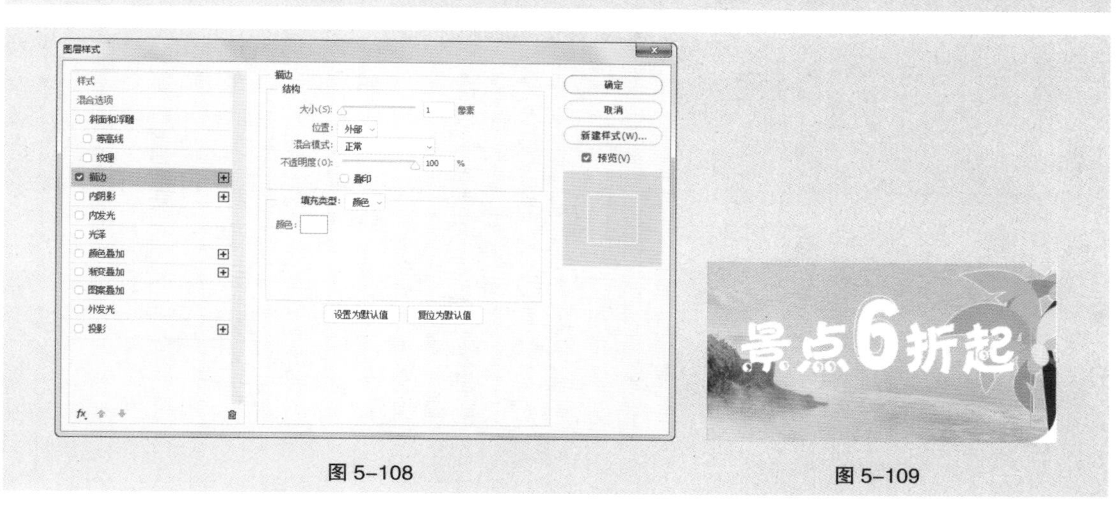

图 5-108　　　　图 5-109

（11）选择“圆角矩形”工具 ，在属性栏中将“填充”颜色设置为白色，“描边”颜色设置为无，“半径”选项设置为 4 像素。在图像窗口中适当的位置绘制圆角矩形，在“图层”控制面板中生成新的形状图层“圆角矩形 2”。在“属性”控制面板中进行设置，如图 5-110 所示，按 Enter 键确定操作，效果如图 5-111 所示。

图 5-110　　　　图 5-111

（12）单击“图层”控制面板下方的“添加图层样式”按钮 ，在弹出的下拉列表中选择“渐变叠加”选项，弹出对话框，单击“渐变”选项右侧的“点按可编辑渐变”按钮 ，弹出“渐变编辑器”

对话框，在“位置”选项中分别输入 0、100 两个位置点，分别设置两个位置点颜色的 RGB 值为 0（255、137、51）、100（250、175、137），如图 5-112 所示，单击“确定”按钮。返回到“图层样式”对话框，其他选项的设置如图 5-113 所示。切换到“描边”选项卡中，设置“描边”颜色为淡黄色（255、248、234），其他选项的设置如图 5-114 所示，单击“确定”按钮，效果如图 5-115 所示。

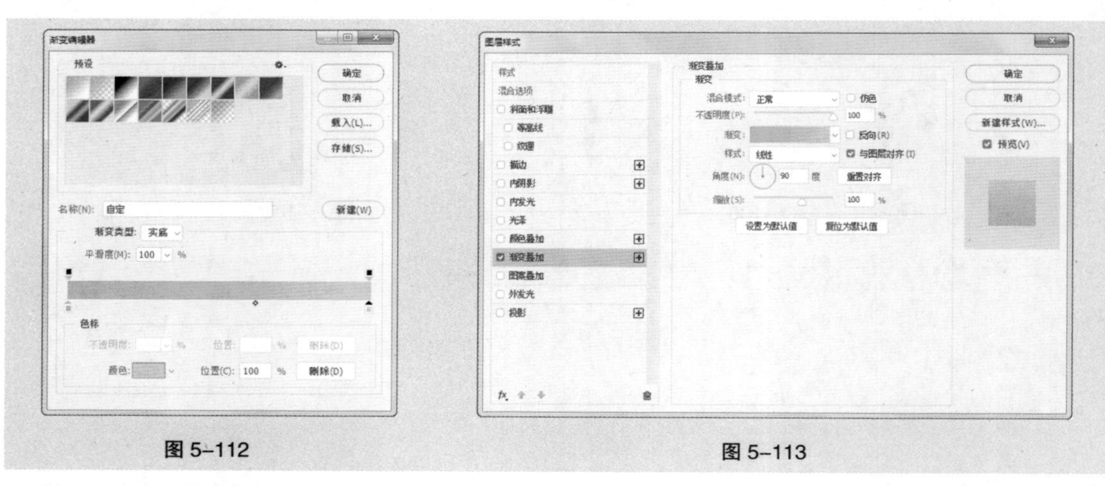

图 5-112　　图 5-113

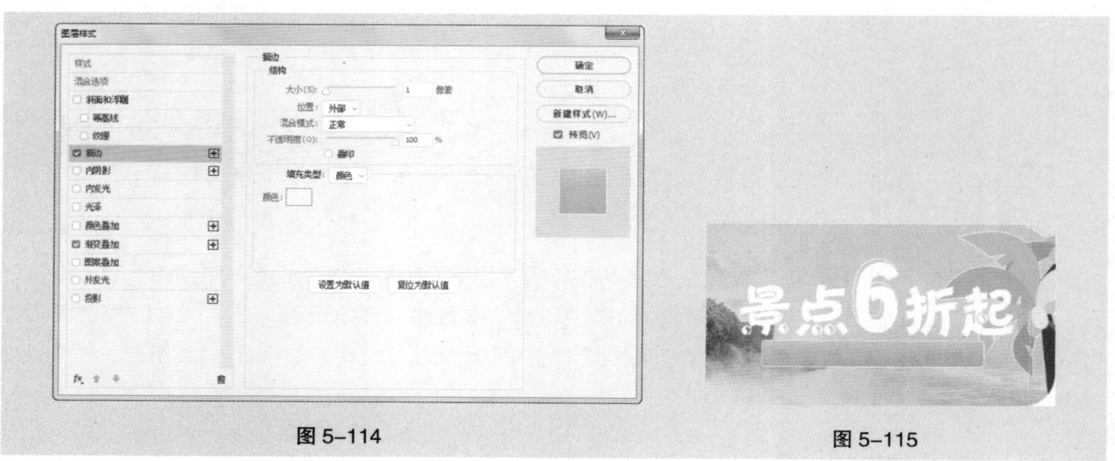

图 5-114　　图 5-115

（13）选择“横排文字”工具 T，在适当的位置输入需要的文字并选取文字，在“字符”控制面板中，将“颜色”选项设置为白色，其他选项的设置如图 5-116 所示，按 Enter 键确定操作，在“图层”控制面板中生成新的文字图层。选中文字“299”，在“字符”控制面板中进行设置，如图 5-117 所示，效果如图 5-118 所示。

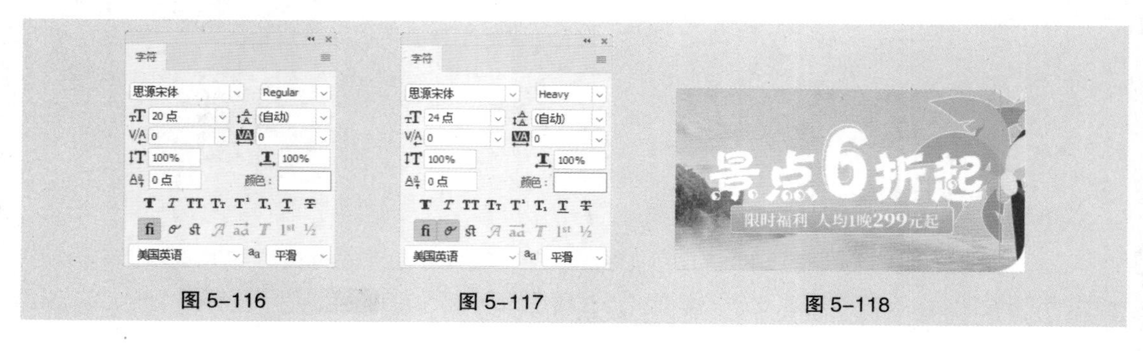

图 5-116　　图 5-117　　图 5-118

（14）选择“钢笔”工具 ，在属性栏中将“填充”颜色设置为无，“描边”颜色设置为白色，“粗细”选项设置为 1 像素，在适当的位置绘制一条不规则曲线，在“图层”控制面板中生成新的形状图层“形状 1”，如图 5-119 所示。使用相同的方法绘制多条曲线，效果如图 5-120 所示。

（15）按住 Shift 键的同时，单击“形状 1”图层，将需要的图层同时选取。按 Ctrl+G 组合键，群组图层并将其命名为“装饰”，如图 5-121 所示。按住 Shift 键的同时，单击“圆角矩形 1”图层，将需要的图层同时选取。按 Ctrl+G 组合键，群组图层并将其命名为“Banner”，如图 5-122 所示。

图 5-119　　图 5-120　　图 5-121　　图 5-122

（16）选择“文件 > 置入嵌入对象”命令，弹出“置入嵌入的对象”对话框。选择云盘中的“Ch05 > 制作旅游类 App > 制作旅游类 App 首页 > 素材 > 04”文件，单击“置入”按钮，将图片置入图像窗口中。将其拖曳到适当的位置，按 Enter 键确定操作，效果如图 5-123 所示，在“图层”控制面板中生成新的图层并将其命名为“状态栏”。按 Ctrl + G 组合键，群组图层并将其命名为“状态栏”，如图 5-124 所示。

图 5-123　　图 5-124

（17）选择“视图 > 新建参考线”命令，弹出“新建参考线”对话框，选项设置如图 5-125 所示。单击“确定”按钮，完成参考线的创建，效果如图 5-126 所示。

图 5-125　　图 5-126

（18）按 Ctrl + O 组合键，打开云盘中的“Ch04 > 制作旅游类 App 导航栏 > 效果 > 制作旅游类 App 导航栏 .psd”文件，在“图层”控制面板中，选中“导航栏”图层组。选择“移动”工具 ，将选取的图层组拖曳到新建的图像窗口中适当的位置，如图 5–127 所示，效果如图 5–128 所示。

（19）选择“圆角矩形”工具 ，在属性栏中将“填充”颜色设置为白色，“描边”颜色设置为无，“半径”选项设置为 6 像素。在图像窗口中适当的位置绘制圆角矩形，在“图层”控制面板中生成新的形状图层“圆角矩形 3”。在“属性”控制面板中进行设置，如图 5–129 所示，按 Enter 键确定操作，效果如图 5–130 所示。

图 5–127　　图 5–128　　图 5–129

（20）选择“椭圆”工具 ，按住 Shift 键的同时，在图像窗口中适当的位置绘制圆形，在“图层”控制面板中生成新的形状图层“椭圆 1”。在“属性”控制面板中进行设置，如图 5–131 所示，按 Enter 键确定操作，效果如图 5–132 所示。在“图层”控制面板中将“椭圆 1”图层的“不透明度”选项设置为 60%，效果如图 5–133 所示。

图 5–130

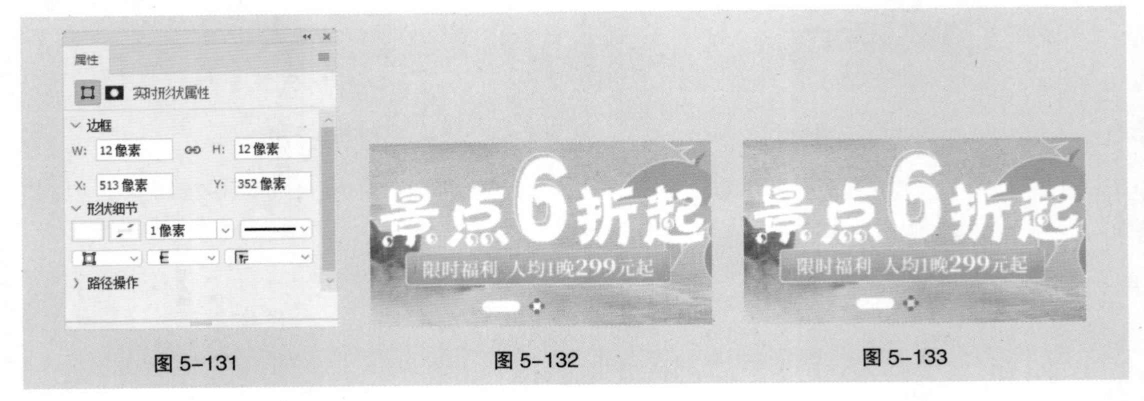

图 5–131　　图 5–132　　图 5–133

（21）选择“路径选择”工具 ，按住 Alt+Shift 组合键的同时，选中圆形，在图像窗口中将其水平向右拖曳，复制形状。在“属性”控制面板中进行设置，如图 5–134 所示，效果如图 5–135 所示。使用相同的方法再次复制 3 个圆形，效果如图 5–136 所示。

图 5-134　　图 5-135　　图 5-136

（22）按住 Shift 键的同时，单击“圆角矩形 3”图层，将需要的图层同时选取。按 Ctrl+G 组合键，群组图层并将其命名为“滑动轴”，如图 5-137 所示。

2. 制作金刚区、瓷片区、分段控件和热搜

（1）选择“视图 > 新建参考线”命令，弹出“新建参考线”对话框，选项设置如图 5-138 所示。单击“确定”按钮，完成参考线的创建，效果如图 5-139 所示。

图 5-137　　图 5-138　　图 5-139

（2）选择“视图 > 新建参考线”命令，弹出“新建参考线”对话框，选项设置如图 5-140 所示，在距离上方参考线 96 像素的位置新建一条水平参考线。使用相同的方法再次在距离上方参考线 24 像素的位置新建一条水平参考线，如图 5-141 所示。分别单击“确定”按钮，完成参考线的创建，效果如图 5-142 所示。

图 5-140　　图 5-141　　图 5-142

（3）按 Ctrl + O 组合键，打开云盘中的“Ch04 > 制作旅游类 App 金刚区 > 效果 > 制作旅游类 App 金刚区 .psd”文件，在“图层”控制面板中，选中“金刚区”图层组。选择“移动”工具 ，将选取的图层组拖曳到新建的图像窗口中适当的位置，如图 5–143 所示，效果如图 5–144 所示。

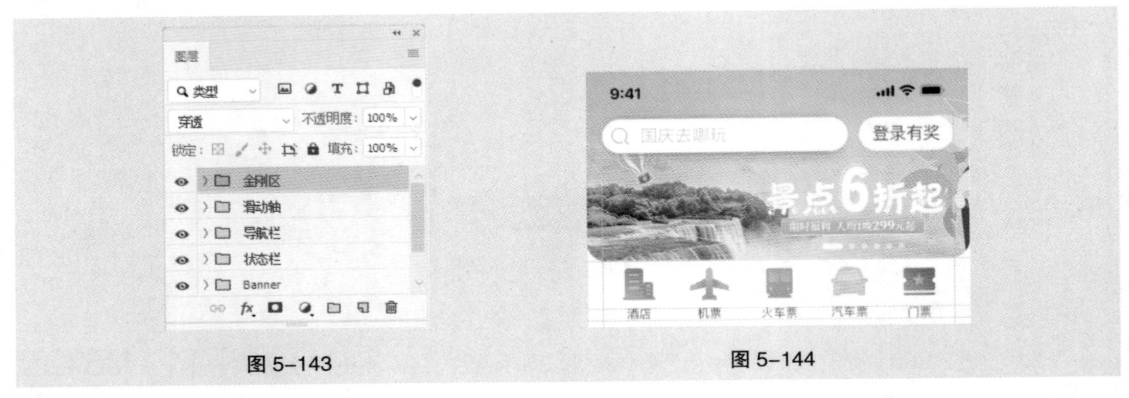

图 5–143　　图 5–144

（4）选择“视图 > 新建参考线”命令，弹出“新建参考线”对话框，选项设置如图 5–145 所示，在距离上方参考线 24 像素的位置新建一条水平参考线。使用相同的方法再次在距离上方参考线 360 像素的位置新建一条水平参考线，如图 5–146 所示。分别单击“确定”按钮，完成参考线的创建，效果如图 5–147 所示。

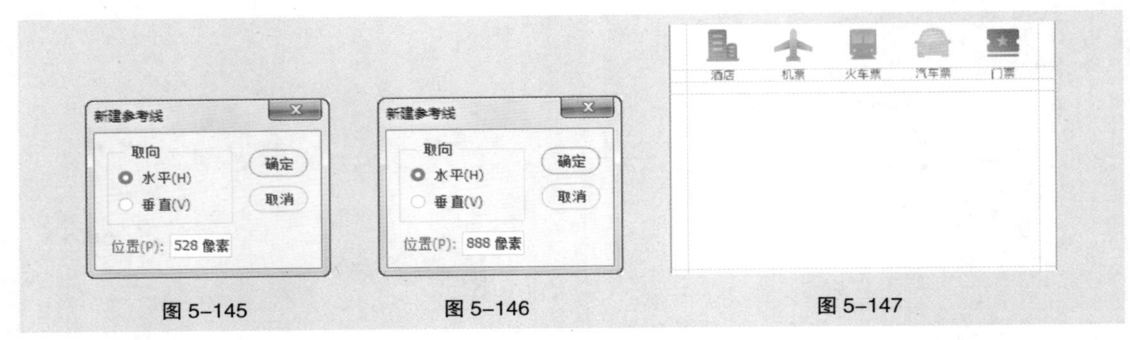

图 5–145　　图 5–146　　图 5–147

（5）选择“视图 > 新建参考线”命令，弹出“新建参考线”对话框，选项设置如图 5–148 所示。使用相同的方法再次新建一条参考线，选项设置如图 5–149 所示。分别单击“确定”按钮，完成参考线的创建，效果如图 5–150 所示。

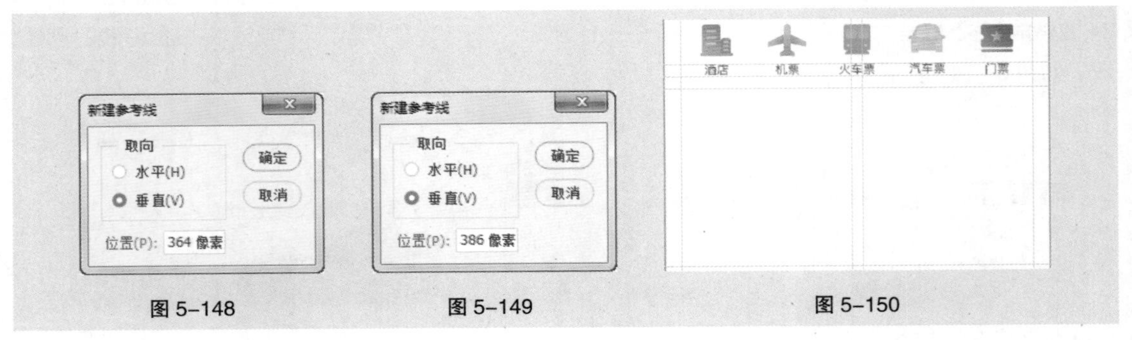

图 5–148　　图 5–149　　图 5–150

（6）按 Ctrl + O 组合键，打开云盘中的“Ch04 > 制作旅游类 App 瓷片区 > 效果 > 制作旅游类 App 瓷片区 .psd”文件，在“图层”控制面板中，选中“瓷片区”图层组。选择“移动”工具 ，将选取的图层组拖曳到新建的图像窗口中适当的位置，如图 5–151 所示，效果如图 5–152 所示。

图 5-151　　图 5-152

（7）选择“视图 > 新建参考线”命令，弹出“新建参考线”对话框，选项设置如图 5-153 所示，在距离上方参考线 24 像素的位置新建一条水平参考线。使用相同的方法再次在距离上方参考线 72 像素的位置新建一条水平参考线，如图 5-154 所示。分别单击“确定”按钮，完成参考线的创建，效果如图 5-155 所示。

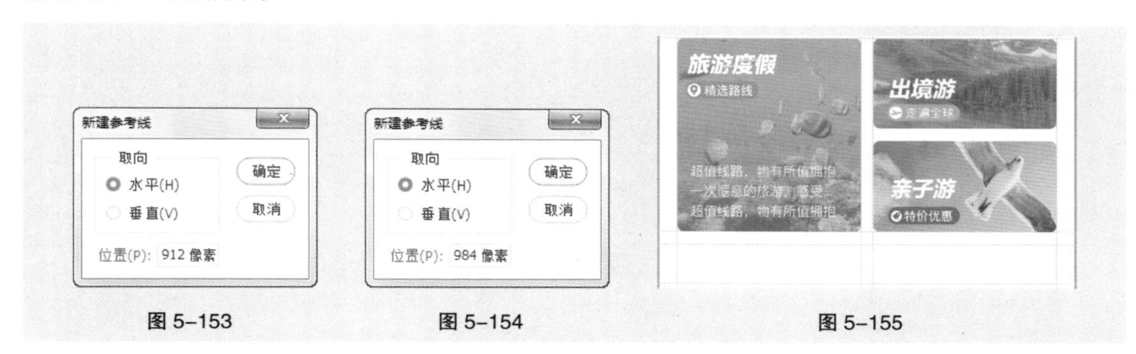

图 5-153　　图 5-154　　图 5-155

（8）按 Ctrl + O 组合键，打开云盘中的“Ch03 > 制作旅游类 App 分段控件 > 效果 > 制作旅游类 App 分段控件 .psd”文件，在“图层”控制面板中，选中“分段控件”图层组。选择“移动”工具 ✥，将选取的图层组拖曳到新建的图像窗口中适当的位置，如图 5-156 所示，效果如图 5-157 所示。

图 5-156　　图 5-157

（9）选择“视图 > 新建参考线”命令，弹出“新建参考线”对话框，选项设置如图 5-158 所示，在距离上方参考线 16 像素的位置新建一条水平参考线。使用相同的方法再次在距离上方参考线 44 像素的位置新建一条水平参考线，如图 5-159 所示。分别单击“确定”按钮，完成参考线的创建，效果如图 5-160 所示。

图 5-158　　图 5-159　　图 5-160

（10）选择“圆角矩形”工具，在属性栏中将“填充”颜色设置为浅灰色（240、242、245），“描边”颜色设置为无，“半径”选项设置为 22 像素。在图像窗口中适当的位置绘制圆角矩形，在“图层”控制面板中生成新的形状图层“圆角矩形 5”。在“属性”控制面板中进行设置，如图 5-161 所示，按 Enter 键确定操作，效果如图 5-162 所示。

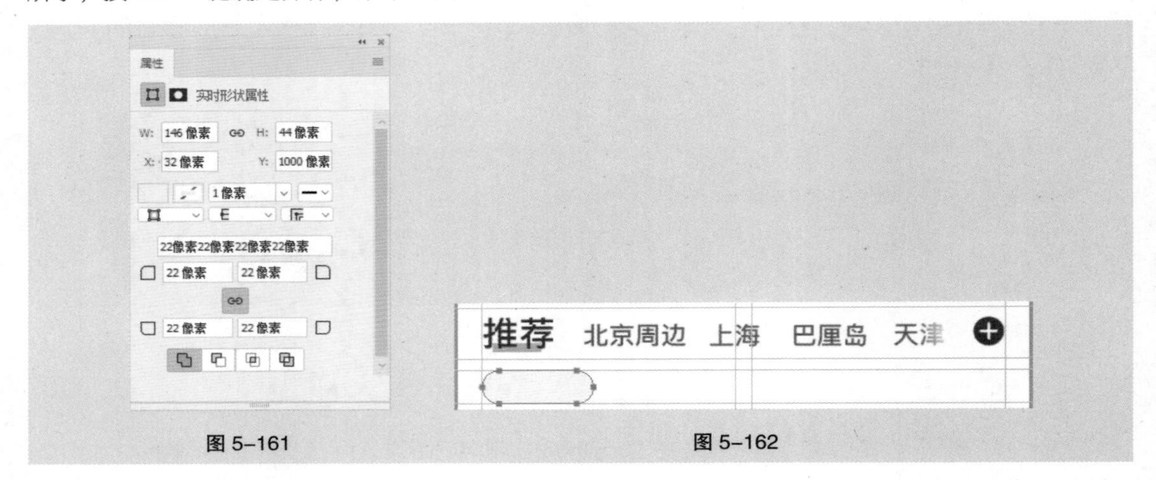

图 5-161　　图 5-162

（11）选择“文件 > 置入嵌入对象”命令，弹出“置入嵌入的对象”对话框。选择云盘中的“Ch05 > 制作旅游类 App > 制作旅游类 App 首页 > 素材 > 05”文件，单击“置入”按钮，将图标置入图像窗口中。将其拖曳到适当的位置并调整大小，按 Enter 键确定操作，效果如图 5-163 所示，在“图层”控制面板中生成新的图层并将其命名为“热门”。

（12）选择“横排文字”工具 T，在适当的位置输入需要的文字并选取文字，在“字符”控制面板中，将“颜色”选项设置为深灰色（125、131、140），其他选项的设置如图 5-164 所示，按 Enter 键确定操作，效果如图 5-165 所示，在“图层”控制面板中生成新的文字图层。

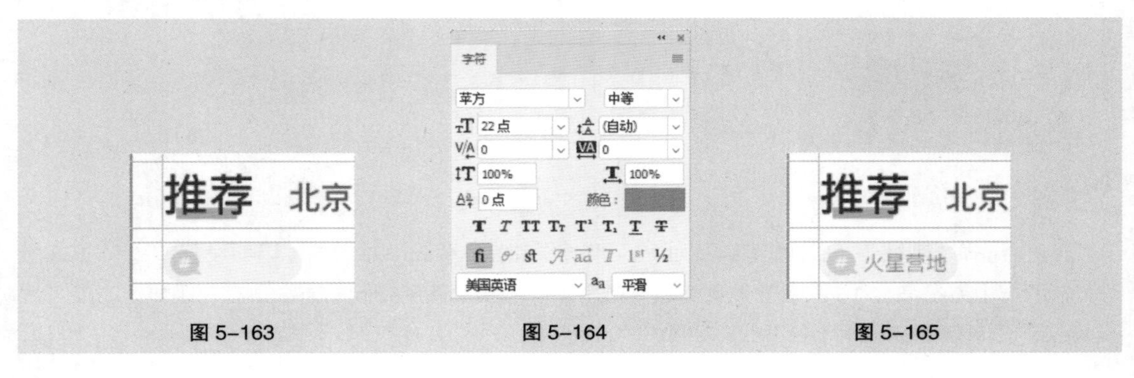

图 5-163　　图 5-164　　图 5-165

（13）按住 Shift 键的同时，单击“圆角矩形 5”图层，将需要的图层同时选取。按 Ctrl+G 组合键，群组图层并将其命名为“火星营地”，如图 5-166 所示。使用相同的方法分别绘制形状并输入文字，如图 5-167 所示，效果如图 5-168 所示。

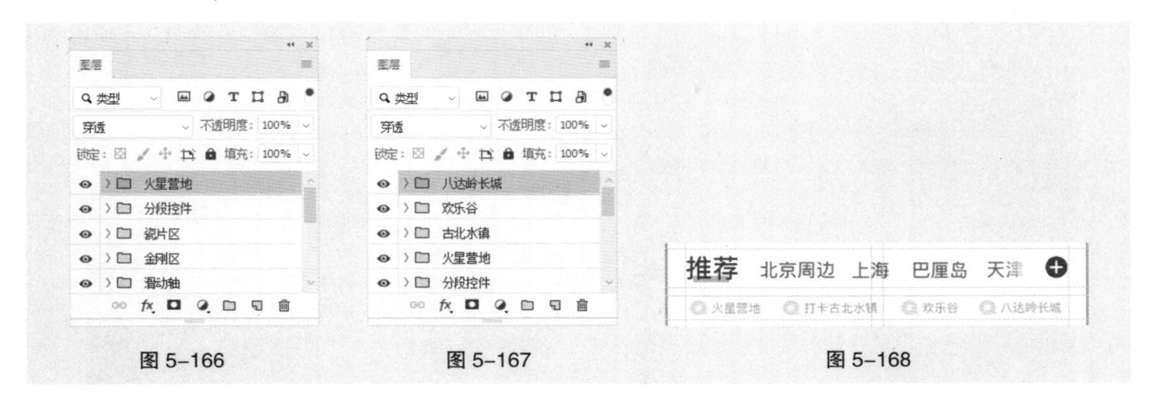

图 5-166　　图 5-167　　图 5-168

（14）按住 Shift 键的同时，单击“火星营地”图层组，将需要的图层组同时选取。按 Ctrl+G 组合键，群组图层组并将其命名为“热搜”，如图 5-169 所示。

3. 制作瀑布流和标签栏

（1）选择“视图 > 新建参考线”命令，弹出“新建参考线”对话框，选项设置如图 5-170 所示，在距离上方参考线 24 像素的位置新建一条水平参考线，单击“确定”按钮，完成参考线的创建，效果如图 5-171 所示。

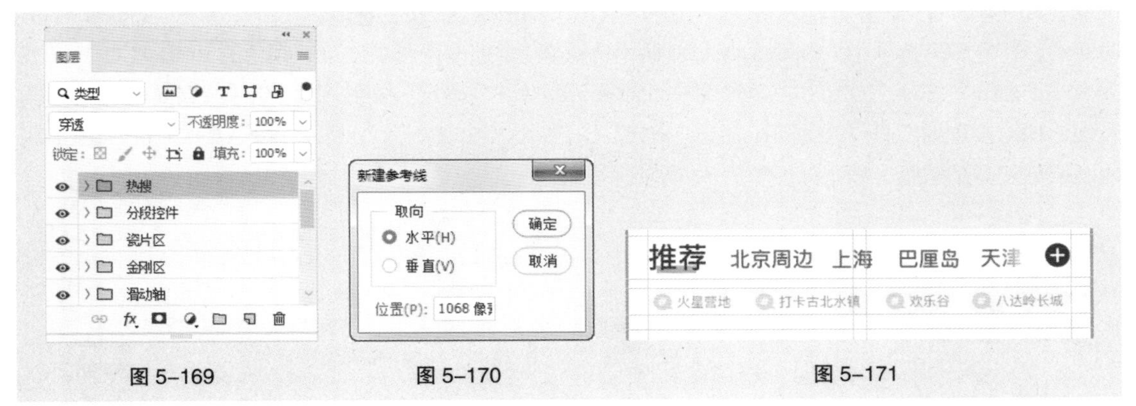

图 5-169　　图 5-170　　图 5-171

（2）选择“圆角矩形”工具，在属性栏中将“填充”颜色设置为灰色（199、207、220），“描边”颜色设置为无，“半径”选项设置为 10 像素。在图像窗口中适当的位置绘制圆角矩形，在“图层”控制面板中生成新的形状图层“圆角矩形 6”。在“属性”控制面板中进行设置，如图 5-172 所示，按 Enter 键确定操作，效果如图 5-173 所示。

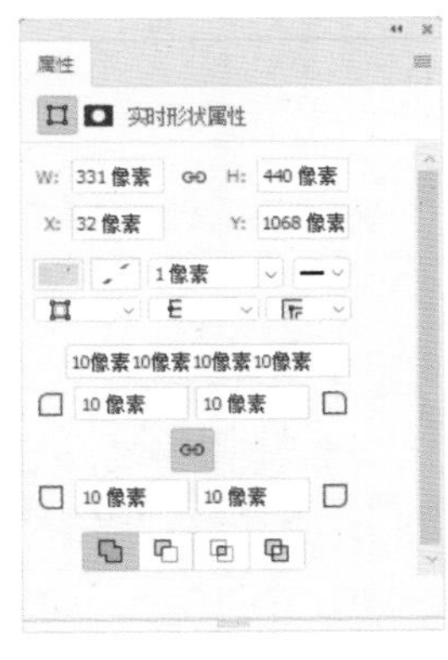

图 5-172

（3）选择“文件 > 置入嵌入对象”命令，弹出“置入嵌入的对象”对话框。选择云盘中的“Ch05 > 制作旅游类 App > 制作旅游类 App 首页 > 素材 > 06”文件，单击“置入”按钮，将图片置入图像窗口中。将其拖曳到适当的位置，按 Enter 键确定操作，在“图层”控制面板中生成新的图层并将其命名为“图片 1”。按 Alt+Ctrl+G 组合键，为图层创建剪贴蒙版，效果如图 5-174 所示。

（4）选择“圆角矩形”工具，在属性栏中将“填充”颜色设置为灰色（199、207、220），“描边”颜色设置为无，“半径”选项设置为 10 像素。在图像窗口中适当的位置绘制圆角矩形，在“图层”控制面板中生成新的形状图层“圆角矩形 7”。在“属性”控制面板中进行设置，如图 5-175 所示，按 Enter 键确定操作，效果如图 5-176 所示。

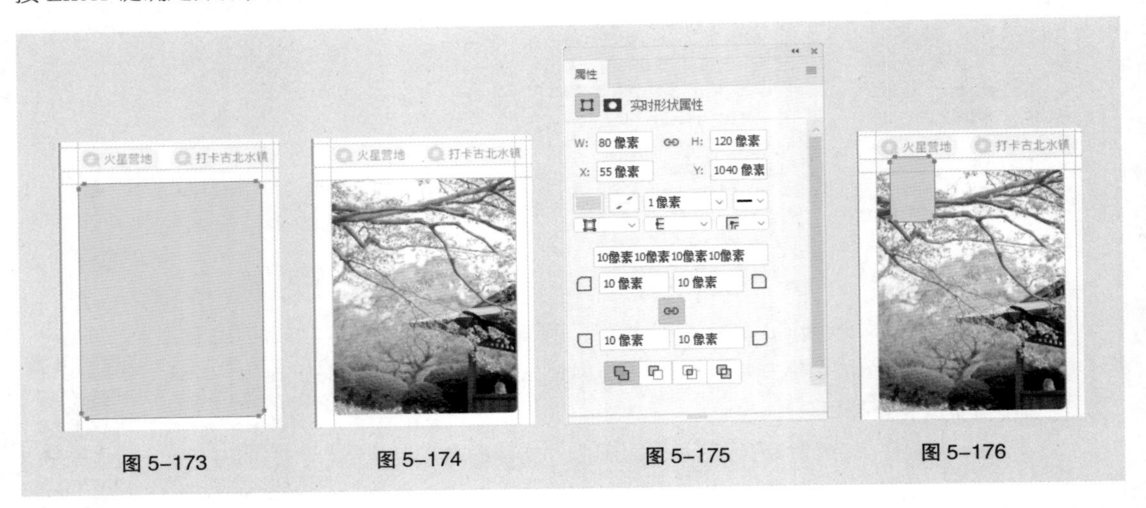

图 5-173　图 5-174　图 5-175　图 5-176

（5）单击“图层”控制面板下方的“添加图层样式”按钮，在弹出的下拉列表中选择“渐变叠加”选项，弹出对话框，单击“渐变”选项右侧的“点按可编辑渐变”按钮，弹出“渐变编辑器”对话框，在“位置”选项中分别输入 0、100 两个位置点，分别设置两个位置点颜色的 RGB 值为 0（251、99、75）、100（251、129、66），如图 5-177 所示，单击“确定”按钮。返回到“图层样式”对话框，其他选项的设置如图 5-178 所示，单击“确定”按钮，效果如图 5-179 所示。按 Alt+Ctrl+G 组合键，为图层创建剪贴蒙版，效果如图 5-180 所示。

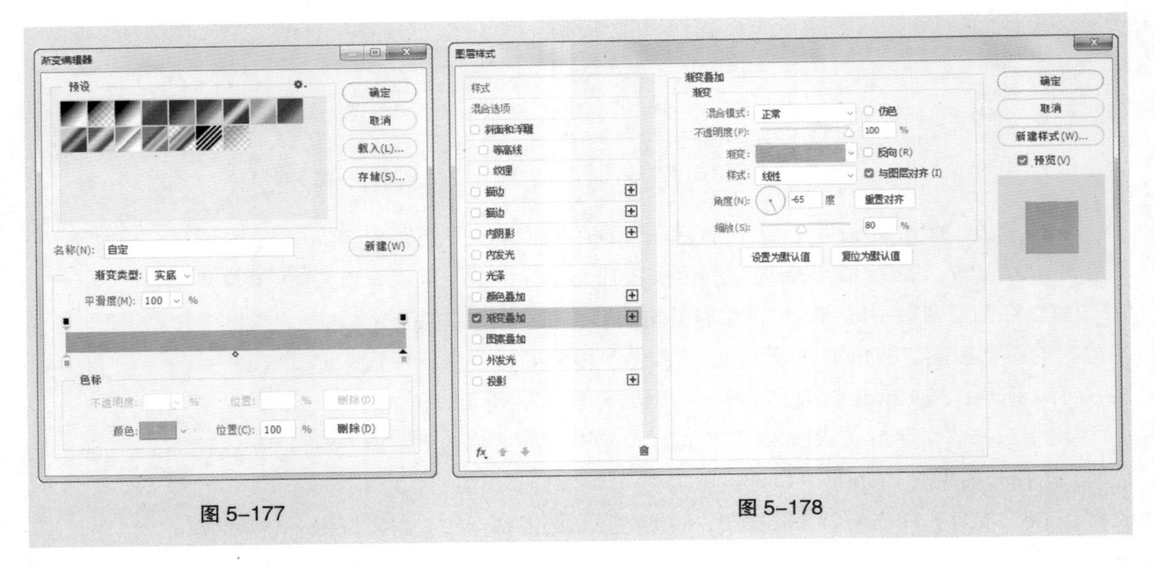

图 5-177　图 5-178

图 5-179　　图 5-180

（6）选择“横排文字”工具 T.，在适当的位置输入需要的文字并选取文字，在“字符”控制面板中，将“颜色”选项设置为白色，其他选项的设置如图 5-181 所示，按 Enter 键确定操作，效果如图 5-182 所示，在“图层”控制面板中生成新的文字图层。选中文字“榜首”，在“字符”控制面板中进行设置，如图 5-183 所示，效果如图 5-184 所示。

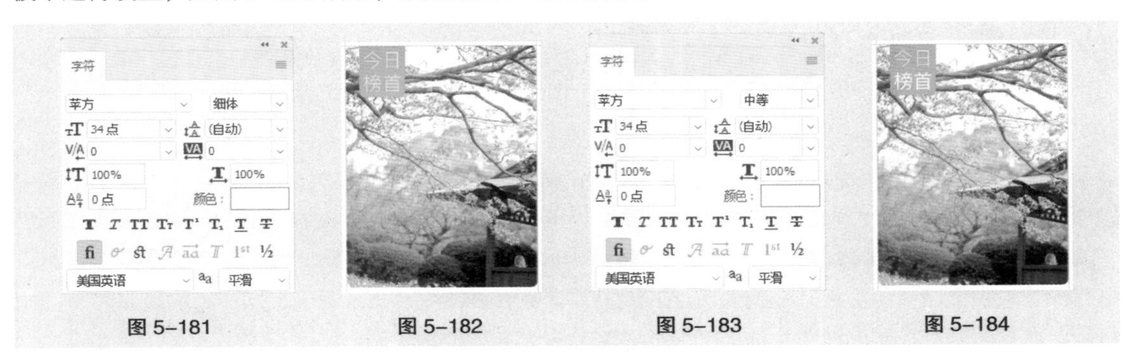

图 5-181　　图 5-182　　图 5-183　　图 5-184

（7）选择“圆角矩形”工具 ▢.，在属性栏中将“填充”颜色设置为白色，“描边”颜色设置为无，“半径”选项设置为 10 像素。在图像窗口中适当的位置绘制圆角矩形，在“图层”控制面板中生成新的形状图层“圆角矩形 8”。在“属性”控制面板中进行设置，如图 5-185 所示，按 Enter 键确定操作，效果如图 5-186 所示。

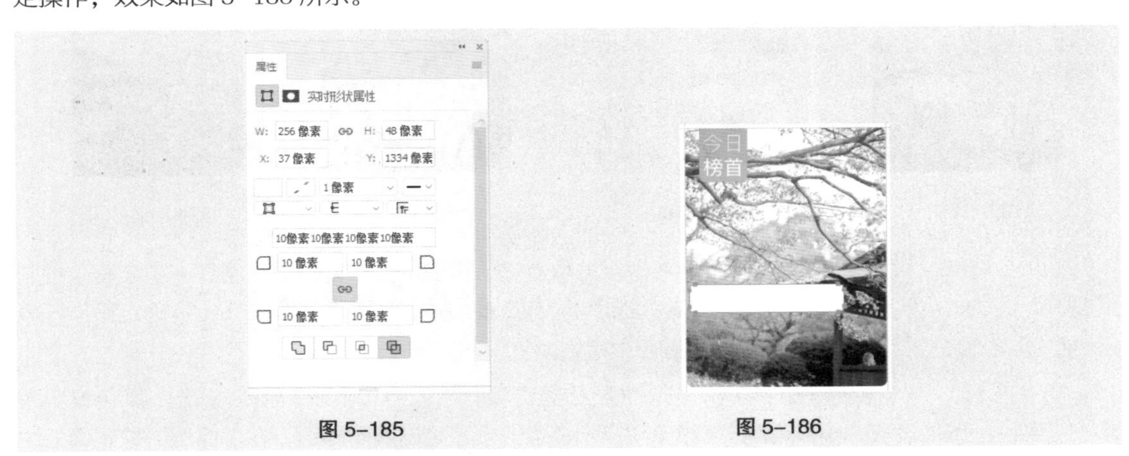

图 5-185　　图 5-186

（8）单击“图层”控制面板下方的“添加图层样式”按钮 fx.，在弹出的下拉列表中选择“渐变叠加”选项，弹出对话框，单击“渐变”选项右侧的“点按可编辑渐变”按钮，弹出

“渐变编辑器”对话框，在“位置”选项中分别输入 0、100 两个位置点，分别设置两个位置点颜色的 RGB 值为 0（239、103、75）、100（251、129、66）。设置两个位置点的不透明度值为 0（70%）、70（0%），如图 5-187 所示，单击“确定”按钮。返回到“图层样式”对话框，其他选项的设置如图 5-188 所示，单击“确定”按钮，效果如图 5-189 所示。

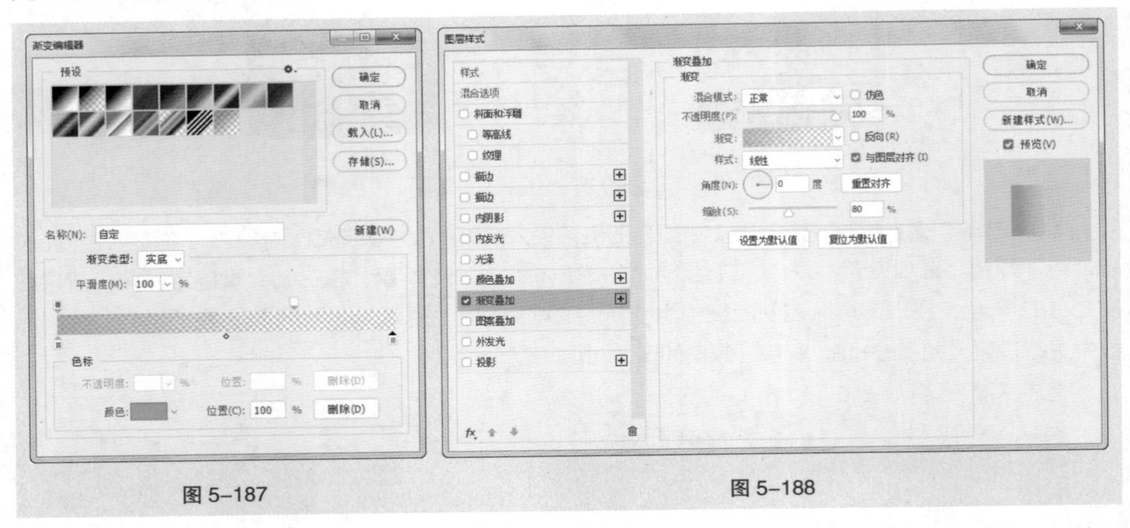

图 5-187　　图 5-188

（9）在“图层”控制面板中，将该图层的“填充”选项设置为 4%，如图 5-190 所示，效果如图 5-191 所示。选择“文件 > 置入嵌入对象”命令，弹出“置入嵌入的对象”对话框。选择云盘中的“Ch05 > 制作旅游类 App > 制作旅游类 App 首页 > 素材 > 07”文件，单击“置入”按钮，将图标置入图像窗口中。将其拖曳到适当的位置并调整大小，按 Enter 键确定操作，效果如图 5-192 所示，在“图层”控制面板中生成新的图层并将其命名为“位置”。

图 5-189　　图 5-190　　图 5-191　　图 5-192

（10）选择“横排文字”工具 T，在适当的位置输入需要的文字并选取文字，在“字符”控制面板中，将“颜色”选项设置为白色，其他选项的设置如图 5-193 所示，按 Enter 键确定操作，效果如图 5-194 所示，在“图层”控制面板中生成新的文字图层。

（11）选择“圆角矩形”工具，在属性栏中将“填充”颜色设置为白色，“描边”颜色设置为无，“半径”选项设置为 10 像素。在图像窗口中适当的位置绘制圆角矩形，在“图层”控制面板中生成新的形状图层“圆角矩形 9”。在“属性”控制面板中进行设置，如图 5-195 所示，按 Enter 键确定操作，效果如图 5-196 所示。

图 5-193　　图 5-194　　图 5-195　　图 5-196

（12）在“图层”控制面板中，将该图层的“不透明度”选项设置为 80%，如图 5-197 所示，效果如图 5-198 所示。选择“横排文字”工具 T.，在适当的位置输入需要的文字并选取文字，在“字符”控制面板中，将“颜色”选项设置为深灰色（52、52、52），其他选项的设置如图 5-199 所示，按 Enter 键确定操作，效果如图 5-200 所示，在“图层”控制面板中生成新的文字图层。

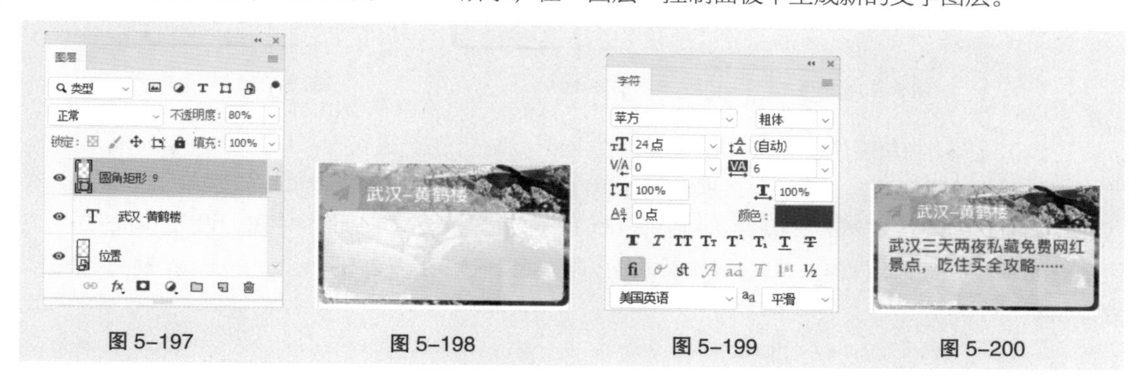

图 5-197　　图 5-198　　图 5-199　　图 5-200

（13）选择“椭圆”工具 ○.，在属性栏中将“填充”颜色设置为黑色，按住 Shift 键的同时，在图像窗口中适当的位置绘制圆形，在“图层”控制面板中生成新的形状图层“椭圆 3”。在“属性”控制面板中进行设置，如图 5-201 所示，按 Enter 键确定操作，效果如图 5-202 所示。

（14）选择“文件 > 置入嵌入对象”命令，弹出“置入嵌入的对象”对话框。选择云盘中的“Ch05 > 制作旅游类 App > 制作旅游类 App 首页 > 素材 > 08”文件，单击“置入”按钮，将图片置入图像窗口中。将其拖曳到适当的位置并调整大小，按 Enter 键确定操作，在“图层”控制面板中生成新的图层并将其命名为“头像”。按 Alt+Ctrl+G 组合键，为图层创建剪贴蒙版，效果如图 5-203 所示。

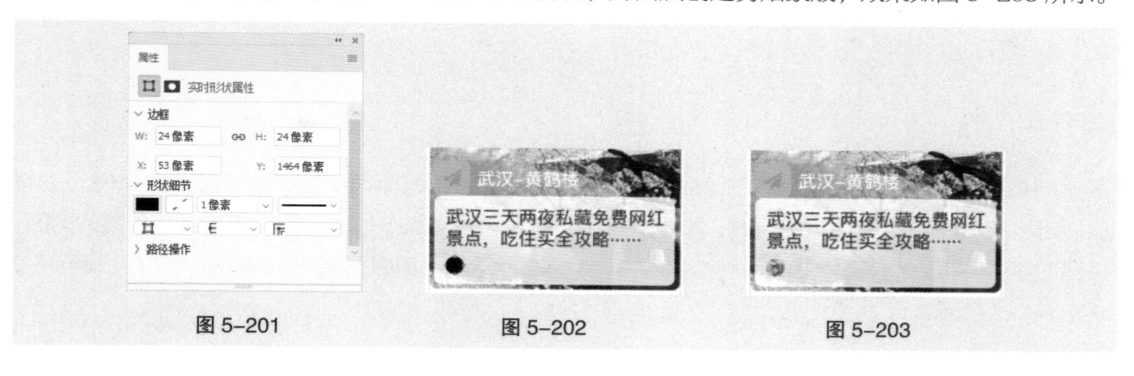

图 5-201　　图 5-202　　图 5-203

（15）选择“横排文字”工具 T.，在适当的位置分别输入需要的文字并选取文字，在“字符”控制面板中，将“颜色”选项设置为灰色（80、80、80），其他选项的设置如图 5-204 所示，按 Enter 键确定操作，效果如图 5-205 所示，在“图层”控制面板中分别生成新的文字图层。

（16）选择“文件 > 置入嵌入对象”命令，弹出“置入嵌入的对象”对话框。选择云盘中的“Ch05 > 制作旅游类 App > 制作旅游类 App 首页 > 素材 > 09”文件，单击“置入”按钮，将图标置入图像窗口中。将其拖曳到适当的位置并调整大小，按 Enter 键确定操作，效果如图 5-206 所示，在“图层”控制面板中生成新的图层并将其命名为“返回”。

图 5-204　　图 5-205　　图 5-206

（17）选择“圆角矩形”工具 ▢.，在属性栏中将“填充”颜色设置为深绿色（185、202、206），“描边”颜色设置为无，“半径”选项设置为 10 像素。在图像窗口中适当的位置绘制圆角矩形，在“图层”控制面板中生成新的形状图层“圆角矩形 10”。在“属性”控制面板中进行设置，如图 5-207 所示，按 Enter 键确定操作。单击“蒙版”按钮，选项设置如图 5-208 所示，按 Enter 键确定操作，效果如图 5-209 所示。

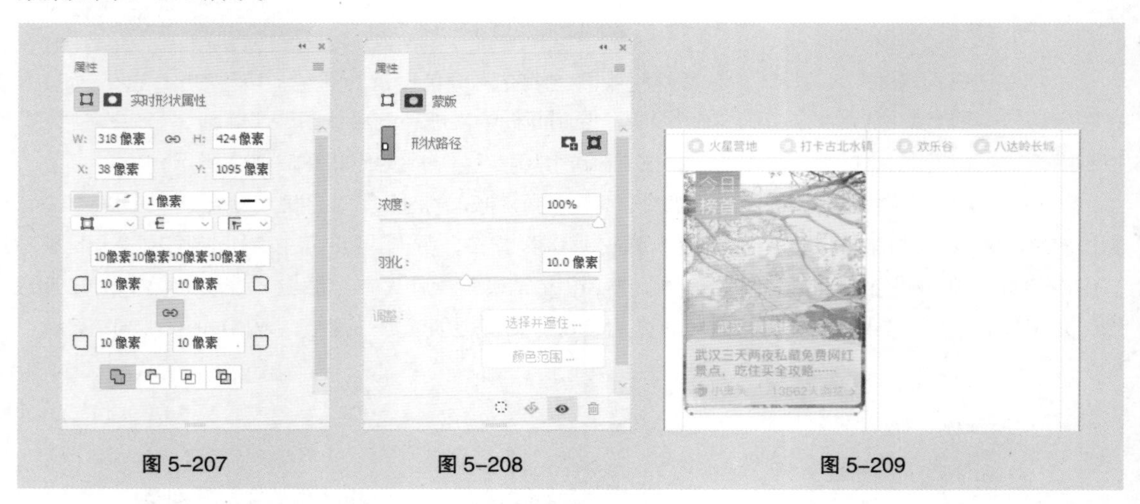

图 5-207　　图 5-208　　图 5-209

（18）在“图层”控制面板中，将“圆角矩形 10”图层的“不透明度”选项设置为 60%，并将其拖曳到“圆角矩形 6”图层的下方，如图 5-210 所示，效果如图 5-211 所示。按住 Shift 键的同时，单击“返回”图层，将需要的图层同时选取。按 Ctrl+G 组合键，群组图层并将其命名为“今日榜首”，如图 5-212 所示。

图 5-210　　图 5-211　　图 5-212

（19）使用相同的方法分别绘制形状、置入图片并输入文字，如图 5-213 所示，效果如图 5-214 所示。按住 Shift 键的同时，单击“今日榜首”图层组，将需要的图层组同时选取。按 Ctrl+G 组合键，群组图层组并将其命名为“瀑布流”，如图 5-215 所示。

图 5-213　　图 5-214　　图 5-215

（20）选择“矩形”工具 □，在属性栏中将“填充”颜色设置为白色，“描边”颜色设置为无。在图像窗口中适当的位置绘制矩形，在“图层”控制面板中生成新的形状图层“矩形 3”。在“属性”控制面板中进行设置，如图 5-216 所示，按 Enter 键确定操作，效果如图 5-217 所示。

图 5-216　　图 5-217

（21）按 Ctrl + O 组合键，打开云盘中的“Ch04 > 制作旅游类 App 标签栏 > 效果 > 制作旅游类 App 标签栏 .psd”文件，在“图层”控制面板中，选中“标签栏”图层组。选择“移动”工具，将选取的图层组拖曳到新建的图像窗口中适当的位置，如图 5-218 所示，效果如图 5-219 所示。

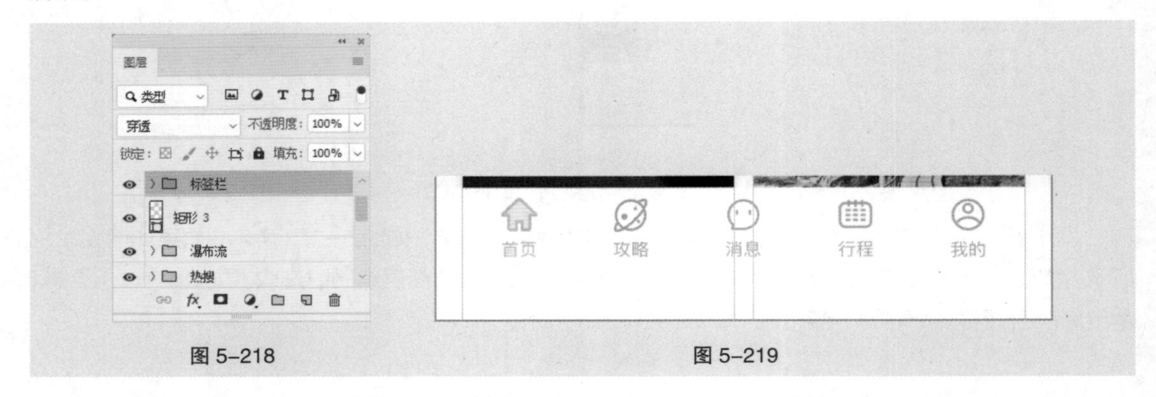

图 5-218　　图 5-219

（22）选择“矩形”工具，在属性栏中将“填充”颜色设置为深蓝色（42、42、68），“描边”颜色设置为无。在图像窗口中适当的位置绘制矩形，在“图层”控制面板中生成新的形状图层“矩形 4”。在“属性”控制面板中进行设置，如图 5-220 所示，按 Enter 键确定操作。单击“蒙版”按钮，选项设置如图 5-221 所示，按 Enter 键确定操作，效果如图 5-222 所示。

图 5-220　　图 5-221　　图 5-222

（23）在“图层”控制面板中，将“矩形 4”图层的“不透明度”选项设置为 30%，并将其拖曳到“矩形 3”图层的下方，如图 5-223 所示，效果如图 5-224 所示。

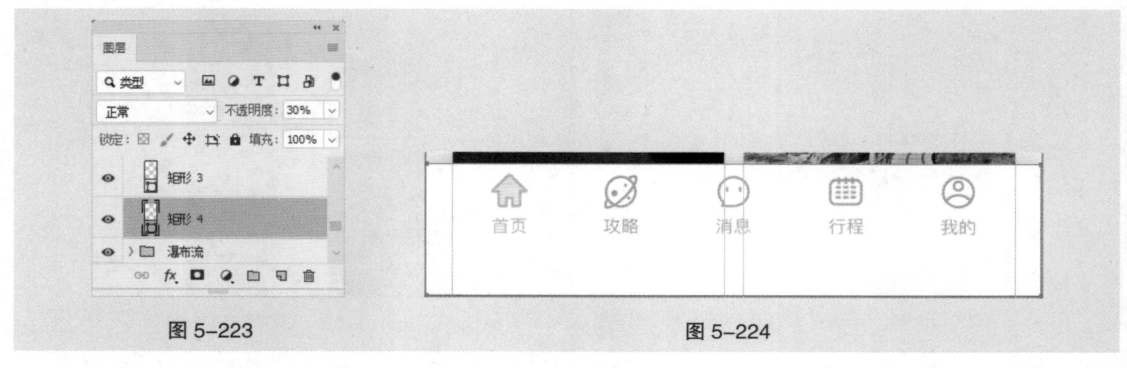

图 5-223　　图 5-224

（24）展开“标签栏”图层组，选中“矩形 4”图层，按住 Shift 键的同时，单击“矩形 3”图层，将需要的图层同时选取，将其拖曳到“首页”图层的下方，如图 5–225 所示。折叠“标签栏”图层组，如图 5–226 所示。

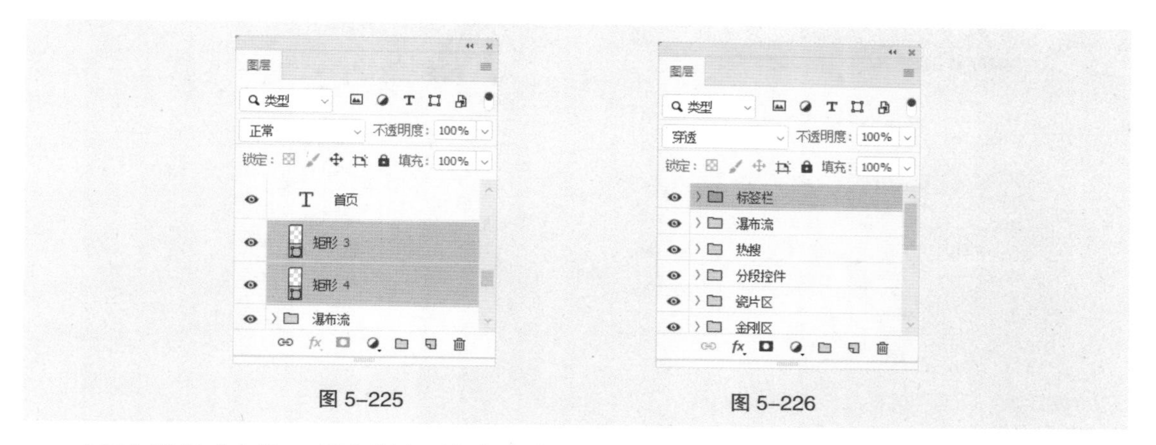

图 5–225　　　　图 5–226

（25）选择“文件 > 置入嵌入对象”命令，弹出“置入嵌入的对象”对话框。选择云盘中的“Ch05 > 制作旅游类 App > 制作旅游类 App 首页 > 素材 > 13”文件，单击“置入”按钮，将图片置入图像窗口中。将其拖曳到适当的位置，按 Enter 键确定操作，效果如图 5–227 所示，在“图层”控制面板中生成新的图层并将其命名为“Home Indicator”，如图 5–228 所示。旅游类 App 首页制作完成。

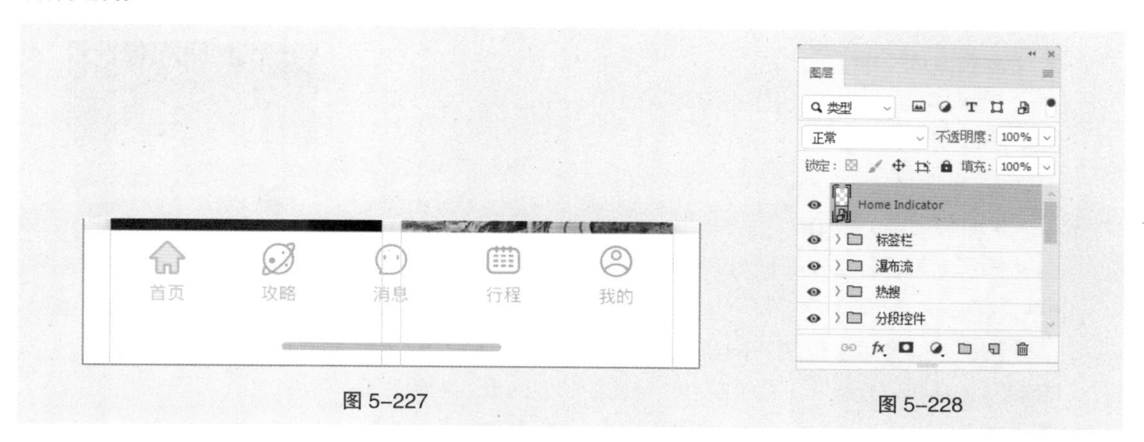

图 5–227　　　　图 5–228

5.4 个人中心页

个人中心页是个人相关信息功能的集合页面，由于涉及用户隐私，因此在 App 中通常作为顶级信息页面的末端。在个人中心页中，用户可以查看到账号信息、设置管理、福利信息等内容，它是仅次于首页的 Tab 流量入口。下面主要从概念对个人中心页进行讲解。

5.4.1 个人中心页的概念

个人中心页是展示个人信息的页面，主要由头像和信息内容组成，具有功能集合、信息集合的作用。个人中心页有时也会以抽屉打开的形式出现，如图 5–229 所示。

淘宝　闲鱼　36氪

图 5-229

5.4.2 课堂案例——制作旅游类 App 个人中心页

【案例设计要求】

（1）运用 Photoshop 制作旅游类 App 个人中心页，设计效果如图 5-230 所示。

（2）页面尺寸：750px（宽）×1624px（高）。

（3）体现出行业风格。

【案例学习目标】学习使用 Photoshop 制作旅游类 App 个人中心页。

【案例知识要点】使用“圆角矩形”工具、“矩形”工具、“椭圆”工具和“直线”工具绘制形状，使用“置入嵌入对象”命令置入图片和图标，使用“创建剪贴蒙版”命令调整图片显示区域，使用“渐变叠加”选项添加效果，使用“属性”控制面板制作弥散投影，使用“横排文字”工具输入文字。

【效果文件所在位置】云盘 /Ch05/ 制作旅游类 App/ 制作旅游类 App 个人中心页 / 效果 / 制作旅游类 App 个人中心页 .psd。

图 5-230

（1）按 Ctrl+N 组合键，弹出“新建文档”对话框，将宽度设置为 750 像素，高度设置为 1624 像素，分辨率设置为 72 像素 / 英寸，背景内容设置为浅灰色（249、249、249），如图 5-231 所示。单击“创建”按钮，完成文档的新建。

（2）选择“视图 > 新建参考线版面”命令，弹出“新建参考线版面”对话框，选项设置如图 5-232 所示。单击“确定”按钮，完成参考线的创建。

慕课视频

制作旅游类 App 个人中心页 1

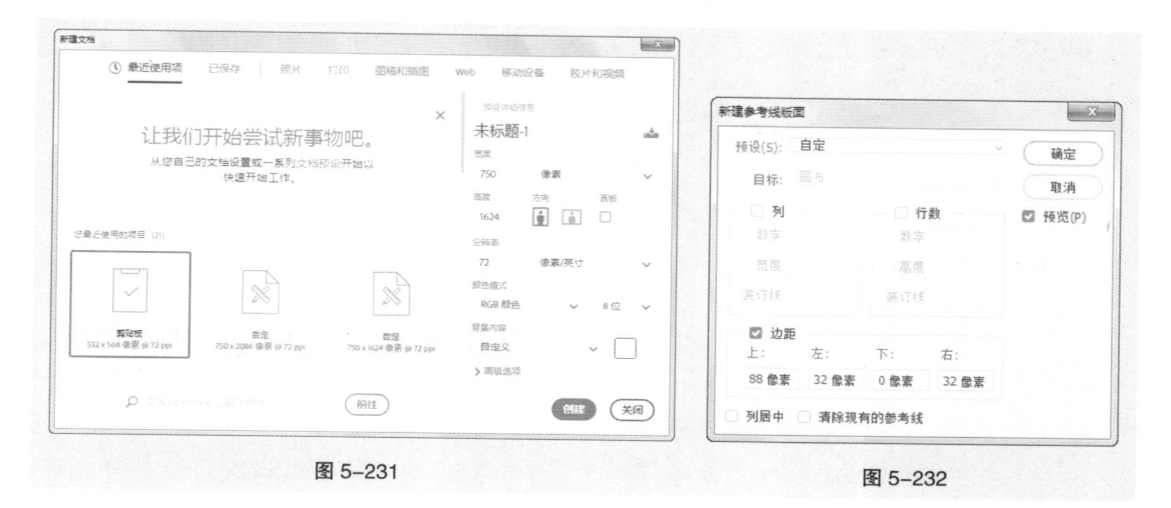

图 5-231　　图 5-232

（3）选择“矩形”工具 □，在属性栏的“选择工具模式”下拉列表中选择“形状”选项，将“填充”颜色设置为黑色，“描边”颜色设置为无。在图像窗口中适当的位置绘制矩形，在“图层”控制面板中生成新的形状图层“矩形 1”。在“属性”控制面板中进行设置，如图 5-233 所示，按 Enter 键确定操作，效果如图 5-234 所示。

（4）选择“文件 > 置入嵌入对象”命令，弹出“置入嵌入的对象”对话框。选择云盘中的“Ch05 > 制作旅游类 App > 制作旅游类 App 个人中心页 > 素材 > 01”文件，单击“置入”按钮，将图片置入图像窗口中。将其拖曳到适当的位置，按 Enter 键确定操作，在“图层”控制面板中生成新的图层并将其命名为“底图”。按 Alt+Ctrl+G 组合键，为图层创建剪贴蒙版，效果如图 5-235 所示。

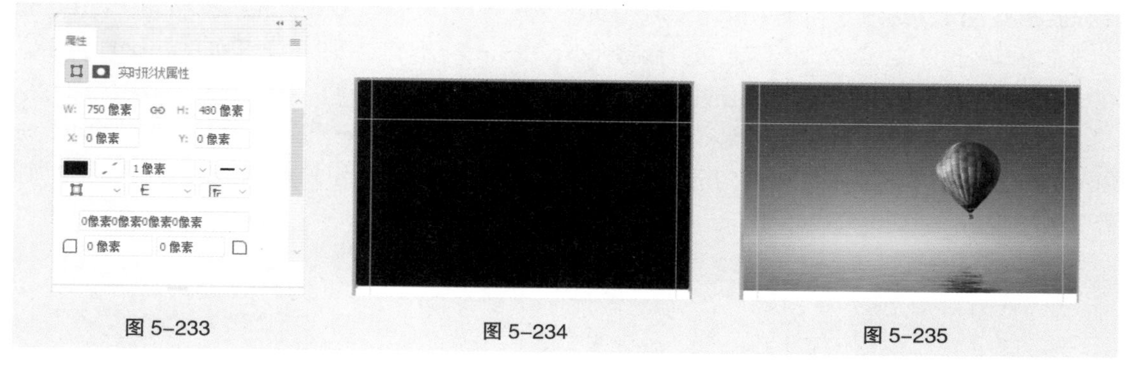

图 5-233　　图 5-234　　图 5-235

（5）选择“文件 > 置入嵌入对象”命令，弹出“置入嵌入的对象”对话框。选择云盘中的“Ch05 > 制作旅游类 App > 制作旅游类 App 个人中心页 > 素材 > 02”文件，单击“置入”按钮，将图片置入图像窗口中。将其拖曳到适当的位置，按 Enter 键确定操作，效果如图 5-236 所示，在“图层”控制面板中生成新的图层并将其命名为“状态栏”。

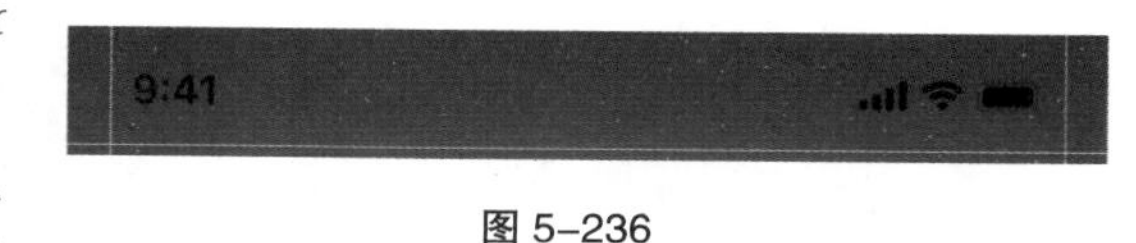

图 5-236

（6）单击“图层”控制面板下方的“添加图层样式”按钮 fx，在弹出的下拉列表中选择“颜色叠加”选项，弹出对话框，设置“叠加”颜色为白色，单击“确定”按钮。返回到“图层样式”对话框，其他选项的设置如图 5-237 所示，单击“确定”按钮，效果如图 5-238 所示。

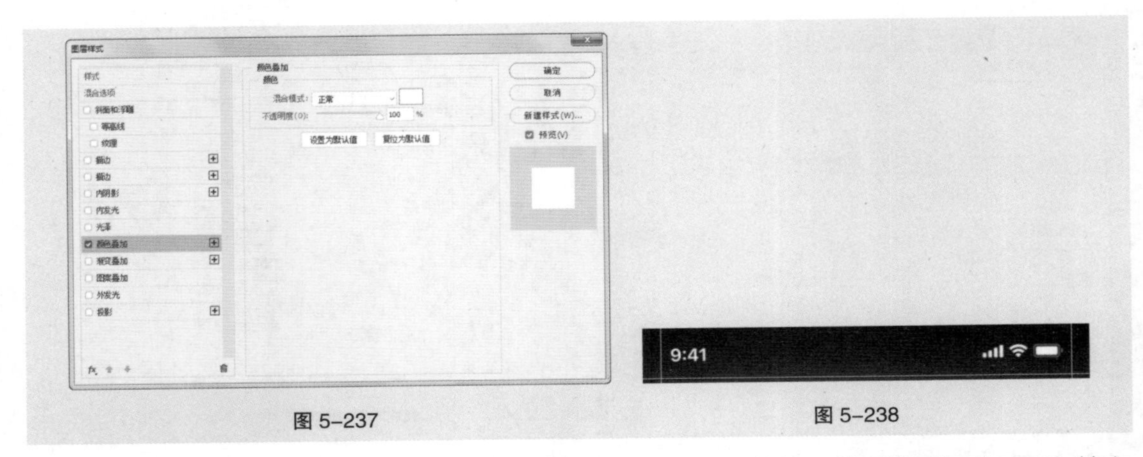

图 5-237　　图 5-238

（7）选择“视图 > 新建参考线”命令，弹出“新建参考线”对话框，选项设置如图 5-239 所示，效果如图 5-240 所示。

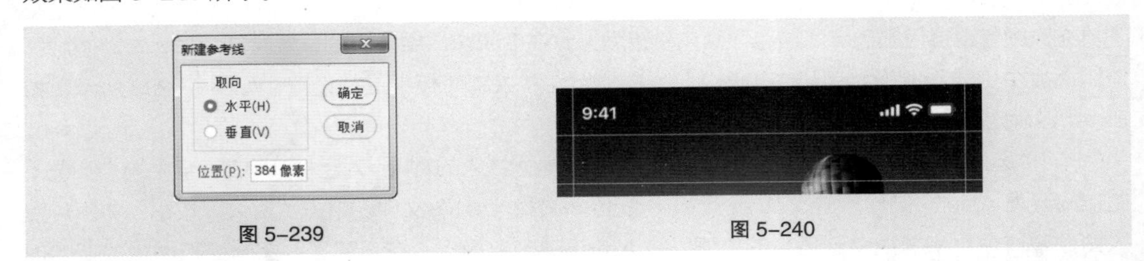

图 5-239　　图 5-240

（8）选择“文件 > 置入嵌入对象”命令，弹出“置入嵌入的对象”对话框。选择云盘中的“Ch05 > 制作旅游类 App > 制作旅游类 App 个人中心页 > 素材 > 03”文件，单击“置入”按钮，将图标置入图像窗口中。将其拖曳到适当的位置并调整大小，按 Enter 键确定操作，效果如图 5-241 所示，在“图层”控制面板中生成新的图层并将其命名为“返回”。

（9）使用相同的方法，分别置入“04”和“05”文件，将其拖曳到适当的位置并调整大小，按 Enter 键确定操作，效果如图 5-242 所示，在“图层”控制面板中分别生成新的图层并将其命名为“评价”和“更多”，如图 5-243 所示。

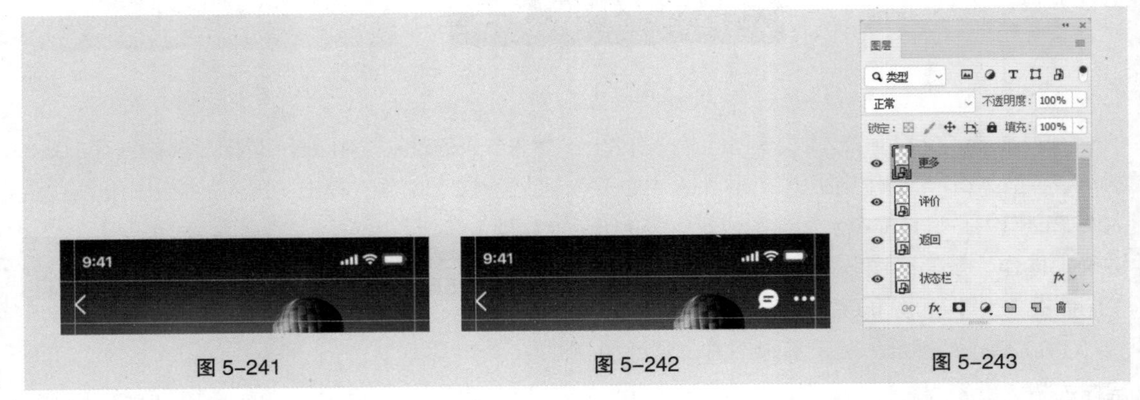

图 5-241　　图 5-242　　图 5-243

（10）按 Ctrl+O 组合键，打开云盘中的“Ch03 > 制作旅游类 App 反馈控件 > 效果 > 制作旅游类 App 反馈控件 .psd”文件，在“图层”控制面板中，选中“反馈控件”图层组。选择“移动”工具，将选取的图层组拖曳到新建的图像窗口中适当的位置，如图 5-244 所示，效果如图 5-245

所示。按住 Shift 键的同时，单击“返回”图层，将需要的图层同时选取。按 Ctrl+G 组合键，群组图层并将其命名为“导航栏”，如图 5-246 所示。

图 5-244　　图 5-245　　图 5-246

（11）选择“横排文字”工具 T，在适当的位置输入需要的文字并选取文字，选择“窗口 > 字符”命令，弹出“字符”控制面板，将“颜色”选项设置为白色，其他选项的设置如图 5-247 所示，按 Enter 键确定操作，效果如图 5-248 所示，在“图层”控制面板中生成新的文字图层。

图 5-247　　图 5-248

（12）选择“圆角矩形”工具，在属性栏中将“填充”颜色设置为白色，“描边”颜色设置为无，“半径”选项设置为 16 像素。在图像窗口中适当的位置绘制圆角矩形，在“图层”控制面板中生成新的形状图层“圆角矩形 1”。在“属性”控制面板中进行设置，如图 5-249 所示，按 Enter 键确定操作，效果如图 5-250 所示。

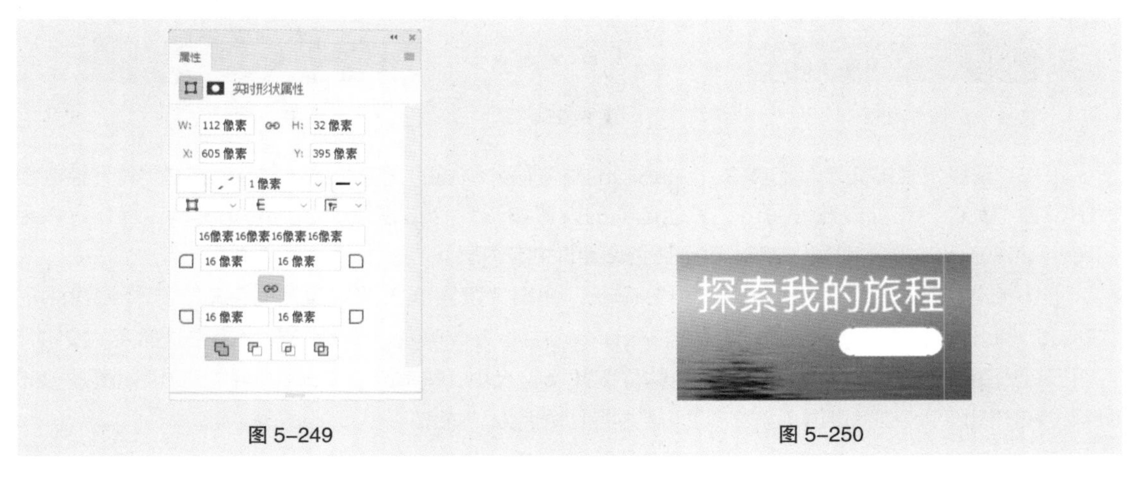

图 5-249　　图 5-250

（13）单击“图层”控制面板下方的“添加图层样式”按钮 fx.，在弹出的下拉列表中选择“渐变叠加”选项，弹出对话框，单击“渐变”选项右侧的“点按可编辑渐变”按钮，弹出“渐变编辑器”对话框，在“位置”选项中分别输入 0、100 两个位置点，分别设置两个位置点颜色的 RGB 值为 0（255、151、1）、100（236、101、25）。设置两个位置点的不透明度值为 0（100%）、100（30%），如图 5-251 所示，单击“确定”按钮。返回到“图层样式”对话框，其他选项的设置如图 5-252 所示，单击“确定”按钮，效果如图 5-253 所示。

（14）在“图层”控制面板中，将该图层的“填充”选项设置为 0%，如图 5-254 所示，效果如图 5-255 所示。

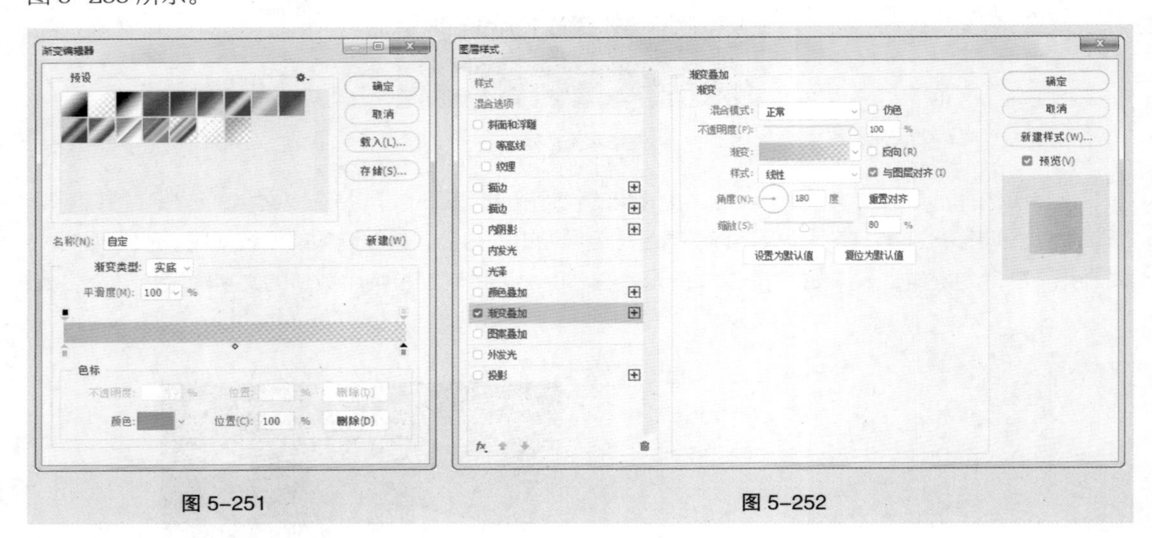

图 5-251　　图 5-252

图 5-253　　图 5-254　　图 5-255

（15）选择“横排文字”工具 T.，在适当的位置输入需要的文字并选取文字，在“字符”控制面板中，将“颜色”选项设置为白色，其他选项的设置如图 5-256 所示，按 Enter 键确定操作，效果如图 5-257 所示，在“图层”控制面板中生成新的文字图层。

（16）选择“文件 > 置入嵌入对象”命令，弹出“置入嵌入的对象”对话框。选择云盘中的“Ch05 > 制作旅游类 App > 制作旅游类 App 个人中心页 > 素材 > 06”文件，单击“置入”按钮，将图标置入图像窗口中。将其拖曳到适当的位置并调整大小，按 Enter 键确定操作，效果如图 5-258 所示，在“图层”控制面板中生成新的图层并将其命名为“探索”。

（17）按住 Shift 键的同时，单击“探索我的旅程”图层，将需要的图层同时选取。按 Ctrl+G 组合键，群组图层并将其命名为“去探索”，如图 5-259 所示。

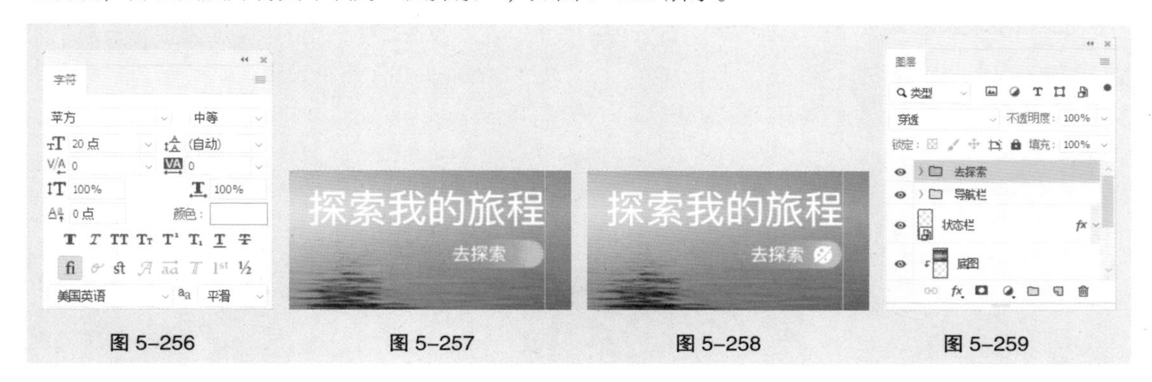

图 5-256　　图 5-257　　图 5-258　　图 5-259

（18）选择“视图 > 新建参考线”命令，弹出“新建参考线”对话框，选项设置如图 5-260 所示，效果如图 5-261 所示。

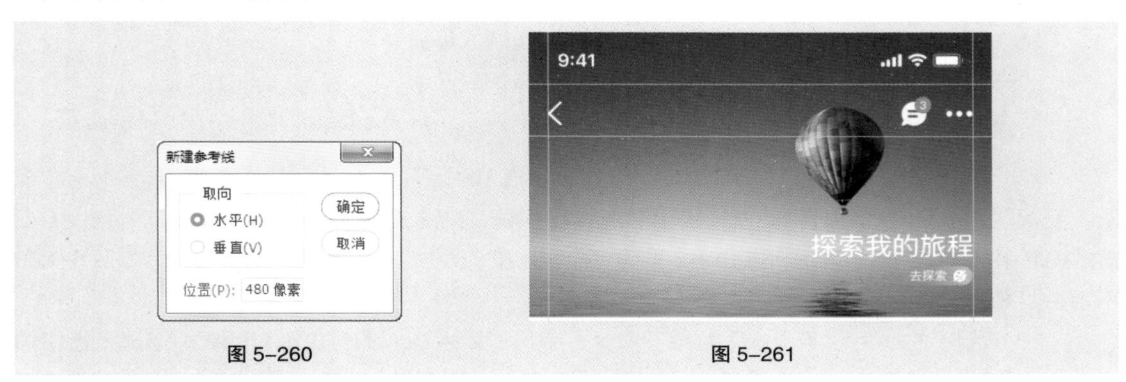

图 5-260　　图 5-261

（19）选择“视图 > 新建参考线”命令，弹出“新建参考线”对话框，选项设置如图 5-262 所示，在距离上方参考线 24 像素的位置新建一条水平参考线。使用相同的方法再次在距离上方参考线 244 像素的位置新建一条水平参考线，如图 5-263 所示。分别单击“确定”按钮，完成参考线的创建，效果如图 5-264 所示。

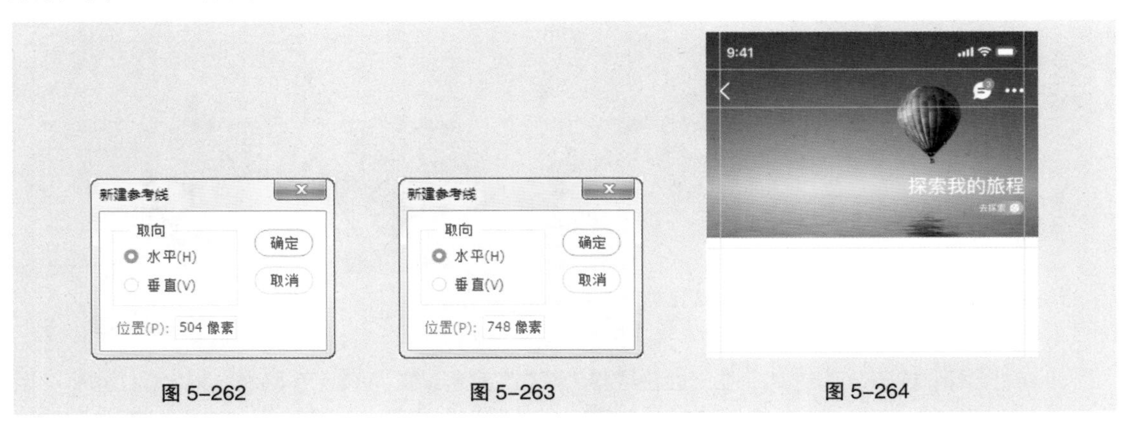

图 5-262　　图 5-263　　图 5-264

（20）选择“圆角矩形”工具 ▢，在属性栏中将“填充”颜色设置为白色，“描边”颜色设置为无，“半径”选项设置为 10 像素。在图像窗口中适当的位置绘制圆角矩形，在“图层”控制面板中生成新的形状图层“圆角矩形 2”。在“属性”控制面板中进行设置，如图 5–265 所示，按 Enter 键确定操作，效果如图 5–266 所示。

（21）选择“椭圆”工具 ，按住 Shift 键的同时，在图像窗口中适当的位置绘制圆形，在“图层”控制面板中生成新的形状图层“椭圆 1”。在“属性”控制面板中进行设置，如图 5–267 所示，按 Enter 键确定操作，效果如图 5–268 所示。

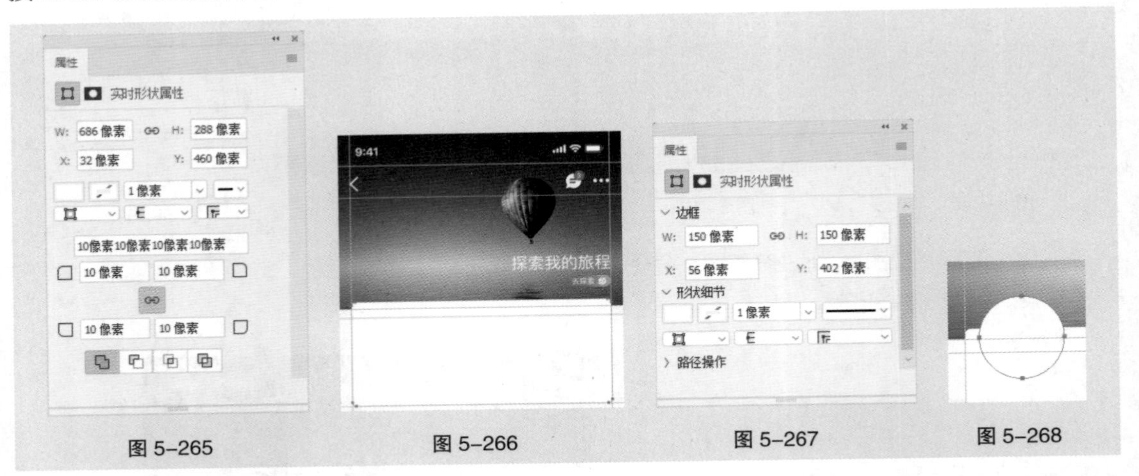

图 5–265　图 5–266　图 5–267　图 5–268

（22）按 Ctrl+J 组合键，复制“椭圆 1”图层，在“图层”控制面板中生成新的形状图层“椭圆 1 拷贝”。按 Ctrl+T 组合键，在图形周围出现变换框，按住 Alt+Shift 组合键的同时，拖曳右上角的控制手柄等比例缩小图形，按 Enter 键确定操作。在“属性”控制面板中进行设置，如图 5–269 所示，按 Enter 键确定操作，效果如图 5–270 所示。

（23）选择“文件 > 置入嵌入对象”命令，弹出“置入嵌入的对象”对话框。选择云盘中的“Ch05 > 制作旅游类 App > 制作旅游类 App 个人中心页 > 素材 > 07”文件，单击“置入”按钮，将图片置入图像窗口中。将其拖曳到适当的位置，按 Enter 键确定操作，效果如图 5–271 所示，在“图层”控制面板中生成新的图层并将其命名为“头像”。按 Alt+Ctrl+G 组合键，为图层创建剪贴蒙版，效果如图 5–272 所示。

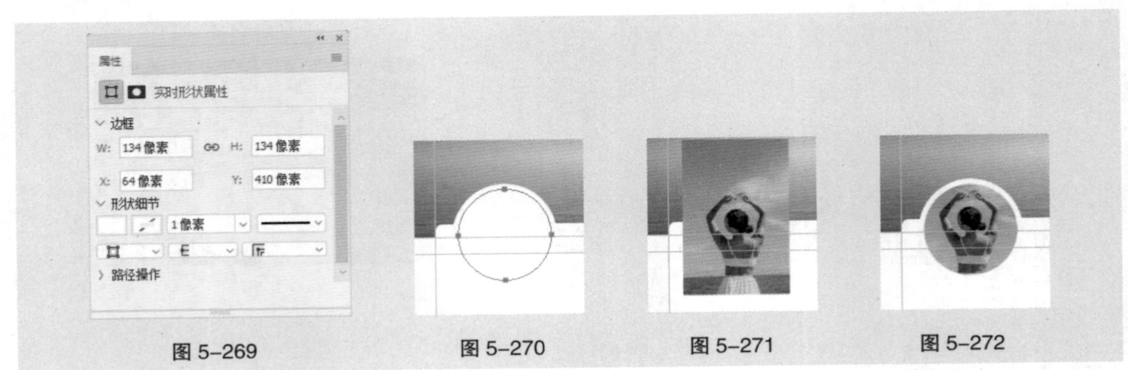

图 5–269　图 5–270　图 5–271　图 5–272

（24）选择“椭圆”工具 ，在属性栏中将“填充”颜色设置为深蓝色（180、203、213），“描边”颜色设置为无。按住 Shift 键的同时，在图像窗口中适当的位置绘制圆形，在“图层”控制面板中生成新的形状图层“椭圆 2”。在“属性”控制面板中进行设置，如图 5–273 所示，按 Enter 键确定操作。单击“蒙版”按钮，选项设置如图 5–274 所示，按 Enter 键确定操作，效果如图 5–275 所示。

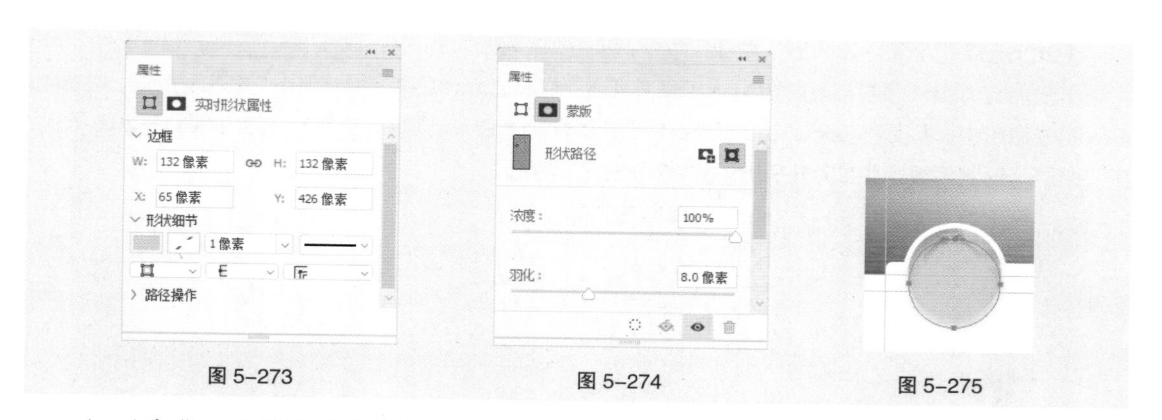

图 5-273　　图 5-274　　图 5-275

（25）在“图层”控制面板中将“椭圆 2”图层的“不透明度”选项设置为 70%，并将其拖曳到“椭圆 1”图层的下方，如图 5-276 所示，效果如图 5-277 所示。按住 Shift 键的同时，单击“头像”图层，将需要的图层同时选取。按 Ctrl+G 组合键，群组图层并将其命名为“头像”，如图 5-278 所示。

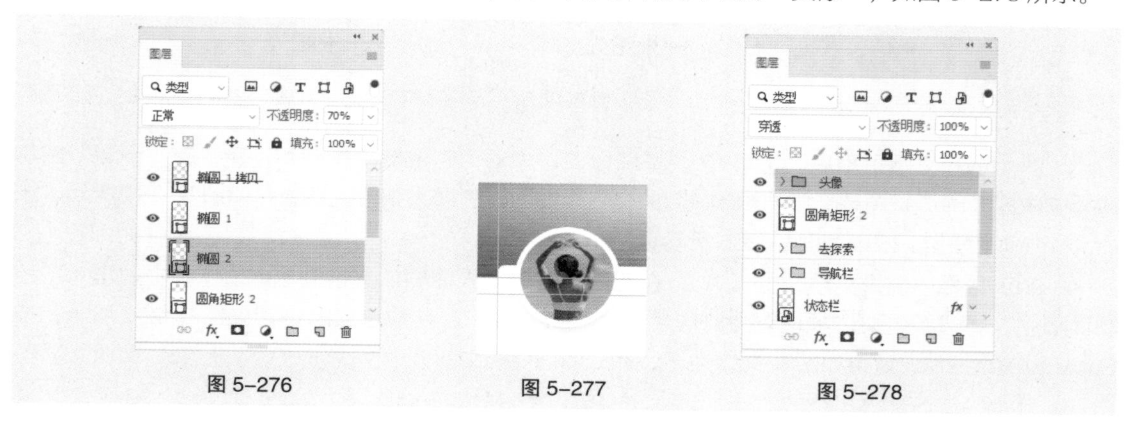

图 5-276　　图 5-277　　图 5-278

（26）选择“横排文字”工具 T，在适当的位置输入需要的文字并选取文字，在“字符”控制面板中，将“颜色”选项设置为深灰色（51、51、51），其他选项的设置如图 5-279 所示，按 Enter 键确定操作，效果如图 5-280 所示，在“图层”控制面板中生成新的文字图层。

图 5-279　　图 5-280

（27）选择“圆角矩形”工具 ▢，在属性栏中将“填充”颜色设置为浅灰色（235、235、235），“描边”颜色设置为无，“半径”选项设置为 4 像素。在图像窗口中适当的位置绘制圆角矩形，在“图层”控制面板中生成新的形状图层“圆角矩形 3”。在“属性”控制面板中进行设置，如图 5-281 所示，按 Enter 键确定操作，效果如图 5-282 所示。

（28）选择“文件 > 置入嵌入对象”命令，弹出“置入嵌入的对象”对话框。选择云盘中的“Ch05 > 制作旅游类 App > 制作旅游类 App 个人中心页 > 素材 > 08”文件，单击“置入”按钮，将图标置入图像窗口中。将其拖曳到适当的位置并调整大小，按 Enter 键确定操作，效果如图 5-283 所示，在“图层”控制面板中生成新的图层并将其命名为“等级”。

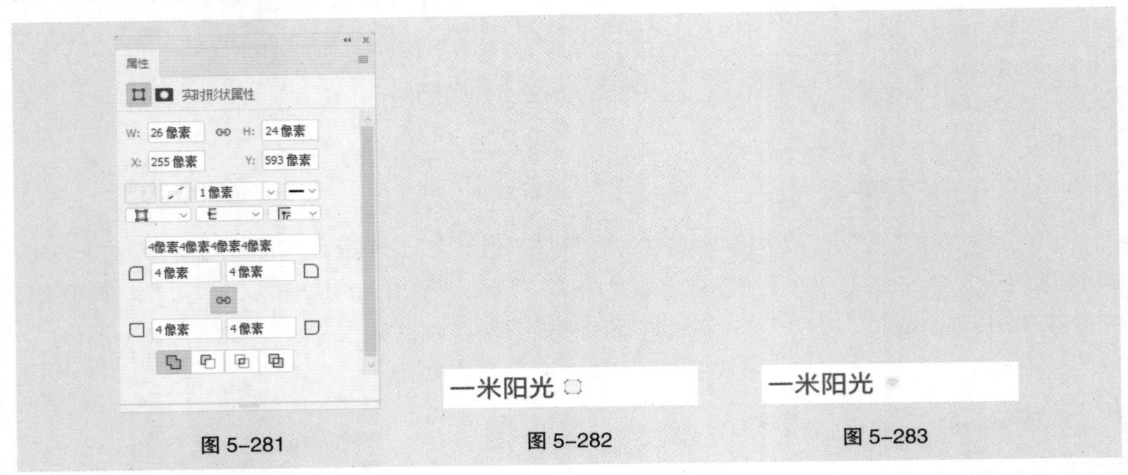

图 5-281　图 5-282　图 5-283

（29）选择“圆角矩形”工具，在图像窗口中适当的位置绘制圆角矩形，在“图层”控制面板中生成新的形状图层“圆角矩形 4”。在“属性”控制面板中进行设置，如图 5-284 所示，按 Enter 键确定操作，效果如图 5-285 所示。

（30）选择“横排文字”工具 T，在适当的位置输入需要的文字并选取文字，在“字符”控制面板中，将“颜色”选项设置为深灰色（51、51、51），其他选项的设置如图 5-286 所示，按 Enter 键确定操作，效果如图 5-287 所示，在“图层”控制面板中生成新的文字图层。

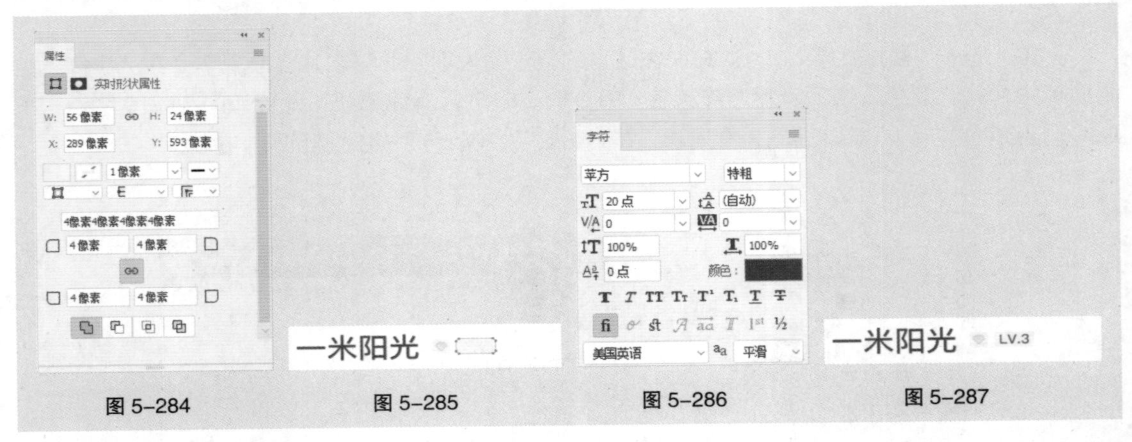

图 5-284　图 5-285　图 5-286　图 5-287

（31）使用相同的方法再次绘制形状、置入图标并输入需要的文字，如图 5-288 所示，效果如图 5-289 所示。按住 Shift 键的同时，单击“圆角矩形 3”图层，将需要的图层同时选取。按 Ctrl+G 组合键，群组图层并将其命名为“Vip”，如图 5-290 所示。

（32）选择“横排文字”工具 T，在适当的位置输入需要的文字并选取文字，在“字符”控制面板中，将“颜色”选项设置为深灰色（51、51、51），其他选项的设置如图 5-291 所示，按 Enter 键确定操作。再次输入文字，在“字符”控制面板中，将“颜色”选项设置为灰色（153、153、

153），其他选项的设置如图 5-292 所示，按 Enter 键确定操作，效果如图 5-293 所示。在“图层”控制面板中分别生成新的文字图层。

图 5-288　　图 5-289　　图 5-290

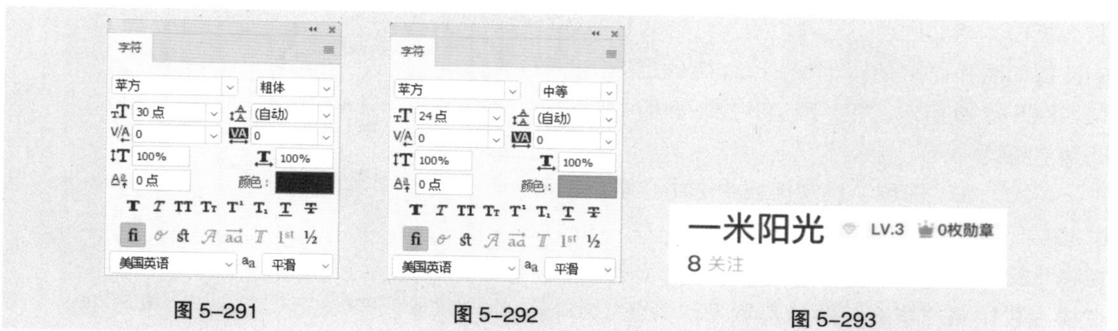

图 5-291　　图 5-292　　图 5-293

（33）使用相同的方法，再次分别输入文字，在“图层”控制面板中分别生成新的文字图层，如图 5-294 所示，效果如图 5-295 所示。

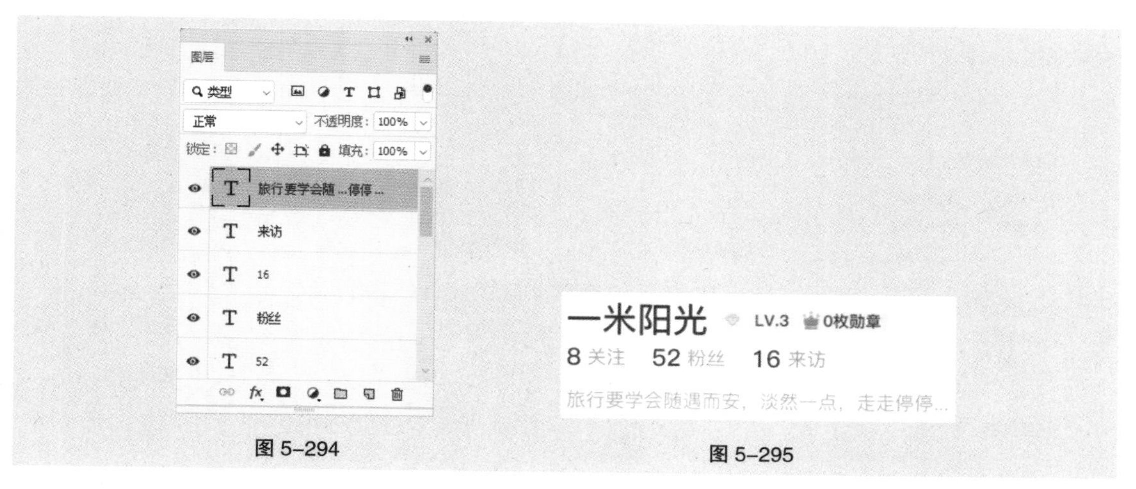

图 5-294　　图 5-295

（34）选择“圆角矩形”工具 ，在属性栏中将“填充”颜色设置为橘黄色（255、151、1），“描边”颜色设置为无，“半径”选项设置为 32 像素。在图像窗口中适当的位置绘制圆角矩形，在“图层”控制面板中生成新的形状图层“圆角矩形 6”。在“属性”控制面板中进行设置，如图 5-296 所示，按 Enter 键确定操作，效果如图 5-297 所示。

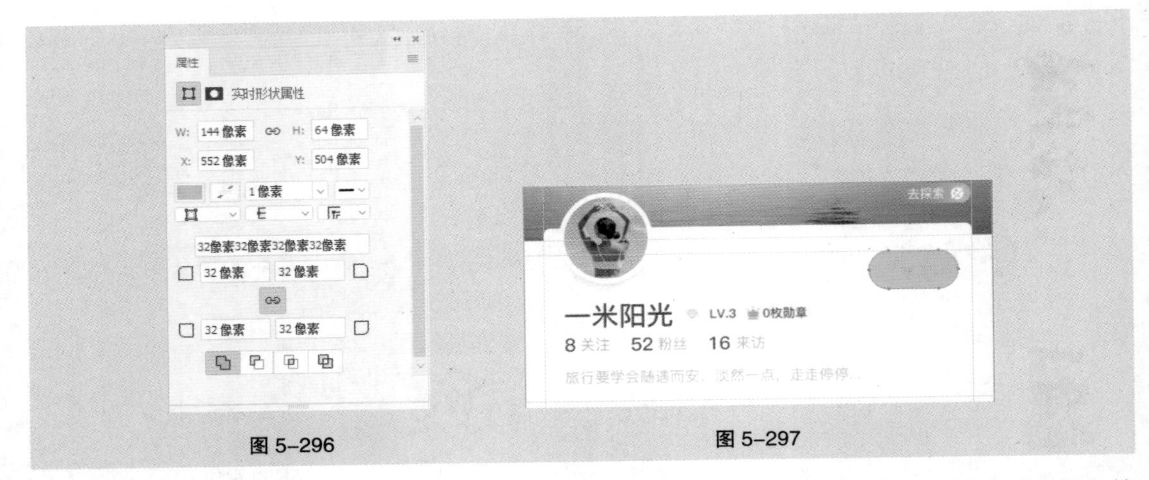

图 5-296　　图 5-297

（35）选择“横排文字”工具 T.，在适当的位置输入需要的文字并选取文字，在“字符”控制面板中，将“颜色”选项设置为白色，其他选项的设置如图 5-298 所示，按 Enter 键确定操作，效果如图 5-299 所示，在“图层”控制面板中生成新的文字图层。

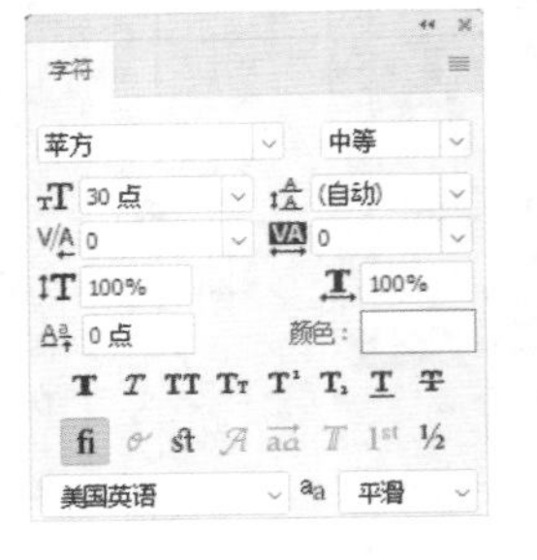

图 5-298

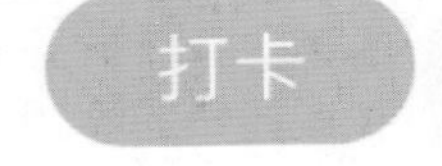

图 5-299

（36）在“图层”控制面板中选中“圆角矩形 6”图层，按 Ctrl+J 组合键，复制图层，在“图层”控制面板中生成新的形状图层“圆角矩形 6 拷贝”。在属性栏中将“填充”颜色设置为深黄色（207、176、131），“描边”颜色设置为无，在“属性”控制面板中进行设置，如图 5-300 所示，按 Enter 键确定操作。单击“蒙版”按钮，选项设置如图 5-301 所示，按 Enter 键确定操作，效果如图 5-302 所示。在“图层”控制面板中将“圆角矩形 6 拷贝”图层拖曳到“圆角矩形 6”图层的下方，效果如图 5-303 所示。

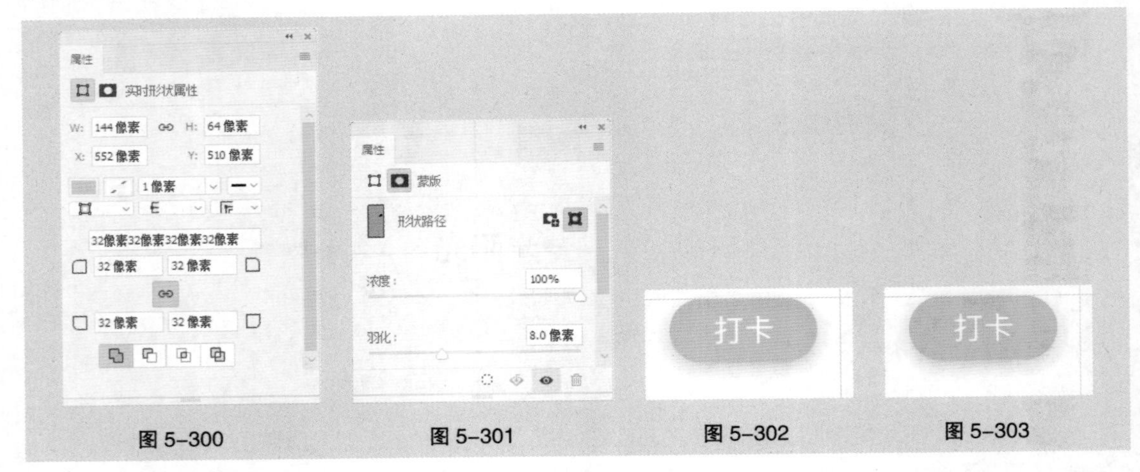

图 5-300　　图 5-301　　图 5-302　　图 5-303

（37）在“图层”控制面板中选中“圆角矩形 2”图层。选择“圆角矩形”工具 ▢，在图像窗口中适当的位置绘制圆角矩形，在“图层”控制面板中生成新的形状图层“圆角矩形 7”。在属性栏中将“填充”颜色设置为浅灰色（235、235、235），“描边”颜色设置为无，在“属性”控制面板中进行设置，如图 5–304 所示，按 Enter 键确定操作。单击“蒙版”按钮，选项设置如图 5–305 所示，按 Enter 键确定操作，效果如图 5–306 所示。

图 5–304　　图 5–305　　图 5–306

（38）在“图层”控制面板中将“圆角矩形 7”图层拖曳到“圆角矩形 2”图层的下方，如图 5–307 所示，效果如图 5–308 所示。按住 Shift 键的同时，单击“打卡”图层，将需要的图层同时选取。按 Ctrl+G 组合键，群组图层并将其命名为“用户信息”，如图 5–309 所示。

图 5–307　　图 5–308　　图 5–309

（39）选择“视图 > 新建参考线”命令，弹出“新建参考线”对话框，选项设置如图 5–310 所示，在距离上方参考线 24 像素的位置新建一条水平参考线。使用相同的方法再次在距离上方参考线 112 像素的位置新建一条水平参考线，如图 5–311 所示。分别单击“确定”按钮，完成参考线的创建，效果如图 5–312 所示。

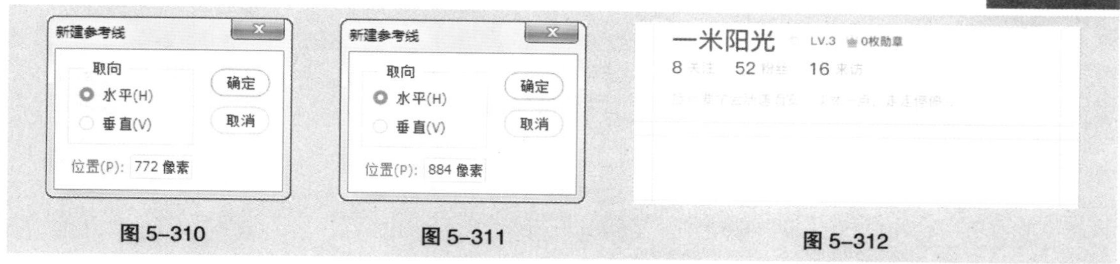

图 5–310　　图 5–311　　图 5–312

（40）选择“圆角矩形”工具 ▢，在属性栏中将“填充”颜色设置为白色，“描边”颜色设置为无，“半径”选项设置为 10 像素。在图像窗口中适当的位置绘制圆角矩形，在“图层”控制面板中生成新的形状图层“圆角矩形 8”。在“属性”控制面板中进行设置，如图 5–313 所示，按 Enter 键确定操作，效果如图 5–314 所示。

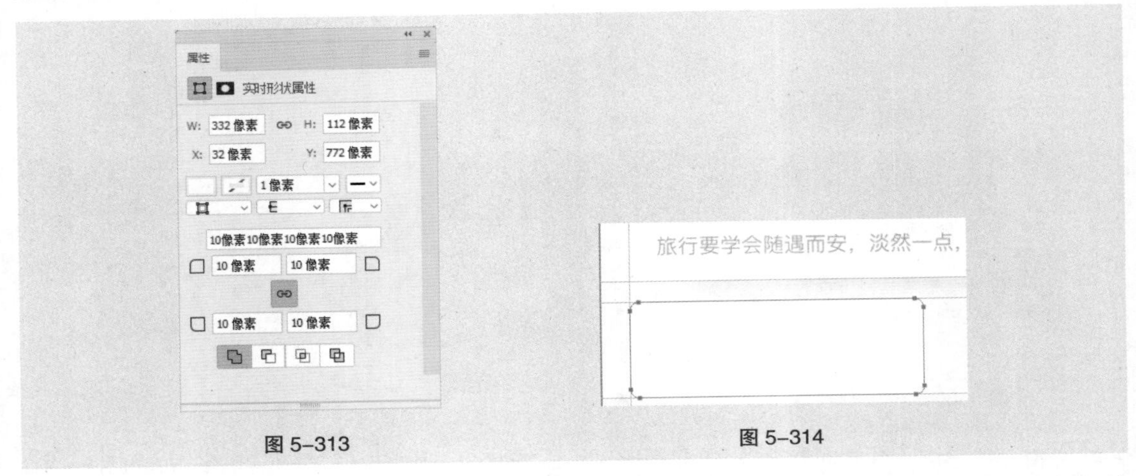

图 5–313

图 5–314

（41）选择“横排文字”工具 T.，在适当的位置输入需要的文字并选取文字，在“字符”控制面板中，将“颜色”选项设置为深灰色（51、51、51），其他选项的设置如图 5–315 所示，按 Enter 键确定操作。再次输入文字，在“字符”控制面板中，将“颜色”选项设置为灰色（153、153、153），其他选项的设置如图 5–316 所示，按 Enter 键确定操作，效果如图 5–317 所示。在“图层”控制面板中分别生成新的文字图层。

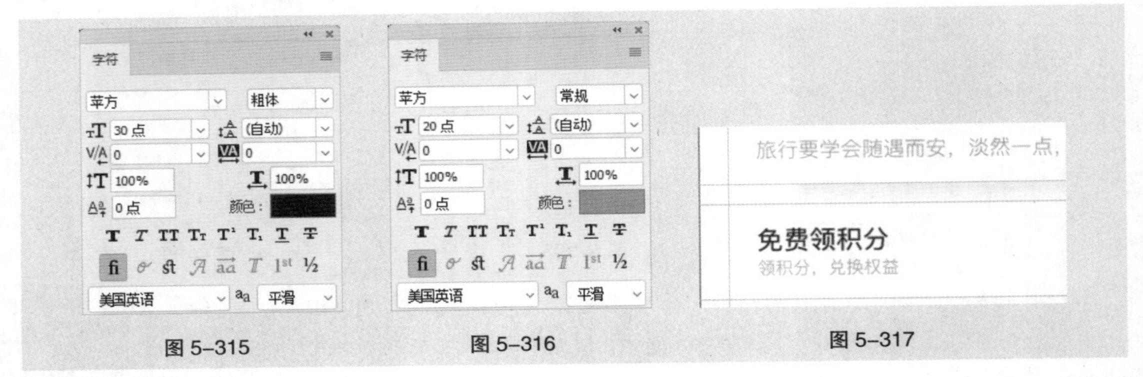

图 5–315

图 5–316

图 5–317

（42）选择“文件 > 置入嵌入对象”命令，弹出“置入嵌入的对象”对话框。选择云盘中的“Ch05 > 制作旅游类 App > 制作旅游类 App 个人中心页 > 素材 > 10”文件，单击“置入”按钮，将图标置入图像窗口中。将其拖曳到适当的位置并调整大小，按 Enter 键确定操作，效果如图 5–318 所示，在“图层”控制面板中生成新的图层并将其命名为“积分”。

图 5–318

（43）选择“圆角矩形”工具 ▢.，在图像窗口中适当的位置绘制圆角矩形，在“图层”控制面板中生成新的形状图层“圆角矩形 9”。在属性栏中将“填充”颜色设置为浅灰色（235、235、235），“描边”颜色设置为无，在“属性”控制面板中进行设置，如图 5–319 所示，按 Enter 键确定操作。单击“蒙版”按钮，选项设置如图 5–320 所示，按 Enter 键确定操作，效果如图 5–321 所示。

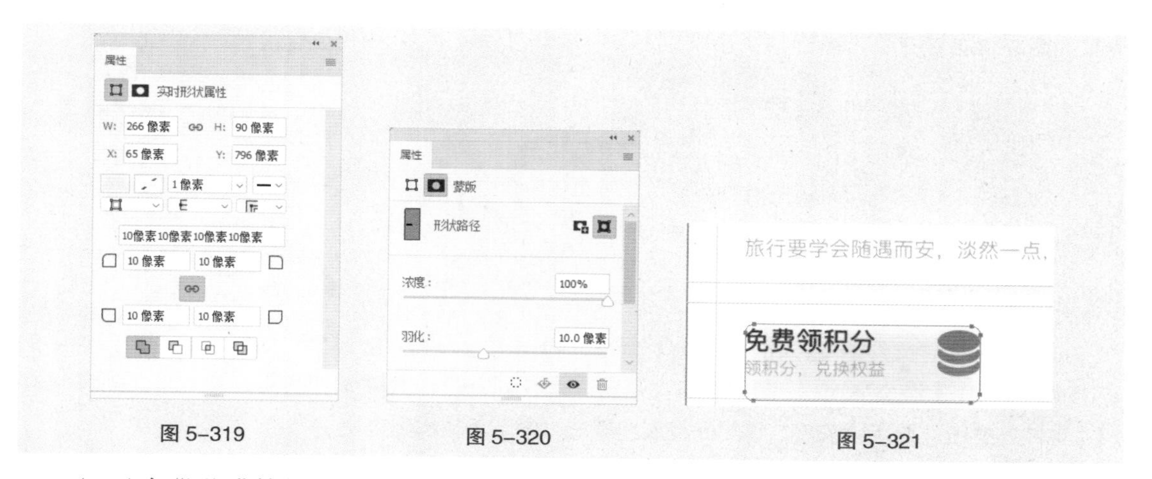

图 5-319　　图 5-320　　图 5-321

（44）在“图层”控制面板中将“圆角矩形 9”图层拖曳到“圆角矩形 8”图层的下方，如图 5-322 所示，效果如图 5-323 所示。按住 Shift 键的同时，单击“积分”图层，将需要的图层同时选取。按 Ctrl+G 组合键，群组图层并将其命名为“领积分”，如图 5-324 所示。

图 5-322　　图 5-323　　图 5-324

（45）使用相同的方法，再次绘制形状、输入文字、置入图标并群组图层，如图 5-325 所示，效果如图 5-326 所示。

图 5-325　　图 5-326

（46）选择“视图 > 新建参考线”命令，弹出“新建参考线”对话框，选项设置如图 5-327 所示，在距离上方参考线 32 像素的位置新建一条水平参考线。使用相同的方法再次在距离上方参考线 140 像素的位置新建一条水平参考线，如图 5-328 所示。分别单击“确定”按钮，完成参考线的创建，效果如图 5-329 所示。

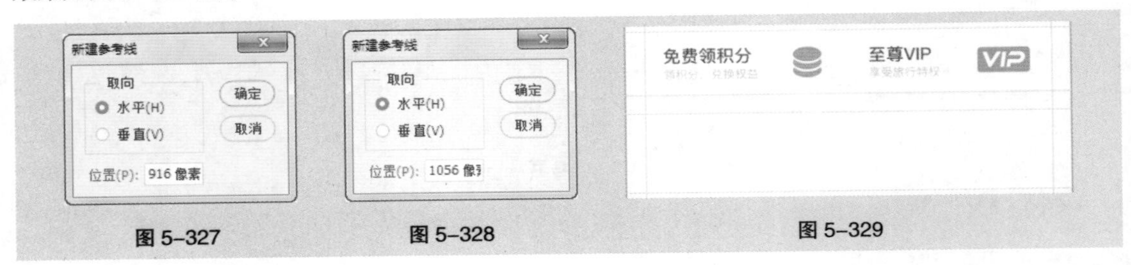

图 5-327　　图 5-328　　图 5-329

（47）选择“文件 > 置入嵌入对象”命令，弹出“置入嵌入的对象”对话框。选择云盘中的“Ch05 > 制作旅游类 App > 制作旅游类 App 个人中心页 > 素材 > 12”文件，单击“置入”按钮，将图标置入图像窗口中。将其拖曳到适当的位置并调整大小，按 Enter 键确定操作，效果如图 5-330 所示，在“图层”控制面板中生成新的图层并将其命名为“待付款”。

图 5-330

（48）单击“图层”控制面板下方的“添加图层样式”按钮 fx.，在弹出的下拉列表中选择“渐变叠加”选项，弹出对话框，单击“渐变”选项右侧的“点按可编辑渐变”按钮，弹出“渐变编辑器”对话框，在“位置”选项中分别输入 0、100 两个位置点，分别设置两个位置点颜色的 RGB 值为 0（255、222、0）、100（255、150、0），如图 5-331 所示，单击“确定”按钮。返回到“图层样式”对话框，其他选项的设置如图 5-332 所示，单击“确定”按钮，效果如图 5-333 所示。

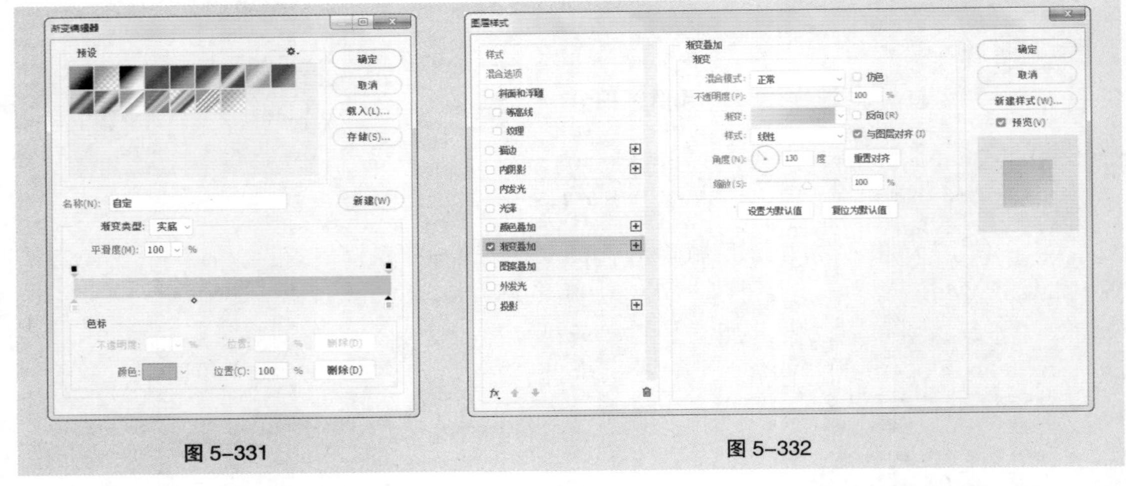

图 5-331　　图 5-332

（49）使用相同的方法，再次分别置入需要的图标并添加渐变叠加效果，效果如图 5-334 所示，在“图层”控制面板中分别生成新的图层。

图 5-333　　图 5-334

（50）选择“横排文字”工具 T.，在适当的位置分别输入需要的文字并选取文字，在“字符”控制面板中，将“颜色”选项设置为灰色（153、153、153），其他选项的设置如图 5-335 所示，按 Enter 键确定操作，效果如图 5-336 所示，在“图层”控制面板中分别生成新的文字图层。

图 5-335　　图 5-336

（51）选择“文件 > 置入嵌入对象”命令，弹出“置入嵌入的对象”对话框。选择云盘中的“Ch05 > 制作旅游类 App > 制作旅游类 App 个人中心页 > 素材 > 17”文件，单击“置入”按钮，将图标置入图像窗口中。将其拖曳到适当的位置并调整大小，按 Enter 键确定操作，效果如图 5-337 所示，在“图层”控制面板中生成新的图层并将其命名为“展开”。

（52）按住 Shift 键的同时，单击“待付款”图层，将需要的图层同时选取。按 Ctrl+G 组合键，群组图层并将其命名为“我的订单”，如图 5-338 所示。

图 5-337　　图 5-338

（53）选择“视图 > 新建参考线”命令，弹出“新建参考线”对话框，选项设置如图 5-339 所示，在距离上方参考线 336 像素的位置新建一条水平参考线，单击“确定”按钮，完成参考线的创建，效果如图 5-340 所示。

图 5-339　　图 5-340

（54）选择“圆角矩形”工具▢，在属性栏中将“填充”颜色设置为白色，“描边”颜色设置为无，“半径”选项设置为 10 像素。在图像窗口中适当的位置绘制圆角矩形，在“图层”控制面板中生成新的形状图层“圆角矩形 10”。在“属性”控制面板中进行设置，如图 5-341 所示，按 Enter 键确定操作，效果如图 5-342 所示。

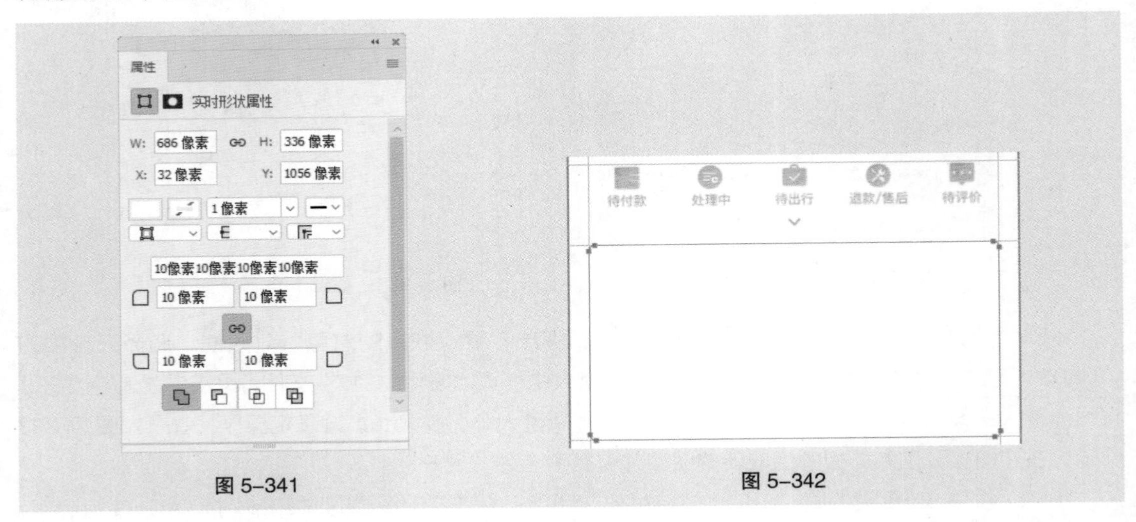

图 5-341　　图 5-342

（55）选择“横排文字”工具 T，在适当的位置输入需要的文字并选取文字，在“字符”控制面板中，将“颜色”选项设置为灰色（51、51、51），其他选项的设置如图 5-343 所示，按 Enter 键确定操作，效果如图 5-344 所示，在“图层”控制面板中生成新的文字图层。

（56）选择“直线”工具 ╱，在属性栏中将“填充”颜色设置为无，“描边”颜色设置为浅灰色（234、234、234），“粗细”选项设置为 1 像素。按住 Shift 键的同时，在图像窗口中适当的位置绘制一条直线，效果如图 5-345 所示，在“图层”控制面板中生成新的形状图层“形状 1”。

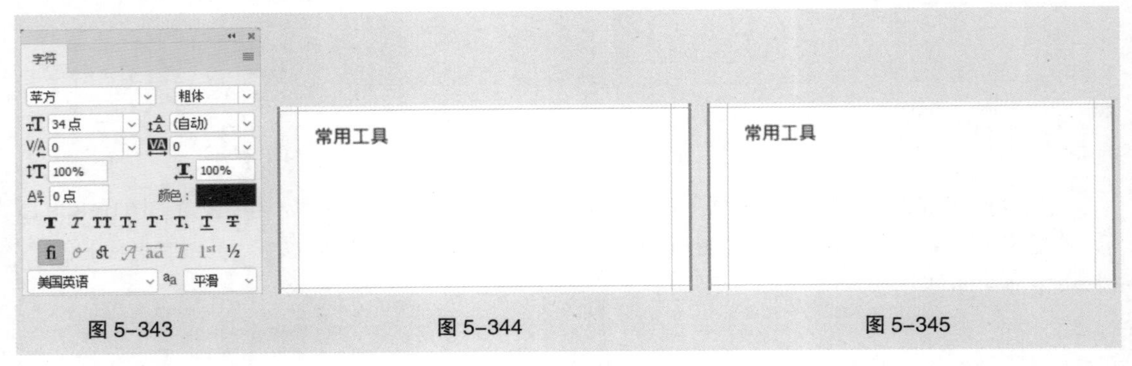

图 5-343　　图 5-344　　图 5-345

（57）选择“横排文字”工具 T，在适当的位置输入需要的文字并选取文字，在“字符”控制面板中，将“颜色”选项设置为橘黄色（240、124、20），其他选项的设置如图 5-346 所示，按 Enter 键确定操作。再次输入文字，在“字符”控制面板中，将“颜色”选项设置为灰色（153、153、153），其他选项的设置如图 5-347 所示，按 Enter 键确定操作，效果如图 5-348 所示。在“图层”控制面板中分别生成新的文字图层。

（58）使用相同的方法，分别输入其他文字，效果如图 5-349 所示，在“图层”控制面板中分别生成新的文字图层。

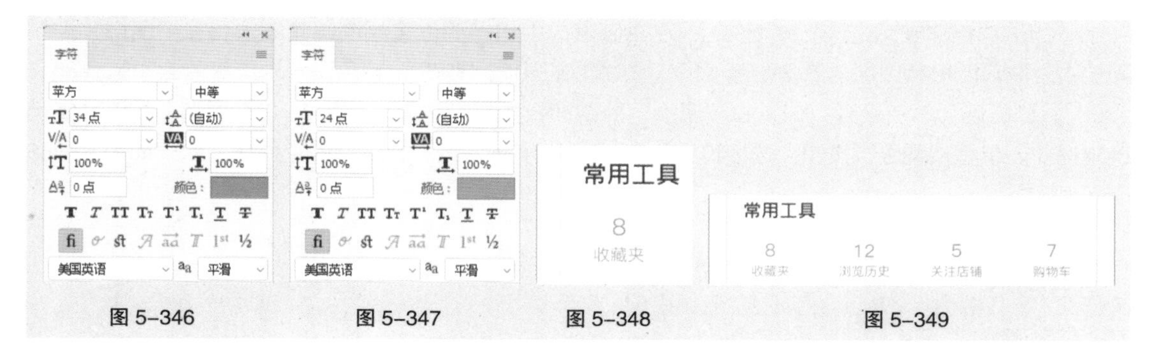

图 5-346　　图 5-347　　图 5-348　　图 5-349

（59）选择“文件 > 置入嵌入对象”命令，弹出“置入嵌入的对象”对话框。选择云盘中的“Ch05 > 制作旅游类 App > 制作旅游类 App 个人中心页 > 素材 > 18”文件，单击“置入”按钮，将图标置入图像窗口中。将其拖曳到适当的位置并调整大小，按 Enter 键确定操作，效果如图 5-350 所示，在“图层”控制面板中生成新的图层并将其命名为“在线客服”。

（60）单击“图层”控制面板下方的“添加图层样式”按钮 fx.，在弹出的下拉列表中选择“颜色叠加”选项，弹出对话框，设置“叠加”颜色为深黄色（242、163、49），单击“确定”按钮。返回到“图层样式”对话框，其他选项的设置如图 5-351 所示，单击“确定”按钮，效果如图 5-352 所示。

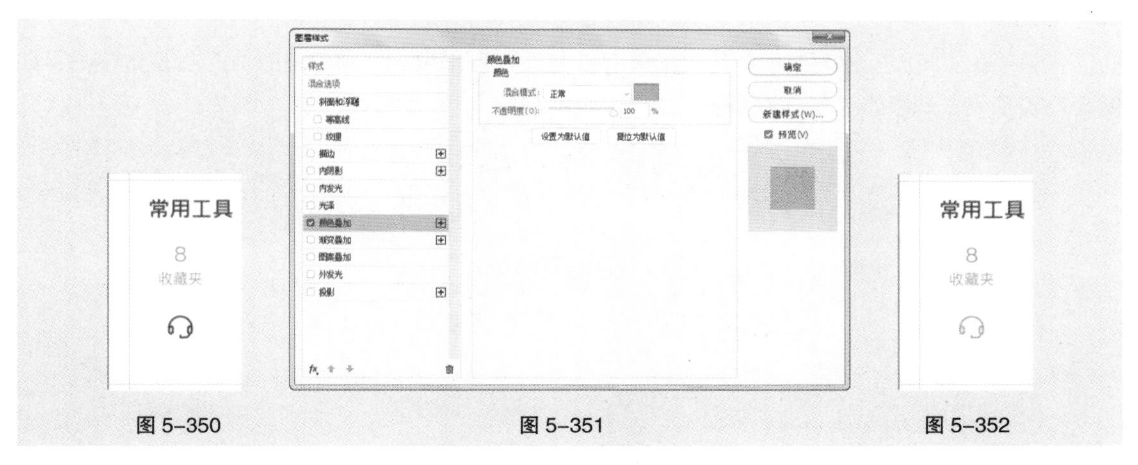

图 5-350　　图 5-351　　图 5-352

（61）选择“横排文字”工具 T.，在适当的位置输入需要的文字并选取文字，在“字符”控制面板中，将“颜色”选项设置为灰色（153、153、153），其他选项的设置如图 5-353 所示，按 Enter 键确定操作，效果如图 5-354 所示，在“图层”控制面板中生成新的文字图层。

（62）使用相同的方法，分别置入其他图标、添加颜色叠加效果并输入其他文字，效果如图 5-355 所示，在“图层”控制面板中分别生成新的图层。

图 5-353　　图 5-354　　图 5-355

（63）选择“圆角矩形”工具▢，在图像窗口中适当的位置绘制圆角矩形，在“图层”控制面板中生成新的形状图层“圆角矩形 11”。在属性栏中将“填充”颜色设置为浅灰色（235、235、235），“描边”颜色设置为无，在“属性”控制面板中进行设置，如图 5–356 所示，按 Enter 键确定操作。单击“蒙版”按钮，选项设置如图 5–357 所示，按 Enter 键确定操作，效果如图 5–358 所示。

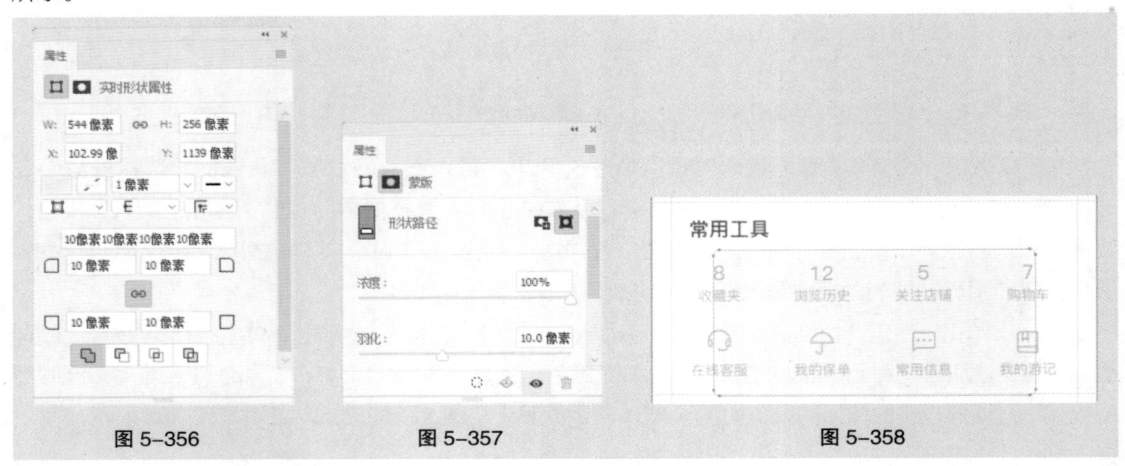

图 5–356　　图 5–357　　图 5–358

（64）在“图层”控制面板中将“圆角矩形 11”图层拖曳到“圆角矩形 10”图层的下方，如图 5–359 所示，效果如图 5–360 所示。

图 5–359　　图 5–360

（65）按住 Shift 键的同时，单击“我的游记”图层，将需要的图层同时选取。按 Ctrl+G 组合键，群组图层并将其命名为“常用工具”，如图 5–361 所示。按住 Shift 键的同时，单击“去探索”图层组，将需要的图层组同时选取。按 Ctrl+G 组合键，群组图层组并将其命名为“内容区”，如图 5–362 所示。

图 5–361　　图 5–362

（66）选择“视图 > 新建参考线”命令，弹出“新建参考线”对话框，选项设置如图 5–363 所示，在距离上方参考线 66 像素的位置新建一条水平参考线。使用相同的方法再次在距离上方参考线 98 像素的位置新建一条水平参考线，如图 5–364 所示。分别单击“确定”按钮，完成参考线的创建，效果如图 5-365 所示。

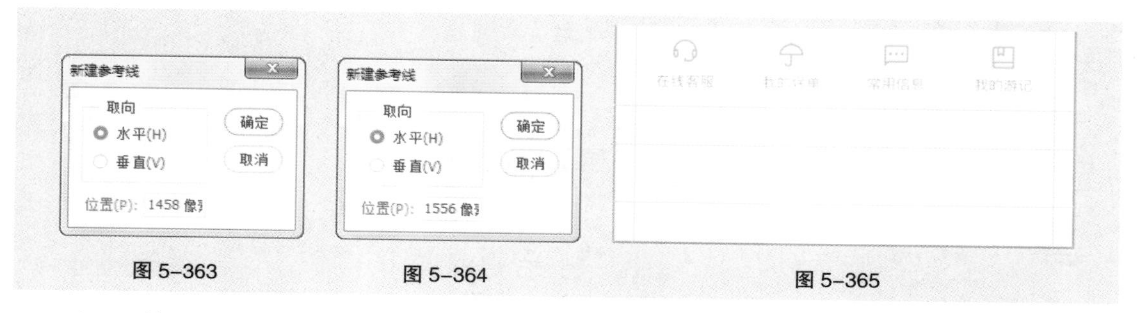

图 5-363 图 5-364 图 5-365

（67）按 Ctrl+O 组合键，打开云盘中的“Ch05 > 制作旅游类 App > 制作旅游类 App 首页 > 效果 > 制作旅游类 App 首页 .psd”文件，在“图层”控制面板中，选中“标签栏”图层组。选择“移动”工具 ✥.，将选取的图层组拖曳到新建的图像窗口中适当的位置，如图 5-366 所示，效果如图 5-367 所示。

图 5-366 图 5-367

（68）展开“标签栏”图层组，单击“首页（已选中）”图层左侧的眼睛图标 👁，隐藏图层，单击“首页（未选中）”图层左侧的空白图标 ，显示图层，如图 5-368 所示，效果如图 5-369 所示。使用相同的方法隐藏“我的（未选中）”图层，显示“我的（已选中）”图层，效果如图 5-370 所示。

图 5-368 图 5-369 图 5-370

（69）选中“首页”文字图层，在“字符”控制面板中，将“颜色”选项设置为灰色（153、153、153），其他选项的设置如图 5-371 所示，按 Enter 键确定操作。选中“我的”文字图层，在“字符”控制面板中，将“颜色”选项设置为橘黄色（255、151、1），其他选项的设置如图 5-372 所示，按 Enter 键确定操作，效果如图 5-373 所示。

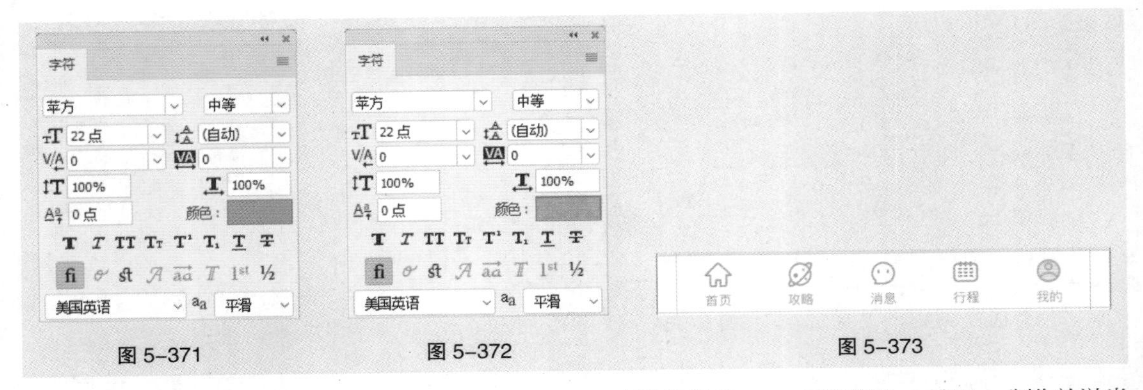

图 5-371　图 5-372　图 5-373

（70）按 Ctrl+O 组合键，打开云盘中的“Ch03 > 制作旅游类 App 反馈控件 > 效果 > 制作旅游类 App 反馈控件 .psd”文件，在“图层”控制面板中，选中“反馈控件”图层组。选择“移动”工具 ，将选取的图层组拖曳到新建的图像窗口中适当的位置，如图 5-374 所示，效果如图 5-375 所示。

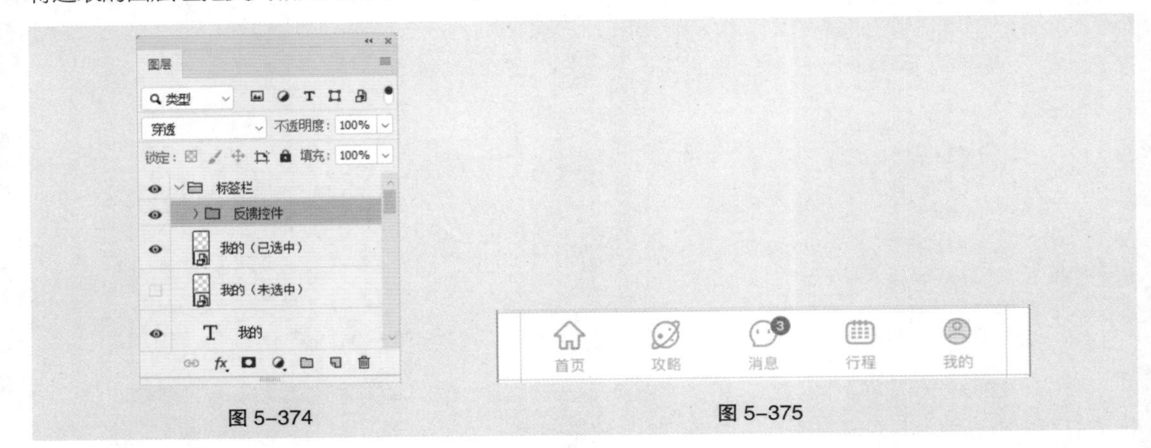

图 5-374　图 5-375

（71）折叠“标签栏”图层组。选择“文件 > 置入嵌入对象”命令，弹出“置入嵌入的对象”对话框。选择云盘中的“Ch05 > 制作旅游类 App > 制作旅游类 App 个人中心页 > 素材 > 22”文件，单击“置入”按钮，将图片置入图像窗口中。将其拖曳到适当的位置，按 Enter 键确定操作，效果如图 5-376 所示，在“图层”控制面板中生成新的图层并将其命名为“Home Indicator”，如图 5-377 所示。旅游类 App 个人中心页制作完成。

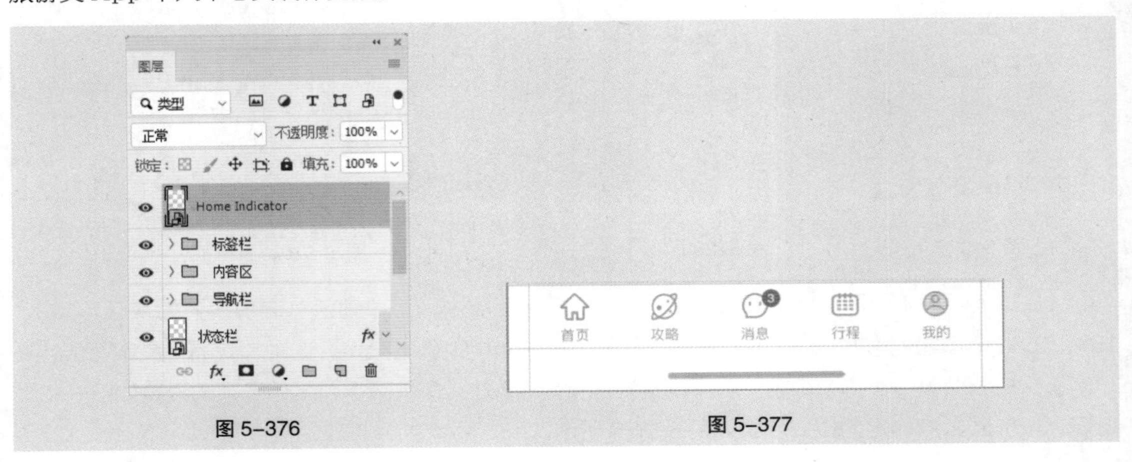

图 5-376　图 5-377

5.5 详情页

销量好的商品背后一定拥有一张优秀的详情页作为支撑，没有优秀的详情页设计，就无法有效进行产品转化，从而导致产品淘汰。优秀的详情页在设计时，一定不是单纯从美观度考虑，而是经过严格调研，分析了买家的购买心理、浏览习惯以及购物逻辑。下面主要从概念对详情页进行讲解。

5.5.1 详情页的概念

详情页是展示 App 产品详细信息，用于用户产生消费的页面，具有展示产品、流量转化的作用。详情页页面内容较丰富，以图文信息为主，如图 5-378 所示。

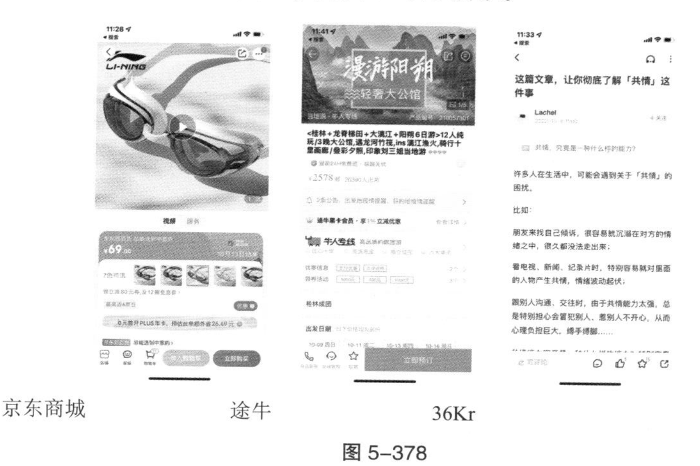

京东商城　　途牛　　36Kr

图 5-378

5.5.2 课堂案例——制作旅游类 App 酒店详情页

【案例设计要求】

（1）运用 Photoshop 制作旅游类 App 酒店详情页，设计效果如图 5-379 所示。

（2）页面尺寸：750px（宽）×2146px（高）。

（3）体现出行业风格。

【案例学习目标】学习使用 Photoshop 制作旅游类 App 酒店详情页。

【案例知识要点】使用“圆角矩形”工具、“矩形”工具、“椭圆”工具和“直线”工具绘制形状，使用“置入嵌入对象”命令置入图片和图标，使用“创建剪贴蒙版”命令调整图片显示区域，使用“属性”控制面板制作弥散投影，使用“横排文字”工具输入文字。

【效果文件所在位置】云盘 /Ch05/ 制作旅游类 App/ 制作旅游类 App 酒店详情页 / 效果 / 制作旅游类 App 酒店详情页 .psd。

图 5-379

1. 制作状态栏、导航栏和房屋信息

（1）按 Ctrl+N 组合键，弹出“新建文档”对话框，将宽度设置为 750 像素，高度设置为 2290 像素，分辨率设置为 72 像素 / 英寸，背景内容设置为白色，如图 5-380 所示。单击“创建”按钮，完成文档的新建。

（2）选择“视图 > 新建参考线版面”命令，弹出“新建参考线版面”对话框，选项设置如图 5-381 所示。单击“确定”按钮，完成参考线的创建。

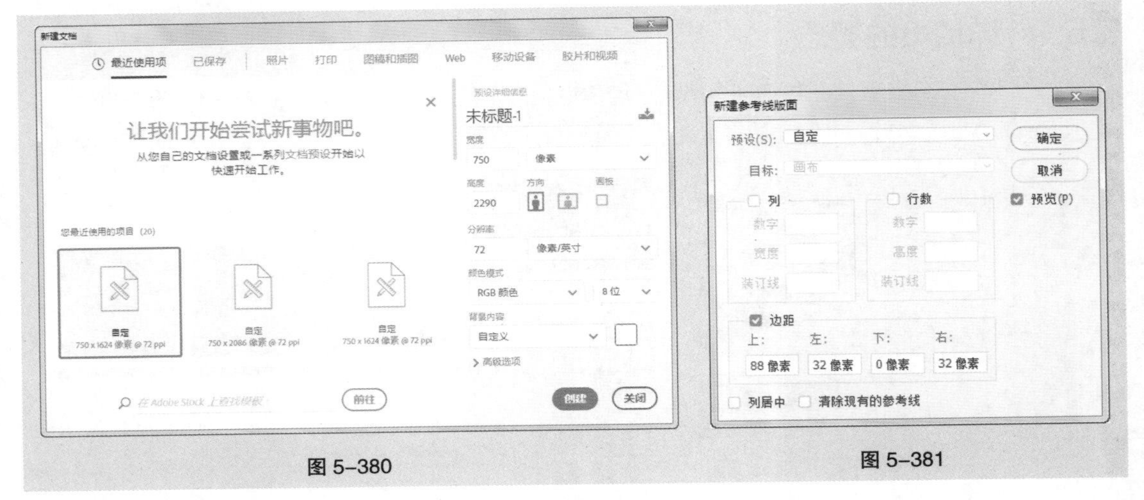

图 5-380　图 5-381

（3）选择“矩形”工具 ▭，在属性栏的“选择工具模式”下拉列表中选择“形状”选项，将“填充”颜色设置为黑色，“描边”颜色设置为无。在图像窗口中适当的位置绘制矩形，在“图层”控制面板中生成新的形状图层“矩形 1”。在“属性”控制面板中进行设置，如图 5-382 所示，按 Enter 键确定操作，效果如图 5-383 所示。

（4）选择“文件 > 置入嵌入对象”命令，弹出“置入嵌入的对象”对话框。选择云盘中的“Ch05 > 制作旅游类 App > 制作旅游类 App 酒店详情页 > 素材 > 01”文件，单击“置入”按钮，将图片置入图像窗口中。将其拖曳到适当的位置，按 Enter 键确定操作，在“图层”控制面板中生成新的图层并将其命名为“底图”。按 Alt+Ctrl+G 组合键，为图层创建剪贴蒙版，效果如图 5-384 所示。

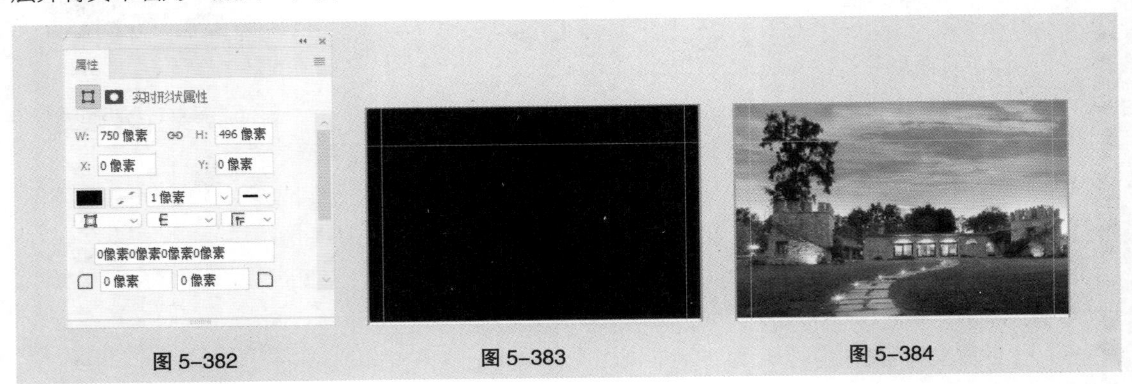

图 5-382　图 5-383　图 5-384

（5）选择“文件 > 置入嵌入对象”命令，弹出“置入嵌入的对象”对话框。选择云盘中的“Ch05 > 制作旅游类 App > 制作旅游类 App 酒店详情页 > 素材 > 02”文件，单击“置入”按钮，将图片置入图像窗口中。将其拖曳到适当的位置，按 Enter 键确定操作，效果如图 5-385 所示，在“图层”

控制面板中生成新的图层并将其命名为“状态栏”。

图 5-385

（6）单击“图层”控制面板下方的“添加图层样式”按钮 fx.，在弹出的下拉列表中选择“颜色叠加”选项，弹出对话框，设置“叠加”颜色为白色，单击“确定”按钮。返回到“图层样式”对话框，其他选项的设置如图 5-386 所示，单击“确定”按钮，效果如图 5-387 所示。

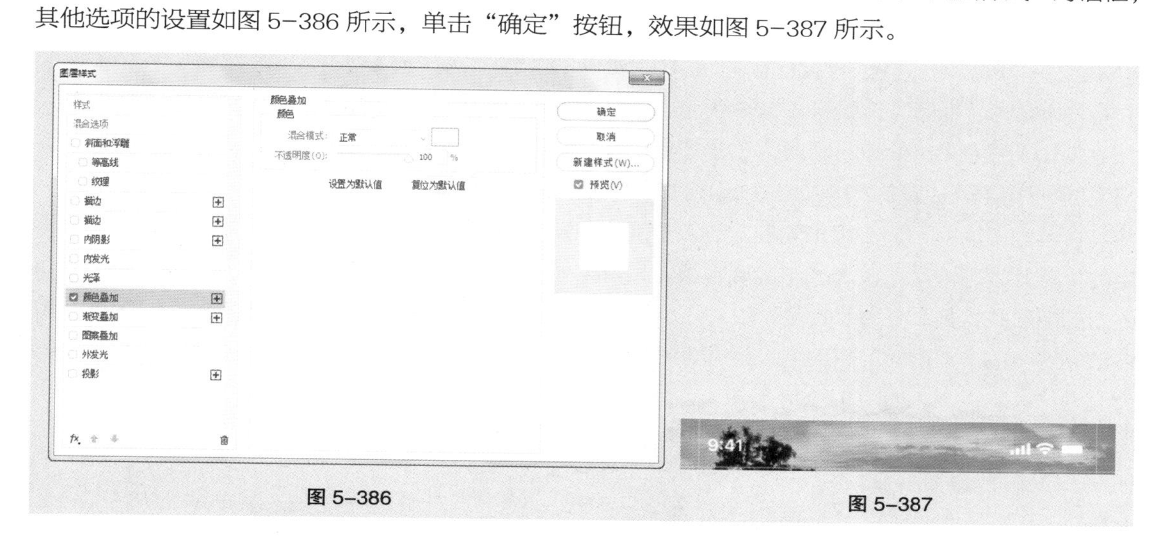

图 5-386

图 5-387

（7）选择“视图 > 新建参考线”命令，弹出“新建参考线”对话框，选项设置如图 5-388 所示，效果如图 5-389 所示。

图 5-388

图 5-389

（8）选择“椭圆”工具 ○.，按住 Shift 键的同时，在图像窗口中适当的位置绘制圆形，在“图层”控制面板中生成新的形状图层“椭圆 1”。在“属性”控制面板中进行设置，如图 5-390 所示，按 Enter 键确定操作，效果如图 5-391 所示。在“图层”控制面板中将“椭圆 1”图层的“不透明度”选项设置为 30%，如图 5-392 所示，效果如图 5-393 所示。

图 5-390

图 5-391

图 5-392

图 5-393

（9）选择“文件 > 置入嵌入对象”命令，弹出“置入嵌入的对象”对话框。选择云盘中的“Ch05 > 制作旅游类 App > 制作旅游类 App 酒店详情页 > 素材 > 03”文件，单击“置入”按钮，将图标置入图像窗口中。将其拖曳到适当的位置并调整大小，按 Enter 键确定操作，效果如图 5-394 所示，在“图层”控制面板中生成新的图层并将其命名为“返回”，如图 5-395 所示。

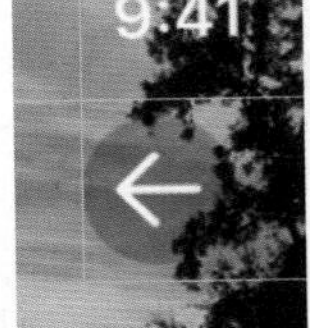

图 5-394

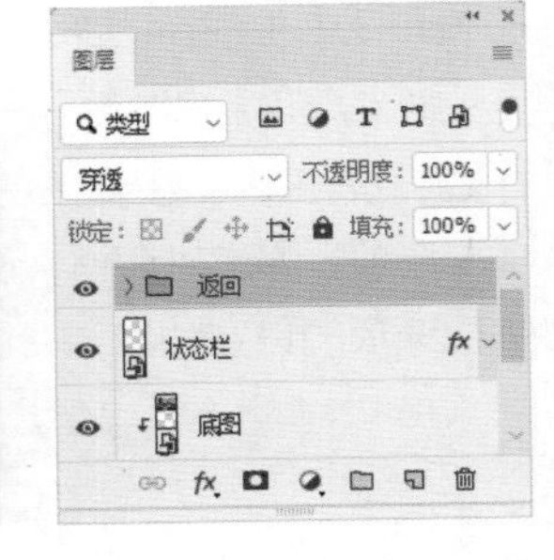

图 5-395

（10）按住 Shift 键的同时，单击“椭圆 1”图层，将需要的图层同时选取。按 Ctrl+G 组合键，群组图层并将其命名为“返回”。使用相同的方法，分别绘制圆形并置入“04”和“05”文件，将其拖曳到适当的位置并调整大小，按 Enter 键确定操作，效果如图 5-396 所示，在“图层”控制面板中分别生成新的图层并将其命名为“收藏”和“分享”，并分别进行群组操作，如图 5-397 所示。按住 Shift 键的同时，单击“返回”图层组，将需要的图层组同时选取。按 Ctrl+G 组合键，群组图层组并将其命名为“导航栏”，如图 5-398 所示。

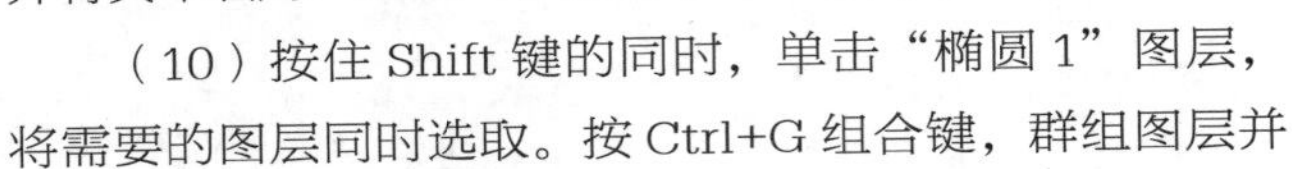

图 5-396　　图 5-397　　图 5-398

（11）选择“文件 > 置入嵌入对象”命令，弹出“置入嵌入的对象”对话框。选择云盘中的“Ch05 > 制作旅游类 App > 制作旅游类 App 酒店详情页 > 素材 > 06”文件，单击“置入”按钮，将图标置入图像窗口中。将其拖曳到适当的位置并调整大小，按 Enter 键确定操作，效果如图 5-399 所示，在“图层”控制面板中生成新的图层并将其命名为“图片”。

（12）选择“横排文字”工具 T，在适当的位置输入需要的文字并选取文字，选择“窗口 > 字符”命令，弹出“字符”控制面板，将“颜色”选项设置为浅灰色（249、249、249），其他选项的设置如图 5-400 所示，按 Enter 键确定操作，效果如图 5-401 所示，在“图层”控制面板中生成新的文字图层。

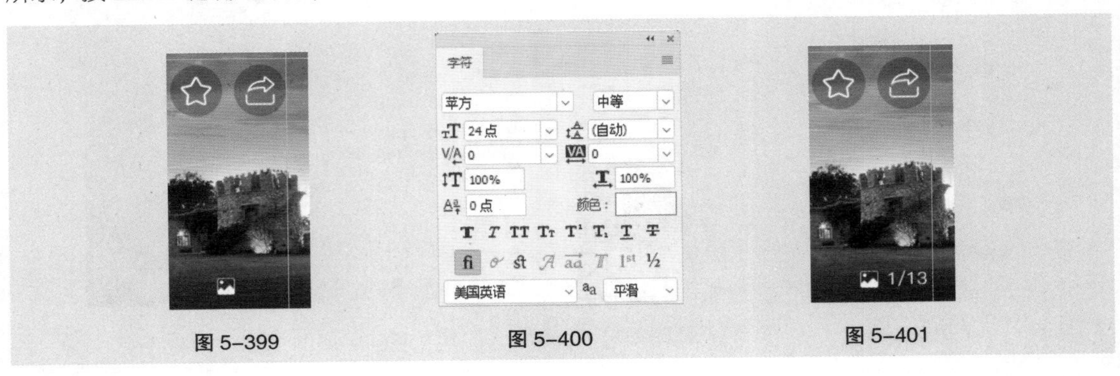

图 5-399　　图 5-400　　图 5-401

（13）选择“视图 > 新建参考线”命令，弹出“新建参考线”对话框，选项设置如图 5-402 所示，效果如图 5-403 所示。

图 5-402　　图 5-403

（14）选择“圆角矩形”工具 ▢，在属性栏中将“填充”颜色设置为浅灰色（249、249、249），“描边”颜色设置为无，“半径”选项设置为 24 像素。在图像窗口中适当的位置绘制圆角矩形，在“图层”控制面板中生成新的形状图层“圆角矩形 1”。在“属性”控制面板中进行设置，如图 5-404 所示，按 Enter 键确定操作，效果如图 5-405 所示。

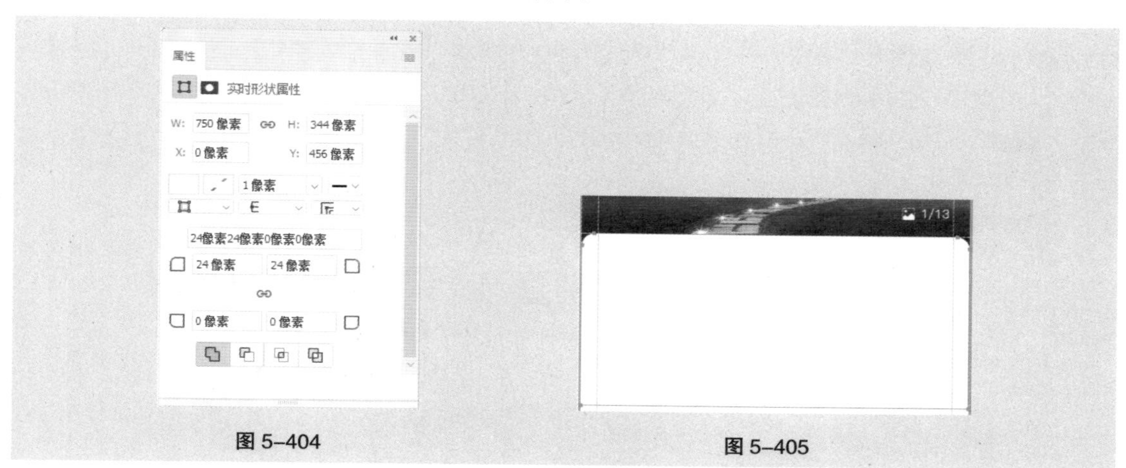

图 5-404　　图 5-405

（15）选择“横排文字”工具 T，在适当的位置输入需要的文字并选取文字，在“字符”控制面板中，将“颜色”选项设置为深灰色（51、51、51），其他选项的设置如图 5-406 所示，按 Enter 键确定操作。再次输入文字，在“字符”控制面板中，将“颜色”选项设置为深灰色（51、51、51），其他选项的设置如图 5-407 所示，按 Enter 键确定操作，效果如图 5-408 所示。在“图层”控制面板中分别生成新的文字图层。

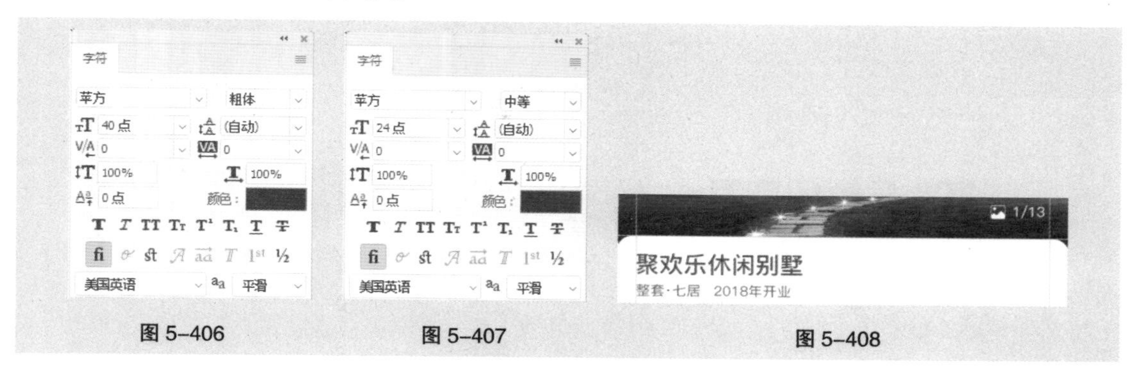

图 5-406　　图 5-407　　图 5-408

（16）选择“直线”工具 ，在属性栏中将“填充”颜色设置为无，“描边”颜色设置为灰色（210、210、210），“粗细”选项设置为 1 像素。按住 Shift 键的同时，在图像窗口中适当的位置绘制一条竖线，效果如图 5-409 所示，在“图层”控制面板中生成新的形状图层“形状 1”。

（17）选择“文件 > 置入嵌入对象”命令，弹出“置入嵌入的对象”对话框。选择云盘中的“Ch05 > 制作旅游类 App > 制作旅游类 App 酒店详情页 > 素材 > 07”文件，单击“置入”按钮，将图标置入图像窗口中。将其拖曳到适当的位置并调整大小，按 Enter 键确定操作，效果如图 5-410 所示，在“图层”控制面板中生成新的图层并将其命名为“Wi-Fi”。

聚欢乐休闲别墅
整套·七居 | 2018年开业

图 5-409

聚欢乐休闲别墅
整套·七居 | 2018年开业

图 5-410

（18）选择“横排文字”工具 T，在适当的位置输入需要的文字并选取文字，在“字符”控制面板中，将“颜色”选项设置为深灰色（51、51、51），其他选项的设置如图 5-411 所示，按 Enter 键确定操作，效果如图 5-412 所示，在“图层”控制面板中生成新的文字图层。使用相同的方法，分别置入其他图标并输入其他文字，效果如图 5-413 所示，在“图层”控制面板中分别生成新的图层。

图 5-411　　图 5-412　　图 5-413

（19）选择“直线”工具 ，在属性栏中将“填充”颜色设置为无，“描边”颜色设置为灰色（210、210、210），“粗细”选项设置为 1 像素。按住 Shift 键的同时，在图像窗口中适当的位置绘制一条竖线，效果如图 5-414 所示，在“图层”控制面板中生成新的形状图层“形状 2”。按住 Shift 键的同时，单击“聚欢乐休闲别墅”图层，将需要的图层同时选取。按 Ctrl+G 组合键，群组图层并将其命名为“详情”，如图 5-415 所示。

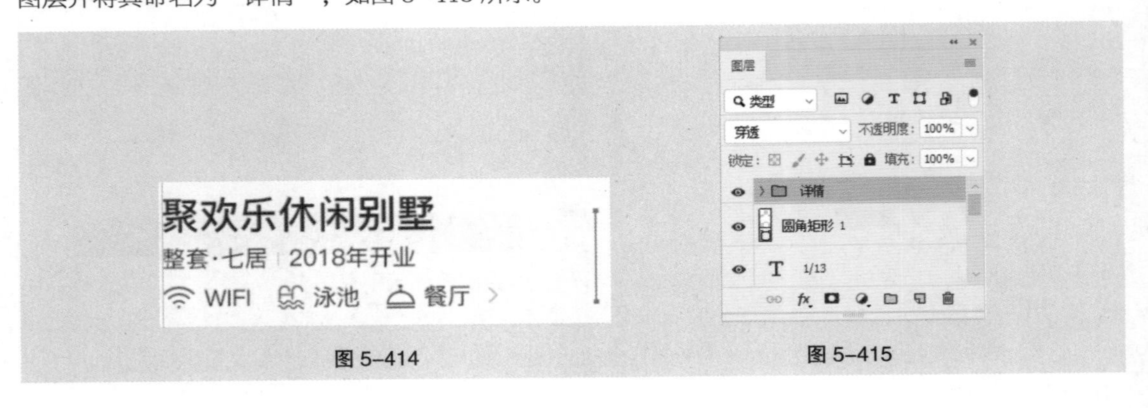

图 5-414　　图 5-415

（20）选择“横排文字”工具 T.，在适当的位置输入需要的文字并选取文字，在“字符”控制面板中将“颜色”选项设置为橘黄色（255、151、1），其他选项的设置如图 5-416 所示，按 Enter 键确定操作，在“图层”控制面板中生成新的文字图层。选中文字“4.8”，在“字符”控制面板中进行设置，如图 5-417 所示，效果如图 5-418 所示。

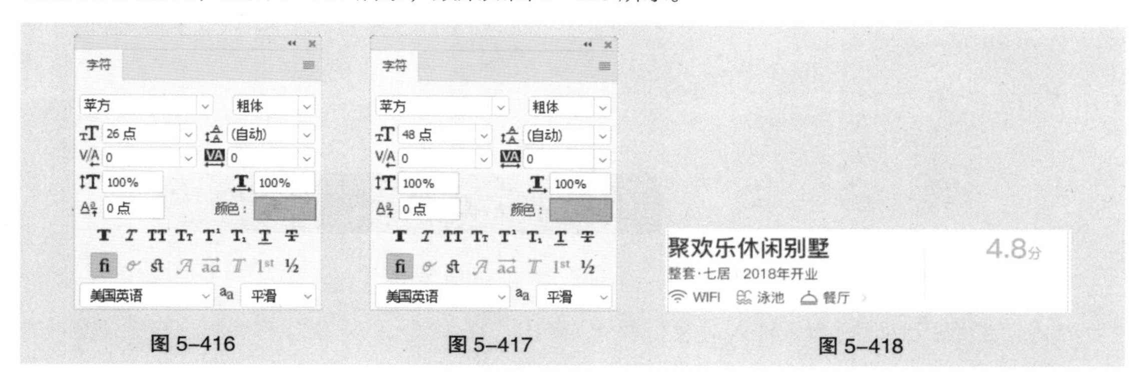

图 5-416　图 5-417　图 5-418

（21）使用相同的方法，在适当的位置输入需要的文字并选取文字，在“字符”控制面板中，将“颜色”选项设置为橘黄色（255、151、1），其他选项的设置如图 5-419 所示，按 Enter 键确定操作。再次输入文字，在“字符”控制面板中，将“颜色”选项设置为灰色（144、145、152），其他选项的设置如图 5-420 所示，按 Enter 键确定操作，效果如图 5-421 所示。在“图层”控制面板中分别生成新的文字图层。

图 5-419　图 5-420　图 5-421

（22）选择“文件 > 置入嵌入对象”命令，弹出“置入嵌入的对象”对话框。选择云盘中的“Ch05 > 制作旅游类 App > 制作旅游类 App 酒店详情页 > 素材 > 10”文件，单击“置入”按钮，将图标置入图像窗口中。将其拖曳到适当的位置并调整大小，按 Enter 键确定操作，效果如图 5-422 所示，在“图层”控制面板中生成新的图层并将其命名为“展开”。

（23）按住 Shift 键的同时，单击“4.8 分”图层，将需要的图层同时选取。按 Ctrl+G 组合键，群组图层并将其命名为“评分”，如图 5-423 所示。

（24）选择“圆角矩形”工具 ▢.，在属性栏中将“填充”颜色设置为黑色，“描边”颜色设置为无，“半径”选项设置为 24 像素。在图像窗口中适当的位置绘制圆角矩形，在“图层”控制面板中生成新的形状图层“圆角矩形 2”。在“属性”控制面板中进

图 5-422

图 5-423

行设置，如图 5-424 所示，按 Enter 键确定操作，效果如图 5-425 所示。

图 5-424　　图 5-425

（25）选择“文件 > 置入嵌入对象”命令，弹出“置入嵌入的对象”对话框。选择云盘中的“Ch05 > 制作旅游类 App > 制作旅游类 App 酒店详情页 > 素材 > 11”文件，单击“置入”按钮，将图片置入图像窗口中。将其拖曳到适当的位置，按 Enter 键确定操作，在“图层”控制面板中生成新的图层并将其命名为“地图”。按 Alt+Ctrl+G 组合键，为图层创建剪贴蒙版，如图 5-426 所示，效果如图 5-427 所示。

图 5-426　　图 5-427

（26）选择“横排文字”工具 T，在适当的位置输入需要的文字并选取文字，在“字符”控制面板中，将“颜色”选项设置为深灰色（51、51、51），其他选项的设置如图 5-428 所示，按 Enter 键确定操作。再次输入文字，在“字符”控制面板中，将“颜色”选项设置为灰色（144、145、152），其他选项的设置如图 5-429 所示，按 Enter 键确定操作，效果如图 5-430 所示。在“图层”控制面板中分别生成新的文字图层。

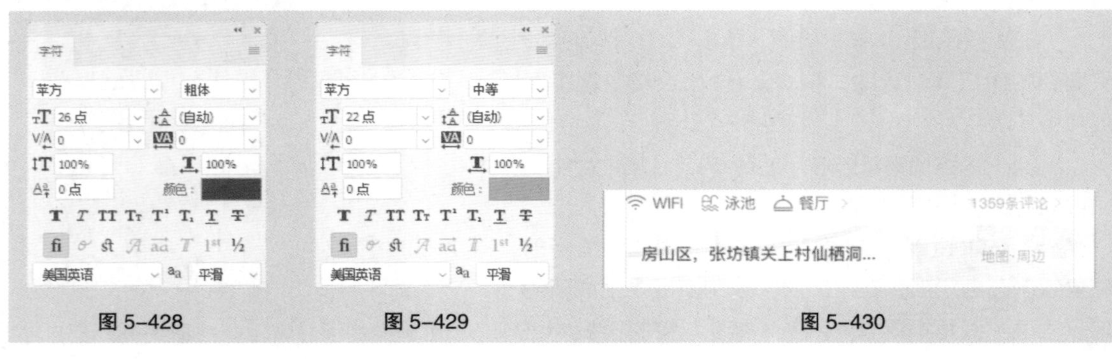

图 5-428　　图 5-429　　图 5-430

（27）展开“评分”图层组，选中“展开”图层，按 Ctrl+J 组合键，复制图层，在“图层”控制面板中生成新的图层“展开 拷贝”。将其拖曳到“地图 · 周边”图层的上方，如图 5-431 所示。选择“移动”工具 ，按住 Shift 键的同时，将图标垂直向下拖曳到适当的位置，效果如图 5-432 所示。

图 5-431

图 5-432

（28）折叠“评分”图层组，选择“圆角矩形”工具 ，在属性栏中将“填充”颜色设置为深蓝色（161、178、198），“描边”颜色设置为无，“半径”选项设置为 10 像素。在图像窗口中适当的位置绘制圆角矩形，在“图层”控制面板中生成新的形状图层“圆角矩形 3”。在“属性”控制面板中进行设置，如图 5-433 所示，按 Enter 键确定操作。单击“蒙版”按钮，选项设置如图 5-434 所示，按 Enter 键确定操作，效果如图 5-435 所示。

图 5-433

图 5-434

（29）在“图层”控制面板中将“圆角矩形 3”图层的“不透明度”选项设置为 50%，并将其拖曳到“圆角矩形 2”图层的下方，如图 5-436 所示，效果如图 5-437 所示。

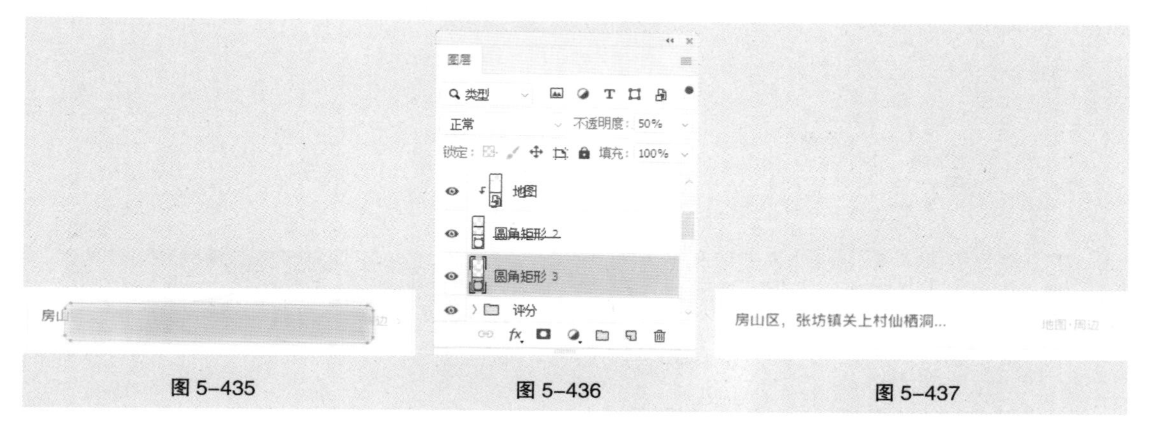

图 5-435

图 5-436

图 5-437

（30）按住 Shift 键的同时，单击“展开 拷贝”图层，将需要的图层同时选取。按 Ctrl+G 组合键，群组图层并将其命名为“定位”，如图 5-438 所示。按住 Shift 键的同时，单击“图片”图层，将需要的图层同时选取。按 Ctrl+G 组合键，群组图层并将其命名为“房屋信息”，如图 5-439 所示。

图 5-438　　图 5-439

2. 制作内容区和查看房源

（1）选择“视图 > 新建参考线”命令，弹出“新建参考线”对话框，选项设置如图 5-440 所示。选择“圆角矩形”工具，在属性栏中将“填充”颜色设置为橘黄色（255、151、1），“描边”颜色设置为无，“半径”选项设置为 24 像素。在图像窗口中适当的位置绘制圆角矩形，在“图层”控制面板中生成新的形状图层“圆角矩形 4”。在“属性”控制面板中进行设置，如图 5-441 所示，按 Enter 键确定操作，效果如图 5-442 所示。

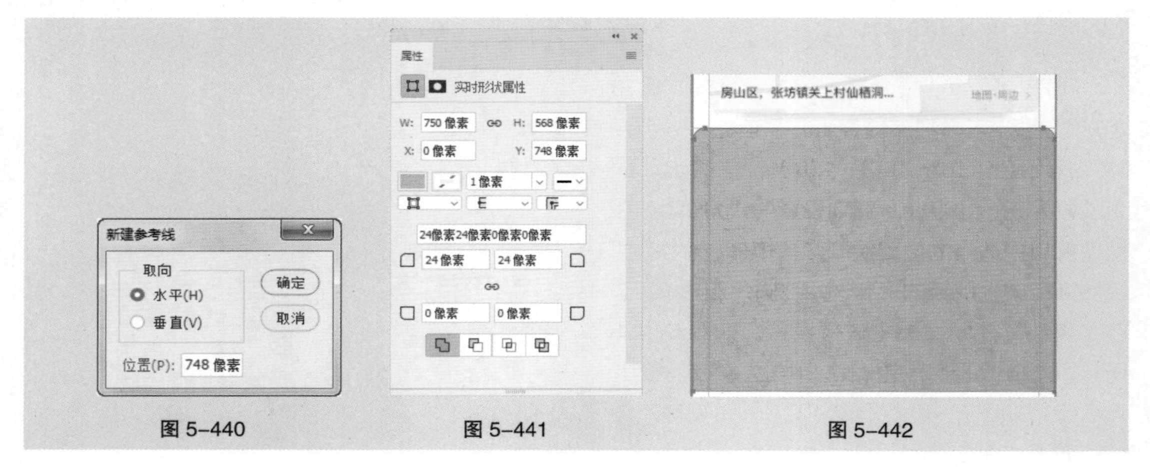

图 5-440　　图 5-441　　图 5-442

（2）选择“横排文字”工具，在适当的位置分别输入需要的文字并选取文字，在“字符”控制面板中，将“颜色”选项设置为白色，其他选项的设置如图 5-443 所示，按 Enter 键确定操作。再次分别输入文字，在“字符”控制面板中，将“颜色”选项设置为白色，其他选项的设置如图 5-444 所示，按 Enter 键确定操作，效果如图 5-445 所示。在“图层”控制面板中分别生成新的文字图层。

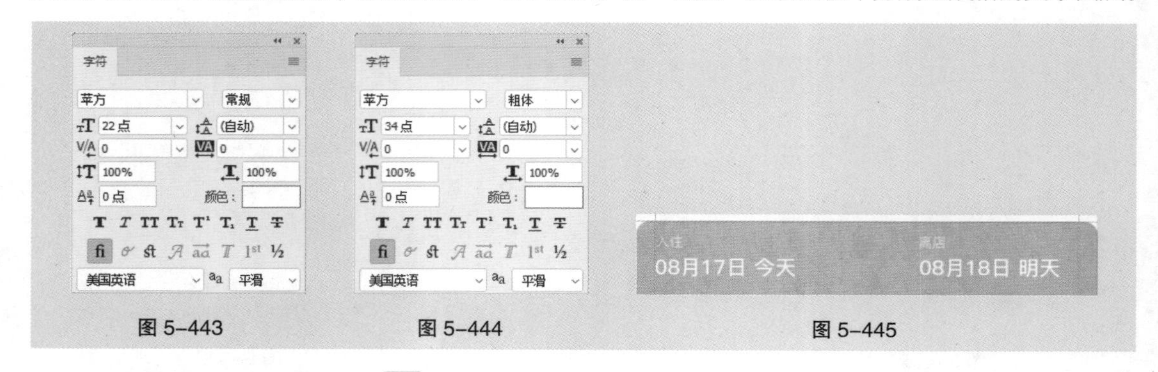

图 5-443　　图 5-444　　图 5-445

（3）选择“圆角矩形”工具，在属性栏中将“填充”颜色设置为深黄色（255、172、52），“描边”颜色设置为无，“半径”选项设置为 20 像素。在图像窗口中适当的位置绘制圆角矩形，在“图层”控制面板中生成新的形状图层“圆角矩形 5”。在“属性”控制面板中进行设置，如图 5-446 所示，按 Enter 键确定操作，效果如图 5-447 所示。

图 5-446

图 5-447

（4）选择“横排文字”工具 T，在适当的位置输入需要的文字并选取文字，在“字符”控制面板中，将“颜色”选项设置为白色，其他选项的设置如图 5-448 所示，按 Enter 键确定操作，效果如图 5-449 所示，在“图层”控制面板中生成新的文字图层。

图 5-448

图 5-449

（5）展开“定位”图层组，选中“展开 拷贝”图层，如图 5-450 所示。按 Ctrl+J 组合键，复制图层，在“图层”控制面板中生成新的图层“展开 拷贝 2”。将其拖曳到“共 1 晚”图层的上方，如图 5-451 所示。选择“移动”工具 ✥，将图标垂直向下拖曳到适当的位置，效果如图 5-452 所示。

图 5-450

图 5-451

图 5-452

（6）单击“图层”控制面板下方的“添加图层样式”按钮 fx，在弹出的下拉列表中选择“颜色叠加”选项，弹出对话框，设置“叠加”颜色为白色，单击“确定”按钮。返回到“图层样式”对话框，其他选项的设置如图 5-453 所示，单击“确定”按钮，效果如图 5-454 所示。

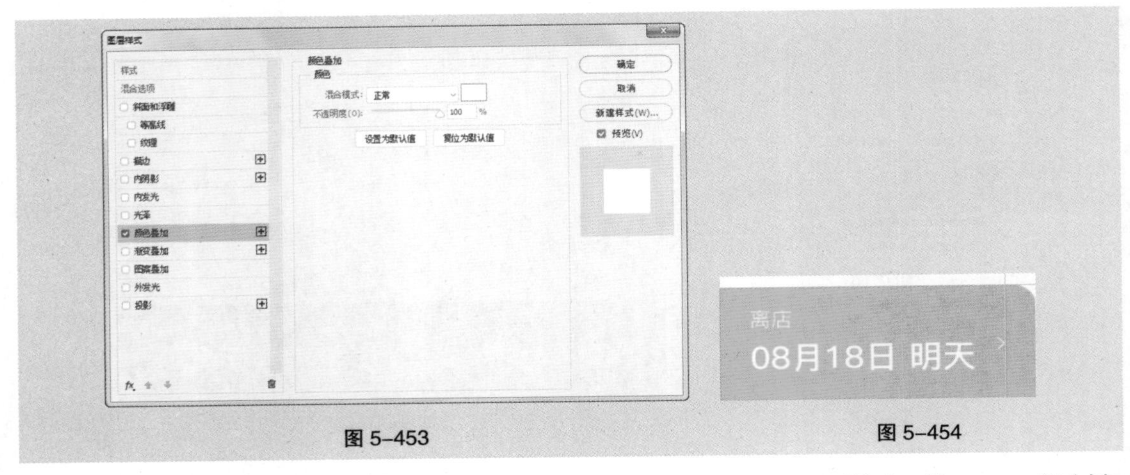

图 5-453　　图 5-454

（7）按住 Shift 键的同时，单击“圆角矩形 4”图层，将需要的图层同时选取。按 Ctrl+G 组合键，群组图层并将其命名为“入住时间”，如图 5-455 所示。选择“视图 > 新建参考线”命令，弹出“新建参考线”对话框，选项设置如图 5-456 所示，效果如图 5-457 所示。

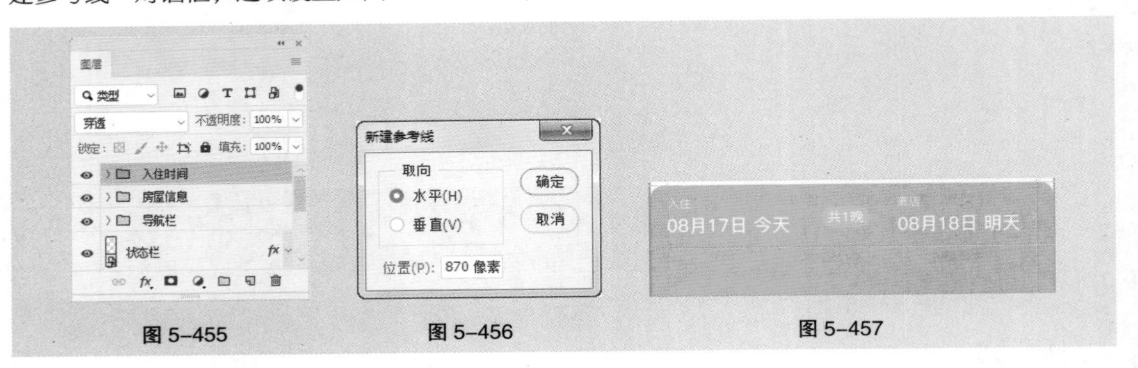

图 5-455　　图 5-456　　图 5-457

（8）选择“圆角矩形”工具▢，在属性栏中将“填充”颜色设置为白色，“描边”颜色设置为无，“半径”选项设置为 24 像素。在图像窗口中适当的位置绘制圆角矩形，在“图层”控制面板中生成新的形状图层“圆角矩形 6”。在“属性”控制面板中进行设置，如图 5-458 所示，按 Enter 键确定操作，效果如图 5-459 所示。

图 5-458　　图 5-459

（9）在属性栏中将“半径”选项设置为 25 像素。在图像窗口中适当的位置再次绘制圆角矩形，在“图层”控制面板中生成新的形状图层“圆角矩形 7”。在“属性”控制面板中进行设置，如图 5-460 所示，按 Enter 键确定操作，效果如图 5-461 所示。

图 5-460　　图 5-461

（10）选择“横排文字”工具 T.，在适当的位置输入需要的文字并选取文字，在“字符”控制面板中，将“颜色”选项设置为深灰色（51、51、51），其他选项的设置如图 5-462 所示，按 Enter 键确定操作，效果如图 5-463 所示，在“图层”控制面板中生成新的文字图层。

（11）使用相同的方法，分别复制形状并输入其他文字，效果如图 5-464 所示，在“图层”控制面板中分别生成新的图层。

图 5-462　　图 5-463　　图 5-464

（12）展开“定位”图层组，选中“展开 拷贝 2”图层，如图 5-465 所示。按 Ctrl+J 组合键，复制图层，在“图层”控制面板中生成新的图层“展开 拷贝 3”。将其拖曳到“筛选”图层的上方，如图 5-466 所示。

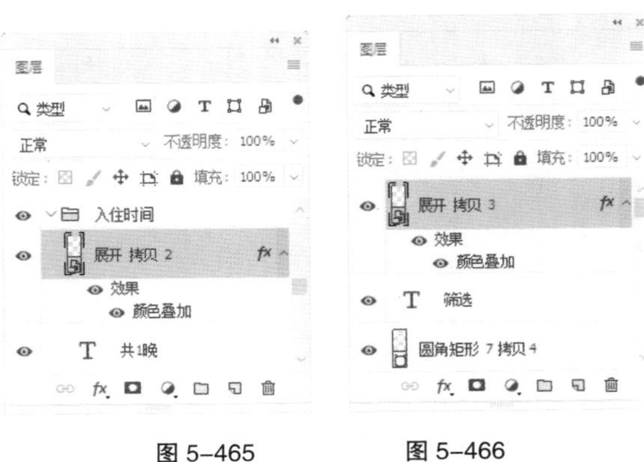

图 5-465　　图 5-466

（13）选择“移动”工具 ✥.，将图标垂直向下拖曳到适当的位置，按 Ctrl+T 组合键，在图形周围出现变换框，将鼠标指针放在变换框的控制手柄的右下角，鼠标指针变为旋转图标 ↻，按住 Shift 键的同时，拖曳鼠标指针将图标旋转 90°，按 Enter 键确定操作。在“图层”控制面板中，双击图层下方的“颜色叠加”选项，弹出对话框，设置“叠加”颜色为深灰色（51、51、51），单击“确定”按钮。返回到“图层样式”对话框，其他选项的设置如图 5-467 所示，单击“确定”按钮，效果如图 5-468 所示。

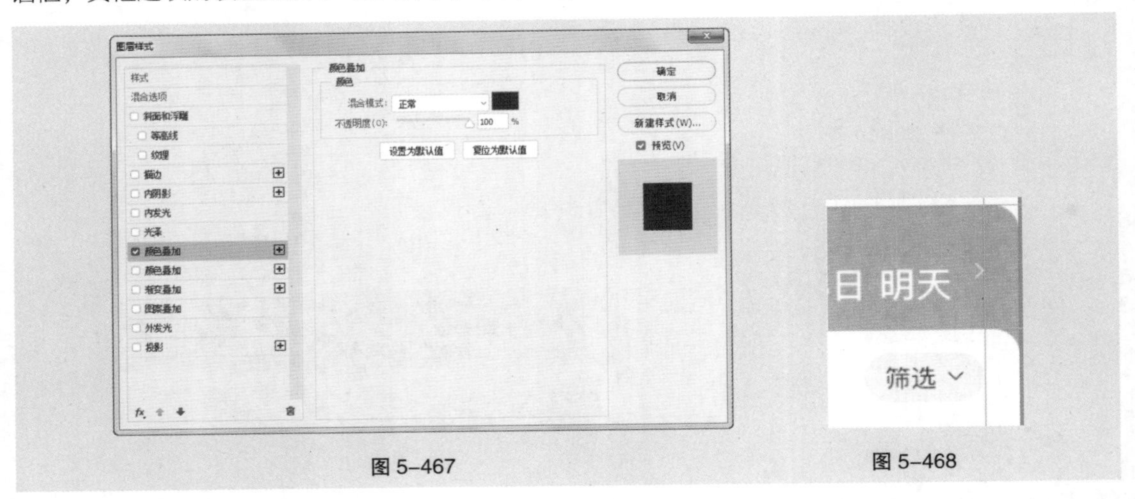

图 5-467

图 5-468

（14）按住 Shift 键的同时，单击“圆角矩形 6”图层，将需要的图层同时选取。按 Ctrl+G 组合键，群组图层并将其命名为“选项组”，并折叠“入住时间”图层组，如图 5-469 所示。

（15）选择“直线”工具，在属性栏中将“填充”颜色设置为无，“描边”颜色设置为灰色（210、210、210），“粗细”选项设置为 1 像素。按住 Shift 键的同时，在图像窗口中适当的位置绘制一条直线，效果如图 5-470 所示，在“图层”控制面板中生成新的形状图层“形状 3”。

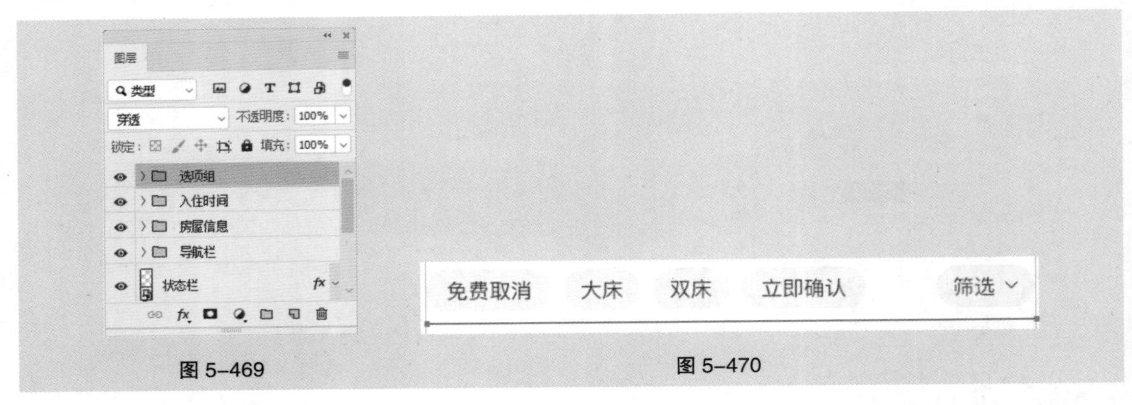

图 5-469

图 5-470

（16）选择“圆角矩形”工具，在属性栏中将“填充”颜色设置为黑色，“描边”颜色设置为无，“半径”选项设置为 10 像素。在图像窗口中适当的位置绘制圆角矩形，在“图层”控制面板中生成新的形状图层“圆角矩形 8”。在“属性”控制面板中进行设置，如图 5-471 所示，按 Enter 键确定操作，效果如图 5-472 所示。

（17）选择“文件 > 置入嵌入对象”命令，弹出“置入嵌入的对象”对话框。选择云盘中的“Ch05 > 制作旅游类 App > 制作旅游类 App 酒店详情页 > 素材 > 12”文件，单击“置入”按钮，将图片置入图像窗口中。将其拖曳到适当的位置并调整大小，按 Enter 键确定操作，在“图层”控制面板中生成新的图层并将其命名为“图片 1”。按 Alt+Ctrl+G 组合键，为图层创建剪贴蒙版，效果如图 5-473 所示。

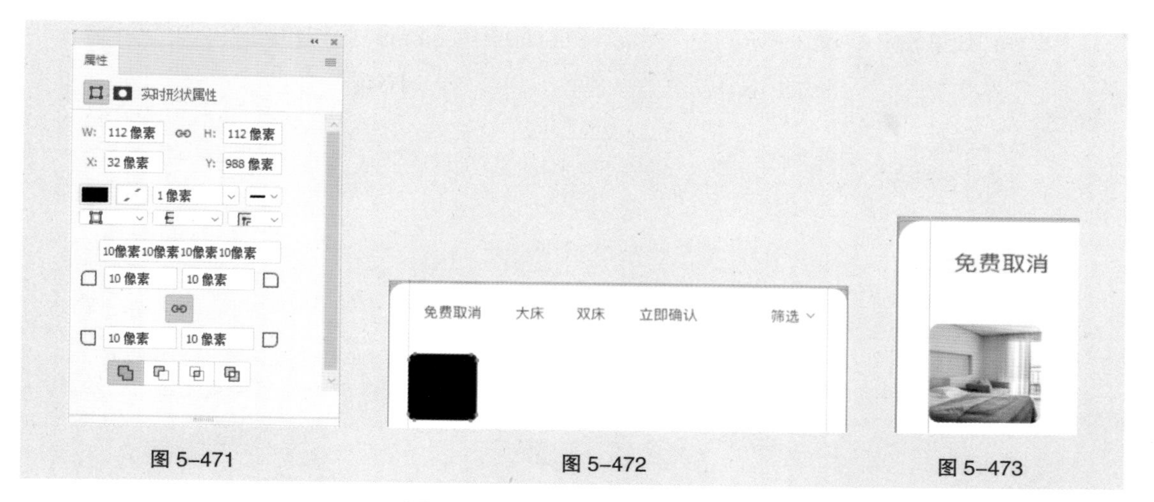

图 5-471　　图 5-472　　图 5-473

（18）选择“横排文字”工具 T.，在适当的位置输入需要的文字并选取文字，在“字符”控制面板中，将“颜色”选项设置为深灰色（51、51、51），其他选项的设置如图 5-474 所示，按 Enter 键确定操作，效果如图 5-475 所示，在“图层”控制面板中生成新的文字图层。

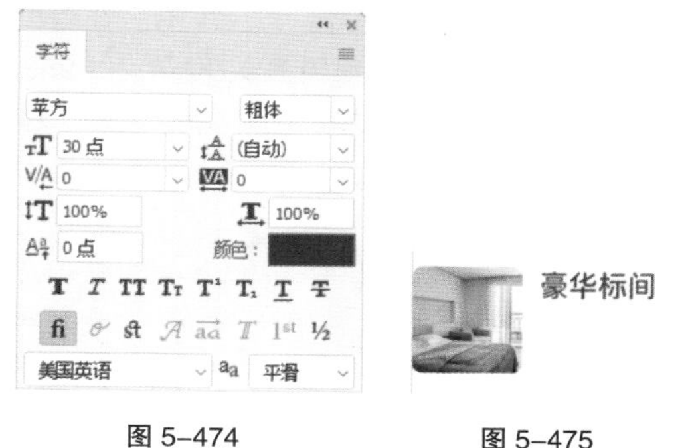

图 5-474　　图 5-475

（19）使用相同的方法，再次在适当的位置输入需要的文字并选取文字，在“字符”控制面板中，将“颜色”选项设置为浅灰色（153、153、153），其他选项的设置如图 5-476 所示，按 Enter 键确定操作，效果如图 5-477 所示，在“图层”控制面板中生成新的文字图层。选中文字“2”，在“字符”控制面板中进行设置，如图 5-478 所示，效果如图 5-479 所示。

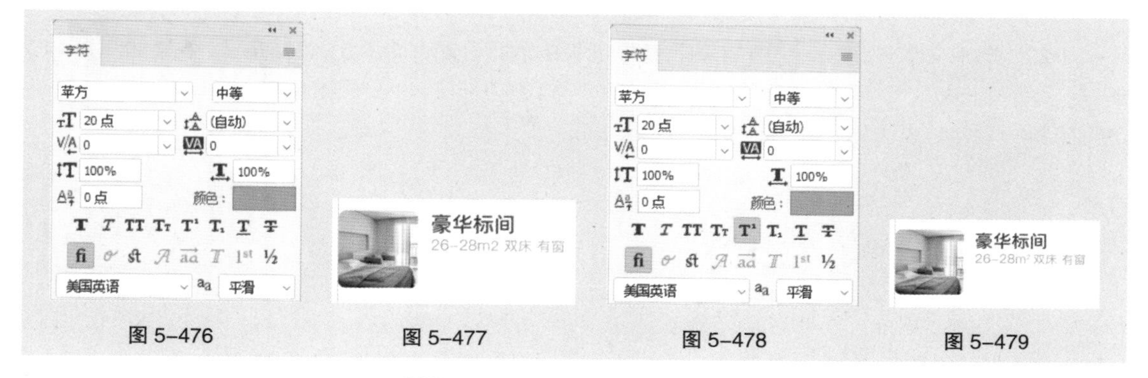

图 5-476　　图 5-477　　图 5-478　　图 5-479

（20）选择“圆角矩形”工具 ▢.，在属性栏中将“填充”颜色设置为无，“描边”颜色设置为黄色（240、124、20），“粗细”选项设置为 1 像素，“半径”选项设置为 10 像素。在图像窗口中适当的位置绘制圆角矩形，在“图层”控制面板中生成新的形状图层“圆角矩形 9”。在“属性”控制面板中进行设置，如图 5-480 所示，按 Enter 键确定操作，效果如图 5-481 所示。

（21）选择“横排文字”工具 T.，在适当的位置输入需要的文字并选取文字，在“字符”控制面板中，将“颜色”选项设置为黄色（240、124、20），其他选项的设置如图 5-482 所示，按 Enter

键确定操作，效果如图 5-483 所示，在“图层”控制面板中生成新的文字图层。

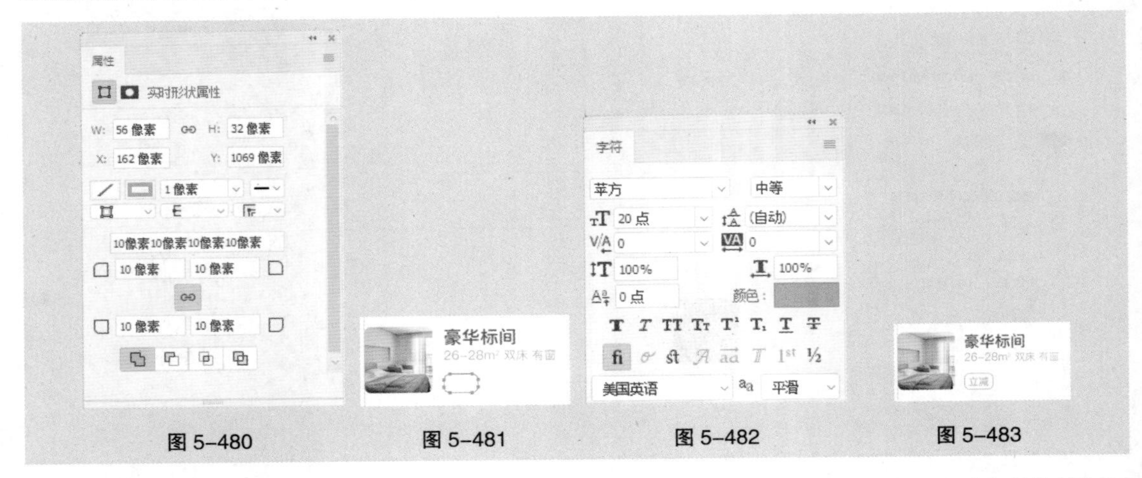

图 5-480　图 5-481　图 5-482　图 5-483

（22）选择“横排文字”工具 T，在适当的位置输入需要的文字并选取文字，在“字符”控制面板中，将“颜色”选项设置为橘黄色（255、151、1），其他选项的设置如图 5-484 所示，按 Enter 键确定操作，效果如图 5-485 所示，在“图层”控制面板中生成新的文字图层。

图 5-484　图 5-485

（23）选中文字“299”，在“字符”控制面板中进行设置，如图 5-486 所示，效果如图 5-487 所示。

图 5-486　图 5-487

（24）使用相同的方法，在适当的位置输入需要的文字并选取文字，在“字符”控制面板中，将“颜色”选项设置为浅灰色（153、153、153），其他选项的设置如图 5-488 所示，按 Enter 键确定操作。再次输入需要的文字并选取文字，在“字符”控制面板中，将“颜色”选项设置为橘黄色（255、

151、1），其他选项的设置如图 5-489 所示，按 Enter 键确定操作，效果如图 5-490 所示。在“图层”控制面板中分别生成新的文字图层。

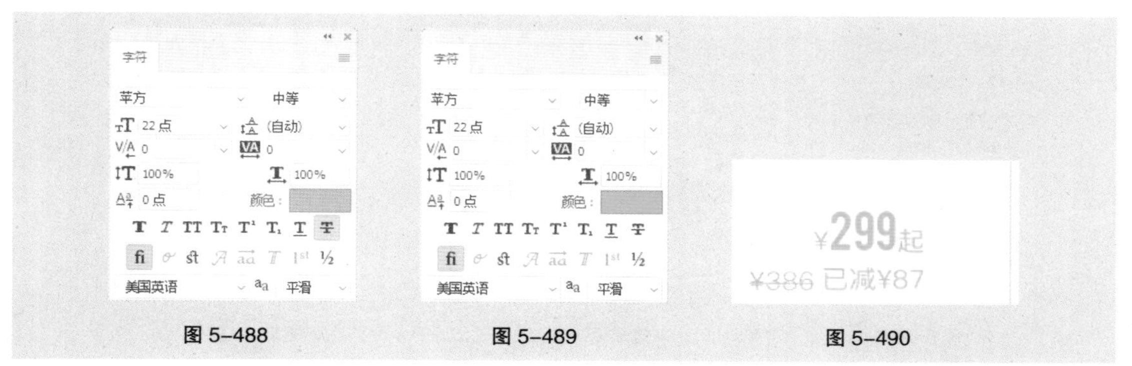

图 5-488　　图 5-489　　图 5-490

（25）选择“文件 > 置入嵌入对象”命令，弹出“置入嵌入的对象”对话框。选择云盘中的“Ch05 > 制作旅游类 App > 制作旅游类 App 酒店详情页 > 素材 > 13”文件，单击“置入”按钮，将图标置入图像窗口中。将其拖曳到适当的位置并调整大小，按 Enter 键确定操作，效果如图 5-491 所示，在“图层”控制面板中生成新的图层并将其命名为“更多”。

图 5-491　　图 5-492

（26）按住 Shift 键的同时，单击“形状 3”图层，将需要的图层同时选取。按 Ctrl+G 组合键，群组图层并将其命名为“豪华标间”，如图 5-492 所示。

（27）使用相同的方法分别绘制形状、置入图片、输入文字并群组图层，如图 5-493 所示，效果如图 5-494 所示。

图 5-493　　图 5-494

（28）选择“矩形”工具 □，在属性栏中将“填充”颜色设置为淡灰色（249、249、249），“描边”颜色设置为无。在图像窗口中适当的位置绘制矩形，在“图层”控制面板中生成新的形状图层“矩形 2”。在“属性”控制面板中进行设置，如图 5-495 所示，按 Enter 键确定操作。将其拖曳到“套间”图层组的下方，如图 5-496 所示，效果如图 5-497 所示。

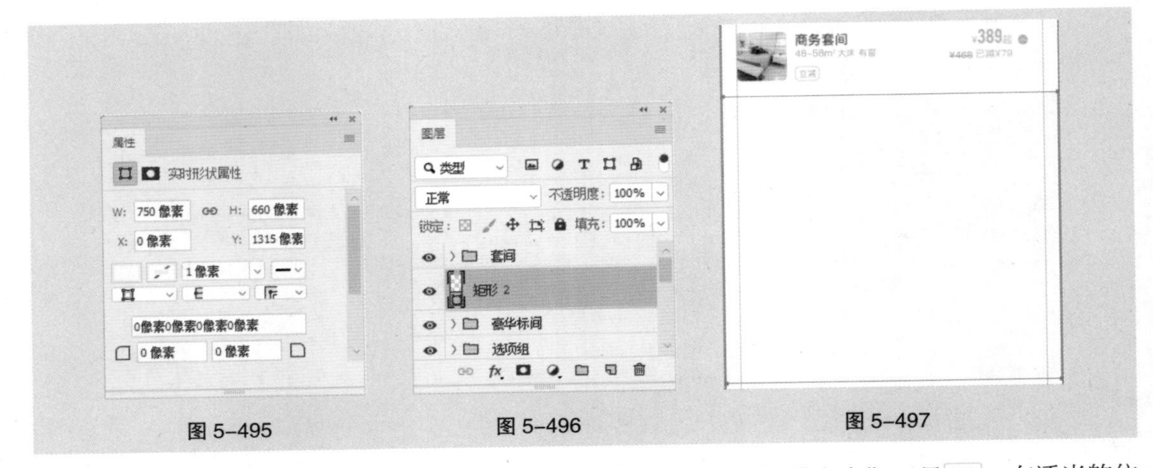

图 5-495　　图 5-496　　图 5-497

（29）在“图层”控制面板中选中“套间”图层组。选择“横排文字”工具 T，在适当的位置输入需要的文字并选取文字，在“字符”控制面板中，将“颜色”选项设置为深灰色（51、51、51），其他选项的设置如图 5-498 所示，按 Enter 键确定操作，效果如图 5-499 所示，在“图层”控制面板中生成新的文字图层。

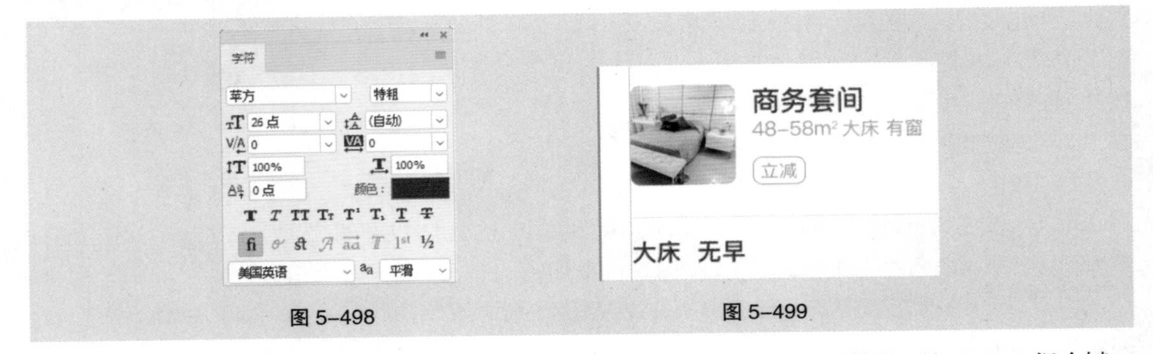

图 5-498　　图 5-499

（30）展开“定位”图层组，选中“展开 拷贝”图层，如图 5-500 所示。按 Ctrl+J 组合键，复制图层，在“图层”控制面板中生成新的图层“展开 拷贝 4”。将其拖曳到“大床 无早”图层的上方，如图 5-501 所示。选择“移动”工具 ✥，将图标垂直向下拖曳到适当的位置，效果如图 5-502 所示。

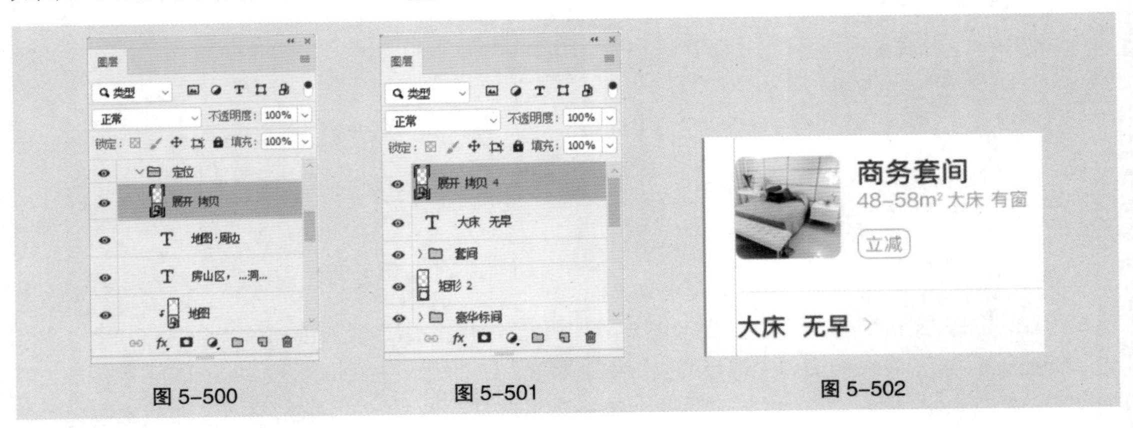

图 5-500　　图 5-501　　图 5-502

（31）选择“横排文字”工具 T，在适当的位置输入需要的文字并选取文字，在“字符”控制面板中，将“颜色”选项设置为绿色（85、188、106），其他选项的设置如图 5-503 所示，按 Enter

键确定操作。再次输入需要的文字并选取文字，在“字符”控制面板中，将“颜色”选项设置为浅灰色（153、153、153），其他选项的设置如图 5–504 所示，按 Enter 键确定操作，效果如图 5–505 所示。在“图层”控制面板中分别生成新的文字图层。

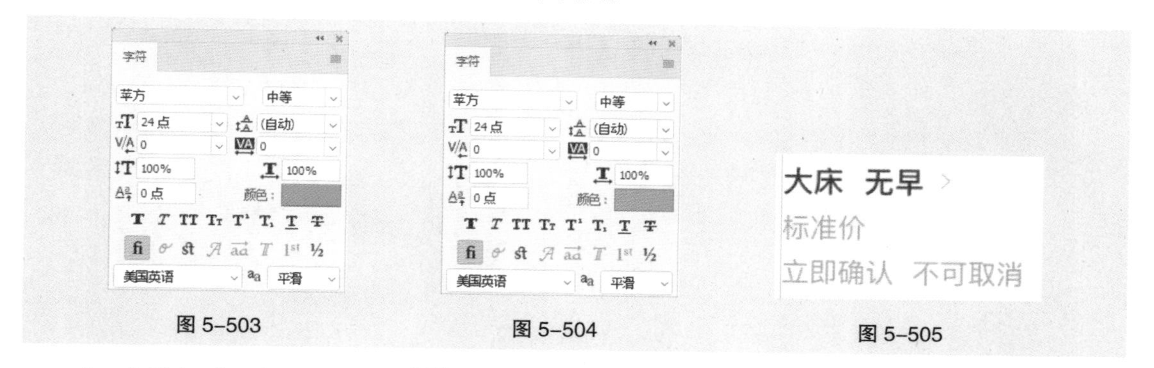

图 5–503　图 5–504　图 5–505

（32）选择“圆角矩形”工具 ，在属性栏中将“填充”颜色设置为无，“描边”颜色设置为棕色（161、136、107），“粗细”选项设置为 1 像素，“半径”选项设置为 6 像素。在图像窗口中适当的位置绘制圆角矩形，在“图层”控制面板中生成新的形状图层“圆角矩形 10”。在“属性”控制面板中进行设置，如图 5–506 所示，按 Enter 键确定操作，效果如图 5–507 所示。

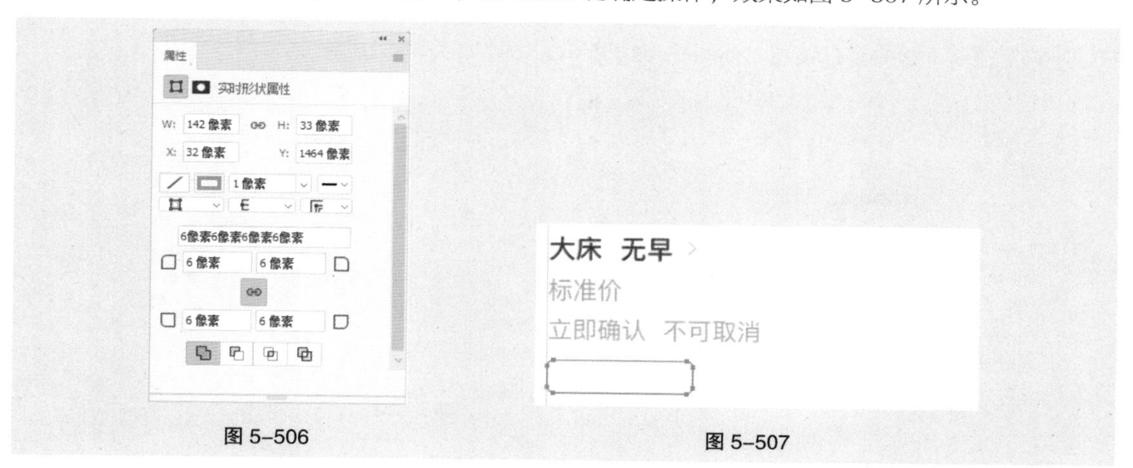

图 5–506　图 5–507

（33）选择“横排文字”工具 T，在适当的位置输入需要的文字并选取文字，在“字符”控制面板中，将“颜色”选项设置为棕色（161、136、107），其他选项的设置如图 5–508 所示，按 Enter 键确定操作，效果如图 5–509 所示，在“图层”控制面板中生成新的文字图层。

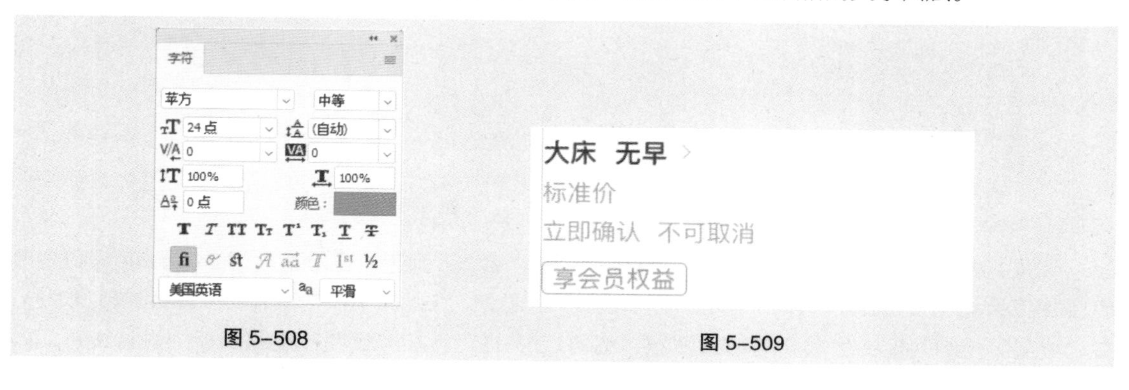

图 5–508　图 5–509

（34）使用相同的方法分别绘制形状并输入文字，效果如图 5–510 所示。按住 Shift 键的同时，单击“圆角矩形 10”图层，将需要的图层同时选取。按 Ctrl+G 组合键，群组图层并将其命名为“权益”，如图 5–511 所示。

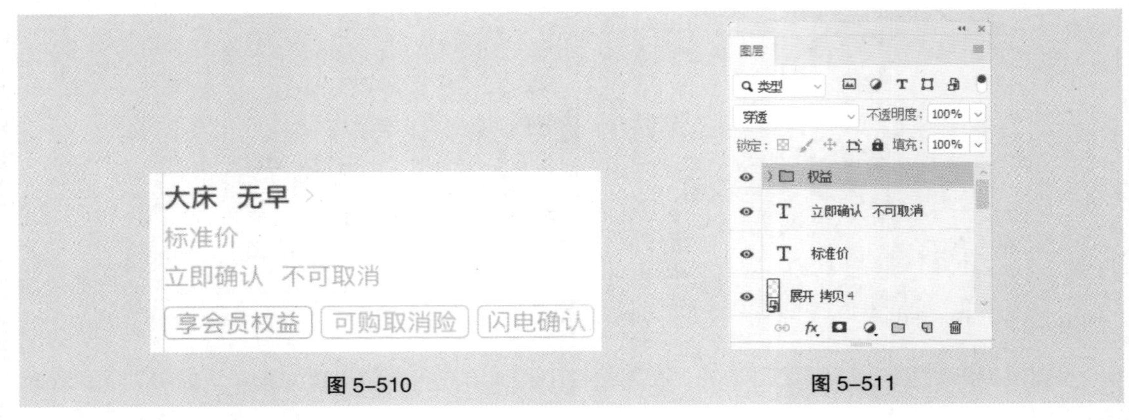

图 5–510　　图 5–511

（35）选择“横排文字”工具 T.，在适当的位置输入需要的文字并选取文字，在“字符”控制面板中，将“颜色”选项设置为橘黄色（255、151、1），其他选项的设置如图 5–512 所示，按 Enter 键确定操作，效果如图 5–513 所示，在“图层”控制面板中生成新的文字图层。选中文字“389”，在“字符”控制面板中进行设置，如图 5–514 所示，效果如图 5–515 所示。

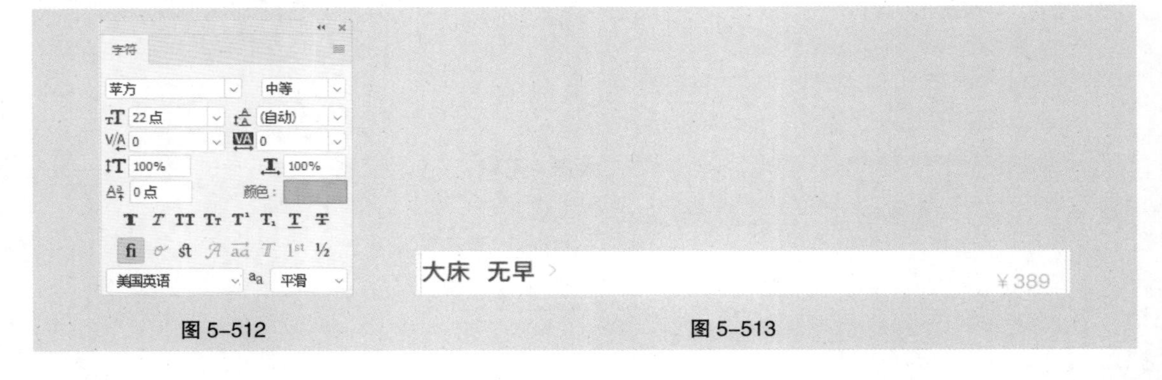

图 5–512　　图 5–513

图 5–514　　图 5–515

（36）选择“圆角矩形”工具 ▢.，在属性栏中将“填充”颜色设置为无，“描边”颜色设置为黑色，“粗细”选项设置为 1 像素，“半径”选项设置为 4 像素。在图像窗口中适当的位置绘制圆角矩形，在“图层”控制面板中生成新的形状图层“圆角矩形 11”。在“属性”控制面板中进行设置，如

图 5-516 所示，按 Enter 键确定操作，效果如图 5-517 所示。

（37）按 Ctrl+J 组合键，复制图层，在“图层”控制面板中生成新的形状图层“圆角矩形 11 拷贝”。在“属性”控制面板中进行设置，如图 5-518 所示，按 Enter 键确定操作，效果如图 5-519 所示。

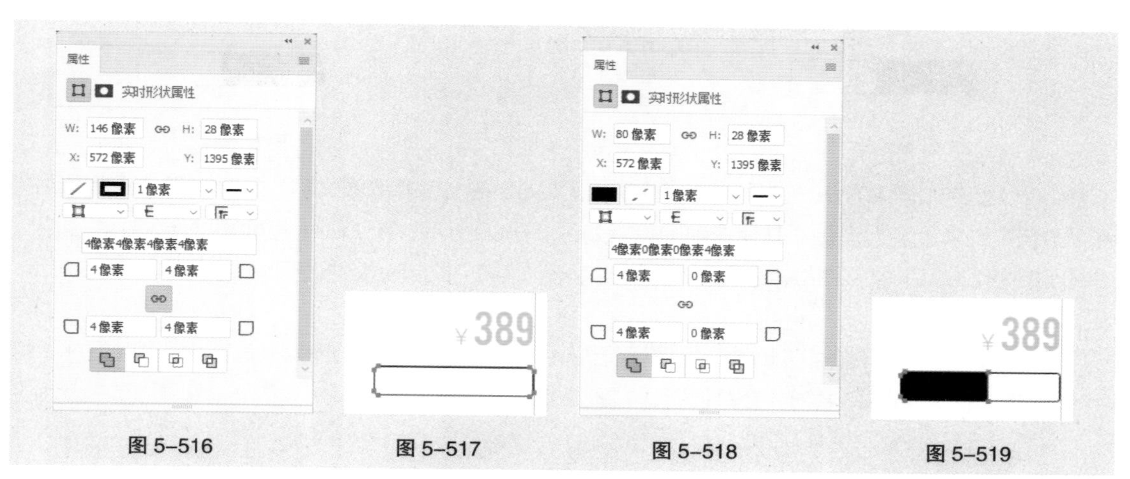

图 5-516　图 5-517　图 5-518　图 5-519

（38）单击“图层”控制面板下方的“添加图层样式”按钮 fx.，在弹出的下拉列表中选择“渐变叠加”选项，弹出对话框，单击“渐变”选项右侧的“点按可编辑渐变”按钮，弹出“渐变编辑器”对话框，在“位置”选项中分别输入 0、100 两个位置点，分别设置两个位置点颜色的 RGB 值为 0（0、0、0）、100（65、65、65），如图 5-520 所示，单击“确定”按钮。返回到“图层样式”对话框，其他选项的设置如图 5-521 所示，单击“确定”按钮，效果如图 5-522 所示。

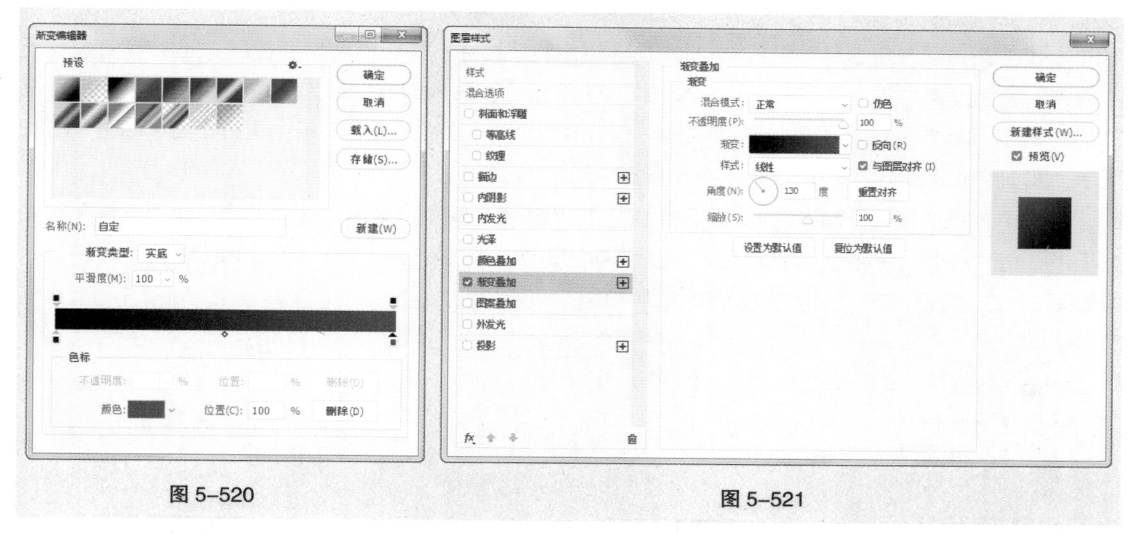

图 5-520　图 5-521

（39）选择“横排文字”工具 T.，在适当的位置输入需要的文字并选取文字，在“字符”控制面板中，将“颜色”选项设置为浅棕色（201、176、132），其他选项的设置如图 5-523 所示，按 Enter 键确定操作，效果如图 5-524 所示，在“图层”控制面板中生成新的文字图层。

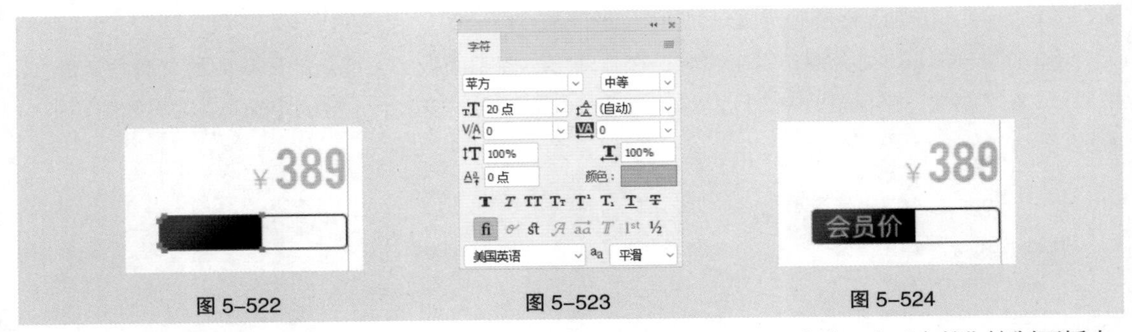

图 5-522　　图 5-523　　图 5-524

（40）使用相同的方法，在适当的位置再次输入需要的文字并选取文字，在“字符”控制面板中，将“颜色”选项设置为黑色，其他选项的设置如图 5-525 所示，按 Enter 键确定操作，在“图层”控制面板中生成新的文字图层。选中文字“339”，在“字符”控制面板中进行设置，如图 5-526 所示，效果如图 5-527 所示。

（41）按住 Shift 键的同时，单击“圆角矩形 11”图层，将需要的图层同时选取。按 Ctrl+G 组合键，群组图层并将其命名为“会员价”，如图 5-528 所示。

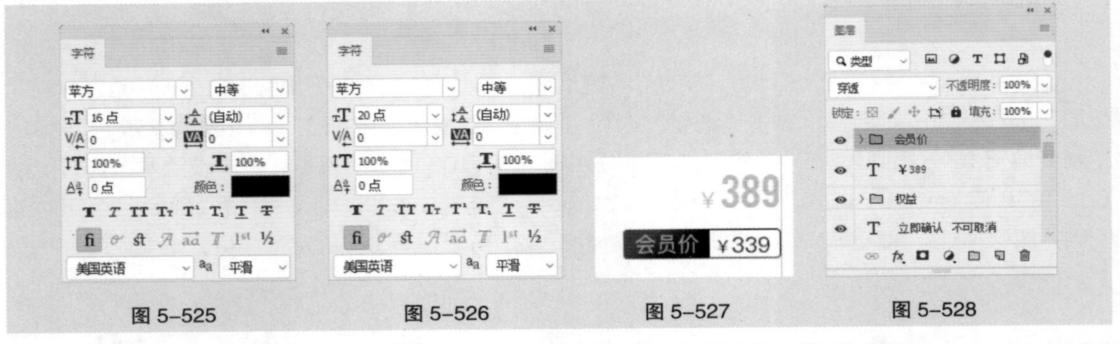

图 5-525　　图 5-526　　图 5-527　　图 5-528

（42）选择“圆角矩形”工具▢，在属性栏中将“填充”颜色设置为橘黄色（255、151、1），“描边”颜色设置为无，“半径”选项设置为 24 像素。在图像窗口中适当的位置绘制圆角矩形，在“图层”控制面板中生成新的形状图层“圆角矩形 12”。在“属性”控制面板中进行设置，如图 5-529 所示，按 Enter 键确定操作，效果如图 5-530 所示。

（43）选择“横排文字”工具 T，在适当的位置输入需要的文字并选取文字，在“字符”控制面板中，将“颜色”选项设置为白色，其他选项的设置如图 5-531 所示，按 Enter 键确定操作，效果如图 5-532 所示，在“图层”控制面板中生成新的文字图层。

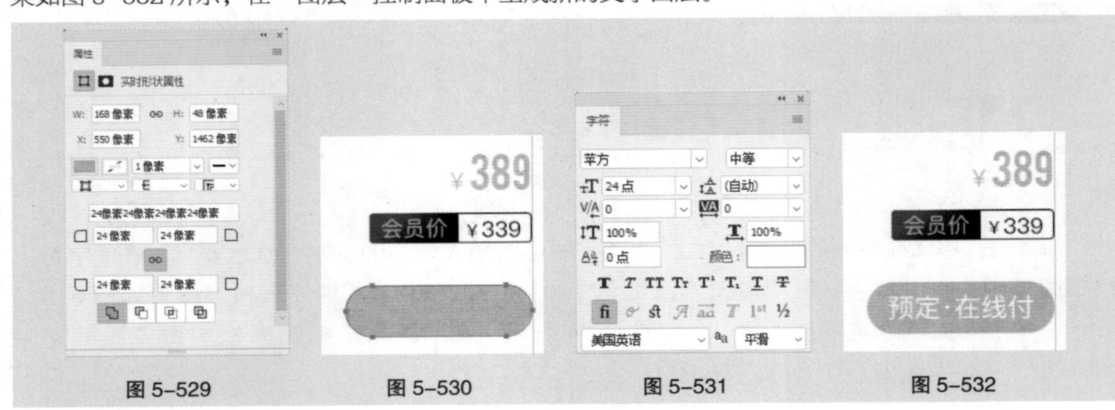

图 5-529　　图 5-530　　图 5-531　　图 5-532

（44）选择“直线”工具 ，在属性栏中将“填充”颜色设置为无，“描边”颜色设置为灰色（225、225、225），“粗细”选项设置为 1 像素。按住 Shift 键的同时，在图像窗口中适当的位置绘制一条直线，效果如图 5-533 所示，在“图层”控制面板中生成新的形状图层“形状 4”。

（45）按住 Shift 键的同时，单击“大床 无早”图层，将需要的图层同时选取。按 Ctrl+G 组合键，群组图层并将其命名为“套餐 1”，如图 5-534 所示。

图 5-533　　图 5-534

（46）使用相同的方法分别绘制形状、输入文字并群组图层，如图 5-535 所示，效果如图 5-536 所示。按住 Shift 键的同时，单击“矩形 2”图层，将需要的图层同时选取。按 Ctrl+G 组合键，群组图层并将其命名为“商务套房”，如图 5-537 所示。

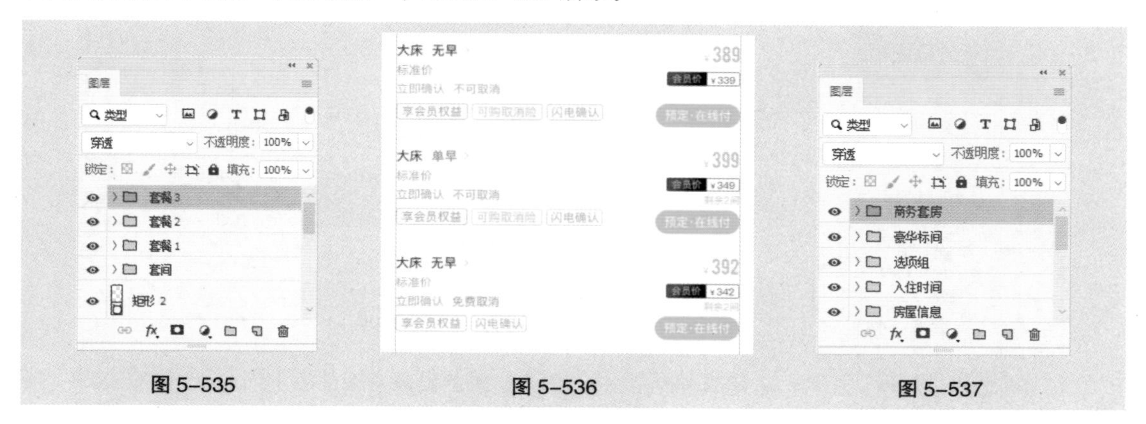

图 5-535　　图 5-536　　图 5-537

（47）使用上述的方法分别绘制形状、置入图片、输入文字并群组图层，如图 5-538 所示，效果如图 5-539 所示。按住 Shift 键的同时，单击“入住时间”图层组，将需要的图层组同时选取。按 Ctrl+G 组合键，群组图层组并将其命名为“内容区”，如图 5-540 所示。

图 5-538　　图 5-539　　图 5-540

（48）选择“视图 > 新建参考线”命令，弹出“新建参考线”对话框，选项设置如图 5-541 所示。选择“矩形”工具，在属性栏中将“填充”颜色设置为白色，“描边”颜色设置为无。在图像窗口中适当的位置绘制矩形，在“图层”控制面板中生成新的形状图层“矩形 3”。在“属性”控制面板中进行设置，如图 5-542 所示，按 Enter 键确定操作，效果如图 5-543 所示。

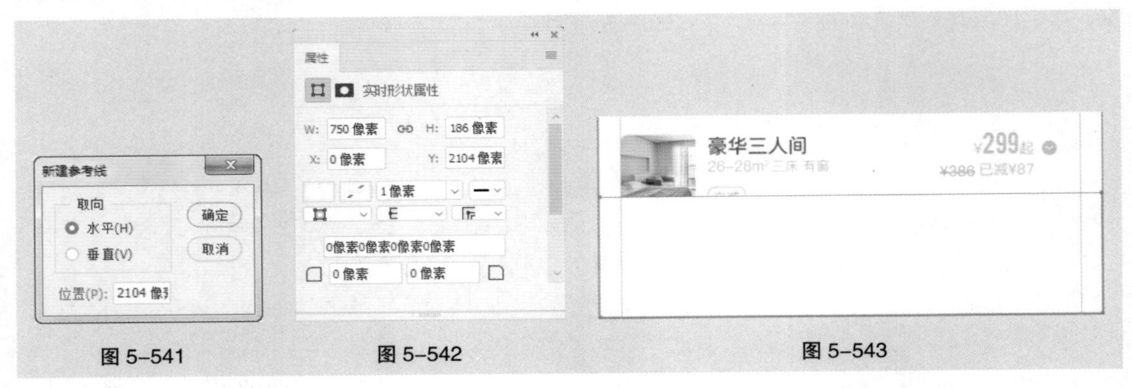
图 5-541　图 5-542　图 5-543

（49）按 Ctrl+O 组合键，打开云盘中的“Ch03 > 制作旅游类 App 按钮控件 > 效果 > 制作旅游类 App 按钮控件 .psd”文件，在“图层”控制面板中，选中“预定按钮”图层组。选择“移动”工具，将选取的图层组拖曳到新建的图像窗口中适当的位置，如图 5-544 所示，效果如图 5-545 所示。

图 5-544　图 5-545

（50）选择“矩形”工具，在属性栏中将“填充”颜色设置为深黄色（155、118、65），“描边”颜色设置为无。在图像窗口中适当的位置绘制矩形，在“图层”控制面板中生成新的形状图层“矩形 4”。在“属性”控制面板中进行设置，如图 5-546 所示，按 Enter 键确定操作。单击“蒙版”按钮，选项设置如图 5-547 所示，按 Enter 键确定操作，效果如图 5-548 所示。

图 5-546　图 5-547　图 5-548

（51）在“图层”控制面板中将“矩形 4”图层的“不透明度”选项设置为 10%，并将其拖曳到“矩形 3”图层的下方，如图 5-549 所示，效果如图 5-550 所示。

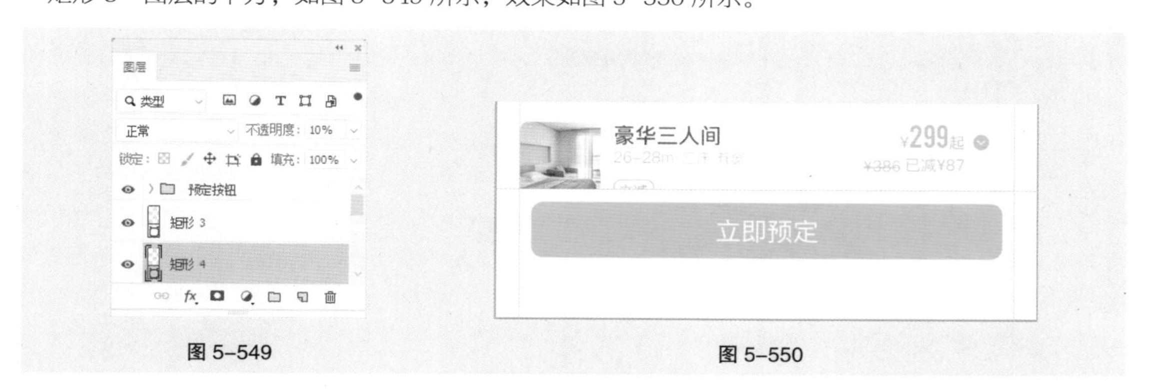

图 5-549　　图 5-550

（52）按住 Shift 键的同时，单击“预定按钮”图层组，将需要的图层同时选取。按 Ctrl+G 组合键，群组图层并将其命名为“查看房源”，如图 5-551 所示。

（53）选择“文件 > 置入嵌入对象”命令，弹出“置入嵌入的对象”对话框。选择云盘中的“Ch05 > 制作旅游类 App > 制作旅游类 App 酒店详情页 > 素材 > 15”文件，单击“置入”按钮，将图片置入图像窗口中。将其拖曳到适当的位置，按 Enter 键确定操作，效果如图 5-552 所示，在“图层”控制面板中生成新的图层并将其命名为“Home Indicator”。旅游类 App 酒店详情页制作完成。

图 5-551　　图 5-552

5.6 注册登录页

注册和登录是用户使用产品的必经过程。注册和登录流程看似简单，实际蕴藏着大量的设计逻辑。一张优秀的注册登录页面，不仅应该具有清晰的操作流程，更应该表现出良好的交互细节和美观的视觉设计。下面主要从概念对注册登录页进行讲解。

5.6.1 注册登录页的概念

注册登录页是电商类、社交类等功能丰富型 App 的必要页面，具有进入产品、深度关联的作用。注册登录页页面设计应直观简洁，并且提供第三方账号登录功能。国内常见的第三方账号有微博、微信、QQ 等，如图 5-553 所示。

考拉海购　　智联招聘　　36Kr

图 5-553

5.6.2 课堂案例——制作旅游类 App 登录页

【案例设计要求】

（1）运用 Photoshop 制作旅游类 App 登录页，设计效果如图 5-554 所示。

（2）页面尺寸：750px（宽）× 1624px（高）。

（3）体现出行业风格。

【案例学习目标】学习使用 Photoshop 制作旅游类 App 登录页。

【案例知识要点】使用“圆角矩形”工具和“直线”工具绘制形状，使用“置入嵌入对象”命令置入图片和图标，使用“颜色叠加”选项添加效果，使用“横排文字”工具输入文字。

【效果文件所在位置】云盘 /Ch05/ 制作旅游类 App/ 制作旅游类 App 登录页 / 效果 / 制作旅游类 App 登录页 .psd。

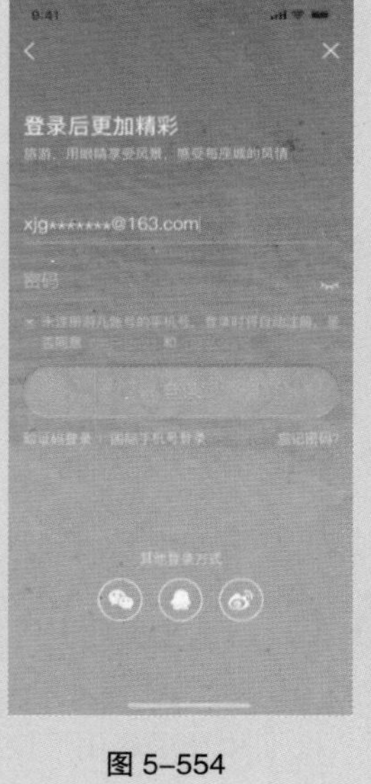

图 5-554

（1）按 Ctrl+N 组合键，弹出“新建文档”对话框，将宽度设置为 750 像素，高度设置为 1624 像素，分辨率设置为 72 像素 / 英寸，背景内容设置为白色，如图 5-555 所示。单击“创建”按钮，完成文档的新建。

（2）选择“文件 > 置入嵌入对象”命令，弹出“置入嵌入的对象”对话框。选择云盘中的“Ch05 > 制作旅游类 App > 制作旅游类 App 登录页 > 素材 > 01”文件，单击“置入”按钮，将图片置入图像窗口中。将其拖曳到适当的位置并调整大小，按 Enter 键确定操作，效果如图 5-556

所示，在“图层”控制面板中生成新的图层并将其命名为“底图”。

图 5–555　图 5–556

（3）单击“图层”控制面板下方的“添加图层样式”按钮 fx，在弹出的下拉列表中选择“颜色叠加”选项，弹出对话框，设置“叠加”颜色为深灰色（51、51、51），单击“确定”按钮。返回到“图层样式”对话框，其他选项的设置如图 5–557 所示，单击“确定”按钮，效果如图 5–558 所示。

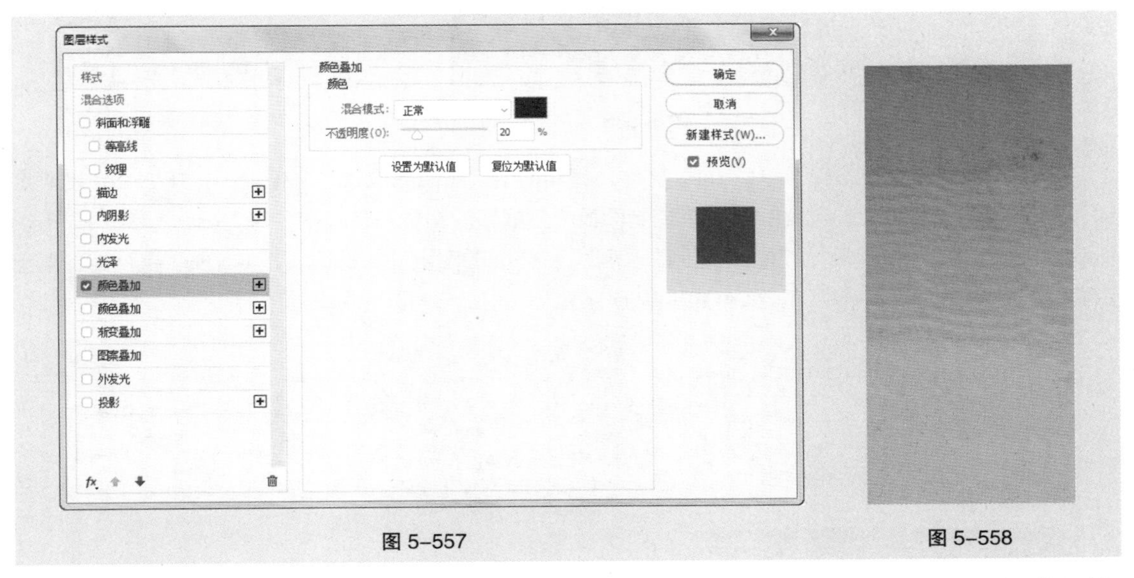

图 5–557　图 5–558

（4）选择“视图 > 新建参考线版面”命令，弹出“新建参考线版面”对话框，选项设置如图 5–559 所示。单击“确定”按钮，完成参考线的创建，效果如图 5–560 所示。

（5）选择“文件 > 置入嵌入对象”命令，弹出“置入嵌入的对象”对话框。选择云盘中的“Ch05 > 制作旅游类 App > 制作旅游类 App 登录页 > 素材 > 02”文件，单击“置入”按钮，将图片置入图像窗口中。将其拖曳到适当的位置，按 Enter 键确定操作，效果如图 5–561 所示，在“图层”控制面板中生成新的图层并将其命名为“状态栏”。

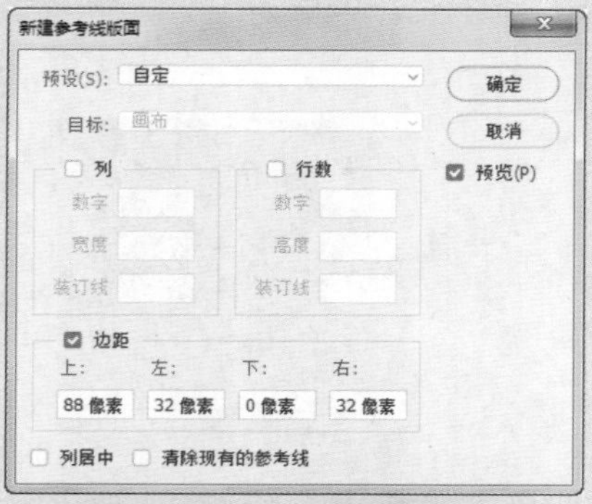

图 5-559　　图 5-560　　图 5-561

（6）选择“视图 > 新建参考线”命令，弹出“新建参考线”对话框，选项设置如图 5-562 所示，效果如图 5-563 所示。

（7）选择“文件 > 置入嵌入对象”命令，弹出“置入嵌入的对象”对话框。选择云盘中的“Ch05 > 制作旅游类 App > 制作旅游类 App 登录页 > 素材 > 03”文件，单击“置入”按钮，将图标置入图像窗口中。将其拖曳到适当的位置并调整大小，按 Enter 键确定操作，效果如图 5-564 所示，在“图层”控制面板中生成新的图层并将其命名为“返回”。

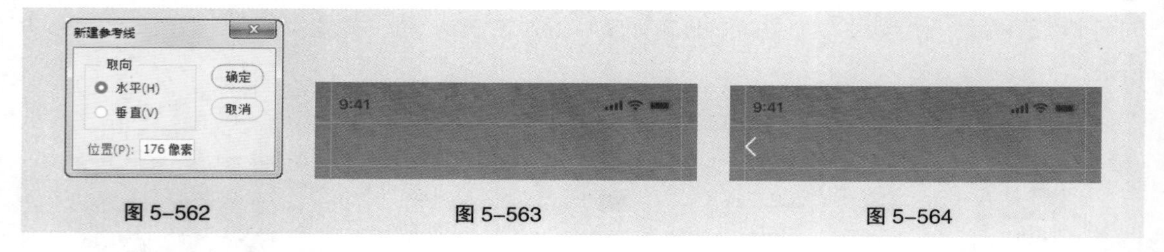

图 5-562　　图 5-563　　图 5-564

（8）使用相同的方法，置入“04”文件，将其拖曳到适当的位置并调整大小，按 Enter 键确定操作，效果如图 5-565 所示，在“图层”控制面板中生成新的图层并将其命名为“关闭”，如图 5-566 所示。按住 Shift 键的同时，单击“返回”图层，将需要的图层同时选取。按 Ctrl+G 组合键，群组图层并将其命名为“导航栏”，如图 5-567 所示。

图 5-565　　图 5-566　　图 5-567

（9）选择“横排文字”工具 T，在适当的位置输入需要的文字并选取文字，选择“窗口 > 字符”命令，弹出“字符”控制面板，将“颜色”选项设置为白色，其他选项的设置如图 5-568 所示，按 Enter 键确定操作。再次输入文字，在“字符”控制面板中，将“颜色”选项设置为白色，其他选项的设置如图 5-569 所示，按 Enter 键确定操作，效果如图 5-570 所示。在“图层”控制面板中分别生成新的文字图层。

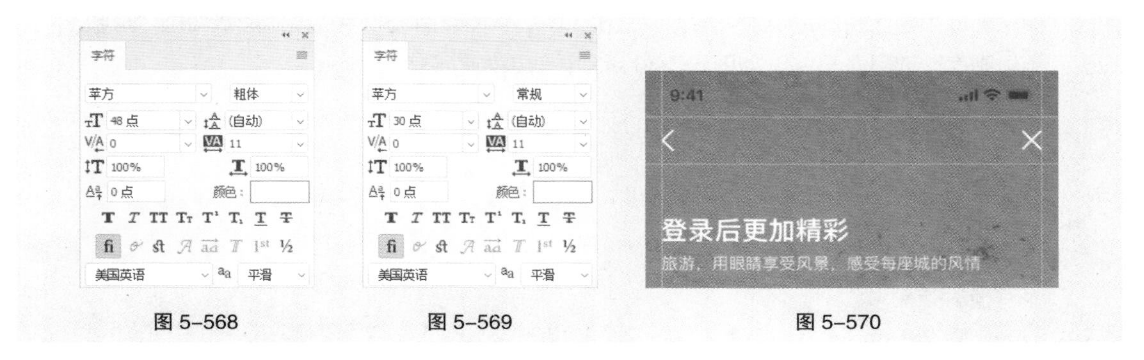

图 5-568　　图 5-569　　图 5-570

（10）按 Ctrl+O 组合键，打开云盘中的“Ch03 > 制作旅游类 App 文本框控件 > 效果 > 制作旅游类 App 文本框控件 .psd”文件，在“图层”控制面板中，选中“文本框控件”图层组。选择“移动”工具 ，将选取的图层组拖曳到新建的图像窗口中适当的位置，如图 5-571 所示，效果如图 5-572 所示。

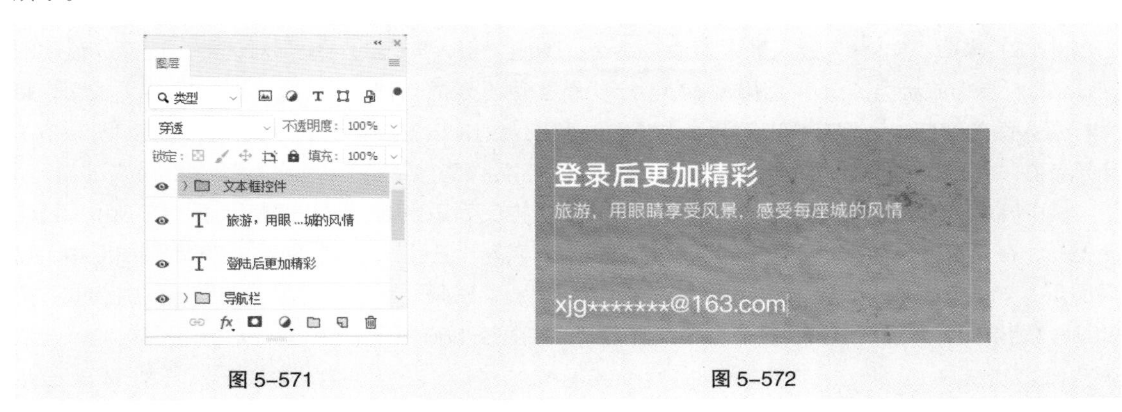

图 5-571　　图 5-572

（11）选择“横排文字”工具 T，在适当的位置输入需要的文字并选取文字，在“字符”控制面板中，将“颜色”选项设置为白色，其他选项的设置如图 5-573 所示，按 Enter 键确定操作，在“图层”控制面板中生成新的文字图层。设置“不透明度”选项为 50%，如图 5-574 所示，效果如图 5-575 所示。

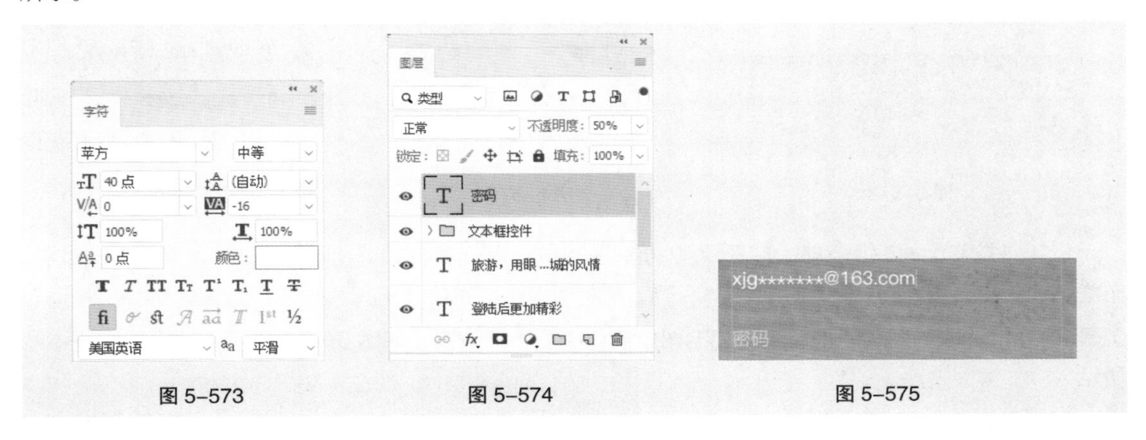

图 5-573　　图 5-574　　图 5-575

（12）选择“直线”工具，在属性栏的“选择工具模式”下拉列表中选择“形状”选项，将“填充”颜色设置为无，“描边”颜色设置为白色，“粗细”选项设置为 1 像素。按住 Shift 键的同时，在图像窗口中适当的位置绘制一条直线，在“图层”控制面板中生成新的形状图层“形状 2”。设置“不透明度”选项为 50%，如图 5-576 所示，效果如图 5-577 所示。

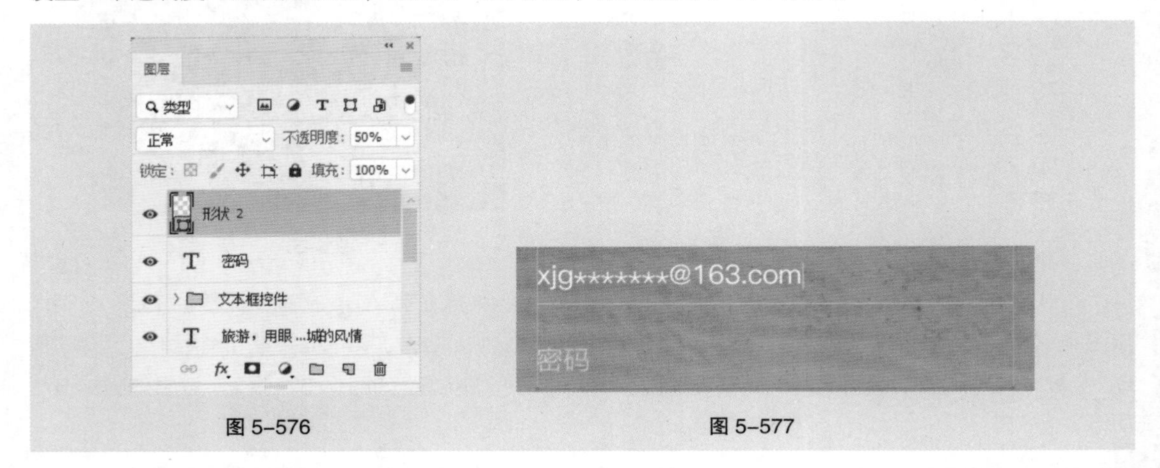

图 5-576　　图 5-577

（13）选择“文件 > 置入嵌入对象”命令，弹出“置入嵌入的对象”对话框。选择云盘中的“Ch05 > 制作旅游类 App > 制作旅游类 App 登录页 > 素材 > 05”文件，单击“置入”按钮，将图标置入图像窗口中。将其拖曳到适当的位置并调整大小，按 Enter 键确定操作，效果如图 5-578 所示，在“图层”控制面板中生成新的图层并将其命名为“隐藏”。

（14）使用相同的方法，置入“06”文件，将其拖曳到适当的位置并调整大小，按 Enter 键确定操作，在“图层”控制面板中生成新的图层并将其命名为“显示”，单击图层左侧的眼睛图标，隐藏图层，如图 5-579 所示。按住 Shift 键的同时，单击“密码”图层，将需要的图层同时选取。按 Ctrl+G 组合键，群组图层并将其命名为“密码”，如图 5-580 所示。

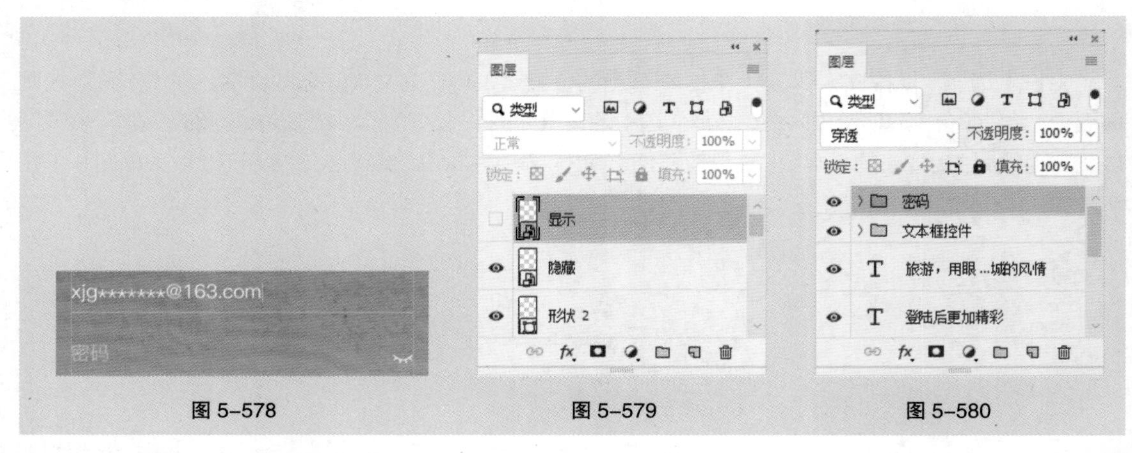

图 5-578　　图 5-579　　图 5-580

（15）按 Ctrl+O 组合键，打开云盘中的“Ch03 > 制作旅游类 App 选择控件 > 效果 > 制作旅游类 App 选择控件 .psd”文件，在“图层”控制面板中，选中“选择控件”图层组。选择“移动”工具，将选取的图层组拖曳到新建的图像窗口中适当的位置，如图 5-581 所示，效果如图 5-582 所示。

图 5-581　　　　图 5-582

（16）选择“横排文字”工具 T.，在适当的位置输入需要的文字并选取文字，在“字符”控制面板中，将“颜色”选项设置为白色，其他选项的设置如图 5-583 所示，按 Enter 键确定操作，在“图层”控制面板中生成新的文字图层。分别选中文字“《用户协议》”和“《隐私保护》”，在“字符”控制面板中，将“颜色”选项设置为橘黄色（255、151、1），其他选项的设置如图 5-584 所示，按 Enter 键确定操作，效果如图 5-585 所示。

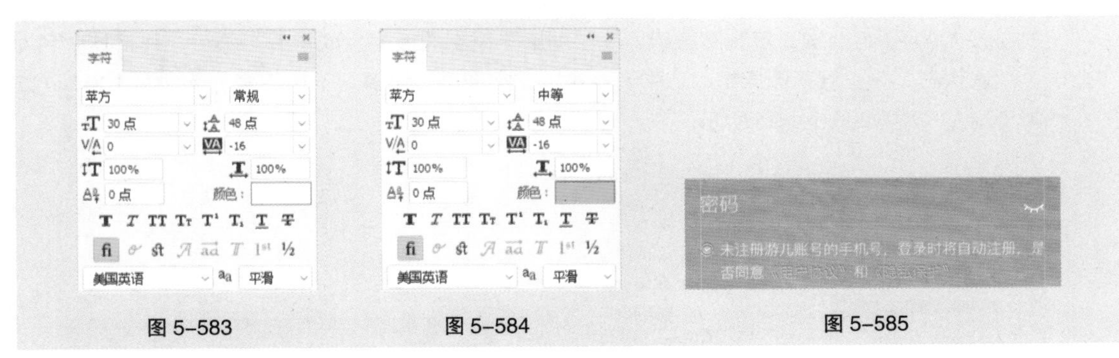

图 5-583　　　　图 5-584　　　　图 5-585

（17）选择“圆角矩形”工具 ▢.，在属性栏中将“填充”颜色设置为橘黄色（255、151、1），“描边”颜色设置为无，“半径”选项设置为 56 像素。在图像窗口中适当的位置绘制圆角矩形，在“图层”控制面板中生成新的形状图层“圆角矩形 4”。在“属性”控制面板中进行设置，如图 5-586 所示，按 Enter 键确定操作，效果如图 5-587 所示。

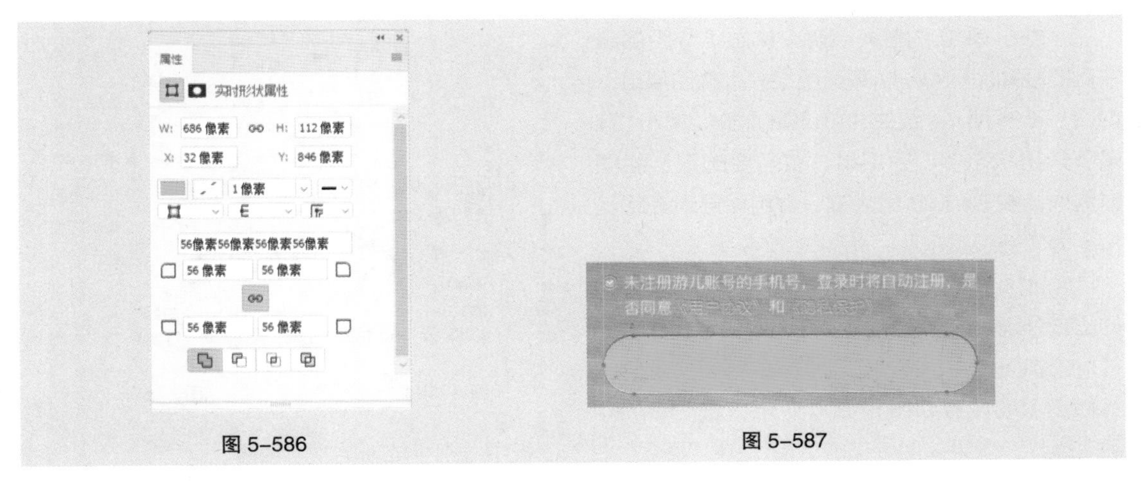

图 5-586　　　　图 5-587

（18）选择“横排文字”工具 T.，在适当的位置输入需要的文字并选取文字，在“字符”控制面板中，将“颜色”选项设置为白色，其他选项的设置如图 5-588 所示，按 Enter 键确定操作，在“图层”控制面板中生成新的文字图层。设置“不透明度”选项为 30%，如图 5-589 所示，效果如图 5-590 所示。

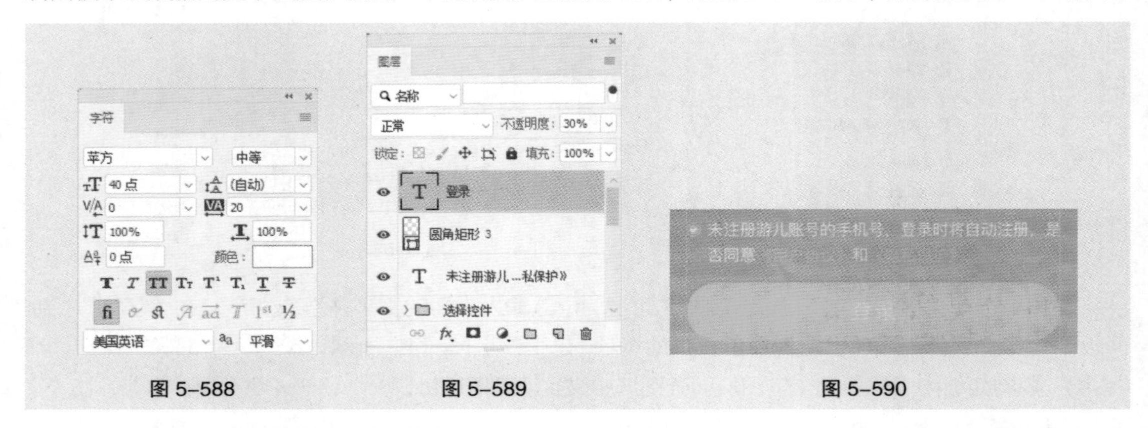

图 5-588　图 5-589　图 5-590

（19）按住 Shift 键的同时，单击“圆角矩形 2”图层，将需要的图层同时选取。按 Ctrl+G 组合键，群组图层并将其命名为“登录（禁用状态）”，如图 5-591 所示。

（20）按 Ctrl+J 组合键，复制图层组，在“图层”控制面板中生成新的图层组，并将其命名为“登录（默认状态）”。展开图层组，选中“登录”文字图层，设置“不透明度”选项为 100%，如图 5-592 所示，效果如图 5-593 所示。

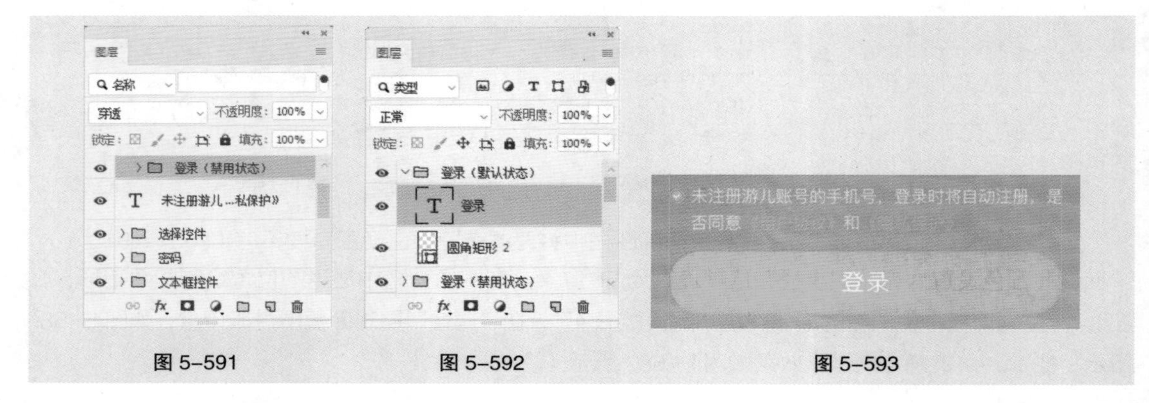

图 5-591　图 5-592　图 5-593

（21）单击“登录（默认状态）”图层组左侧的眼睛图标，隐藏图层组并折叠图层组，如图 5-594 所示。按住 Shift 键的同时，单击“登录（禁用状态）”图层组，将需要的图层组同时选取。按 Ctrl+G 组合键，群组图层组并将其命名为“登录按钮”，如图 5-595 所示。

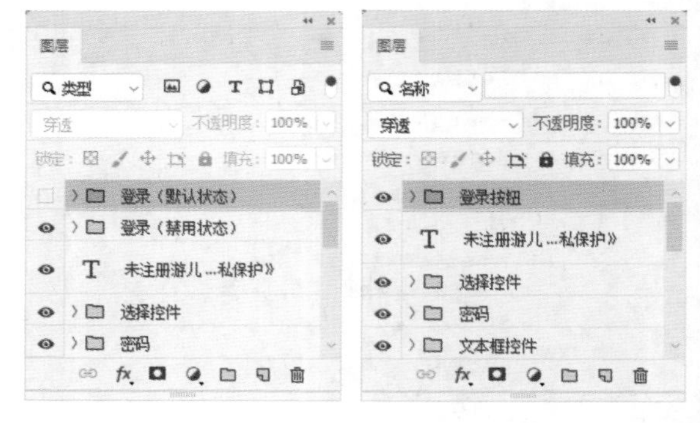

图 5-594　图 5-595

（22）选择“横排文字”工具 T.，在适当的位置分别输入需要的文字并选取文字，在“字符”控制面板中，将“颜色”选项设置为白色，其他选项的设置如图 5-596 所示，按 Enter 键确定操作，效果如图 5-597 所示，在“图层”控制面板中分别生成新的文字图层。

（23）选择“直线”工具 ⁄，在属性栏的“选择工具模式”下拉列表中选择“形状”选项，将“填充”颜色设置为无，“描边”颜色设置为白色，“粗细”选项设置为 1 像素。按住 Shift 键的同时，在图像窗口中适当的位置绘制一条直线，效果如图 5-598 所示，在“图层”控制面板中生成新的形状图层“形状 3”。

（24）选择“横排文字”工具 T，在适当的位置分别输入需要的文字并选取文字，在“字符”控制面板中，将“颜色”选项设置为白色，其他选项的设置如图 5-599 所示，按 Enter 键确定操作，效果如图 5-600 所示，在“图层”控制面板中分别生成新的文字图层。

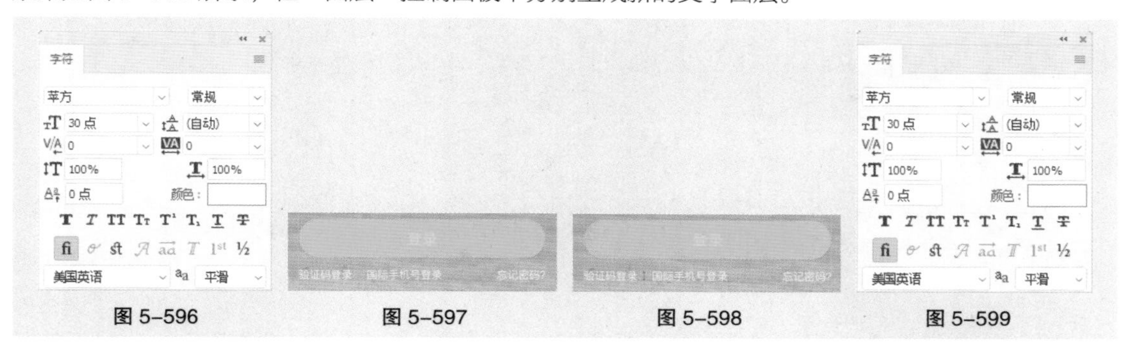

图 5-596　　图 5-597　　图 5-598　　图 5-599

（25）选择“文件 > 置入嵌入对象”命令，弹出“置入嵌入的对象”对话框。选择云盘中的“Ch05 > 制作旅游类 App > 制作旅游类 App 登录页 > 素材 > 07”文件，单击“置入”按钮，将图标置入图像窗口中。将其拖曳到适当的位置并调整大小，按 Enter 键确定操作，效果如图 5-601 所示，在“图层”控制面板中生成新的图层并将其命名为“微信”。

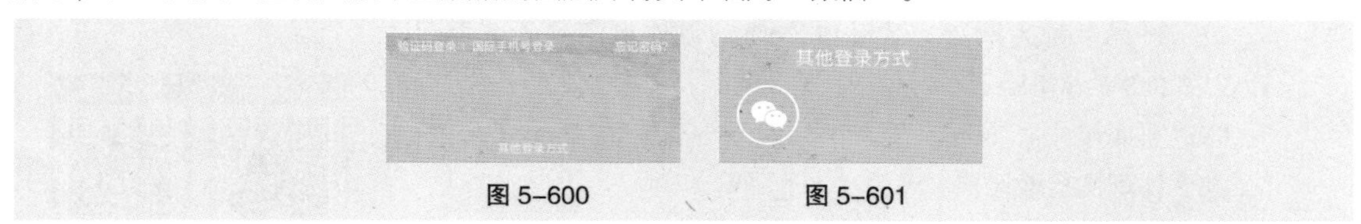

图 5-600　　图 5-601

（26）使用相同的方法，置入“08”和“09”文件，将其分别拖曳到适当的位置，按 Enter 键确定操作，在“图层”控制面板中生成新的图层并将其命名为“QQ”和“微博”，如图 5-602 所示。按住 Shift 键的同时，单击“其他登录方式”文字图层，将需要的图层同时选取。按 Ctrl+G 组合键，群组图层并将其命名为“其他登录方式”，如图 5-603 所示。按住 Shift 键的同时，单击“登录后更加精彩”图层，将需要的图层同时选取。按 Ctrl+G 组合键，群组图层并将其命名为“内容区”，如图 5-604 所示。

图 5-602　　图 5-603　　图 5-604

（27）选择“文件 > 置入嵌入对象”命令，弹出“置入嵌入的对象”对话框。选择云盘中的“Ch05 > 制作旅游类 App > 制作旅游类 App 登录页 > 素材 > 10”文件，单击“置入”按钮，将图片置入图像窗口中。将其拖曳到适当的位置，按 Enter 键确定操作，在“图层”控制面板中生成新的图层并将其命名为“Home Indicator”，设置“不透明度”选项为 60%，如图 5-605 所示，效果如图 5-606 所示。旅游类 App 登录页制作完成。

图 5-605　　图 5-606

5.7 课堂练习——制作电商类 App 页面

【案例设计要求】

（1）产品名称为潮货。运用 Photoshop 制作电商类 App 页面，设计效果如图 5-607 所示。

（2）页面尺寸：750px（宽）×1624px（高）。

（3）体现出行业风格。

【案例学习目标】学习使用 Photoshop 制作电商类 App 页面。

【案例知识要点】使用“圆角矩形”工具、“矩形”工具、“椭圆”工具和“直线”工具绘制形状，使用“置入嵌入对象”命令置入图片和图标，使用“创建剪贴蒙版”命令调整图片显示区域，使用“属性”控制面板制作弥散投影，使用“横排文字”工具输入文字。

【效果文件所在位置】云盘 /Ch05/ 制作电商类 App 页面。

慕课视频
制作电商类 App 首页——1. 制作 Banner、状态栏、导航栏和滑动轴

图 5-607

5.8 课后习题——制作餐饮类 App 页面

【案例设计要求】

（1）产品名称为 FAST FOOD。运用 Photoshop 制作餐饮类 App 页面，设计效果如图 5-608 所示。

（2）页面尺寸：750px（宽）× 1624px（高）。

（3）体现出行业风格。

图 5-608

【案例学习目标】学习使用 Photoshop 制作餐饮类 App 页面。

【案例知识要点】使用“圆角矩形”工具、“矩形”工具、“椭圆”工具和“直线”工具绘制形状，使用“置入嵌入对象”命令置入图片和图标，使用“创建剪贴蒙版”命令调整图片显示区域，使用“属性”控制面板制作弥散投影，使用“横排文字”工具输入文字。

【效果文件所在位置】云盘 /Ch05/ 制作餐饮类 App 页面。

06

第6章 UI设计输出

本章介绍

清晰有效的设计方案不仅是UI设计师重要的输出物之一，更直接影响到工程师对设计效果的还原度。本章将对UI页面的标注、UI页面的切图以及UI页面的命名等基础知识及相关规则进行系统讲解与实操演练。通过对本章的学习，读者可以对UI设计输出有一个基本的认识，并快速掌握相关UI的输出方法。

学习目标

- 掌握App页面标注的方法
- 掌握App页面切图的方法
- 掌握App页面命名的方法

6.1 UI 页面标注

当设计师完成页面的视觉设计定稿之后，需要对页面进行切图和标注，并提供给开发工程师以供上线。标注 UI 页面会直接影响到工程师对设计效果的还原度，它不仅能够满足开发人员对设计效果图的高度还原需求，而且也是设计师重要的输出物之一。下面分别从标注原因、标注内容、标注规则以及标注工具这 4 个方面进行 UI 页面标注的讲解。

6.1.1 标注原因

设计师进行 UI 页面标注，具有还原设计、协助开发的作用。

6.1.2 标注内容

页面中的标注内容通常包括文字、按钮、图标、图片、间距以及分割线等，如图 6-1 所示。

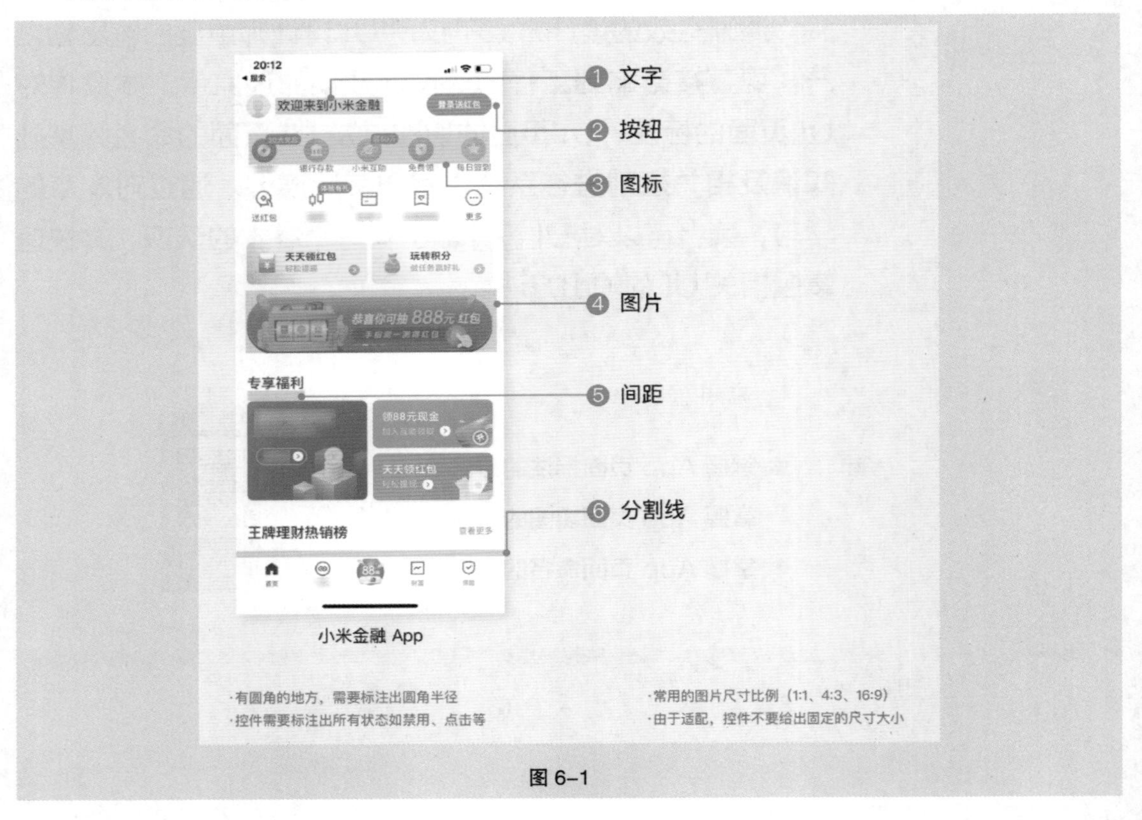

图 6-1

1. 文字的标注

在进行文字的标注时，需要标注出文字的字体、字号、字重、颜色以及透明度等属性，如图 6-2 所示。

2. 图标的标注

在进行图标的标注时，需要注意标注图标的尺寸，应包含可点击的空白像素，即实际切图尺寸，如图 6-3 所示。

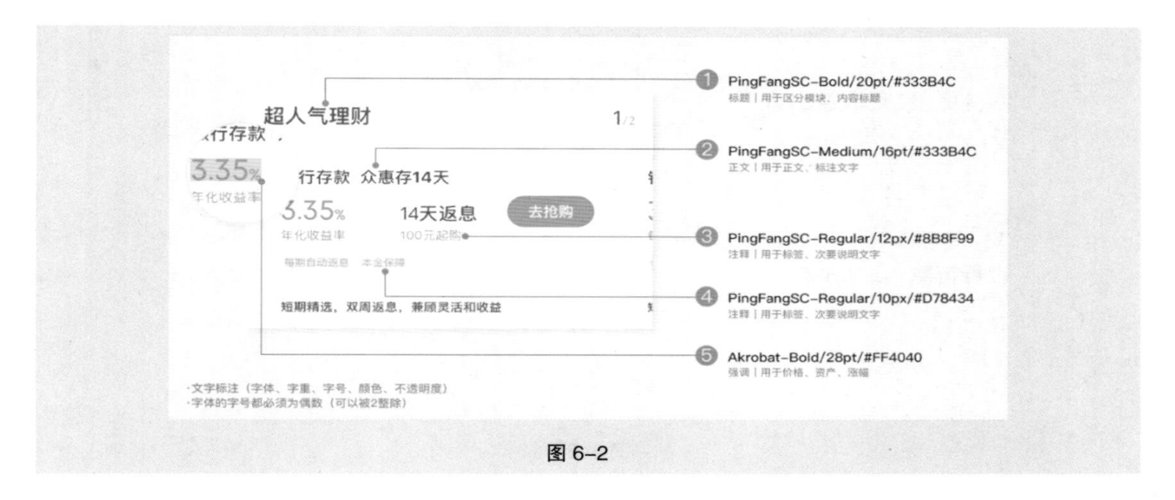

图 6–2

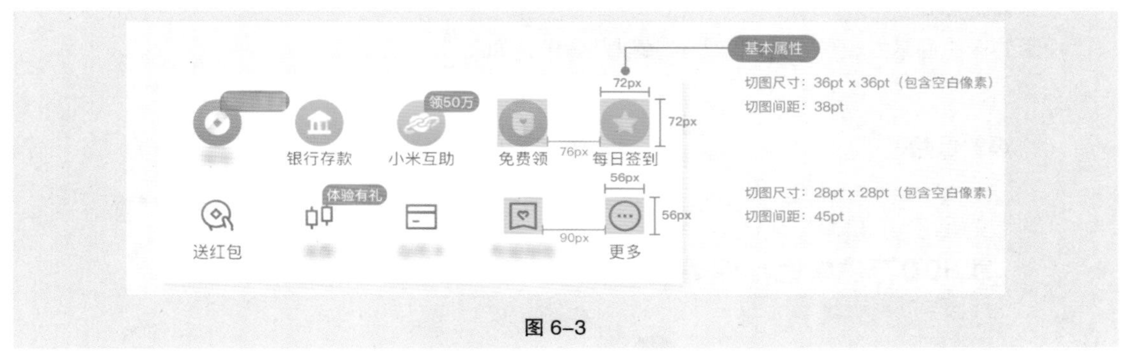

图 6–3

3. 按钮的标注

在进行按钮的标注时，对于重复出现的标注属性，只需标注其中之一，如图 6–4 所示。

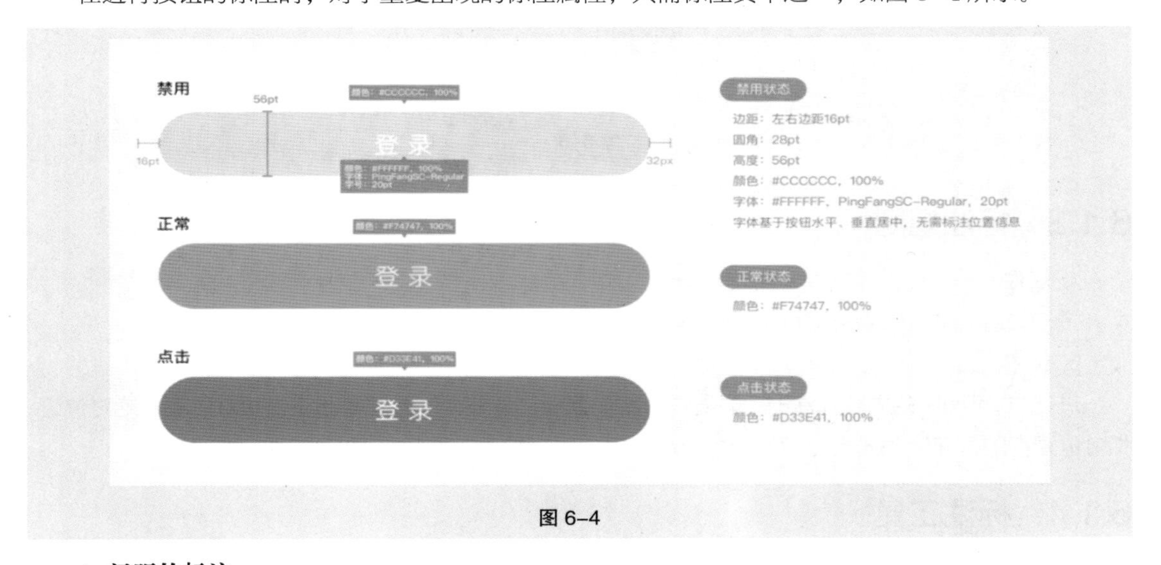

图 6–4

4. 间距的标注

间距通常以 8 倍数和 4 倍数为基准进行设计，因此在标注时，通常都会标注出 4pt、8pt、16pt 等这样的尺寸，如图 6–5 所示。

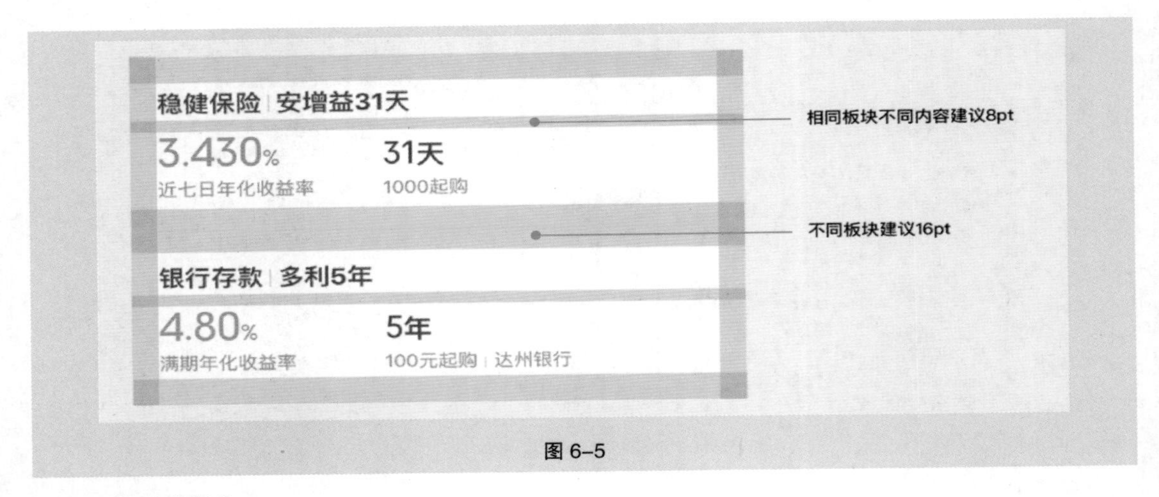

图 6-5

5. 投影的标注

投影的标注通常为颜色、透明度、位置以及效果，如图 6-6 所示。

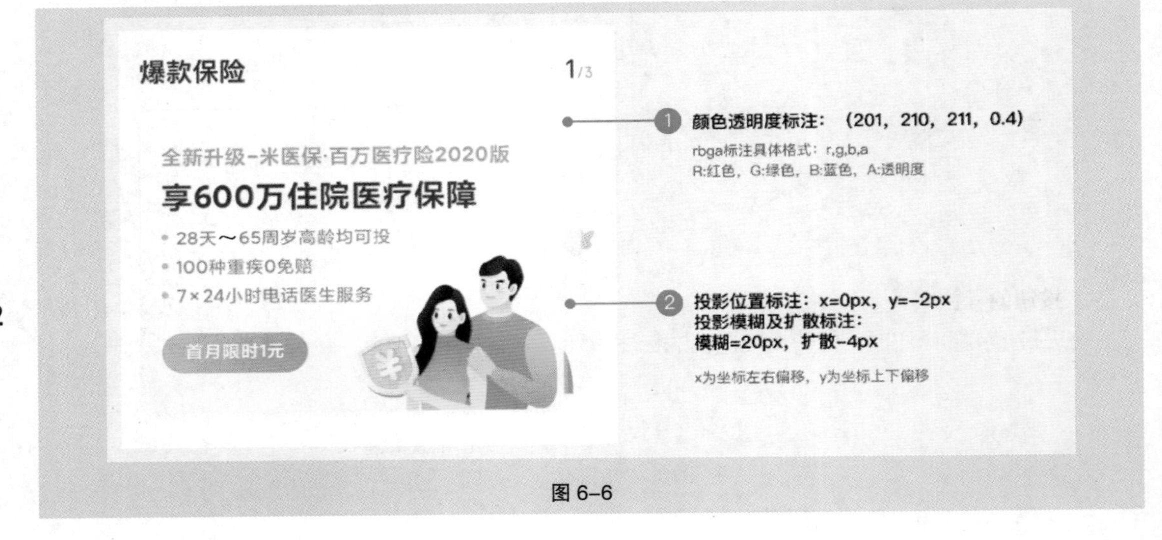

图 6-6

6.1.3 标注规则

1. 属性

进行 UI 页面中的内容标注时，需要标注出尺寸、颜色、透明度等属性。

2. 位置

进行 UI 页面中的内容标注时，需要注意将位置标注清楚。位置需要标注出相对位置和绝对位置。相对位置指的是元素与元素之间的距离，而绝对位置指的是元素与页面之间的距离。

6.1.4 标注工具

1. PxCook

PxCook 又名像素大厨，是一款可以进行自动标注并生成切图的软件。自 2.0.0 版本开始，该软件便支持 PSD 文件的文字、颜色、距离的自动智能识别，如图 6-7 所示。

图 6–7

2. Sketch Measure

Sketch Measure 是 Sketch 中的一款插件，能够对各种格式的图片进行标注以及切图。该插件的使用较为简单，能够帮助新手设计师快速上手，但是只能在苹果计算机上使用，如图 6–8 所示。

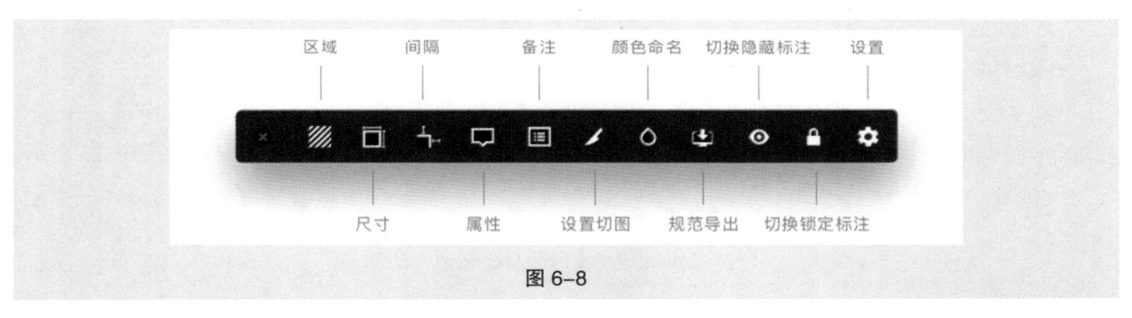

图 6–8

3. 蓝湖

蓝湖是一个产品设计协作平台，它支持将 Sketch、Photoshop、Adobe XD 文件导入生成标注，并支持将 Axure 文件生成在线需求文档，能够将产品，设计、研发工作流程无缝衔接，如图 6–9 所示。

图 6–9

6.1.5 课堂案例——标注旅游类 App 登录页

【案例设计要求】

（1）运用软件 PxCook 标注旅游类 App 登录页，标注效果如图 6–10 所示。

（2）符合页面标注规则。

【案例学习目标】学习使用 PxCook 标注旅游类 App 登录页。

【案例知识要点】学习下载并使用 PxCook 标注页面。

【效果文件所在位置】云盘 /Ch06/ 标注旅游类 App 登录页 .pxcp。

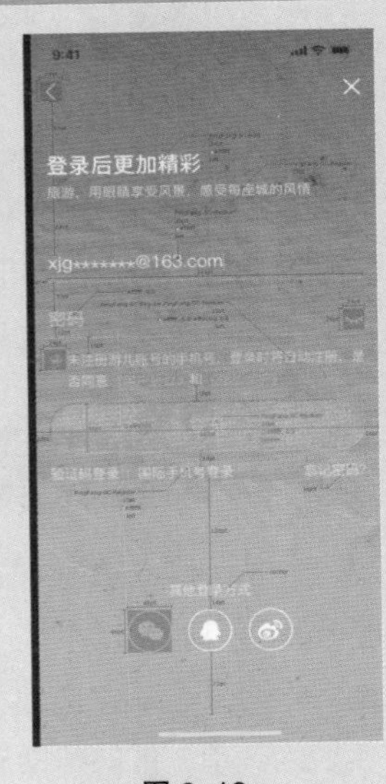

图 6–10

1. 软件安装

（1）使用浏览器打开 PxCook 官网，单击页面中的“立即下载”按钮，如图 6–11 所示。在弹出的对话框中设置下载路径，如图 6–12 所示，单击“下载”按钮，下载应用程序，效果如图 6–13 所示。

慕课视频

软件安装

图 6–11

图 6–12

图 6–13

（2）双击应用程序，弹出对话框，如图 6–14 所示，在对话框中单击“运行”按钮。弹出对话框，如图 6–15 所示，在对话框中单击“下一步”按钮。弹出对话框，如图 6–16 所示，在对话框中选择“我同意此协议”单选项，单击“下一步”按钮。弹出对话框，如图 6–17 所示，在对话框中勾选“创建桌面快捷方式”复选框，单击“下一步”按钮。

图 6–14　　图 6–15

图 6–16　　图 6–17

（3）弹出对话框，如图 6–18 所示，在对话框中单击“安装”按钮，安装应用程序。安装完成后的界面如图 6–19 所示，单击“完成”按钮。

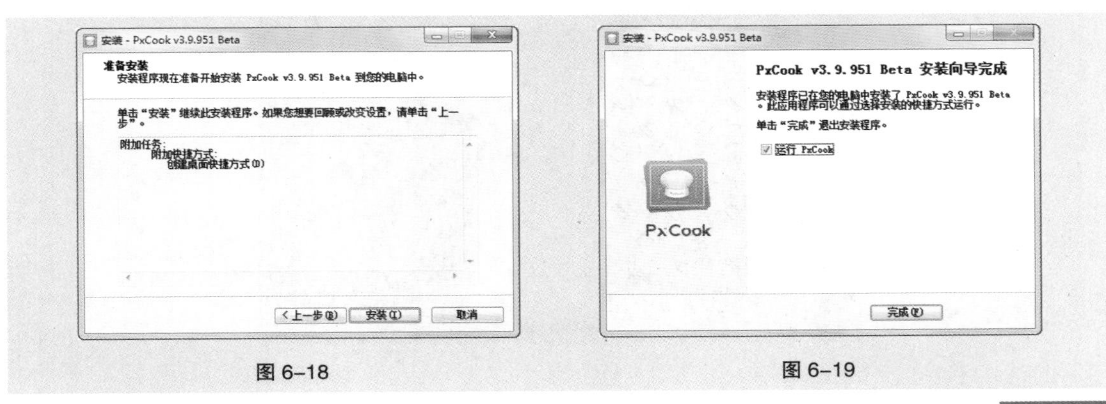

图 6–18　　图 6–19

2. 图标标注

（1）启动 Pxcook，如图 6–20 所示。选择“项目 > 新建项目”命令，弹出“创建项目”对话框，选项设置如图 6–21 所示，单击“创建本地项目”按钮，新建项目。

慕课视频

图标标注

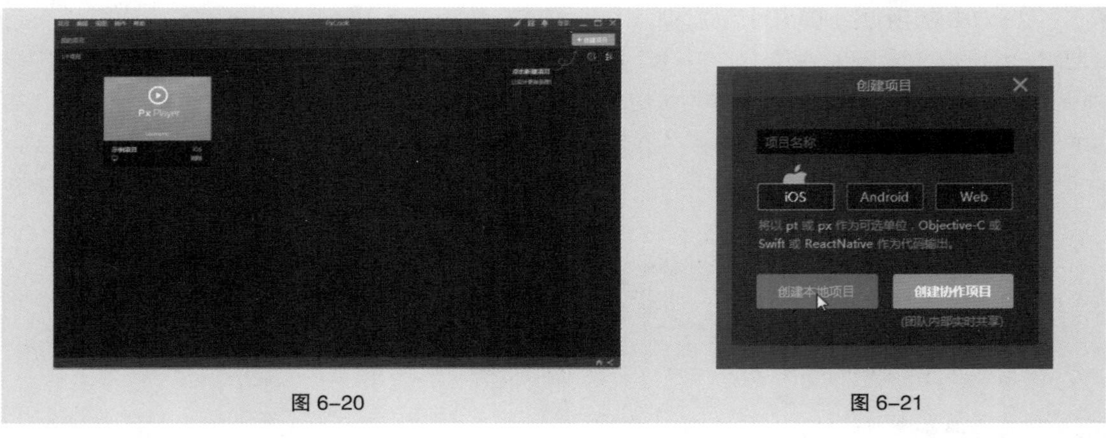

图 6-20　　　　图 6-21

（2）选择云盘中的“Ch05 > 制作旅游类 App > 制作旅游类 App 登录页 > 效果 > 制作旅游类 App 登录页 .psd”文件，将其拖曳到 Pxcook 项目图像窗口中，如图 6-22 所示，效果如图 6-23 所示。双击画板，效果如图 6-24 所示。

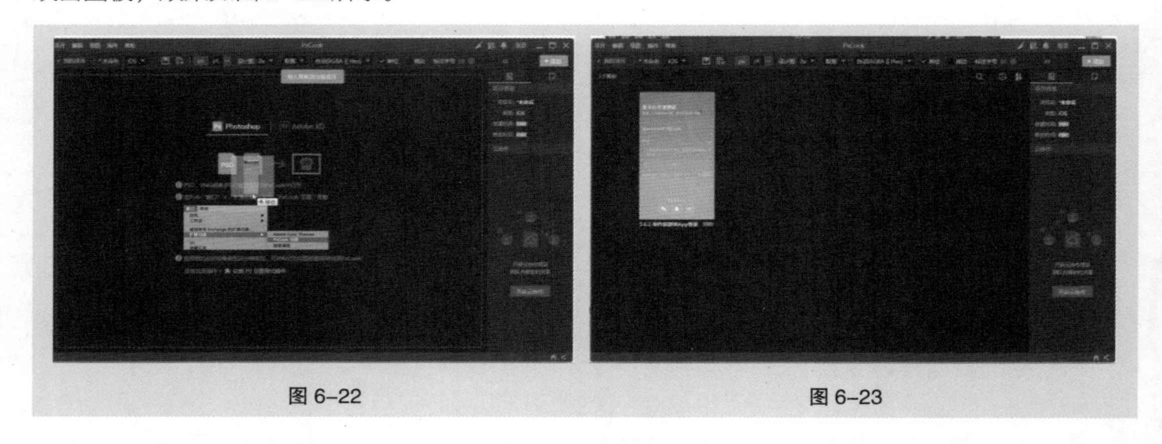

图 6-22　　　　图 6-23

图 6-24

（3）放大视图，选择“区域标注”工具，在需要标注的图标上绘制标注区域，如图 6-25 所示。使用相同的方法标注其他图标，如图 6-26 所示。

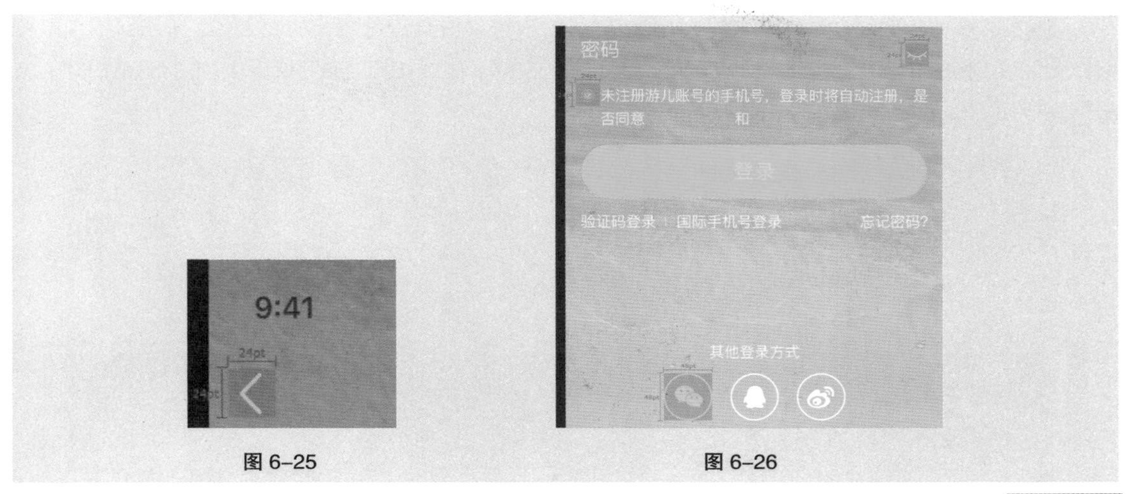

图 6-25　　　　图 6-26

3. 文字标注

选中需要标注的文字，如图 6-27 所示。在属性栏中进行设置，如图 6-28 所示。选择“智能标注”工具下拉列表中的“生成文本样式标注”工具，标注文字，如图 6-29 所示。使用相同的方法标注其他文字，如图 6-30 所示。

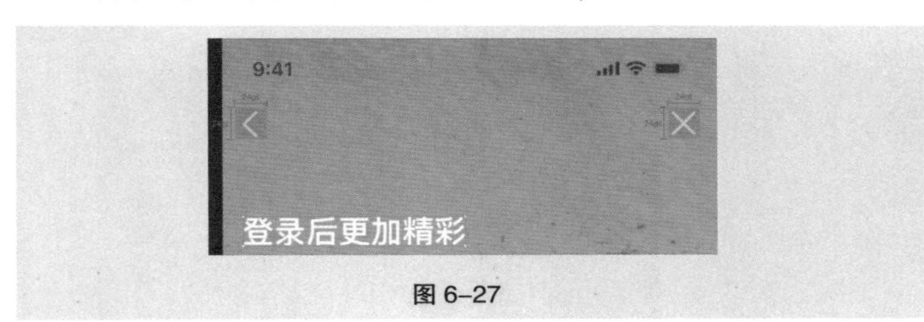

图 6-27　　　　图 6-28

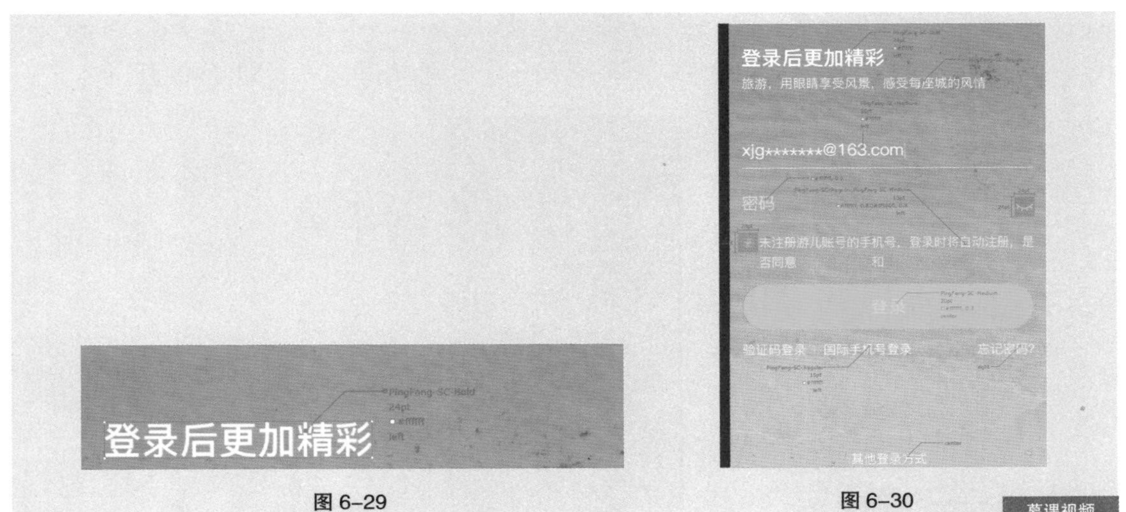

图 6-29　　　　图 6-30

4. 按钮标注

（1）选择“颜色标注”工具，将鼠标指针放置在按钮中需要标注颜色的位置，如图 6-31 所示，单击鼠标左键，标注按钮颜色。

（2）选择“距离标注”工具，在需要测量的位置单击鼠标左键，如图 6–32 所示，拖曳鼠标指针到需要测量的位置，如图 6–33 所示，单击鼠标左键，生成按钮高度的距离标注。使用相同的方法标注按钮宽度的距离，如图 6–34 所示。

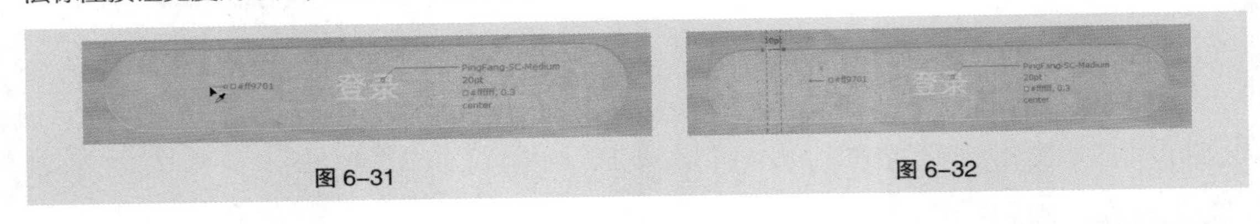

图 6–31　　图 6–32

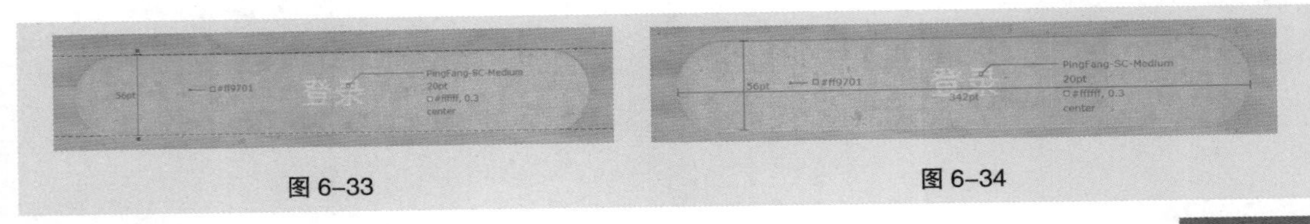

图 6–33　　图 6–34

5. 间距标注

（1）选择“距离标注”工具，在需要测量的位置单击鼠标左键，如图 6–35 所示，拖曳鼠标指针到需要测量的位置，如图 6–36 所示，单击鼠标左键，生成图标到文字之间的距离标注。

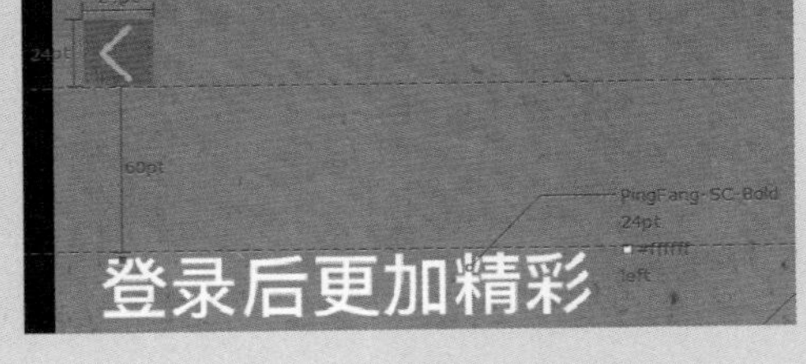

图 6–35　　图 6–36

（2）使用相同的方法标注其他距离，效果如图 6–37 所示。旅游类 App 登录页标注完成。

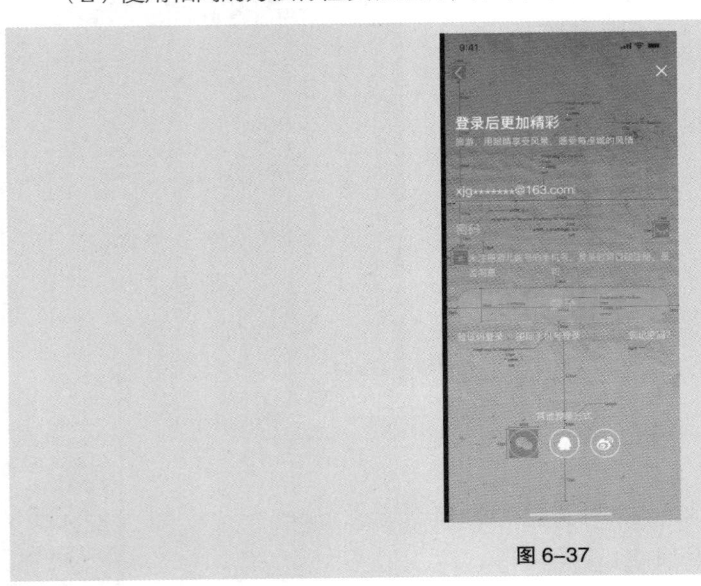

图 6–37

6.2 UI 页面切图

页面切图和页面标注一样，需要同时提供给开发工程师以供上线。合格严谨的切图可以降低工程师开发的返工率，提高开发流畅度，从而减少项目人力成本，最终开发出有利于交互、具有良好用户体验的产品。下面分别从切图目的、切图类型、切图规则、切图方法以及大小优化这 5 个方面进行 UI 页面切图的讲解。

6.2.1 切图目的

进行 UI 页面的切图，首先可以减小文件包的大小，以此提升产品运行效率。其次切图可以令产品适应多种屏幕分辨率，以此提高组件复用性，而不必再进行重复性的界面设计工作。最后，切图有助于组件和尺寸规范标准的统一化。

6.2.2 切图类型

1. 图标类型

- 应用图标。

应用图标切图只需要提供直角的图标切图，系统会自动生成圆角图标效果，如图 6-38 所示。

图 6-38

- 功能图标。

功能图标切图需要适配不同的屏幕，从而提供不同尺寸的切图，如图 6-39 所示。

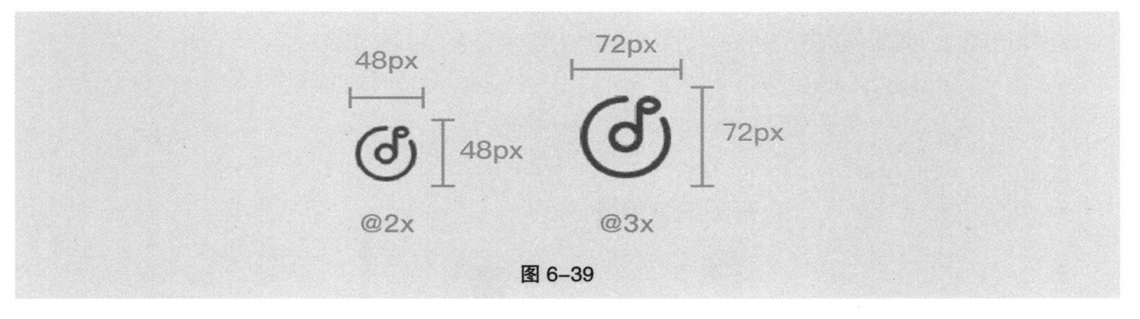

图 6-39

2. 图片类型

图片类型切图适用于启动页、新手引导页、默认提示、Banner 等需要完整切图的图片。

- 全屏切图。

全屏切图适用于背景丰富的引导页、闪屏页及活动页，如图 6-40 所示。

图 6–40

- 局部切图。

局部切图适用于背景为纯色的引导页、闪屏页及空页面等，如图 6–41 所示。

图 6–41

3. 动效元素

动效元素切图适用于 App 中加载动效所需要的切图元素，如图 6–42 所示。

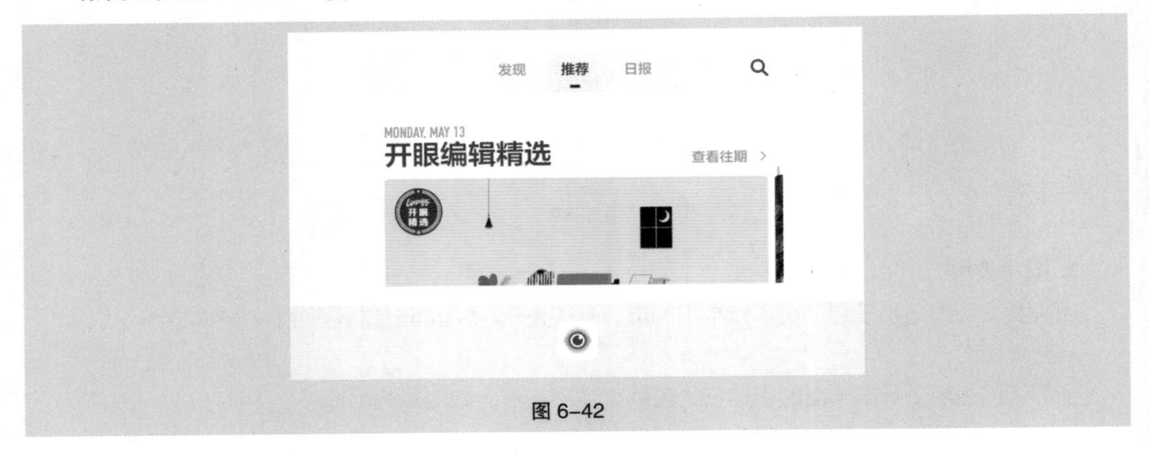

图 6–42

4. 弹性控件

弹性控件切图适用于按钮、输入框等切图过程中可以对其进行压缩的元素，如图 6-43 所示。

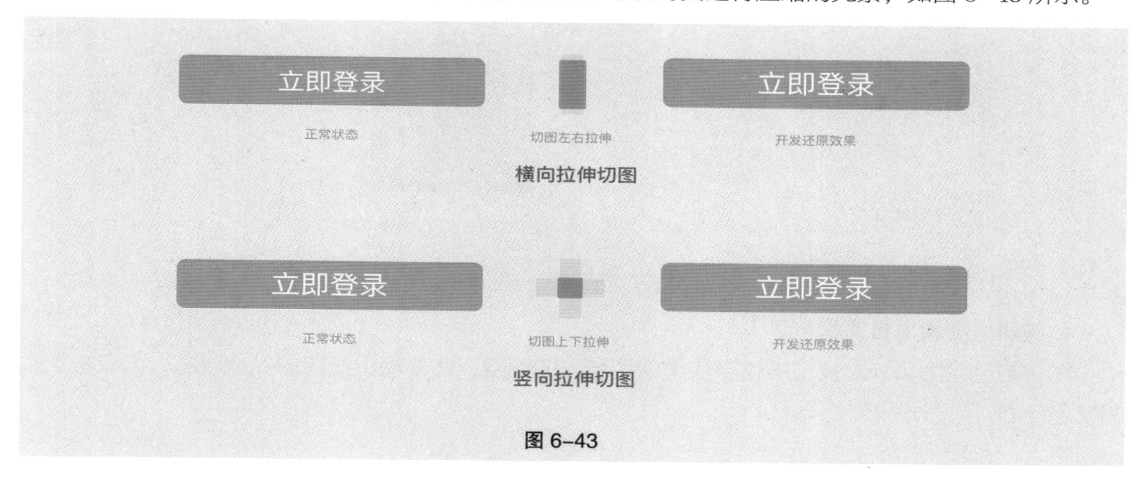

图 6-43

6.2.3 切图规则

1. 图标输出多个平台尺寸

在开发中由于各机型的屏幕分辨率不同，需要针对不同机型进行适配。因此图标在切图的时候需要输出 @2x 和 @3x 的切图。例如，一个图标切图 @2x 尺寸是 48px，那么 @3x 尺寸是 72px，如图 6-44 所示。

图 6-44

2. 切图资源尺寸须为偶数

奇数像素切图会导致切图元素边缘模糊，造成开发出来的 App 界面效果与原设计效果相差甚远，如图 6-45 所示。

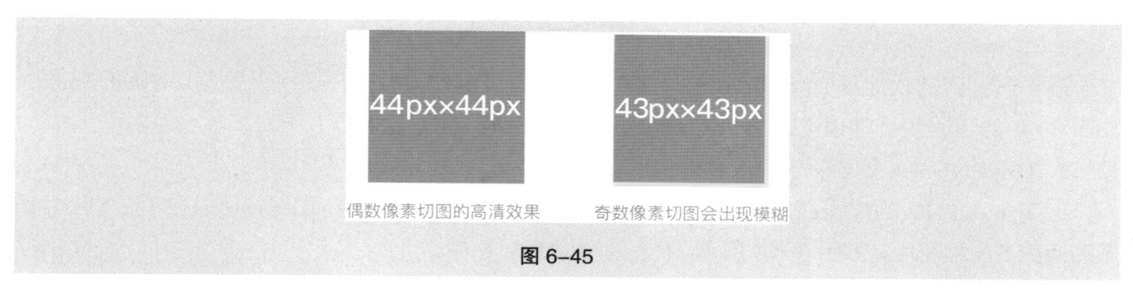

图 6-45

3. 点击区域不能小于 44pt

iOS 规定点击区域为 44pt，在 @2x 中就是 88px，如图 6-46 所示。

图 6-46

4. 按钮需要输出相关状态

在切图过程中，针对按钮不仅要输出默认状态的切图，还要输出按钮的其他状态，如点击状态和禁用状态，如图 6-47 所示。

图 6-47

6.2.4 切图方法

- 方法一：软件自带切图（Photoshop、Illustrator、Sketch）。
- 方法二：使用切图工具（蓝湖、Draw9patch）。
- 方法三：使用插件工具（Cutterman、Sketch Measure）。

6.2.5 大小优化

1. 点九切图 / 平铺切图

弹性控件通过压缩，可以极大地减小图片的大小，提高用户在使用 App 时的加载速度，如图 6-48 所示。在 iOS 中，这种切图方式叫作平铺切图；在 Android 中，这种切图方式叫作点九切图。

图 6-48

制作点九图的软件是 Draw9patch。该软件不仅可以制作点九图，还可以预览切图后的效果，如图 6-49 所示。设计师也可以在 Photoshop 中用“铅笔”工具绘制点九图。

2. TinyPNG

运用 TinyPNG 的智能 PNG 和 JPG 在线压缩工具对较大的图片进行切图，可以在不影响图片质量的情况下压缩图片，如图 6-50 所示。

图 6–49

图 6–50

慕课视频

制作旅游类 App 登录页切图

6.2.6 课堂案例——制作旅游类 App 登录页切图

【案例设计要求】

（1）在 Photoshop 中安装插件 Cutterman，运用 Cutterman 为旅游类 App 登录页切图，效果如图 6–51 所示。

（2）符合切图规则。

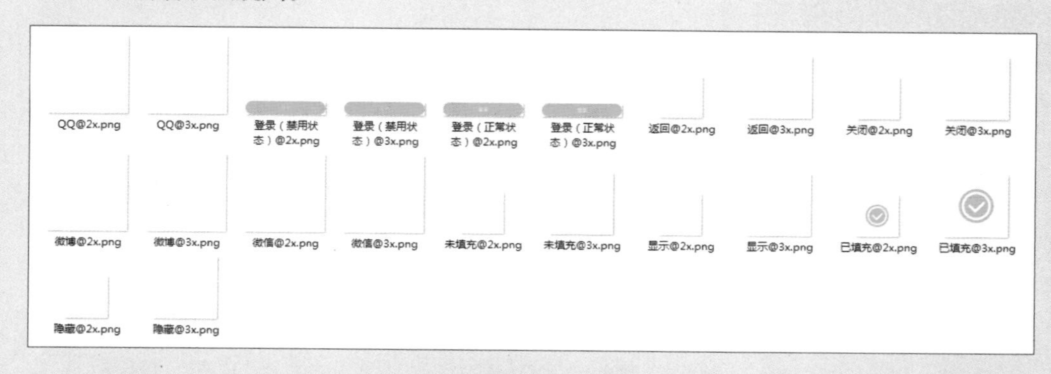

图 6–51

【案例学习目标】学习安装插件 Cutterman 的方法，并进行切图。

【案例知识要点】学习下载并使用 Cutterman 插件。

【效果文件所在位置】云盘 /Ch06/ 制作旅游类 App 登录页切图。

（1）使用浏览器打开 Cutterman 官网的下载页面，单击页面中的“下载”按钮，如图 6–52 所示。在弹出的对话框中设置下载路径，如图 6–53 所示，单击“下载”按钮，下载插件并解压压缩包，效果如图 6–54 所示。

图 6-52

图 6-53

图 6-54

（2）双击应用程序，弹出对话框，如图 6-55 所示，在对话框中单击“安装”按钮，即可安装插件，如图 6-56 所示。

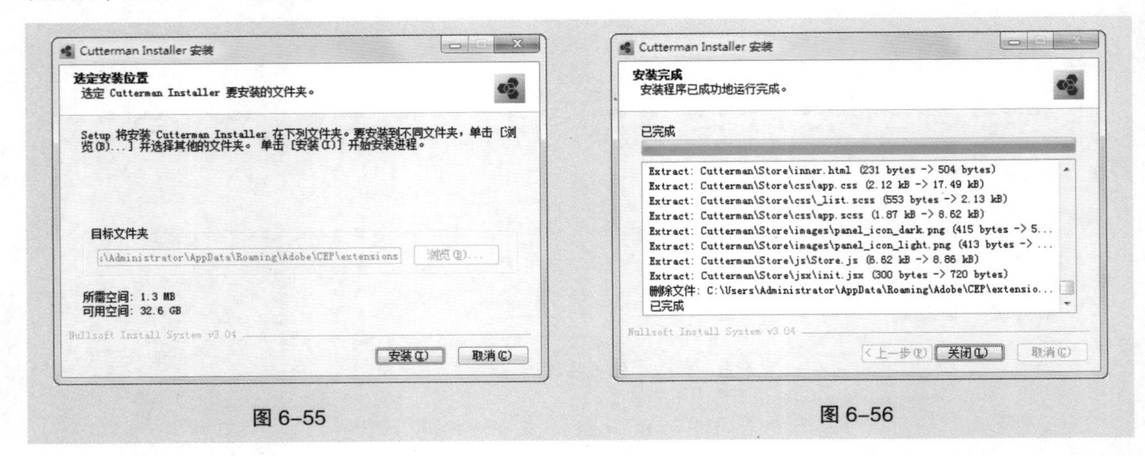

图 6-55

图 6-56

（3）启动 Photoshop，按 Ctrl+O 组合键，打开云盘中的“Ch05 > 制作旅游类 App > 制作旅游类 App 登录页 > 效果 > 制作旅游类 App 登录页 .psd”文件，如图 6-57 所示。

（4）选择“窗口 > 扩展功能 > Cutterman- 切图神器”命令，弹出“Cutterman- 切图神器”控制面板，在面板中设置输出文件的路径为“Ch06 > 制作旅游类 App 登录页切图”，其他选项的设置如图 6-58 所示。

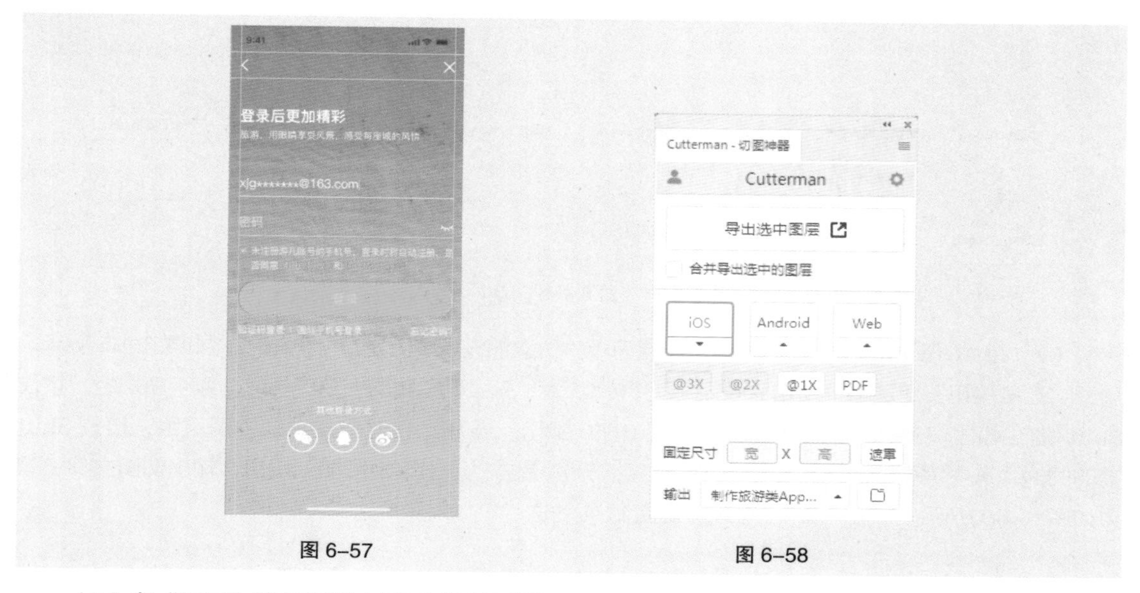

图 6-57　　图 6-58

（5）在“图层”控制面板中展开“导航栏”图层组，选中“返回”图层，按住 Shift 键的同时，单击“关闭”图层，将需要的图层同时选取，如图 6-59 所示。在“Cutterman- 切图神器”控制面板中，设置“固定尺寸”选项为 48 像素 ×48 像素，如图 6-60 所示。单击“导出选中图层”按钮，输出切图文件，效果如图 6-61 所示。

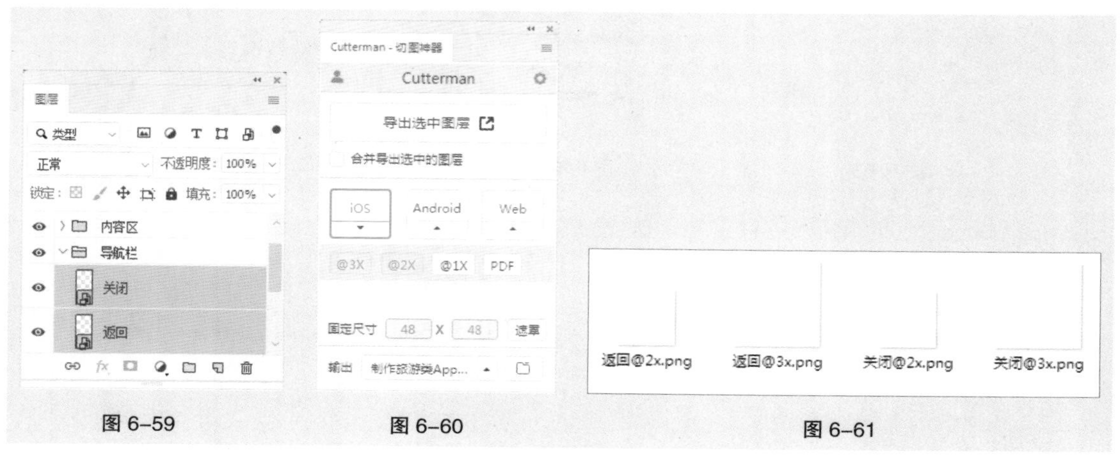

图 6-59　　图 6-60　　图 6-61

（6）展开“密码”图层组，单击“显示”图层左侧的空白图标，显示图层，按住 Shift 键的同时，选中需要的图层，如图 6-62 所示。展开“选择控件”图层组，单击“未填充”图层组左侧的空白图标，显示图层组，按住 Shift 键的同时，选中需要的图层组，如图 6-63 所示。分别单击“导出选中图层”按钮，输出切图文件，效果如图 6-64 所示。

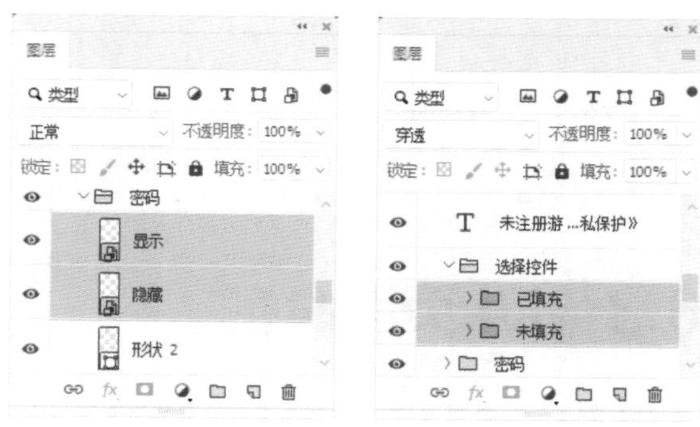

图 6-62　　图 6-63

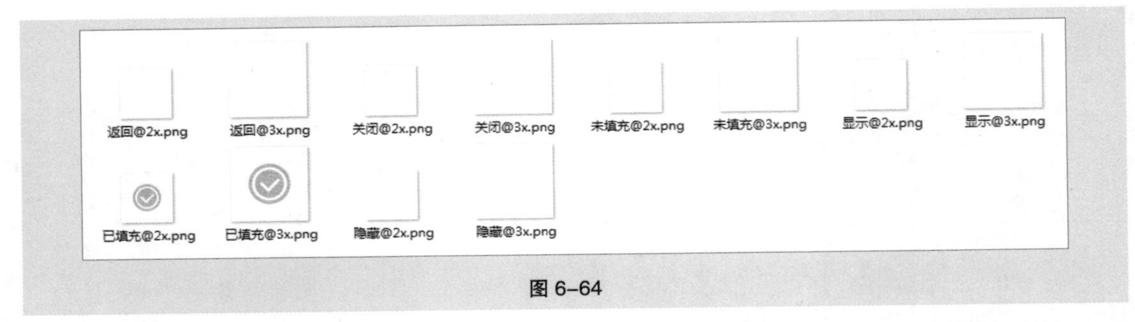

图 6–64

（7）在“Cutterman- 切图神器”控制面板中，取消设置“固定尺寸”选项，如图 6–65 所示。展开“登录按钮”图层组，单击“登录（正常状态）”图层组左侧的空白图标，显示图层组，按住 Shift 键的同时，选中需要的图层组，如图 6–66 所示。展开“其他登录方式”图层组，按住 Shift 键的同时，选中需要的图层，如图 6–67 所示。分别单击“导出选中图层”按钮，输出切图文件，效果如图 6–68 所示。旅游类 App 登录页切图制作完成。

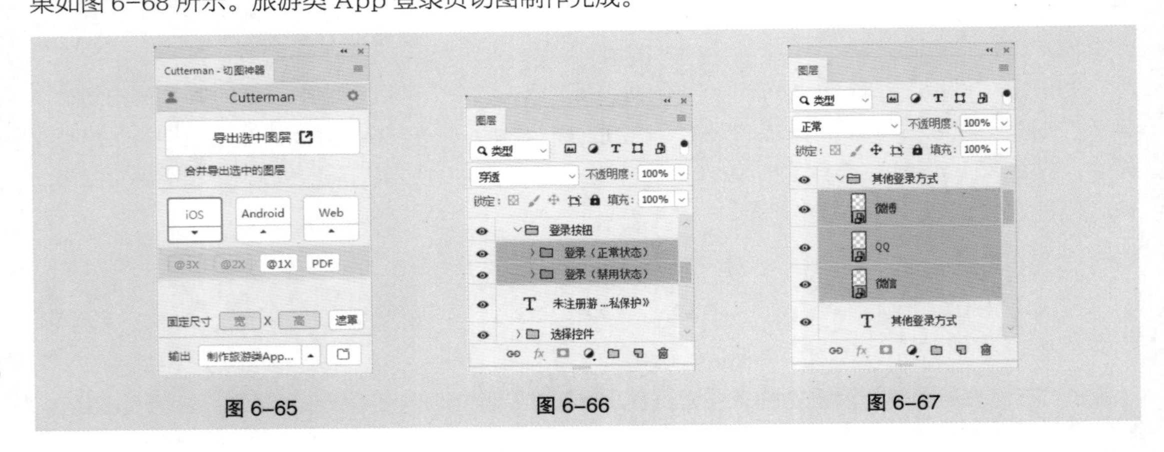

图 6–65　　图 6–66　　图 6–67

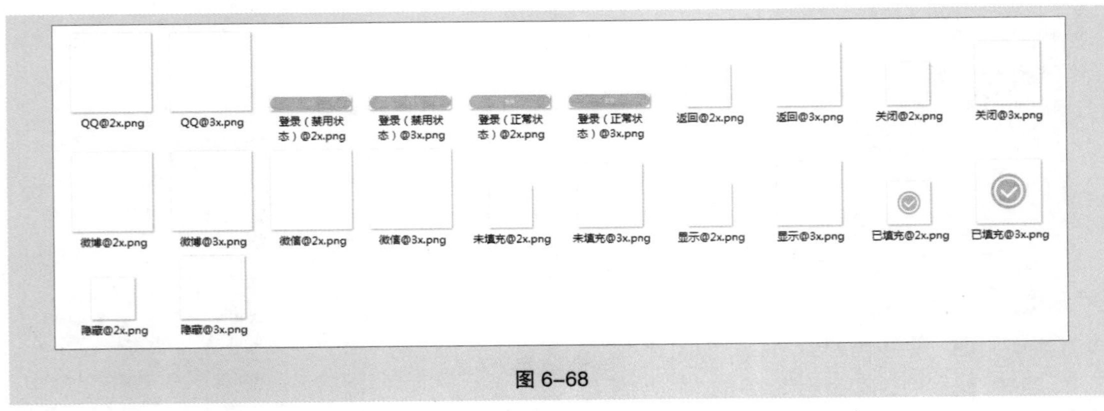

图 6–68

6.3 UI 页面命名

UI 页面命名是 UI 设计输出中的重要环节之一。将页面的命名放到标注和切图之后进行讲解，原因在于命名首先要根据切图的需要制定，其次在于从操作顺序上命名也是排在最后的。下面分别从命名原因、命名规则以及常用名称这 3 个方面进行 UI 页面命名的讲解。

6.3.1 命名原因

UI 页面命名需要根据规范进行，制定规范的原因有 3 个。从自身层面，制定 UI 页面命名规范方便整理和修改，并能体现专业性。从团队层面，制定 UI 页面命名规范有助于任务交接。从开发层面，制定 UI 页面命名规范能够极大节省程序开发的时间。

6.3.2 命名规则

UI 页面中内容的命名规则需要注意组成、符号以及格式 3 个方面。命名的组成：需要使用小写英文字母，不建议使用中文。命名符号：需要使用下划线“_”来进行单词之间的连接。命名格式：需要以“组件 _ 类别 _ 名称 _ 状态 @ 倍数”的格式进行命名，如图 6-69 所示。

图 6-69

6.3.3 常用名称

UI 页面中内容的名称全部由英文的小写字母组成，在这里对常用名称进行了整理，以帮助大家更好地进行图标命名，如图 6-70 所示。

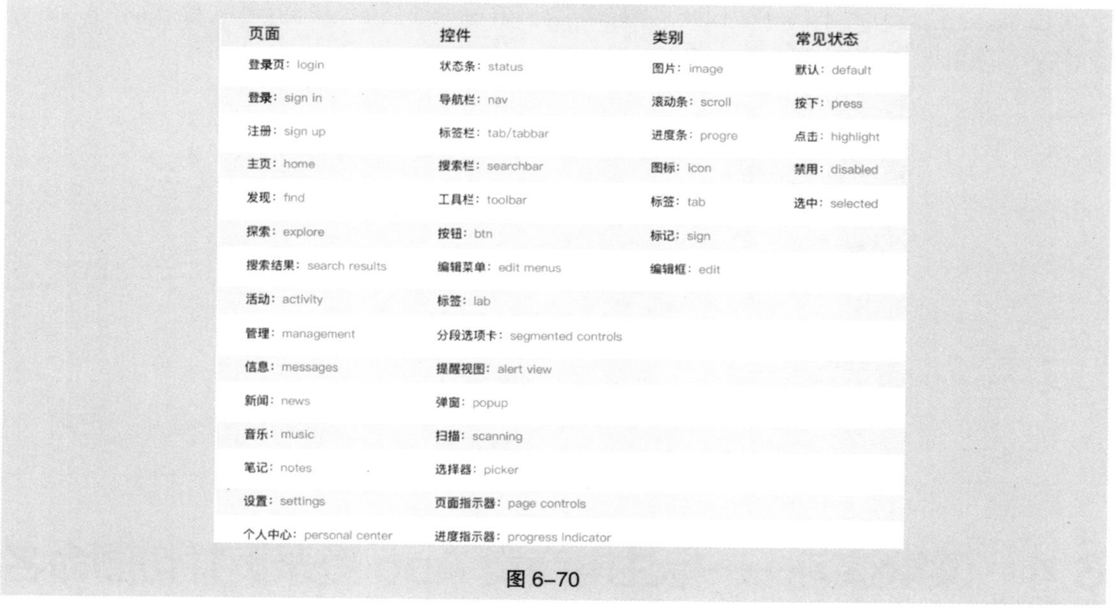

页面	控件	类别	常见状态
登录页：login	状态条：status	图片：image	默认：default
登录：sign in	导航栏：nav	滚动条：scroll	按下：press
注册：sign up	标签栏：tab/tabbar	进度条：progre	点击：highlight
主页：home	搜索栏：searchbar	图标：icon	禁用：disabled
发现：find	工具栏：toolbar	标签：tab	选中：selected
探索：explore	按钮：btn	标记：sign	
搜索结果：search results	编辑菜单：edit menus	编辑框：edit	
活动：activity	标签：lab		
管理：management	分段选项卡：segmented controls		
信息：messages	提醒视图：alert view		
新闻：news	弹窗：popup		
音乐：music	扫描：scanning		
笔记：notes	选择器：picker		
设置：settings	页面指示器：page controls		
个人中心：personal center	进度指示器：progress indicator		

图 6-70

6.3.4 课堂案例——命名旅游类 App 登录页切图

【案例设计要求】

（1）对旅游类 App 登录页的切图进行命名，效果如图 6-71 所示。

（2）符合 UI 页面命名规则。

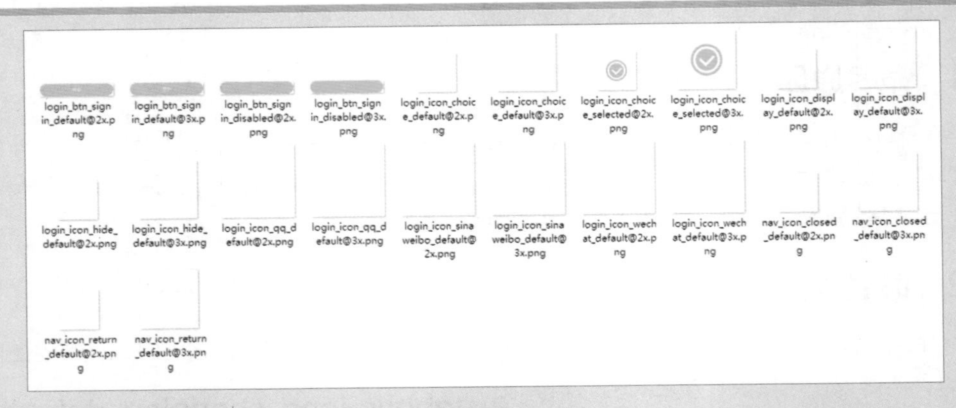

图 6–71

【案例学习目标】学习对切图进行命名。

【案例知识要点】按照 UI 页面命名规范对切图进行命名。

【效果文件所在位置】云盘 /Ch06/ 命名旅游类 App 登录页切图。

（1）UI 页面命名应遵守组件 _ 类别 _ 名称 _ 状态 @ 倍数的格式。下面以图标“返回”的二倍状态为例。

（2）其组件为导航栏，即 nav；类别为图标，即 icon；名称为返回，即 return；状态为默认，即 default；倍数为 2，即 @2x。因此，图标命名为 nav_icon_return_default@2x，效果如图 6–72 所示。使用相同的方法命名其他图标，效果如图 6–73 所示。

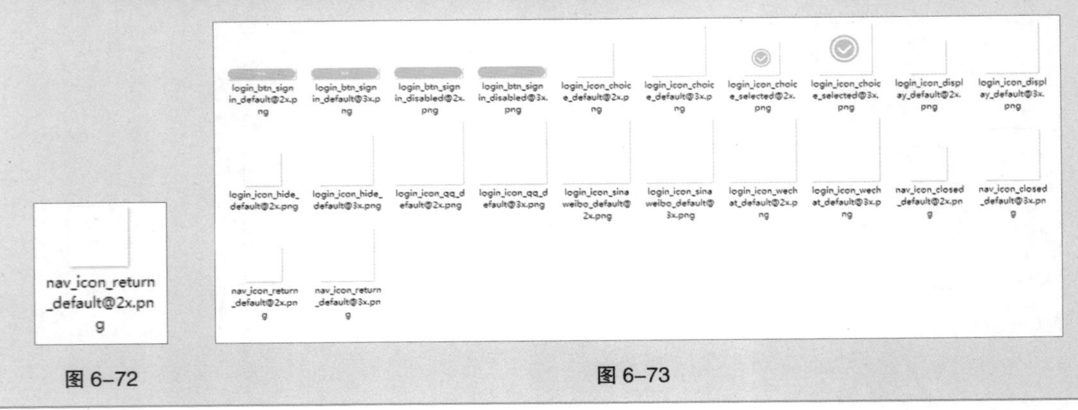

图 6–72　　图 6–73

6.4 课堂练习——标注电商类 App 登录页并切图命名

【案例设计要求】

（1）运用 PxCook 对电商类 App 登录页进行标注，效果如图 6–74 所示。

（2）在 Photoshop 中安装插件 Cutterman，对电商类 App 登录页进行切图。

（3）对电商类 App 登录页切图进行命名。

【案例学习目标】学习对页面进行标注、切图和命名。

慕课视频

标注电商类App注册登录页并切图命名——标注电商类App登录页

慕课视频

标注电商类App注册登录页并切图命名——制作电商类App登录页切图

慕课视频

标注电商类App注册登录页并切图命名——命名电商类App登录页切图

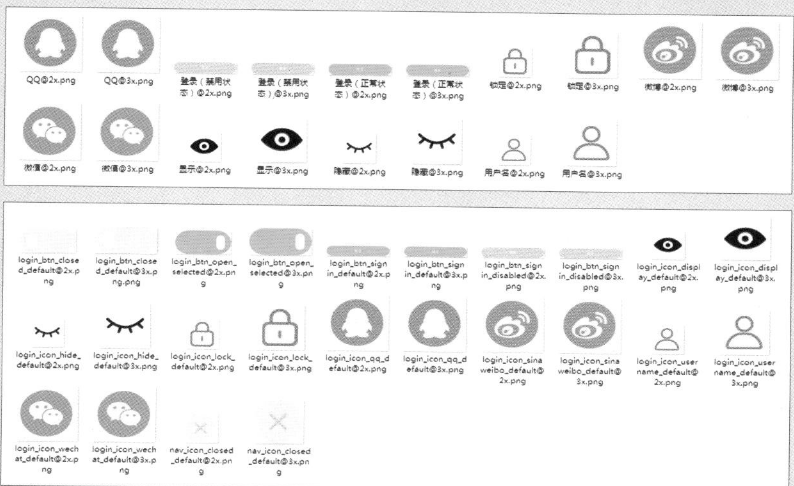

图 6–74

【案例知识要点】使用 PxCook 标注页面，使用 Cutterman 进行切图，按照 UI 页面命名规范对切图进行命名。

【效果文件所在位置】云盘 /Ch06/ 电商类 App 登录页切图命名。

6.5 课后习题——标注餐饮类 App 登录页并切图命名

【案例设计要求】

（1）运用 PxCook 对餐饮类 App 登录页进行标注，效果如图 6–75 所示。

（2）在 Photoshop 中安装插件 Cutterman，对餐饮类 App 登录页进行切图。

（3）对餐饮类 App 登录页切图进行命名。

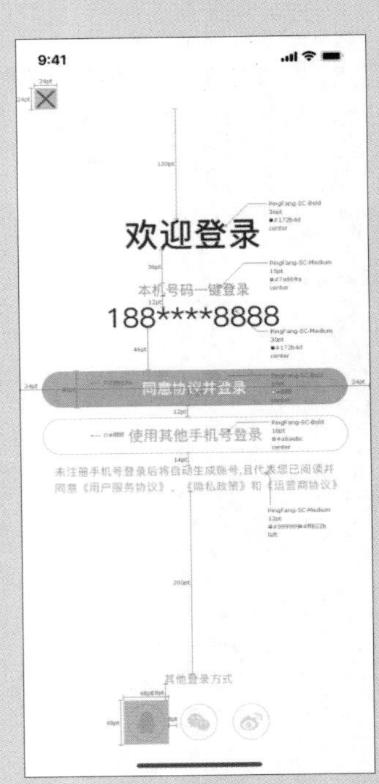

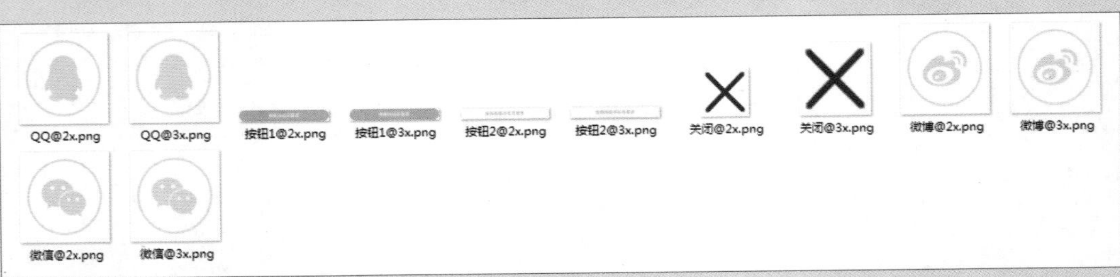

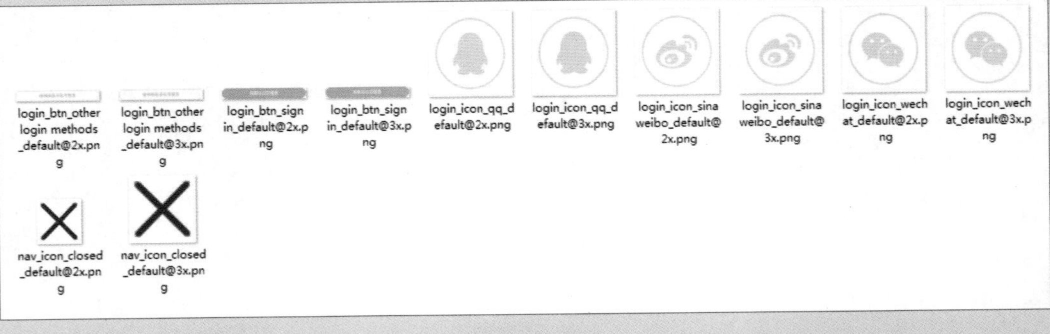

图 6–75

【案例学习目标】学习对页面进行标注、切图和命名。

【案例知识要点】使用 PxCook 标注页面，使用 Cutterman 进行切图，按照 UI 页面命名规范对切图进行命名。

【效果文件所在位置】云盘 /Ch06/ 餐饮类 App 登录页切图命名。